Arnd Allert
Erfolgreich verhandeln
bei M&A-Transaktionen im Mittelstand
Kuebler Verlag

DER AUTOR

Arnd Allert arbeitet seit mehr als 20 Jahren in der Corporate Finance-Branche. Er begann seinen beruflichen Werdegang bei der Deutsche Bank AG. 2003 gründete er die M&A-Beratungsgesellschaft Allert & Co. GmbH, die heute zu den führenden Fusions- und Übernahmeberatungsgesellschaften in Deutschland gehört. Neben seiner Beratungstätigkeit referiert er an Hochschulen zu den Themen „Mergers and Acquisitions“ sowie „Verhandlungsführung“ und bekleidet darüber hinaus mehrere Aufsichts- und Verwaltungsratsmandate.

DAS BUCH

Als Instrumente der strategischen Unternehmensführung sind sie aus der Geschäftswelt nicht mehr wegzudenken: „Mergers and Acquisitions“, also Fusionen und Übernahmen von Unternehmen oder Unternehmensteilen. Wie verhandelt man solche Transaktionen wirksam und zielführend? Es gibt zwar umfangreiche theoretische Verhandlungsmodelle – aber wie wendet man sie konkret an? Dieses Buch leistet einen Beitrag zum Transfer solcher Theorien in die tägliche M&A-Verhandlungspraxis. Es vermittelt praktisches Wissen, um Verhandlungen beim Kauf und Verkauf eines Unternehmens erfolgreicher zu gestalten. Der Fokus liegt in dem Bereich, der in Deutschland bekanntermaßen die überwiegende Anzahl der Unternehmen ausmacht: Dem Mittelstand. Es richtet sich an Unternehmer, Rechtsanwälte, Wirtschaftsprüfer und Steuerberater sowie alle Corporate-Finance-Professionals, die in Verhandlungssituationen eingebunden sind. Mithilfe zahlreicher Fallbeispiele aus der Beratungspraxis schafft Arnd Allert dabei den Transfer von theoretischem Wissen in die tägliche Praxis. Arnd Allert hat mit diesem Werk sein Wissen aus über einhundert M&A-Transaktionen zusammengefasst und dabei Einblick in die Welt der M&A-Beratung gegeben, die man in dieser umfassenden Form bisher kaum finden konnte.

Arnd Allert

Erfolgreich verhandeln

bei M&A-Transaktionen im Mittelstand

KUEBLER VERLAG

Mehr Informationen:
www.allertco.com/erfolgreich_verhandeln

Impressum
Deutsche Erstausgabe

Umschlaggestaltung: Daniela Hertel, Grafissimo!
unter Verwendung der Bilder von
© vitalli42 – Fotolia.com und © INFINITY – Fotolia.com

ISBN 978-3-86346-011-2

Inhalt

TEIL B

Abbildungsverzeichnis

PRÄAMBEL

Einführung

Dieses Buch will im Wesentlichen zwei Botschaften vermitteln: Zum Einen beschreibt es die Verhandlungswelt der Unternehmenstransaktionen im Mittelstand – heute allgemein als Mergers & Acquisitions (kurz M&A) bezeichnet – unterhalb der Wahrnehmungsgrenze der gängigen Massenmedien und Fachpublikationen. Es behandelt also ein Thema, das empirisch gesehen insbesondere die deutsche Volkswirtschaft repräsentiert wie kein anderer Bereich, oftmals jedoch für Massenmedien zu klein erscheint. Es verdichtet und operationalisiert den Erfahrungsschatz von Transaktionsberatern, die sich jahrelang ausschließlich und sehr erfolgreich mit außerbörslichen Unternehmensverkäufen im deutschen Mittelstand beschäftigt haben. Das heißt nicht, dass es beispielsweise für Studenten der Betriebswirtschaft oder gar für M&A-Berater mit Kapitalmarktfokus ohne Interesse wäre. Das ist es durchaus. Allerdings unter dem Vorzeichen, das gleichzeitig die zweite Kernbotschaft dieses Buches darstellt:

Wer im Mittelstand nur die Transaktion sieht und dabei die Menschen vergisst oder Unternehmen gar nur als „Verschiebemasse" betrachtet, wird den Mittelständler, seine Sprache und Denkweise nicht erreichen. Deshalb beginnt das Nachdenken über mittelständische Transaktionen nicht in der Gegenwart und auch nicht in der Vergangenheit, sondern in der Zukunft der Menschen, die ein Unternehmen tragen. Das Ziel ist eben nicht nur, den Verkauf mit einem ordentlichen oder sehr guten Preis „über die Bühne zu bringen" – sondern sich zu fragen: Wie muss die Transaktion konzipiert bzw. organisiert sein und wie muss verhandelt werden, damit die Transaktion erfolgreich zustande kommt und damit das Unternehmen sowie seine Menschen eine sichere und bessere Zukunft haben? Diese Feststellung ist nicht „nur" aus Gründen der Ethik zukunftsweisend. Ethisch tragfähiges Vorgehen ist kein Luxus oder Komfort, den man sich leistet, sondern nach der Erfahrung des

Autors gerade im Mittelstand auch schlicht langfristig erfolgreicher als jede andere Sichtweise.

Seit M&A-Transaktionen nicht mehr nur hinter verschlossenen Türen stattfinden, sondern auch zum Thema für Öffentlichkeit und Wissenschaft geworden sind, wurde hierzu viel geforscht und geschrieben. Die meisten Artikel und Bücher, die man dazu lesen kann, fokussieren jedoch entweder strategische, statistische, finanzwirtschaftliche, prozessuale oder vor allem rechtliche Hintergründe. Das Thema des Umgangs mit Menschen und ihrer Zukunft vor, während und nach der Verhandlung wird – wenn überhaupt – meist nur gestreift und in die verschiedenen Stufen der Verhandlungsprozesse (unverbindliches Angebot, Letter of Intent, verbindliches Angebot nach Due-Diligence, Kaufvertragsverhandlung, etc.) prozessual eingeteilt.

Dennoch will dieses Buch die existierenden Publikationen zum Thema M&A keinesfalls abqualifizieren, sondern vor allem ergänzen. Es soll eine Erfahrungs- und Wahrnehmungslücke schließen, die es hier ganz offenbar gibt. Um das tun zu können, arbeitet es systematisch all die Elemente auf, die ansonsten „im Zauberkasten des erfahrenen Dealmakers" verborgen bleiben. Letztendlich wird es hier immer um den klaren und eindeutigen Fokus auf Verhandlungstechniken, also den Umgang mit einerseits der Komplexität einer Transaktion und den „harten Fakten" und andererseits den Befindlichkeiten, Hoffnungen und manchmal auch Ängsten der Menschen gehen, mit denen man bei Unternehmenstransaktionen umgehen können muss.

Dieser Gedanke ist auch der methodische Kern dieses Buches: Das erfolgreiche Verhandeln (mittelständischer) M&A-Transaktionen hat sehr viel mehr Facetten und Ziele als nur den Abschluss eines Kaufvertrages. Weil das so ist, überträgt dieses Buch bekannte Verhandlungskonzepte und -techniken aus anderen Bereichen auf den mittelständischen M&A-Bereich und verbindet Theorien mit gelebter und lebensnaher Praxis.

Wie wichtig das ist, bestätigt übrigens auch die Statistik: Viele Untersuchungen zeigen, dass M&A-Transaktionen im Nachhinein betrachtet nicht erfolgreich waren. Statistisch am besten erfasst und aufbereitet sind allerdings nur Transaktionen von börsennotierten Unternehmen – also Unternehmensverkäufe, bei denen der Erfolg entweder in der Aktienkurssteigerung oder durch veröffentlichte Rentabilitätskennziffern gemessen wird. Diese scheinbar völlige Transparenz und Fungibilität der Zahlenreihen macht die Sache nicht immer klarer. Es gilt zu bedenken, dass gerade die Entwicklung von Aktienkursen bekanntlich von sehr viel mehr inneren und äußeren Faktoren beeinflusst wird als nur unserem Untersuchungsgegenstand, dem wirtschaftlichen Erfolg beispielsweise eines Zusammenschlusses zweier Unternehmen. Niemand kann sagen, wie sich die Zahlen eines Unternehmens entwickelt hätten, wenn es die Transaktion nicht gegeben hätte.

Allemal liegt aber bei misslungenen Fusionen, Unternehmenskäufen oder Unternehmensverkäufen der Verdacht nahe, dass man etwas übersehen haben könnte: Die klare und eindeutige Fokussierung auf wertorientierte Verhandlungstechniken bei Unternehmenstransaktionen, die eine Grundlage darstellen, um die mit der Transaktion verbundenen Ziele in der Transaktionsstruktur auch durchzusetzen.

Und das ist die These und das Versprechen dieses Buches: Erfolg entsteht dann, wenn richtig und wertorientiert verhandelt wird. Ethisch organisiertes und durchgeführtes Verhandeln ist eben deutlich mehr als bloßes Basarverhalten, bei dem man sich eine Weile streitet, um sich dann – von Maximalforderungen ausgehend – auf einen Preis verständigt. Es ist vielmehr eine Denk- und Vorgehensweise, die mit der Komplexität des „Produkts“ ebenso umgeht, wie mit der organisatorischen und menschlichen Zukunftsfähigkeit diesseits und jenseits des Käuferhorizonts. Dazu gehört meist auch eine Reihe von Parametern zu berücksichtigen, die leider in den Verhandlungen nicht immer offengelegt werden.

Wie zielführend die Einbeziehung nicht nur der harten, sondern auch der weichen Fakten sein kann, lässt sich am besten am Beispiel der Unternehmenssicherung im Rahmen von Unternehmensnachfolgen verstehen. Lässt man in der Kommunikation und auch im Denken außer Acht, dass es hier nicht nur um einen „Verkaufsgegenstand“, sondern um die Würdigung des Lebenswerks eines

Menschen geht, wird man als Käufer entweder während oder nach dem Verkaufsprozess versagen.

Auch wenn es bei Unternehmenstransaktionen im Mittelstand am Ende um Zahlen geht, geht es eben doch nie nur um Zahlen. Wer sich das klar macht, wird schlicht erfolgreicher verhandeln.

Und noch eine letzte Anmerkung: Howard Raiffa, einer der großen Wissenschaftler auf dem Gebiet der Verhandlungen, überschreibt sein Standardwerk zu diesem Thema mit dem Titel „The Art and Science of Negotiation". Kunst kann man sicherlich nicht lernen, aber man kann und muss die handwerklichen Grundlagen beherrschen, um danach auch Kunst zum Ausdruck zu bringen. Der Philosoph Adorno soll den Begriff der Kunst als die „Kenntnis des Standards plus Abweichung" bezeichnet haben; dieses Buch will den Standard vermitteln und an manchen Stellen auf die Möglichkeit der Abweichung von diesem Standard hinweisen. Bei der Beschreibung des Begriffes der Rhetorik wird oft gesagt, dass ein guter Autor geboren, aber ein guter Redner gemacht wird; dies gilt vergleichbar auch hier: ein Verhandler wird nicht geboren, sondern gemacht. Viel Spaß und viel Erfolg bei der Lektüre!

Zum Aufbau dieses Buches

Da eine umfassende Beschreibung und Erläuterung des Verhandlungsaspektes in M&A-Transaktionen eine Vielzahl von Themenbereichen umfasst, habe ich mir lange Gedanken über die Gliederung des Buches gemacht. Es sollte einerseits gedanklich Grundlagen schaffen, um die allgemein in Verhandlungstheorie und -praxis anerkannten Konzepte zu erläutern und gleichzeitig aufzeigen, ob diese auch in der M&A-Beratungspraxis anwendbar sind. Andererseits ist es für den fachkundigen Leser wichtig, relativ schnell vom Abstrakten zum Konkreten mit Nutzwert zu gelangen. Schließlich habe ich mich dazu entschlossen, das Buch in zwei große Abschnitte zu unterteilen.

Teil A umfasst Begriffsdefinitionen und theoretische Abhandlungen zu wichtigen Begriffen des Verhandlungsgeschehens. Dies ist deshalb notwendig, da aus meiner Sicht ein gleiches Verständnis des Lesers und des Autors für Begriffe und Worte „gemeinsame Welten schafft". Nur so lassen sich letztendlich die vielen Themenstränge, die bei der Durchdringung des Verhandlungsaspektes in M&A-Transaktionen in einen Zusammenhang gebracht werden müssen, für den Leser verständlich zusammenführen.

Teil B beschreibt die praktische Anwendung der Konzepte in der M&A-Beratungspraxis. Um auch hier eine gedankliche Leitlinie zu schaffen, habe ich den bereits in Teil A dargestellten grundsätzlichen Ablauf einer M&A-Transaktion aufgenommen und anhand dieses Prozessablaufes die einzelnen Verhandlungspunkte detailliert beschrieben. Viele der vorgestellten Konzepte, Methoden und Werkzeuge sind selbstverständlich auch an anderen Verhandlungspunkten anwendbar; es erschien mir jedoch am eingängigsten, diese sequentiell und entlang der Prozesskette einer M&A-Transaktion zu beschreiben.

Der Verlag hat diesem Buch eine Website zugeordnet. Bitte verwenden Sie diese, um sich die im Buch an verschiedenen Stellen erwähnten Checklisten zur Vor- und Nachbereitung einer Verhandlung herunter laden zu können.[1] Diese Checklisten sind als erste Anregung zu verstehen. Da die Auffassungsgabe jedes Menschen unterschiedlich ist – und dies vor allem in Stresssituationen, wie z.B. der finalen Kaufvertragsverhandlung einer M&A-Transaktion noch stark eingeschränkt ist – empfiehlt es sich, eigene Checklisten und Tools anzufertigen, um für schwierige Verhandlungssituationen bestens gewappnet zu sein.

1 Die Checklisten zu diesem Buch erhalten Sie unter www.allertco.com/checklisten

Danksagung

Niemand schreibt ein Buch alleine. Dementsprechend gilt es den Menschen zu danken, die durch Rat und Tat bei der Entstehung dieses Buches mitgewirkt haben. Allen voran meinem Geschäftspartner, Matthias Popp, dessen Verhandlungsgeschick ich in vielen Transaktionen erleben durfte und von dem ich viel gelernt habe. Herrn Dr. Johannes W. Feuling danke ich für die nunmehr mehr als ein Jahrzehnt währende Unterstützung in vielerlei Hinsicht und die Anregungen in diesem Buch. Da im ersten Abschnitt nicht nur die psychologischen Grundlagen der Verhandlungsführung beschrieben werden, sondern auch die physiologischen Auswirkungen von Stresssituationen, danke ich insbesondere Herrn Dr. med. Heinz Uhl für die ausführlichen Erläuterungen der medizinischen Sachverhalte und Symptome.

Allert & Co. würde es in dieser Form nicht geben, wenn nicht Herr Professor Dr. Carl-Heinrich Esser mir vom Tag 1 der Unternehmensgründung an mit Rat und Tat zur Verfügung gestanden hätte. Wie man hart verhandelt und dennoch menschlich jederzeit Anstand und Form wahrt, hat mich mein „Erster Ausbilder und Mentor" während meiner Tätigkeit bei der Deutsche Bank AG, Herr Peter Rohr, gelehrt. Auch geht mein Dank an alle Rechtsanwälte, Insolvenzverwalter und andere Geschäftspartner mit denen ich in den letzten Jahren gemeinsam und über den Tisch hinweg verhandeln durfte. Mein Großvater lehrte mich, dass man mit den „Augen stehlen müsse"; dementsprechend habe ich bei all den oben genannten Verhandlungspartnern Tipps, Tricks und Kniffe „gestohlen" und mir diese auf mich passend angeeignet. Sie mögen es mir nachsehen.

Großen Dank schulde ich ebenfalls meinem Verleger, Herrn Bernd Kübler, für das mittlerweile fast 20 Jahre währende Vertrauen in verschiedenen Bereichen sowie seiner Frau Alena für die umfassenden Lektoratsaufgaben.

Nicht zuletzt danke ich meiner Frau Anita für die unglaubliche Geduld und Nachsicht mit meinen Launen während des Schreibens dieses Buches und meiner gesamten Familie für den Verzicht auf gemeinsame Zeit. Verhandlungsmisserfolge erlebe ich ständig bei den Diskussionen mit meinen Töchtern, die bereits in jungen Jahren eine Vielzahl der im Buch aufgeführten Techniken intuitiv erfolgreich anwenden und mir immer wieder zeigen, wie schlecht man verhandelt, wenn man wirklich emotional involviert ist. Diese Verhandlungsniederlagen empfinde ich jedoch als die Schönsten. Ohne Euch wäre dies alles nicht möglich.

Darüber hinaus danke ich allen Mandanten von Allert & Co. für das in den letzten zehn Jahren entgegengebrachte Vertrauen und die Möglichkeit, gemeinsam in zahlreichen (an-)spannenden Verhandlungen Erfolge zu erzielen. Schließen will ich diese Danksagung mit den Worten Henry Kissingers in einem seiner Werke: „Ich brauche wohl nicht hinzufügen, dass die Unzulänglichkeiten dieses Buches auf mein eigenes Konto kommen.“

TEIL A

1. Verhandeln in M&A-Transaktionen

1.1 Definition des Begriffes „Verhandeln" und Grundmodelle der Verhandlungen

Wofür steht der Begriff der Verhandlung also? Um für die weiteren Ausführungen dieses Buches eine gemeinsame Grundlage zu schaffen, lohnt es sich, ihn einmal zu definieren: Im alltäglichen Sprachgebrauch wird dieses Wort sehr häufig verwendet. Sei es bei einem Gespräch mit einem Kind über den Zeitpunkt des Erledigens der Hausaufgaben oder bei multilateralen Verhandlungen von internationalen (leider auch) kriegerischen Konflikten – es geht strukturell gesehen immer um denselben Vorgang, für den es eine gute Definition gibt:

„Eine Verhandlung ist ein Vorgang, bei dem zwei oder mehr Parteien eine Einigung darüber suchen, wer von ihnen in einer angestrebten Transaktion was leisten, empfangen, dulden oder unterlassen soll."[2]

Wichtige – auf den M&A-Prozess bezogene – Punkte dieser Definition sind:

- Zwei oder mehr Parteien (z.B. Käufer, Verkäufer aber auch evtl. Belegschaft, Gläubiger, Hauptkunden)
    - Gemeinsame sowie unterschiedliche Interessen (z.B. das Zustandekommen der Transaktion als gemeinsames Interesse und z.B. die Höhe des Kaufpreises als unterschiedliches Interesse)
    - Freiwillige Entscheidung zur Verhandlung (z.B. bei Unternehmenstransaktionen, die nicht aus einer Krisensituation heraus stattfinden)

2 (Saner, Raymond, 2008), Seite 15

- Einigung (über Gegenstand und Handlungsweise)
    - Schrittweiser Prozess mit Zeitbedarf (z.B. definiert über den Prozessbrief des M&A-Beraters)
    - Zunächst meist unvollständige Informationen (z.B. Informationsasymmetrie zwischen Verkäufer und Käufer zu Beginn einer Transaktion)
    - Positionsveränderung aufgrund neuer Umstände (z.B. Kaufpreisanpassung bei neuen Zwischenzahlen oder veränderten Working-Capital-Größen)

- Wer soll was machen?
    - (Einigung über die Verteilung von Aufgaben, Austausch z.B. von Risiken, Chancen und Gewährleistungen)

Grundsätzlich gilt: Eine Verhandlung soll helfen, durch eine entsprechende Vereinbarung einen Wert zwischen den Parteien zu schaffen, der die Parteien besser stellt, als ohne dieses Verhandlungsergebnis.

Dabei gilt aber auch: Grundsätzlich kann jede Verhandlung im Wege des Streites oder friedlich geführt werden. Während früher viele strittige Verhandlungen im Wege des Kampfes (oder gar des Krieges) ausgetragen wurden, ist dies heute im wirtschaftlichen Kontext eher selten der Fall. Der Ausgangspunkt einer Verhandlung ist dabei immer das Streben nach Zielerreichung. Bemerkenswerterweise definierte Carl von Clausewitz in seinem Buch „Vom Kriege" den Krieg „als bloße Fortsetzung der Politik mit anderen Mitteln". In diesem Sinne sei er, so schrieb von Clausewitz, „ein Akt der Gewalt, um den Gegner zur Erfüllung unseres Willens zu zwingen". [3]

3 (von Clausewitz, Carl, 1832/2010), Seite 39
Es lohnt sich, über das Verhältnis von Verhandlung und Krieg noch ein wenig nachzudenken. Da bei Übernahme eines nicht börsennotierten Unternehmens am Ende die Zustimmung des Verkäufers erfolgen muss, kommt es in den wenigsten Fällen zu wirklich streitigen Verhandlungssituationen. Sicherlich werden Verhandlungen sehr hart und oftmals argumentativ mit dem „Waffengeklirre" des Wirtschaftslebens geführt. In letzter Konsequenz muss jedoch bei dem Ziel, „den Gegner zur Erfüllung unseres Willes zu zwingen", eine friedliche Einigung erzielt werden. Hier gibt es wenigstens sprachlich gesehen eine

1.2 Der M&A-Prozess als eine Reihe von Verhandlungspunkten

Der in Abbildung 1 dargestellte Prozessablauf zeigt die einzelnen Stufen im Rahmen einer Unternehmenstransaktion am Beispiel eines Unternehmensverkaufs. Diese Abbildung dient als Grundlage der späteren Erläuterung der einzelnen Verhandlungspunkte.

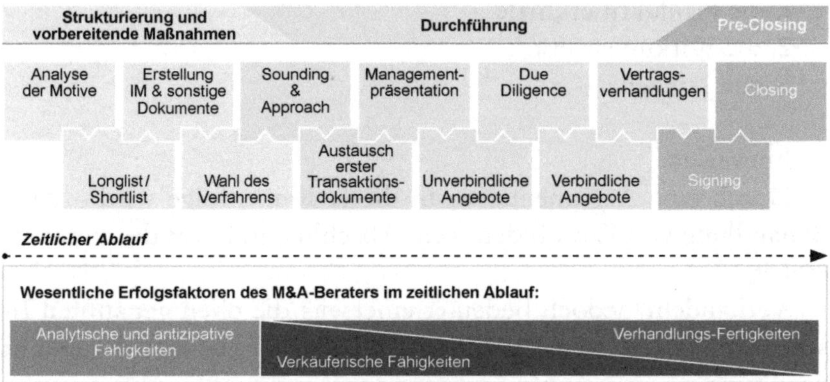

Abbildung 1
Der M&A-Prozessablauf am Beispiel eines Unternehmensverkaufs

Auch wenn bei Unternehmensübernahmen und Fusionen das ultimative Ziel im rechtsverbindlichen Abschluss, dem Closing der Transaktion, besteht, gibt es doch auf dem Weg dorthin eine Reihe von Verhandlungssituationen, die als notwendige Zwischenschritte allesamt für das Erreichen des späteren Abschlusses sehr wichtig sind.

So wollen naturgemäß die Verhandlungspartner beispielsweise im Verlauf der Gespräche Positionsgewinne erzielen.

interessante Ausnahme: Auf dem Feld der börsennotierten Transaktionen sind „feindliche Übernahmen" gegen den Willen des Managements des Unternehmens möglich. Allerdings sind die rechtlichen Transaktionspartner hier die Aktionäre. Sie müssen am Ende der Übernahme zustimmen. Ausnahme hiervon sind Minderheitsaktionäre, die im Rahmen eines Squeeze-out-Verfahrens abgefunden werden können.

Dementsprechend ist die oftmals in der Praxis verwendete Terminologie des Verhandelns in M&A-Transaktionen nicht nur auf das Verhandeln des Wortlautes eines Kaufvertrages beschränkt, sondern umfasst alle Verhandlungspunkte im M&A-Prozess.

In vielen Publikationen wird der Begriff des Verkaufens dennoch synonym mit dem Begriff des Verhandelns verwendet.

Sind diese beiden Begriffe tatsächlich nur zwei Worte für dieselbe Sache?

„Verkaufen" heißt: Den potentiellen Kunden auf

1. die Produktmerkmale
2. die Wirkungsweise
3. den Nutzen

hinweisen.

Durch eine Argumentation in dieser Reihenfolge wird – nach Behandlung von Einwänden – ein Abschluss in Form des Verkaufs erzielt.

„Verhandeln" jedoch bedeutet einerseits die oben genannten Instrumente des aktiven Verkaufens zu beherrschen, aber darüber hinaus auch

1. die Interessen
2. die Notwendigkeiten
3. die Prioritäten
4. die Restriktionen
5. den Blickwinkel

des anderen zu erfragen und zu berücksichtigen. An dieser Stelle sei bereits gesagt: Die Fähigkeit, einen M&A-Deal erfolgreich zu strukturieren und zu verhandeln, benötigt in den meisten Fällen weniger Überredungskunst, als die hohe Kunst des richtigen Zuhörens. Betrachtet man die Anforderungen, die an einen M&A-Berater gestellt werden, so stehen am Anfang des M&A-Prozesses sicherlich mehr verkäuferische Fähigkeiten im Vordergrund, während am Ende des Verkaufsprozesses Verhandlungs-Know-how und -geschick im Sinne der oben genannten Definition und eine gehörige Portion an Erfahrung ausschlaggebend für eine erfolgreiche Transaktion sind.

1.3 Das Principal-Agent-Problem in der M&A-Beratungspraxis

Seit Jahrzehnten werden M&A-Berater, sowohl auf Verkäuferseite, als auch auf Käuferseite, im Wesentlichen erfolgsorientiert entlohnt. Dieser Marktstandard macht dieses Segment für Investmentbanken und Beratungsunternehmen einerseits hochattraktiv, allerdings birgt dies auch eine Reihe von Risiken und insbesondere für Verhandlungssituationen Konfliktfelder, die bei der Betrachtung dieses Themas nicht außen vor bleiben dürfen. Dies gilt einerseits für den M&A-Berater, aber auch für andere Beteiligte in einer Transaktion.

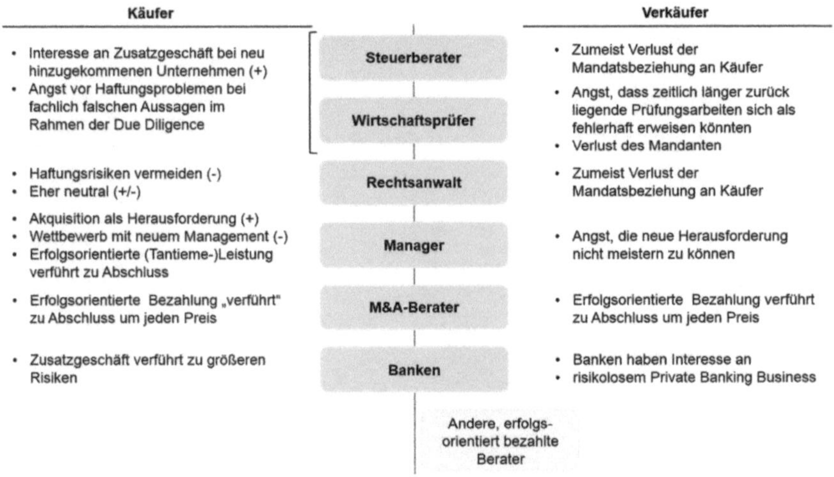

Abbildung 2
Auswahl möglicher Konfliktfelder

Die obenstehende Abbildung 2 zeigt eine Auswahl möglicher Konfliktfelder, die allesamt in dem aus der Betriebswirtschaftslehre bekannten Principal-Agent-Problem zusammengefasst werden können.

Die Principal-Agent-Theorie bzw. Agenturtheorie (teils auch Prinzipal-Agenten-Modell genannt) ist ein aus der Wirtschaftswissenschaft kommendes Modell der Neuen Institutionenökonomik. Die Theorie wurde zuerst in einem Aufsatz von Michael Jensen und William Meckling im Jahre 1976 erörtert. Ihre Grundzüge gehen auf die Theorie unvollständiger Verträge zurück, die unter anderem Ronald Coase begründete. Dabei bezeichnet Prinzipal den Auftraggeber und Agent den Beauftragten. Letzterer besitzt dabei normalerweise einen Wissensvorsprung (Informationsasymmetrie), der in unterschiedlicher Weise entweder zu Gunsten oder Ungunsten des Prinzipals eingesetzt werden kann. Die Theorie bietet somit ein Modell, um das Handeln von Menschen und Institutionen in einer Hierarchie zu erklären. Zudem trifft sie generelle Aussagen zur Gestaltung von Verträgen. Die Principal-Agent-Theorie geht von Wirtschaftssubjekten aus, die in ihrer Entscheidungsfindung eingeschränkt sind, etwa durch asymmetrische Informationsverteilung. Sie verfügen nur über unvollständige Informationen, wenn sie das Handeln anderer beurteilen sollen. Ferner wird den Beteiligten Opportunismus unterstellt. In einer weiten Definition liegt eine Principal-Agent-Beziehung vor, sobald das Wohlergehen einer Partei (Prinzipal) von den Handlungen einer anderen Partei (Agent) abhängig ist. Nach enger Definition gibt es einen Auftraggeber (Prinzipal), der einen Auftragnehmer (Agent) im gegenseitigen Einvernehmen gegen Entlohnung mit einer Aufgabe betraut. Da die beiden unterschiedliche Ziele verfolgen können, kann es zu Konflikten kommen. Zudem werden Risikoneigungen berücksichtigt: Prinzipiell ist auf beiden Seiten Risikoneutralität, Risikoaversion oder Risikofreude möglich. Dies hängt von den Charaktereigenschaften und der jeweiligen Situation der Akteure ab. Der Prinzipal beauftragt den Agenten in der Hoffnung, dass dieser seine Aufgabe im Sinne des Prinzipals erledigt. Er kann jedoch das Engagement und/oder die Qualitäten seines Agenten nur mit Einschränkungen erkennen und sieht – wenn überhaupt – nur das Ergebnis von dessen Bemühungen. Demgegenüber hat der Agent einen Informationsvorsprung, da er die eigene Qualität besser kennt und das eigene Verhalten selbst festlegen und entsprechend gut beurteilen kann. Er wird diese Informationsasymmetrie zu Ungunsten des Prinzipals ausnutzen, wenn dies seinen eigenen Zwecken dienlich ist.

Um diesen Konflikt auszuschalten und einen Gleichklang der Interessen zu erzeugen, hat man in der Vergangenheit eine erfolgsorientierte Entlohnung als zweckdienliches Mittel angesehen, um diesen potentiellen Konflikt durch die gemeinsame Fokussierung auf das Ziel des Abschlusses auszuschalten. Diese erfolgsorientierte Bezahlung hat ihren Marktstandard in der klassischen Lehman-Formel[4] und deren Modifikationen gefunden. Ursprünglich war die Lehman-Formel als Kompensationsmodell für Banken gedacht, die Kapital von einem Investor eingeworben hatten oder eine große Aktientransaktion für Kunden abwickelten. Die Formel wurde auf den Gesamtbetrag der Transaktion angewandt und strukturierte ursprünglich ein Erfolgshonorar wie folgt:

5% für die erste Million des Transaktionsvolumens
4% der zweiten Million
3% der dritten Million
2% der vierten Million und
1% des Betrages der 4 Millionen überschritten hatte.

Das Honorar einer Bank z.B. bei einer Kapitalerhöhung über $ 10 Millionen belief sich somit auf

Stufe	Schwellenwert	Schwellenwert kumuliert	Prozentsatz auf Schwellenwert	Honorar	Honorar kumuliert
1	$ 1.000.000	$ 1.000.000	5%	$ 50.000	$ 50.000
2	$ 1.000.000	$ 2.000.000	4%	$ 40.000	$ 90.000
3	$ 1.000.000	$ 3.000.000	3%	$ 30.000	$ 120.000
4	$ 1.000.000	$ 4.000.000	2%	$ 20.000	$ 140.000
5	$ 6.000.000	**$ 10.000.000**	1%	$ 60.000	**$ 200.000**

Abbildung 3
Darstellung der klassischen Lehman-Formel

4 Siehe hierzu auch http://en.wikipedia.org/wiki/Lehman_Formula

Diese Formel wurde vor allem in den Zeiten zwischen 1970 und 1990 auch im M&A-Bereich angewendet, jedoch aufgrund verschiedener Aspekte, u.a. Inflation und vor allem veränderte Ertragserwartungen der involvierten Parteien mit unterschiedlichen Schwellenwerten (z.B. 5% für die ersten € 10 Mio., zzgl. 4% auf die nächsten € 10 Mio. etc.) versehen. Mittlerweile sind am Markt alle möglichen Abwandlungen vorzufinden. Insbesondere bei Verkaufstransaktionen wird die Lehman-Formel oftmals invers verwendet und die Prozentsätze steigen bei steigendem Transaktionsvolumen. Dies soll den Berater dazu antreiben, einen möglichst hohen Verkaufspreis zu realisieren.

In M&A-Transaktionen außerhalb des Kapitalmarktes gibt es mindestens den Kaufpreis für die Gesellschaftsanteile und den Umfang der eingeräumten Garantien und Gewährleistungen als wirtschaftliche Parameter. Beide Parameter sind für den wirtschaftlichen Erfolg einer Transaktion entscheidend. Die Lehman-Formel bzw. Abwandlungen davon entlohnen jedoch ausschließlich den erzielten Kaufpreis.

Gesetzt den Fall, eine Transaktion könnte für den Verkäufer zu einem sehr attraktiven, hohen Verkaufspreis abgeschlossen werden, jedoch müsste der Verkäufer unverhältnismäßig hohe Garantien zusichern, so ist das Interesse des Beraters des Verkäufers unter rein wirtschaftlichen Gesichtspunkten, ausschließlich der Abschluss des Vertrages. Würde hingegen die Entlohnung des Beraters auch dem Umfang der Garantien und Gewährleistungen einbeziehen, so würde sein Rat eventuell anders ausfallen. Die Schwierigkeiten in dieser Situation liegen darin, dass bei Beauftragung des Beraters der Umfang und die Ausgestaltung der Garantien und Gewährleistungen nicht feststehen und man dementsprechend keine harte und unmissverständliche Definition dieses Zieles im Mandatierungsschreiben bzw. Projektvertrag zwischen Auftraggeber und Berater festlegen kann.

Abhilfe kann geschaffen werden, indem man den Berater – entgegen der reinen erfolgsorientierten Bezahlung – mit einem Grundhonorar ausstattet, das nicht nur einen Teil der Kosten deckt, sondern auch einen Anreiz darstellt, die Transaktion unter Berücksichtigung aller Aspekte zu verfolgen und zu unterstützen, auch wenn dies den Nicht-Abschluss beinhaltet.

Ein weiteres gängiges Mittel zur Gleichschaltung der Interessen zwischen Berater (Agent) und Auftraggeber (Prinzipal) ist die Vereinbarung einer sog. Break Fee oder Break-up Fee, d.h. einer Einmalzahlung bei Abbruch der Transaktion, die dem Berater ein Auskommen über den reinen Kosten- und Auslagenersatz hinaus gewährt. Allerdings ist die vertragliche Ausgestaltung oftmals schwierig, denn viele Mandanten scheuen die Zahlung einer Abbruchgebühr, wenn die Gründe für den Abbruch nicht bei dem Mandant, z.B. in unverhältnismäßigen Garantieforderungen liegen, sondern in einem sich dramatisch veränderten Kapitalmarkt- und Finanzierungsumfeld, z.B. in den Monaten nach Ausbruch der Bankenkrise im November 2008.

Darüber hinaus gibt es leider viele Berater am Markt, die ihre Beratungsleistungen und ihre Sicherheit des Abschlusses einer Transaktion dadurch „verkaufen", dass sie ausschließlich auf erfolgsorientierter Basis tätig werden. Dem potentiellen Mandanten wird erläutert, dass er ja kein Risiko mit der Beauftragung eingeht und oftmals gelingt es diesen „Beratern" auch tatsächlich, mit dieser Argumentation in ein Mandatsverhältnis zu gelangen. Damit werden wiederum Marktstandards geschaffen, die es dem seriösen Berater erschweren, einen ausgewogenen, im Gleichklang mit den Zielen des Auftraggebers stehenden Projektvertrag über die Beratung beim Verkauf zu schließen.

Auch kann man weiterhin am Markt beobachten, dass es „Berater" gibt, die sich sowohl von der Käufer- als auch der Verkäuferseite mit einem Honorar entlohnen lassen. Die Konflikte hierbei sind unübersehbar. Eine reine Maklerleistung könnte eine solche Vorgehensweise eventuell noch, theoretisch betrachtet, rechtfertigen, jedoch ist insgesamt die Maklerfunktion im Rahmen eines komplexen Projektes, wie einem Unternehmensverkauf sowie in Zeiten der durch das Internet und die globalen Kommunikations- und Informationsmöglichkeiten geschaffenen Markttransparenz, eher von geringerer Bedeutung.

Die nachfolgende Tabelle zeigt im Überblick die verschiedenen Entlohnungsparameter der Zusammenarbeit eines Verkäufers mit einem M&A-Berater sowie die jeweiligen Vor- und Nachteile:

Entlohnungs-komponente	Art der Regelung	Vorteile	Nachteile
Reine erfolgsorientierte Bezahlung	In % des Transaktionsvolumens; evtl. als einfacher Prozentsatz oder in Abwandlung der klassischen Lehman-Formel	Keine Kosten für den Unternehmer bei Scheitern der Transaktion Klare Abschlussorientierung des Beraters Erfolg klar ermittelbar	Erfolgsorientierte Bezahlung verführt zum Zuraten zu einem Abschluss zu jedem Preis und zu jeder Garantie mit jedem Vertragspartner (auch unter evtl. Verschweigen bzw. Geringschätzen etwaig erkannter Risiken.
Nur auf Festhonorarbasis	Z.B. in Form von Stundensätzen oder monatlichen Pauschalhonoraren	Geringere Kosten Berater arbeitet ohne "unbedingten" Abschlussdruck	Berater ist unfokussiert / Berater hat seinen Erfolg bereits mit Abschluss des Mandatsvertrags / Berater ist u.U. an langen Projektlaufzeiten interessiert.
Einmaliger Retainer und hohe Success Fee	Monatliches Pauschalhonorar und Success Fee. U.U. wird die Summe des Pauschalhonorares (evtl. bis zu einem gewissen Betrag) auf die spätere Success Fee angerechnet.	Einmalaufwand des Retainers klar überschaubar Klare Abschlussorientierung des Beraters	Einmaliger Retainer reicht dem Berater bei notwendigen, längeren Projektlaufzeiten nicht zu annähernden Kostendeckung, so dass dieser die "Lust am Mandat" verliert / Hohe erfolgsorientierte Bezahlung verführt zum Zuraten zu einem Abschluss zu jedem Preis und zu jeder Garantie mit jedem Vertragspartner (auch unter evtl. Verschweigen bzw. Geringschätzen etwaig erkannter Risiken.
Monatlicher, geringer Retainer und hohe Success Fee	Kombination aus o.g. Regelungen	Geringe, laufende Kosten Berater weiterhin in hohem Maße abschlussorientiert	Hohe, weitestgehend erfolgsorientierte Bezahlung verführt zum Zuraten zu einem Abschluss zu jedem Preis und zu jeder Garantie mit jedem Vertragspartner (auch unter evtl. Verschweigen bzw. Geringschätzen etwaig erkannter Risiken.
Monatlicher, hoher Retainer und geringe Success Fee	Kombination aus o.g. Regelungen	Kombination aus o.g. Faktoren	Kombination aus o.g. Faktoren
Monatlicher Retainer, Success Fee und Break-up Fee	Kombination aus o.g. Regelungen, zzgl. einer Vergütung bei Abbruch der Transaktion als Entschädigung für das Nicht-Erlangen einer Success Fee	Kombination aus o.g. Faktoren	Kombination aus o.g. Faktoren
Success Fee und Break-up Fee	Kombination aus o.g. Regelungen	Finanzierung aller Aufwendungen am Projektende	Kombination aus o.g. Faktoren
Bezahlung nach bestimmten Meilensteinen	Pauschalhonorar, z.B. bei Vorliegen des Informationsmemorandums (IM), bei Erreichen eines Letter of Intent (LOI) etc.	Bezahlung anhand nach-vollziehbarer Zwischenschritte	Öffnet "Tür und Tor" für die Konzentration auf Interessenten, mit denen man relativ einfach Zwischenschritte, aber evtl. niemals den Abschluss erreicht (z.B. frühzeitiges Andeuten der Einräumung einer umfangreichen Due Diligence Prüfung für den Wettbewerber) bei Abschluss eines "schwachen" LOI

Abbildung 4
Unterschiedliche Entlohnungskombinationen von M&A-Beratungsleistungen

Neben diesen auf die Entlohnung gerichteten Prinzipal-Agenten-Konflikten gibt es auch andere Konfliktpotentiale, die aus einer eventuellen Informationsasymmetrie zwischen dem Auftraggeber und dem Berater entstehen können.

Vertrauensproblem:
Jede Verhandlung bewegt sich im Spannungsfeld zwischen einerseits dem Schaffen von Werten (wertfördernd oder englisch: creating value) und andererseits dem Fordern von Werten (wertfordernd oder englisch: claiming). Jeder Berater, der als Verhandler – unter Abwesenheit des Prinzipals – in einer für ihn adäquaten Situation mehr Zugeständnisse am Verhandlungstisch im Rahmen des Schaffens von Werten macht, gerät in die Gefahr, dies zu Lasten seines Mandanten zu tun. Mit zunehmender Verhandlungsdauer fällt es ihm schwerer, seinen Mandanten davon zu überzeugen, dass diese Regelungen zum Vorteil des Mandanten sind oder gar notwendig waren und nicht zum eigenen Vorteil oder der Gegenseite unbedacht zugegeben wurden. Das ursprüngliche Vertrauensverhältnis zwischen Auftraggeber und Berater erfährt damit eine starke Belastungsprobe.

Transformationsproblem:
Je vehementer ein Verhandler die Motive seines Auftraggebers vertritt, desto wahrscheinlicher ist es, dass er im Rahmen seines erfolgreichen Agierens im Verhandlungsprozess diese Zwischenerfolge (Positionsgewinne) sichern kann und auch entsprechende Zugeständnisse an anderer Stelle geben muss. Jedoch können diese Schritte dazu führen, dass der Auftraggeber dem Verhandler die Legitimation für diese Zwischenschritte abspricht, nach dem Motto: „Das hätten Sie doch nicht zusagen dürfen – das hätten Sie mit mir abstimmen müssen". Die Verhandlungspartner jedoch werden in zunehmendem Maße annehmen, dass der Verhandler mit umfangreichen Kompetenzen ausgestattet ist. Sie werden es nur schwer nachvollziehen können, wenn der Verhandler sich bei bestimmten Punkten auf die Entscheidung seines Mandanten zurückzieht, deren Bedeutung beispielweise für die Gegenseite nicht in dem Maße

gegeben ist, wie die der vorher bei der Erlangung der Positionsgewinne gemachten Zugeständnisse.

Auftragsproblem:

Je besser ein Verhandler die Motive seines Mandanten kennt, desto härter kann er für diese Motive kämpfen. Andererseits birgt ein Zuviel an Know-how die Begrenztheit bei der Suche nach kreativen Lösungen. Der ursprüngliche Vorteil des Verhandlers, der mit mehr Abstand und emotionaler Distanz agieren kann, weicht den Nachteilen des voll informierten und damit auch voll involvierten Verhandlers.

Die oben aufgeführten Konflikte stellen leider nur eine Auswahl an möglichen Konflikten zwischen dem Auftraggeber und den Beratern in M&A-Transaktionen dar. Entscheidend für die Beseitigung dieser Konflikte ist die Schaffung eines weitestgehenden Gleichklangs der Interessen zwischen Auftraggeber und Berater.

Dies muss einerseits durch eine entsprechende Regelung bei der Vergütung erfolgen (adäquater Retainer, adäquate Success Fee (evtl. mit Mindest- und Maximalhonorar und Break-up Fee) und andererseits durch eine ständige Kommunikation zwischen Berater und Auftraggeber, die es ermöglicht, die oben genannten systembedingten Konfliktpotentiale zu erkennen, zu erläutern und damit professionell umzugehen – im Idealfall diese sogar gänzlich zu vermeiden. Dies erfordert natürlich ein hohes Maß an gegenseitigem Vertrauen, nicht nur in die fachlichen Eigenschaften des Beraters, sondern auch in dessen persönliche Integrität.

Für den Auftraggeber ist es dementsprechend bedeutend, einen Berater auszuwählen, der diese Eigenschaften in der Vergangenheit erfolgreich nachgewiesen hat und der hieraus resultierend nicht darauf angewiesen ist, die Transaktion zu jedem Preis und zu jeder Garantie mit jedem Vertragspartner abschließen zu müssen.

1.4 Gedankliche Analyse – Instrumente des Verhandelns

Um im Rahmen der weiteren Ausführungen dieses Buches auf die gleiche Sprache und Begrifflichkeiten zurückgreifen zu können, sind nachfolgend die wichtigsten Begriffe definiert, mit denen wir Verhandlungssituationen analysieren können.

1.4.1 BATNA – Best Alternative to Negotiated Agreement

Der Begriff des BATNA wurde geprägt durch die Autoren des Harvard-Modells, die als Grundlage des rationalen, kooperativen Verhandelns das Denken in Alternativen sehen. Das Akronym BATNA steht dabei für den Begriff der „Best Alternative to the Negotiated Agreement". Es beschreibt neben den vielen Alternativen, die es im Verlauf von Verhandlungen und der Einigung mit dem Verhandlungspartner gibt, die beste Alternative für den Fall, in dem man sich tatsächlich nicht einigen kann. So könnte beispielsweise die BATNA eines Unternehmers im Hinblick auf die Nicht-Einigung beim Verkauf seines Unternehmens in

- der Weiterführung des Unternehmens mit dem bestehenden Management und dem Rückzug des Unternehmers auf die Gesellschafterebene,
- einem Börsengang des Unternehmens,
- der Liquidation des Unternehmens oder
- dem Einbringen des Unternehmens in eine Stiftung

bestehen.

Vor bedeutenden Verhandlungen ist es sehr wichtig, darüber nachzudenken, was aller Wahrscheinlichkeit nach geschieht, wenn es eben nicht zu einer Einigung kommt – und welche Optionen man bei einem Scheitern hat? Hier kommt es vor allem darauf an, die Wahrscheinlichkeiten richtig einzuschätzen und – sofern möglich – den Wert der Alternativen zu beziffern.[5]

Neben dem Einschätzen der eigenen BATNA ist auch das Antizipieren der BATNA des Verhandlungspartners ein wichtiger Baustein in der Vorbereitung einer Verhandlung. Dabei sei kurz erwähnt, dass es bei diesem Vorgang von immenser Bedeutung ist, die Situation des Verhandlungspartners anhand von Fakten einzuschätzen und in der Analyse zu akzeptieren, dass man gewisse Sachverhalte nicht sicher einordnen kann. Vermutungen und Unterstellungen, nach dem Motto: „Der Interessent A kann gar nicht anders" sind hoch gefährlich, denn sie führen zu Fehlannahmen, die sich auch kontraproduktiv auf die eigene Einstellung zum Verhandlungsziel auswirken und die eingenommene Verhandlungsposition fehlleiten können. Das Motto lautet hier: „Stop guessing!"

Das im nächsten Kapitel dargestellte Fallbeispiel zeigt die Suche nach Alternativen (BATNA) im Rahmen eines Verkaufsmandates aus Gründen der nicht gelösten Nachfolge im Unternehmen.

Es gilt: Das konkrete Wissen um die beste Alternative führt zu einer Unabhängigkeit in den Verhandlungen. Die BATNA-Analyse gehört zu jeder guten Verhandlungsvorbereitung (siehe Checkliste).

Fassen wir BATNA also noch einmal zusammen:

- BATNA soll für den Fall eines möglichen Scheiterns von Verhandlungen vorab Klarheit schaffen, welche anderen Möglichkeiten grundsätzlich vorhanden sind und welche alternativen Vorgehensweisen eingegangen werden können.
- BATNA steht für die Suche nach möglichen Alternativen und das Ermitteln der besten Alternative als wichtiger Punkt in der Verhandlungsvorbereitung.
- BATNA stellt den Orientierungspunkt dar, ob ein Verhandlungsausstieg günstiger erscheint als ein Verhandlungsabschluss.

---

5 In der Praxis sind in solchen Fällen häufig zwei Extreme festzustellen: Entweder der Unternehmer überschätzt seine Alternativen in hohem Maße oder er unterschätzt sie deutlich. Beide Extreme beeinflussen seine Fähigkeit, in der Verhandlung richtig und angemessen zu agieren.

- BATNA ist erfolgversprechender als das Setzen eines starren Limits („So viel will ich maximal erreichen oder mindestens erhalten, sonst ist die Verhandlung gescheitert"), weil die wichtigere Frage der bestehenden Alternativen im Fall des Scheiterns der Verhandlung geklärt wird.
- BATNA stellt einen wesentlicher Faktor für erfolgreiche Verhandlungen dar: Die konkrete Kenntnis von Alternativen stärkt grundsätzlich die eigene Verhandlungsposition.

1.4.2 Reservation Price

Der sog. Reservation Price bezeichnet den Grenzpreis des jeweiligen Transaktionspartners und ist somit der höchste Preis, den ein Käufer bereit ist zu bezahlen bzw. der geringste Preis, den ein Verkäufer noch bereit ist zu akzeptieren. In Verhandlungen bezeichnet der Reservation Price den Punkt, an dem ein Verhandler bereit ist, den Verhandlungstisch zu verlassen („Walk-away Point"), weil er aufgrund des Erreichens seiner „Schmerzgrenze" keinen Sinn mehr in der Verhandlung sieht oder sehen will.

Bei der Betrachtung des Reservation Price sind nicht nur die eigene Preisvorstellung, sondern auch die Kosten zu berücksichtigen, die bspw. dadurch entstehen könnten, dass beim „Walk-away Point" ein anderer Käufer – vielleicht ein Wettbewerber – die Transaktion abschließt und damit in Zukunft Auswirkungen auf das eigene Unternehmen zu erwarten sind (z.B. Erlangung von Skalenvorteilen durch den anderen Käufer, der damit den Marktpreis für bestimmte Produkte nach unten bewegt und hierdurch ein Margenverfall beginnt, der sich über kurz oder lang auch auf die Ertragslage des eigenen Unternehmens auswirkt).

Guhan Subrahmanian, Professor an der Harvard Law School, schreibt in seinem Buch „Dealmaking" über den Reservation Price:

„Die Höhe des Reservationspunktes (Reservation Price) hängt in der Regel davon ab, wie gut oder schlecht die BATNA ist. Der Reservationspunkt hat nichts damit zu tun, welchen Preis man sich als günstig, akzeptabel oder fair vorstellt. Er markiert einfach nur den

Punkt, der darüber entscheidet, ob die Wertschöpfung innerhalb eines zur Verhandlung stehenden Deals oder abseits des Verhandlungstisches über die BATNA stattfindet. Der Reservationspunkt ist eine wichtige Größe, die bei den Verhandlungen stets vor Augen sein sollte."[6]

Fallbeispiel:[7]

Heinrich Meier ist 60 Jahre alt und seit 22 Jahren geschäftsführender Gesellschafter der HMM Gesellschaft für Maschinenbau mbH. Die Unternehmensentwicklung der letzten zehn Jahre war durch ein stetiges Umsatzwachstum geprägt. Auch für die Zukunft geht man von einer weiteren Ausweitung des Geschäftsvolumens aus. Das Unternehmen hat Standorte in sechs Ländern und ist Inhaber mehrerer in der Branche stark beachteter Patente. HMM gilt als Marke in der relevanten Branche.
Herr Meier hat entschieden, dass er sich in naher Zukunft aus dem Geschäftsleben zurückziehen und für sein Lebenswerk ein angemessenes Entgelt erhalten will. Dem Thema der nicht durch die Familie gelösten Nachfolge im Unternehmen hat er sich frühzeitig gewidmet und einen M&A-Berater mit dem diskreten Verkauf des Unternehmens beauftragt. Den Unternehmenswert, so gibt er dem Berater mit auf den Weg, sieht er bei einem EV/EBITDA-Multiplikator in Höhe von 6,4. Er würde also beim Verkauf gerne das 6,4-fache des Gewinns vor Zinsen, Steuern, Abschreibungen als Gesamt-Unternehmenswert (Enterprise Value) erzielen.
Die nachfolgende Tabelle zeigt die wirtschaftliche Entwicklung des Unternehmens.

6 (Subramanian, 2010), Seite 28

7 Dieses Fallbeispiel soll dazu dienen, die notwendige gedankliche und kalkulatorische Vorbereitung auf eine Verhandlung und das Abschätzen der BATNA zu erläutern. Aus Vereinfachungsgründen wurden im Beispielfall die in der Realität ebenfalls zu berücksichtigenden wichtigen Parameter wie private Steuern oder die wirtschaftliche Relevanz der Garantien des Kaufvertrages nicht beachtet.

	Historical Period			CAGR	FC
Werte in Mio. €	2011	2012	2013	2011-13	2014
Umsatz	**72.453,0**	**76.120,0**	**81.201,0**	***5,9%***	**84.231,0**
% Umsatzwachstum	NA	*5,1%*	*6,7%*		*3,7%*
Bestandsveränderungen	1.200,0	670,0	850,0		450,0
Sonstige betriebliche Ertrage	300,0	200,0	280,0	320,0 €	320,0
Materialaufwand	38.230,0	39.237,0	41.122.0		42123,0
Rohertrag	**35.723,0**	**36.413,0**	**41.209,0**	***7,4%***	**42.878,0**
% des Umsatzes	*49,3%*	*47,8%*	*50,7%*		*50,9%*
Personalaufwand	18.230,0	18.776.9	19.340,2		20.113,8
Sonstiger betrieblicher Aufwand	12.540,0	13.240,0	14.232.0		14.820.0
EBITDA	**4.953,0**	**4.396,1**	**7.636,8**	***24,2%***	**7.944,2**

Abbildung 5
Beispielhafte Darstellung der wirtschaftlichen Entwicklung eines Unternehmens

Auf dieser Basis bietet der Berater das Unternehmen einer begrenzten Anzahl von möglichen Käufern an. Weil der Markt zu diesem Zeitpunkt eher schwierig ist, haben die bisherigen Bemühungen der beiden nicht zu dem Idealergebnis geführt, das man sich natürlich wünschen würde: Die Nachfrage war nicht groß genug, um einen preistreibenden Wettbewerb unter Kaufinteressenten anzufachen. Dennoch gibt es einen Interessenten, die MARA AG, die einen Kaufpreis auf Basis Enterprise Value (auf schuldenfreier Basis oder neudeutsch „cash and debt free") in Höhe von 5,3 x EBITDA geboten hat. Der Kaufvertrag ist verhandelt. Einem Abschluss steht nichts mehr im Weg. Der Enterprise Value beläuft sich auf € 42,1 Mio.

Trotz der Möglichkeit, mit dem Verkauf des Unternehmens einerseits ein Entgelt für die unternehmerische Lebensleistung zu erhalten und andererseits die Nachfolgeproblematik zu lösen, ist Herr Meier mit dem Ergebnis nicht zufrieden. Schließlich hatte er sich im Vorfeld ja einen Preis in der Größenordnung von 6,4 x EBITDA vorgestellt. Er sieht sich in einem Dilemma, denn einerseits ist er fest entschlossen, den Kaufpreis noch einmal zu verhandeln, andererseits fühlt er sich – mangels Wettbewerb unter den Kaufinteressenten – dem Bieter MARA ausgeliefert. Wegen dieses Gefühls fürch-

tet er auch, mit einem höheren Preis den Bogen zu überspannen und womöglich die Transaktion zu gefährden.
Nun analysiert Herr Meier gemeinsam mit dem M&A-Berater genau das, was dem BATNA-Konzept entspricht: Sie bereiten sich gezielt auf die Preisverhandlungen vor, indem sie die möglichen Alternativen zum Verkauf betrachten und bewerten:

1. Einbringung in eine Stiftung, Einstellen eines Managers und Weiterführung des Unternehmens und Ausschüttung der Gewinne

	Historical Period			CAGR	FC	Projection Period				
Werte in Mio. €	**2011**	**2012**	**2013**	**2011-13**	**2014**	**2015**	**2016**	**2017**	**2018**	**2019**
Umsatz	**72.453,0**	**76.120,0**	**81.201,0**	*5,9%*	**84.231,0**	**86.757,9**	**88.926,9**	**91.594,7**	**94.342,5**	**98.116,2**
% Umsatzwachstum	*NA*	*5,1%*	*6,7%*		*3,7%*	*3,0%*	*2,5%*	*3,0%*	*3,0%*	*4,0%*
Bestandsveränderung	1.200,0	670,0	850,0		450,0					
Sonst. betriebl. Erträge	300,0	200,0	280,0	*320,0*	320,0	300,0	300,0	300,0	300,0	300,0
Materialaufwand	38.230,0	39.237,0	41.122,0		42.123,0	43.379,0	44.463,4	45.339,4	46.699,5	48.077,0
Rohertrag	**35.723,0**	**36.413,0**	**41.209,0**	*7,4%*	**42.878,0**	**43.679,0**	**44.763,4**	**46.555,3**	**47.943,0**	**50.339,3**
% des Umsatzes	*49,3%*	*47,8%*	*50,7%*		*50,9%*	*50,3%*	*50,3%*	*50,8%*	*50,8%*	*51,3%*
Personalaufwand	18.230,0	18.776,9	19.340,2		20.113,8	20.388,1	20.897,8	20.883,6	21.510,1	22.370,5
Sonst. betriebl. Aufwand	12.540,0	13.240,0	14.232,0		14.820,0	15.182,6	15.562,2	15.937,5	16.415,6	17.170,3
EBITDA	**4.953,0**	**4.396,1**	**7.636,8**	*24,2%*	**7.944,2**	**8.108,2**	**8.303,4**	**9.734,3**	**10.017,3**	**10.798,4**
% margin	*6,8%*	*5,8%*	*9,4%*		*9,4%*	*9,3%*	*9,3%*	*10,6%*	*10,6%*	*11,0%*
Abschreibungen	2.100,0	2.310,0	2.410,0		2.620,0	2.602,7	2.667,8	2.747,8	2.830,3	2.943,5
EBIT	**2.853,0**	**2.086,1**	**5.526,8**	*35,4%*	**5.324,2**	**5.505,5**	**5.635,6**	**6.986,4**	**7.187,0**	**7.854,9**
% des Umsatzes	*3,9%*	*2,7%*	*6,4%*		*6,3%*	*6,3%*	*6,3%*	*7,6%*	*7,6%*	*8,0%*
Steuern	855,9	625,8	1.568,0		1.597,3	1.651,6	1.690,7	2.095,9	2.156,1	2.356,5
EBIAT	**1.997,1**	**1.460,3**	**3.658,8**	*35,4%*	**3.726,9**	**3.853,8**	**3.944,9**	**4.890,5**	**5.030,9**	**5.498,5**
Plus: Abschreibungen	2.100,0	2.310,0	2.410,0		2.620,0	2.602,7	2.667,8	2.747,8	2.830,3	2.943,5
Less: Investitionen	-2.200,0	-2.250,0	-2.310,0		-2.420	-2.602,7	-2.667,8	-2.747,8	-2.830,3	-2.943,5
Less: Zunahme des Netto Working Capitals						527,2	-1.068,1	-1.963,6	-24,0	-322,2
Unlevered Free Cashflow						**4.381,1**	**2.876,8**	**2.926,9**	**5.006,9**	**5.176,3**

Abbildung 6
Modellrechnung bei Fortführung (Einbringung in eine Stiftung)

Es zeigt sich hier folgendes rechnerisches Ergebnis: Da das Unternehmen rein eigenkapitalfinanziert ist, beläuft sich die Summe des ausschüttungsfähigen Cashflows, d.h. ausschüttungsfähige Liquidität, der nächsten fünf Jahre auf rd. € 20,3 Mio.

2. Liquidation des Unternehmens

Die nachfolgende Tabelle zeigt eine überschlägige Liquidationsrechnung:

Werte in Mio. €	Buchwert	Liquidationswert	Gewinn/ Verlust
Immaterielle Vermögensgegenstände	850	–	850
Sachanlagen	12.540	7.524	5.016
Umlaufvermögen	24.164	19.331	4.833
Sonstige Aktiva	871	349	523
Summe Aktiva	**38.426**	**27.204**	**11.222**
Rückstellungen	2.490	1.867	622
Verbindlichkeiten	5.224	5.224	–
Sonstige Passiva	674	674	–
Summe Passiva	**8.388**	**7.766**	**622**
Zwischensumme Aktiva ./. Passiva		**19.438**	
Außerbilanzielle Verpflichtungen		1.250	
Kosten eines "Sozialplans"		819	
Liquidationskosten		816	
Steuern		350	
Verbleibender Nettobetrag auf Ebene der Gesellschaft		**16.203**	

Abbildung 7
Modellrechnung bei Liquidation

Herr Meier erkennt also, dass das Ergebnis einer Liquidation seines Unternehmens als Alternative zur Nicht-Einigung ihm einmalig etwa € 16,2 Mio. einbringen würde.

3. Börsengang des Unternehmens

	Historical Period			CAGR	FC	Projection Period					CAGR
Werte in Mio. €	2011	2012	2013	2011-13	2014	2015	2016	2017	2018	2019	2014-19
Umsatz	**72.453,0**	**76.120,0**	**81.201,0**	*5,9%*	**84.231,0**	**86.757,9**	**88.926,9**	**91.594,7**	**94.342,5**	**98.116,2**	*3,1%*
% Umsatzwachstum	*NA*	*5,1%*	*6,7%*		*3,7%*	*3,0%*	*2,5%*	*3,0%*	*3,0%*	*4,0%*	
Bestandsveränderung	1.200,0	670,0	850,0		450,0						
Sonst. betriebl. Erträge	300,0	200,0	280,0	*320,0*	320,0	300,0	300,0	300,0	300,0	300,0	
Materialaufwand	38.230,0	39.237,0	41.122,0		42.123,0	43.379,0	44.463,4	45.339,4	46.699,5	48.077,0	
Rohertrag	**35.723,0**	**36.413,0**	**41.209,0**	*7,4%*	**42.878,0**	**43.679,0**	**44.763,4**	**46.555,3**	**47.943,0**	**50.339,3**	*3,3%*
% des Umsatzes	*49,3%*	*47,8%*	*50,7%*		*50,9%*	*50,3%*	*50,3%*	*50,8%*	*50,8%*	*51,3%*	
Personalaufwand	18.230,0	18.776,9	19.340,2		20.113,8	20.388,1	20.897,8	20.883,6	21.510,1	22.370,5	
Kosten Investor Relations						1.650,0	450,0	450,0	450,0	450,0	
Sonst. betriebl. Aufwand	12.540,0	13.240,0	14.232,0		14.820,0	15.182,6	15.562,2	15.937,5	16.415,6	17.170,3	
EBITDA	**4.953,0**	**4.396,1**	**7.636,8**	*24,2%*	**7.944,2**	**6.458,2**	**7.853,4**	**9.284,3**	**9.567,3**	**10.348,4**	*5,4%*
% margin	*6,8%*	*5,8%*	*9,4%*		*9,4%*	*7,4%*	*8,8%*	*10,1%*	*10,1%*	*10,5%*	

Abbildung 8
Modellrechnung beim Börsengang

Die Berechnung dieses Szenarios ergibt: Der EBITDA verringert sich einerseits um die Kosten des Börsenganges und auch um die in Zukunft anfallenden Kosten der Investor-Relations-Aktivitäten.

Die vergleichbaren börsennotierten Unternehmen, die als Ausgangsbasis für eine IPO-Bewertung herangezogen werden können, zeigen folgende Bewertungsbandbreiten:

Company		Current Share Price	% of 52-wk	Equity Value	Enterprise Value	Enterprise Value /									LTM EBITDA Margin
						LTM	2013	2014	LTM	2013	2014	LTM	2013	2014	
						Sales			EBITDA			EBIT			
	CompCo 1	8,19	97%	530	814	0,4x	0,5x	0,4x	6,9x	6,5x	6,4x	8,0x	7,7x	7,2X	7%
	CompCo 2	0,05	83%	920	970	0,6x	0,5x	0,5x	16,0x	12,5x	6,5x	18,0x	14,0x	8,0x	3%
Tier I: Large Cap	CompCo 3	2,86	72%	1.240	1.540	0,3x	0,6x	0,6x	8,5x	8,0x	6,5x	9,0x	8,5x	8,0x	7%
	CompCo 4	12,54	67%	722	1.013	1,8x	1,8x	1,7x	9,6x	8,8x	7,6x	11,0x	10,0x	9,6x	8%
	Mean					0,8x	0,8x	0,8x	10,2x	8,9x	6,7x	11,5x	10,1x	8,2x	6%
	Median					0,5x	0,5x	0,5x	90,x	8,4x	6,5x	10,0x	9,3x	8,0x	7%
	MCompCo 5	14,78	67%	120	130	0,5x	0,5x	0,5x	7,0X	6,5x	6,4x	8,1x	7,5X	7,4x	8%
	MCompCo 6	$6,16	63%	$213	$229	0,3x	0,3x	0,3x	8,0x	8,0x	7,3x	9,2x	9,2x	8,4x	7%
Tier II: Mid-Cap	MCompCo 7	75,85	57%	180	182	2,4x	1,6x	0,9x	9,2x	8,5x	8,2x	10,6x	9,8x	9,4x	6%
	MCompCo 8	19,3	45%	122	156	0,7x	0,8x	0,7x	8,0x	7,8x	7,5x	9,2x	9,0x	8,6x	8%
	MCompCo 9	8,69	92%	143	163	0,5x	0,5x	0,4x	9,0x	9,2x	9,5x	10,4x	10,6x	10,9x	5%
	Mean					0,9x	0,9x	0,7x	0,5x	8,2x	8,0x	7,8x	9,5x	8,9x	7%
	Median					0,5x	0,5x	0,5x	0,5x	8,0x	8,0x	7,5x	9,2x	8,6x	7%
	SCompCo 10	£42,3	62%	$64	$87	1,0x	0,8x	0,9x	7,0x	6,5x	5,9x	8,4x	7,8X	7,0x	10%
	SCompCo 11	12,12	64%	52	65	0,4X	0,4x	0,3x	6,0x	5,0x	4,5x	7,2x	6,0x	5,4x	9%
Tier III: Small-Cap	SCompCo 12	43,23	53%	48	56	0,6x	0,5x	0,4x	8,0x	7,5x	6,8x	9,6x	9,0x	8,1x	8%
	SCompCo 13	12,23	45%	47	45	0,7x	0,5x	0,5x	7,0x	6,8x	6,1x	8,4x	8,2x	7,3x	10%
	SCompCo 14	12,43	54%	64	76	0,7x	0,6x	0,7x	6,5x	6,2x	5,6x	7,8x	7,4x	6,7x	11%
	Mean					0,7x	0,6x	0,6x	6,9x	6,4x	5,8x	8,3x	7,7x	6,9x	10%
	Median					0,7x	0,5x	0,5x	7,0x	6,5x	5,9x	8,4x	7,8x	7,0x	10%
	Mean					0,8x	0,7x	0,6x	8,3x	7,7x	6,8x	9,6x	8,9x	8,0x	8%
Overall	Median					0,6x	0,5x	0,5x	8,0x	7,7x	6,5x	9,1x	8,7x	8,0x	8%
	High					2,4x	1,8x	1,7x	16,0x	12,5x	9,5x	18,0x	14,0x	10,9x	11%
	Low					0,32x	0,3x	0,3x	6,0x	5,0x	4,5x	7,2x	6,0x	5,4x	3%

Abbildung 9
Comparable Companies – Übersicht

Bei einem IPO, so rechnet die von Herrn Meier wegen einer möglichen Emission angesprochene Bank ihm vor, ergibt sich folgende Wertbandbreite:

	Enterprise Value /								
	LTM	2013	2014	LTM	2013	2014	LTM	2013	2014
Werte in Mio. €	Sales			EBITDA			EBIT		
Mean	0,7x	0,5x	0,5x	7,0x	6,5x	5,9x	8,4x	7,8x	7,0x
Median	1,0x	0,8x	0,9x	8,0x	7,5x	6,8x	9,6x	9,0x	8,1x
HMM	**84.231**	**86.758**	**88.927**	**7.944**	**8.108**	**8.303**	**5.324**	**5.505**	**5.636**
Enterprise Value									
Mean	58.962	43.379	44.463	55.609	52.703	48.575	44.723	42.943	39.562
Median	84.231	69.406	80.034	63.553	60.812	56.048	51.112	49.549	45.648
Median Overall	51.908								
Mittelwert Overall	55.073								

Abbildung 10
Wertbandbreite beim Börsengang

Mit diesen vier Wertenindikatoren (Verkauf mit niedrigerem EBITDA-Multiplikator, Fortführung durch Stiftung, Liquidation und Börsengang) ausgerüstet, können Herr Meier und sein Berater die BATNA bestimmen. Gestützt durch seinen Berater legt Herr Meier hier aber nicht einfach die errechneten Werte zugrunde, sondern beachtet dabei auch, dass die einzelnen Alternativen mit unterschiedlichen Erfolgs- bzw. Eintrittswahrscheinlichkeiten verbunden sind. Diese sind hier in der nachfolgenden Tabelle entsprechend einer einfachen Gewichtung dargestellt.

Werte in Mio. €	Wert	Wahrscheinlichkeit	Gewichteter Betrag	
Verkauf	42.104	100%	42.104	
Fortführung	20.368	70%	14.258	
Liquidation	16.203	90%	14.583	
Börsengang	**51.908**	**65%**	**33.740**	**BATNA**

Abbildung 11
Beispielhafter Vergleich von Handlungsalternativen

Daraus ergibt sich für Herrn Meier überraschenderweise, dass der Verkauf des Unternehmens – auch bei einem niedrigeren EV/EBITDA-Multiplikator von 5,3 – rein monetär betrachtet nun doch die beste Alternative darstellt. Sollten jedoch die Verhandlungen scheitern, zeigt sich auf der Basis der Berechnungen und der unterstellten Eintrittswahrscheinlichkeiten der Börsengang als die monetär attraktivste Alternative zu dem Verkauf.

Mit dieser Sicherheit im Rücken gehen Herr Meier und sein M&A-Berater nun in die entscheidende Verhandlung. Solchermaßen gestärkt gelingt es ihnen, der MARA AG durch ein souveränes Auftreten und ein rationales Verhandeln weitere Vorteile eines Erwerbs für MARA zu verdeutlichen und damit den Kaufpreis auf 5,8x EBITDA zu erhöhen.

1.4.3 ZOPA – Zone of Possible Agreement

Es liegt im Wesen nahezu aller Verhandlungen, dass man den Reservation Price, also den Grenzpreis des Verhandlungspartners nicht exakt kennt. Ebenso sind andere Parameter einer Verhandlung nicht bekannt, die für den Abschluss einer Vereinbarung wichtig sind. Je nach Vorbereitung kann es hier zwar zu einer deutlichen Reduzierung der Informationsasymmetrie kommen. Die Existenz von Unwägbarkeiten ist allerdings grundsätzlich ein Problem, mit dem jeweils beide Verhandlungspartner umgehen müssen.

Hier erweist sich das Konzept der ZOPA („Zone of possible Agreement“) als hilfreich Die ZOPA ist die Darstellung des Bereiches, in dem sich die Vorstellungen von Verkäufer und Käufer überlappen. Nur in diesem Bereich wird in der Regel eine Einigung möglich sein.

Oftmals wird die ZOPA erst in mehreren Verhandlungsrunden erreicht. Die nachfolgende Grafik zeigt die Möglichkeit der Näherung der beiden Parteien an den Einigungsbereich.

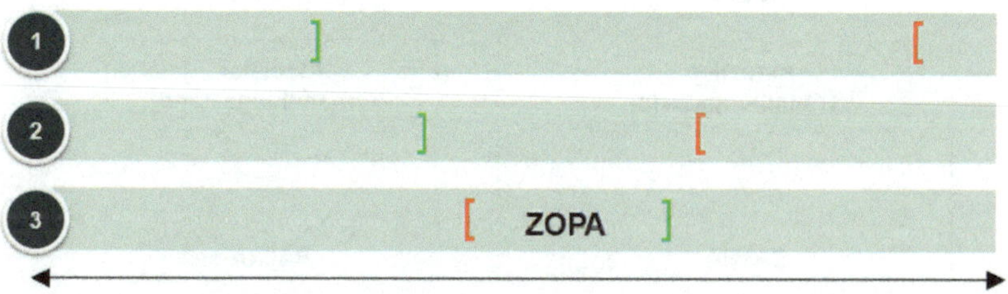

Abbildung 12
Schematische Darstellung der Entstehung einer ZOPA

Wie man in Block 1 sieht, liegen die Vorstellung der Verhandlungspartner am Anfang noch weit auseinander: Die linke, grüne Klammer symbolisiert den Kaufpreis, den der Käufer zu bezahlen bereit ist; die rechte, rote Klammer zeigt die Verkaufspreisvorstellung des Verkäufers. Im Block 2 wurde bereits durch rationales Verhandeln einerseits ein Mehrwert für den Käufer aufgezeigt und andererseits hat sich der Reservation Price des Verkäufers durch neu identifizierte Risiken nach unten verschoben. Im untersten, dritten Block ist eine ZOPA vor allem dadurch entstanden, dass sich die nun vorherrschenden Preisvorstellungen von Käufer und Verkäufer im Verhältnis zu den Anfangspositionen deutlich verschoben haben.

Die ursprünglich linke, grüne Klammer ist nun rechts neben die ursprünglich rechte, rote Klammer gerückt. Die Überlappung in der Wertskala kennzeichnet die ZOPA. Die Analyse der möglichen ZOPA gibt – bei Antizipation der BATNAs der Verhandlungspartner und der Reservationspreise – Aufschluss darüber, ob eine Verhandlung überhaupt erfolgreich sein kann. Natürlich ist dies keine exakte mathematische Rechnung, sondern ein Vorgang, der stets mit einer Vielzahl von Variablen verbunden ist.

Nichtsdestotrotz ist die gedankliche Analyse der Situation ein sehr wichtiger Punkt, um „aus dem sicheren Stand heraus" verhandeln zu können.

Das nachfolgende Schaubild fasst die bisher vorgestellten Instrumente und den Analysevorgang zusammen:

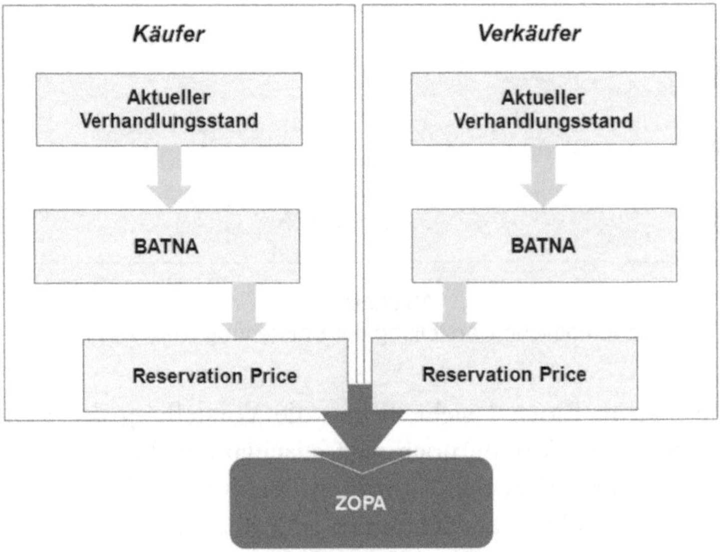

Abbildung 13
Zusammenfassende Darstellung der gedanklichen Verhandlungsprinzipien

1.5 Die Bedeutung der Grundprinzipien menschlicher Kommunikation und Informationsverarbeitung für den M&A-Prozess

Verhandlungen sind Kommunikationsvorgänge. Dementsprechend ist es notwendig, sich ebenfalls zum besseren Verständnis der Vorgänge in M&A-Verhandlungen die Grundprinzipien menschlicher Kommunikation vor Augen zu führen. Ebenso sind Verhandlungen bei Unternehmenstransaktionen gekennzeichnet durch eine Vielzahl von zu verhandelnden Parametern. Auf den Verhandler wirken somit eine Reihe von Einflussfaktoren ein, die die Verhandlungssituation bestimmen und erschweren.

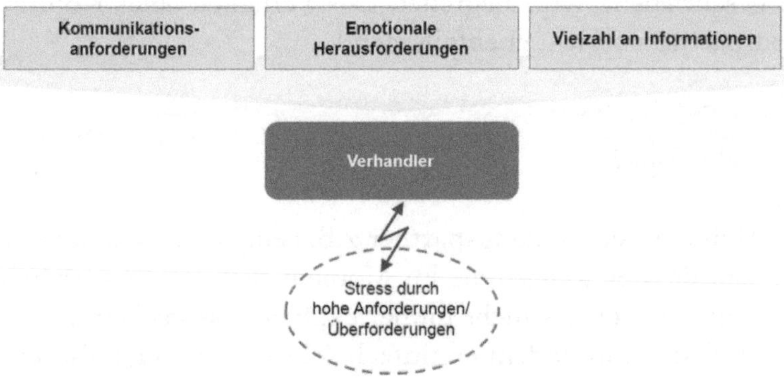

Abbildung 14
Auswahl von wesentlichen Einflussfaktoren auf einen Verhandler in M&A-Transaktionen

Bei der Betrachtung der menschlichen Kommunikation werden drei Grundprinzipien seit Jahren diskutiert und helfen, die Grundlagen für die späteren Ausführungen zu legen. Diese sind:

- Das systemtheoretische Kommunikationsmodell nach Paul Watzlawick
- Die Transaktionsanalyse nach Thomas Harris

- Das „Nachrichten-Fenster“ nach Friedemann Schulz von Thun

1.5.1 Das systemtheoretische Kommunikationsmodell nach Paul Watzlawick

Watzlawick hat in seinen Ausführungen „Menschliche Kommunikation“[8] eine Reihe von grundsätzlichen Annahmen getroffen, die es bei jeder menschlichen Kommunikation zu beachten gilt:

1. Wir können mit anderen Menschen nicht „nicht-kommunizieren“

Der Begriff der Kommunikation ist nicht auf das gesprochene oder geschriebene Wort begrenzt. Das Verhalten eines Kommunikationspartners spricht ebenfalls Bände.

> Fallbeispiel:
>
> Will ein Verhandlungspartner z.B. seinem Gegenüber mitteilen, dass er wenigstens im Moment nicht mehr verhandeln will, wird er das nicht immer explizit aussprechen. Er kann das auch tun, indem er einfach schweigt. Er sagt also etwas, in dem er nichts sagt und z.B. auf Nachrichten schlicht nicht reagiert. Diese Art des Schweigens ist dennoch Kommunikation. Dasselbe gilt für nicht eingehaltene Abgabetermine für bestimmte Erklärungen. Wer z.B. eine Frist zur Abgabe eines unverbindlichen Angebotes ignoriert, sagt durch dieses Schweigen – die Nichteinhaltung der Frist – auch etwas aus. Das Interessante daran: Es liegt im Ermessen des Empfängers, diesen schweigenden Kommunikationsakt richtig zu interpretieren.

8 siehe hierzu auch (Watzlawick, et al., 2011)

Es geht immer um die Frage: Was will der Sender damit im konkreten Kontext sagen? Eine der wichtigsten Erkenntnisse aus der Verhandlungspraxis: Bei der Interpretation von Kommunikationsakten tendiert der Mensch dazu, dem anderen eine willkürlich „bösartige“ Intention zu unterstellen. Solch eine Unterstellung wird für die erfolgreiche Verhandlung niemals zielführend sein, weil sie einem selbst die weitere Zusammenarbeit mit dem Verhandlungspartner emotional erschwert. Tatsächlich sind Kommunikationsakte, die keinen anderen Sinn und keine andere Intention verfolgen, als den anderen zu beleidigen, bei Verhandlungen jedoch höchst selten. Meist geht es gerade bei der schweigenden Kommunikation um nüchterne Ziele und strategische Überlegungen.

2. Jede Kommunikation hat eine Inhalts-Ebene und eine Beziehungs-Ebene.

Beispiel aus der Verhandlungspraxis: Ein Verhandlungspartner teilt mit kurzer Nachricht mit: „Wir bitten um die Verschiebung der weiteren Verhandlungen bis zum Zeitpunkt X.“ Auf der Inhaltsebene sagt die Mitteilung: „Es wird im Zeitraum x keine weiteren Gespräche geben.“ Auf der Beziehungsebene kann solch eine Mitteilung transportieren: „Wir vertrauen dem Verhandlungspartner nicht mehr und möchten uns nunmehr verstärkt der Prüfung oder Realisierung der BATNA widmen.“ Es ist aber ebenso gut möglich, dass es beispielsweise beim Partner im Innenverhältnis seines Unternehmens zu Unstimmigkeiten gekommen ist, die er erst bereinigt sehen will – diese Unstimmigkeiten aber nicht „an die große Glocke“ hängen möchte. Entscheidend ist bei einer Störung der Inhaltsebene, dass zunächst analysiert werden muss, ob es auf der Beziehungsebene Störungen gibt. Dies kann entweder offiziell und direkt geschehen, in dem man die wahrgenommenen Störungen zum Thema macht. Ein anderer Weg ist der inoffizielle durch sog. „Nichtgespräche“, die oftmals dazu verhelfen, neue Aspekte der Beziehung aufzuzeigen, die eventuell beim Verhandlungspartner nicht wahrnehmbar sind. Nach Klärung der Beziehungsebene kann dann wieder auf der Inhaltsebene kommuniziert und verhandelt werden.

3. Kommunikation ist kreisförmig

Kommunikation verläuft immer nach dem Sender-Empfänger-Modell:

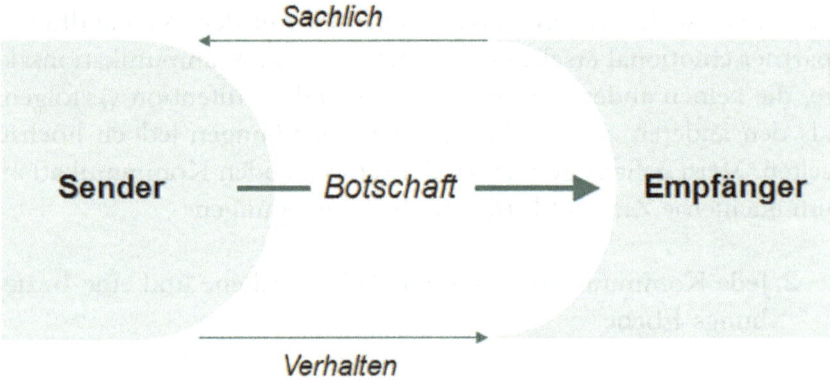

Abbildung 15
Nachrichten-Sender-Empfänger-Modell

Es ist wichtig, sich dieses so einfach wirkende Modell immer wieder klar zu machen – sobald eine Botschaft gesendet und beim Empfänger angekommen ist, wird dieser seinerseits wieder zum Sender. Jeder Kommunikationsakt wird deshalb elementar ein Ziel verfolgen: Er will seinen Empfänger sowohl funktional als auch sachlich dazu bewegen, auf die „Senderfunktion umzuschalten". Weil auch hier das unter 1 genannte Prinzip der nicht existierenden „Nicht-Kommunikation" gilt (auch wenn der Empfänger auf die gesendete Nachricht nicht antwortet, ist dies eine Form der Kommunikation und muss beachtet werden), sollte der Kommunikationsakt so angelegt sein, dass er seinen Empfänger zum expliziten Senden einer Nachricht veranlasst und das „beredte Schweigen" als Reaktion vermeidet. Dieses Ziel erreicht man in der Regel am einfachsten dadurch, dass man die bereits genannte Beziehungsebene jederzeit im Blick hat und es dem Gegenüber möglichst leicht macht, offen (ggfls. auch durch die oben bereits erwähnten Nichtgespräche oder englisch: „off-the-records“) zu sprechen.

Fallbeispiel:

Einer der weltgrößten, börsennotierten Automobilzulieferer AUTOSUP beabsichtigt einen kleineren Geschäftsbereich zu veräußern, der einfache Kunststoffspritzgussteile herstellt. Dieser Geschäftsbereich, der sich aus mehreren Gesellschaften zusammensetzt, ist an drei Standorten aktiv. AUTOSUP beauftragt die Corporate Finance-Tochtergesellschaft ihres Wirtschaftsprüfers CBA mit dem Verkauf dieses Geschäftsbereiches. Transaktionsrelevante Unterlagen werden erstellt, Kaufinteressenten angesprochen und erste Managementpräsentationen verlaufen erfolgreich.

Einer der aussichtsreichsten Interessenten ist der mittelständische Automobilzulieferer RETTIG, der durch eine Akquisition des in Rede stehenden Geschäftsbereiches Zugang zu einem der Automobilhersteller, oder kurz OEMs erhält, mit denen er bisher noch nicht so intensiv Geschäfte tätigen konnte, wie er es sich wünschte.

Die Geschäftsführung von RETTIG beauftragt den M&A-Berater Gutmann mit der Koordination des gesamten Prozesses und insbesondere mit der Koordination der Teilprojekte der nun anstehenden Due-Diligence. Herr Gutmann nimmt Kontakt mit den Beratern von CBA auf und bittet um Informationen, die RETTIG für die Finanzierung der Akquisition der Hausbank zur Verfügung stellen soll.

Nachdem die Liste der Informationswünsche und Dokumente nunmehr eine Woche bei CBA ist, will sich Herr Gutmann nach dem Stand des Prozesses erkundigen. Leider erhält er keinen Rückruf. Auch seine E-Mails bleiben unbeantwortet.

Nachdem er nun sein Anliegen per Brief und Fax an CBA stellt, erhält er einen Telefontermin, der allerdings mehr als unbefriedigend verläuft. Die Berater von CBA erklären, man könne die Unterlagen in dieser Phase des Prozesses nicht zur Verfügung stellen. Herr Gutmann und seine Mandanten sind davon überzeugt, dass deren Fragen keinesfalls über das Maß dessen, was zum aktuellen Prozessstand üblich ist, hinausgehen. Um jedoch den Beratern von CBA entgegenzukommen, bittet man um sog. Expert Meetings, um die Fragen eben im persönlichen Gespräch klären zu können. Die Hausbank „vertröstet" man mit der Einreichung der Unterlagen auf einen späteren Zeitpunkt. Auch auf die Terminanfragen nach Expert Meetings erhält man keine Antwort. Schließlich entscheidet Herr Rettig, der geschäftsführende Gesellschafter von RETTIG, dass dieses Projekt nunmehr genug Ressourcen im Unternehmen RETTIG gebunden hat und steigt aus der Transaktion aus.

Ein paar Tage später liest Herr Gutmann in der Wirtschaftspresse, dass AUTOSUP den Wettbewerber FASTER erworben hat.

Durch einen Zufall erfährt Herr Gutmann im Nachhinein, dass die Berater von CBA am eigentlichen Sachverhalt des Scheiterns der Gespräche mit RETTIG schuldlos waren. Die M&A-Abteilung von AUTOSUP, die konzernintern alle M&A-Aktivitäten steuert, war gleichzeitig in diese große Akquisition, die sich kurzfristig ergeben hat, eingebunden. Die handelnden Personen waren vollauf damit beschäftigt, das überraschend geöffnete Zeitfenster für eine Akquisition von FASTER zu nutzen und haben alle anderen Aktivitäten schlichtweg „bei Seite gelegt". Da diese Akquisition schnell und vor allem diskret durchgeführt werden musste, wurde auch der Berater CBA nicht ins Bilde gesetzt, der seinerseits versuchte, durch „Nichtkommunikation" keinen Fehler zu begehen, auf Zeit zu spielen und damit die Interessenten im Prozess zu halten.

Die Interpretation dieser Nichtkommunikation seitens RETTIG war jedoch völlig gegenläufig: Man ging davon aus, zu den unbeliebteren Akquisitionskandidaten zu gehören. Dementsprechend schätzte man die Chancen im Prozess als niedrig ein und stieg aus. Anscheinend empfanden auch andere Interessenten dieses Verhalten des Beraters CBA identisch, denn am Ende wurde der Geschäftsbereich nicht verkauft. „Nicht-Kommunikation“ hat in diesem Fall auch eine Botschaft übermittelt. Allerdings durch Unbedachtheit der Wirkung dieser „Nicht-Kommunikation“ eine falsche Botschaft, die letztendlich im schlechtesten aller Ergebnisse mündete.

4. Kommunikation erfolgt entweder digital oder analog

Watzlawick versteht unter digitaler Kommunikation eine eindeutige Form von Kommunikation durch Buchstaben, Zahlen, Worte etc. Demgegenüber steht die analoge Form, die durch Mimik, Gestik, Blicke, Tonfall und Körpersprache erfolgt. Wenn man davon ausgeht, dass rd. 2/3 unserer Kommunikation[9] nonverbal erfolgt, wird deutlich, wie wichtig die Beachtung dieser Art der Kommunikation ist. Hierbei sei jedoch erwähnt, dass eine sture Standard-Interpretation von „allgemein bekannten“ körpersprachlichen Signalen oft zu irreführenden Annahmen führen kann. Wenn jemand in sitzender Position seine Hände vor dem Körper verschränkt, wird mancher gleich an „Ablehnung oder Abwehr“ denken. Die genannte Körperhaltung muss aber eben nicht zwangsläufig eine Abwehrhaltung sein; je nach Körperfülle und Bauchumfang kann dies auch einfach eine bequeme und entspannte Haltung sein – also ein Zeichen des Wohlbefindens im Gespräch.[10] Sitzt der Verkäufer bei der Erläuterung eines komplizierten Kaufangebotes mit

9 Katzengruber, Werner – TSP – Top Selling Professional, DVD

10 Der Autor weiß im Laufe der Jahre, wovon er in diesem Falle spricht.

variablen Earn-out-Strukturen durch den Käufer mit verschränkten Armen da, kann das auch ein Zeichen höchster Konzentration sein. Gleichzeitig fragt sich der auf der Basis von vermeintlichen Standards der Körpersprache beobachtende Käufer während des Vortrages, ob seine Ausführungen „blockiert" werden. Die Wichtigkeit der richtigen Interpretation dieser ausgesandten Signale und vor allem die aufmerksame Wahrnehmung der Zeichen kann also nicht hoch genug eingeschätzt werden. Um Fehlinterpretationen zu vermeiden bietet es sich an, sich durch gezieltes Nachfragen, der non-verbalen, analogen Kommunikation und deren Botschaft zu vergewissern. An diesem Beispiel kann man erkennen: Wirkliche Beherrschung von kommunikativen Prozessen geht nicht von Standards aus, sondern vom konkreten Einzelfall, der Kenntnis der Rahmenbedingungen und vor allem von der aufmerksamen Beobachtung der Veränderungen von Körperhaltung und Mimik in bestimmten Situationen.

Weil auch hier wieder die Regel gilt, dass jeder Empfänger immer auch die Senderposition einnimmt, ist es ebenso wichtig, sich im Umkehrschluss bewusst zu sein, dass ein bestimmtes analoges Kommunizieren bzw. Verhalten im Sinne Watzlawicks ebenfalls zu bestimmten Interpretationen beim Gegenüber führen kann.

5. Kommunikation ist entweder symmetrisch oder komplementär

Symmetrische Kommunikation beschreibt Watzlawick als Kommunikation zwischen Gleichberechtigten, während er komplementäre Kommunikation als die Kommunikationsform unter nicht gleichberechtigt interpretierten Sendern und Empfängern betrachtet.

Fallbeispiel:

M&A-Transaktionen im Krisenbereich, sog. Distressed-Transaktionen sind oftmals dadurch geprägt, dass der Verkäufer in Not sich – plakativ beschrieben – als „gescheiterter Bittsteller“ und ein potentieller Investor sich als „Retter in der Not“ betrachtet. Dass es bei der Kommunikation und der Suche nach einer optimalen Lösung für beide Seiten auf der Beziehungsebene zu Spannungen kommen kann, liegt schon alleine in der komplementären Kommunikation begründet. Umso wichtiger ist hier die nüchterne Konzentration auf die Inhaltsebene, durch Beantwortung der Fragen: Was ist das in Not geratene Unternehmen wert und welche handfesten Mehrwerte kann es dem Käufer bringen?

1.5.2 Die Transaktionsanalyse nach Thomas Harris

Bei der Betrachtung der letztgenannten Komponente helfen auch die Instrumente der Transaktionsanalyse nach Thomas Harris. Harris unterteilt die Kommunikationsebenen nach deren Ordnungsverhältnis.[11]

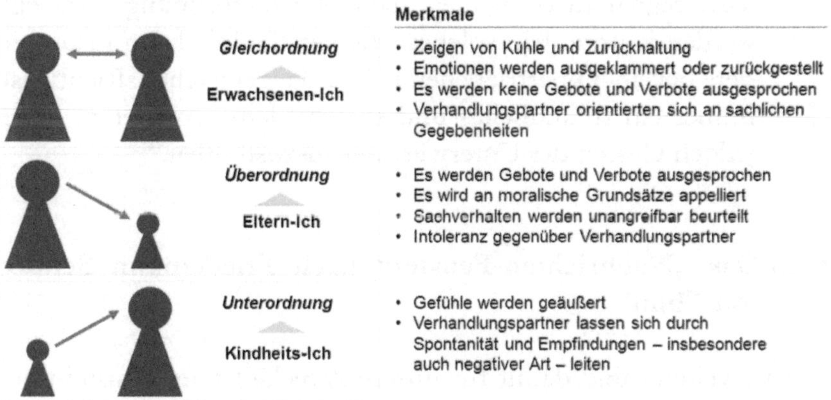

Abbildung 16
Über-, Gleich- und Unterordnung in der Transaktionsanalyse[12]

11 Siehe auch (Frege, Michael C., 2008) und (Berne, 1967)

12 (Frege, Michael C., 2008), Seite 22

Ein oftmals missverstandener Aspekt ist, dass sich gute Kommunikation keineswegs nur auf der Erwachsenen-Ich-Ebene abspielt. Vielmehr ist es auch hier wichtig zu erkennen, auf welcher Ebene man sich gerade befindet – und diese im Laufe des Gespräches und der Verhandlung öfter zu wechseln.

Fallbeispiel:

Das vollständige und systematische Ausklammern von Emotionen ist insbesondere bei einem so emotionsgeladenen Vorgang wie dem Verkauf des Lebenswerkes eines mittelständischen Unternehmers nicht wegzudiskutieren. Diese Emotion muss in der Kommunikation ihren Platz haben. Kommt man bei Verhandlungen in die Phase der Lösungsfindung, sollte man sich allerdings immer wieder auf die sachliche und „emotionslose“ Gleichordnungsebene begeben. Nur „auf der Gleichordnungsebene kann man sachlich angemessene Lösungen erreichen. Somit ist zu Beginn einer Verhandlung jedes Signal zu vermeiden, dass als Unterordnung ausgelegt werden könnte. Ein solches Missverständnis kann insbesondere bei einer übertriebenen Höflichkeit entstehen. Richtig ist immer ein freundliches und entschiedenes Auftreten, ohne jedoch Gesten der Unterwerfung auszustrahlen.“[13]

1.5.3 Das „Nachrichten-Fenster“ nach Friedemann Schulz von Thun[14]

Ein weiterer und damit für unsere Zwecke letzter Baustein bei der Betrachtung der Kommunikationsgrundlagen für Verhandlungen ist, dass jede Nachricht – wie nachfolgende Abbildung zeigt – nach dem Psychologen und Verhaltensforscher Friedemann Schultz von Thun vier Seiten haben kann.

---

13 (Frege, Michael C., 2008), Seite 23

14 (Schulz von Thun, Friedemann, 2009)

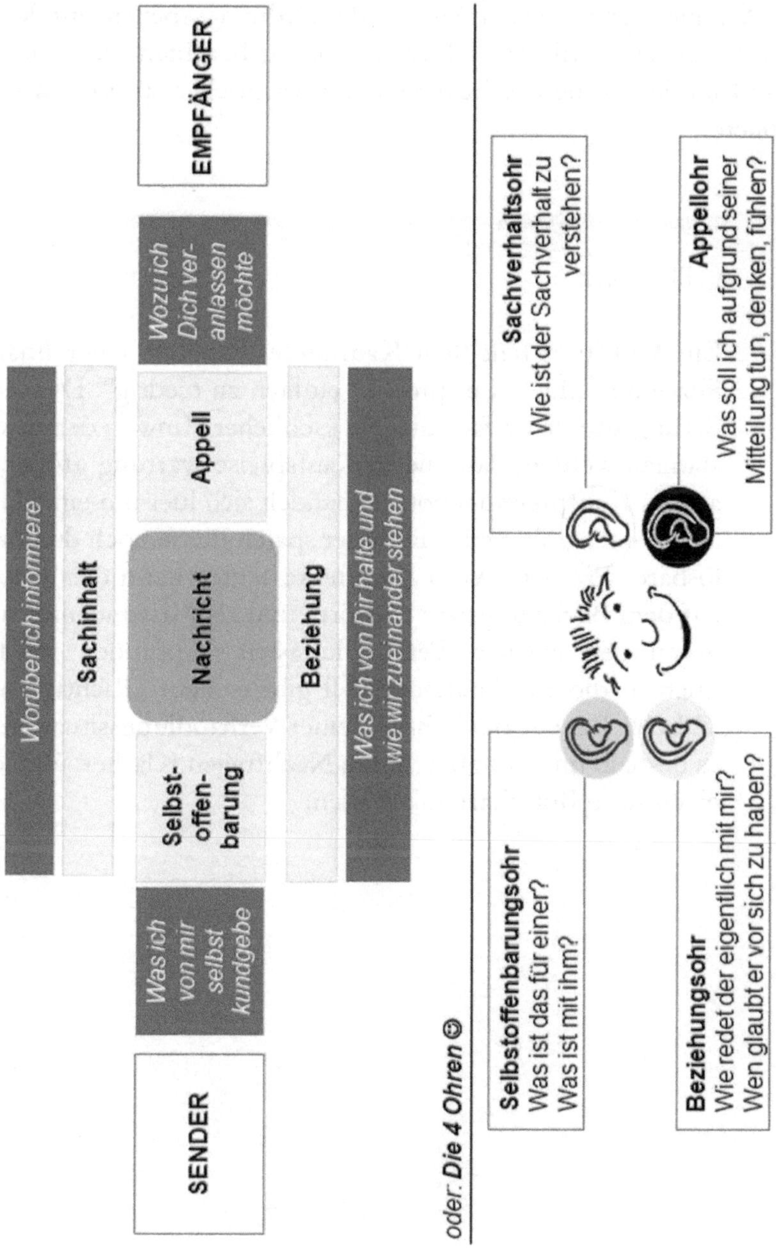

Abbildung 17
Die 4 Seiten einer Nachricht

Wie auch schon bei der Analyse der Ordnungsebenen, auf denen kommuniziert wird, ist es hier wichtig zu beachten, dass Sender und Empfänger die gleiche Seite einer Nachricht vermittelt wissen wollen.

Fallbeispiel:

Ein Verkäufer teilt dem Kaufinteressenten in einer finalen Phase mit: „Der Kaufpreis ist einfach zu niedrig". Diese Äußerung könnte einfach als rein sachlicher Hinweis darauf verstanden werden, dass die Verkaufspreiserwartung größer ist als das Kaufpreisangebot. Es handelt sich hier um ein häufig auftretendes, aber auch in dieser späten Phase noch durchaus lösbares Problem. Vom Kaufinteressenten kann dies jedoch auf dem Beziehungsohr „gehört" und als Misstrauensvotum gegen den eigenen Verhandlungsstil empfunden werden. Auch in diesem Analysemodell gibt es kein „Richtig" und „Falsch". Bei der Betrachtung einer Verhandlungssituation ist es deshalb unabdingbar, durch Nachfragen Klarheit über die eigentliche Botschaft zu erhalten.

1.6 Vorüberlegungen zum Umgang mit Stressreaktionen bei Verhandlungen

Auf einen Verhandlungsteilnehmer in M&A-Transaktionen wirkt eine Vielzahl von Einflussfaktoren ein. Dies gilt einerseits für die in Verhandlungssituationen involvierten Berater, vor allem jedoch für die Entscheidungsträger, den kaufenden und/oder verkaufenden Unternehmer.

Es ist allgemein bekannt, dass ein Übermaß an Stress die Leistungsfähigkeit mindert. Inwiefern in M&A-Transaktionen stressauslösende Faktoren, sog. Stressoren wirken und den Verhandlungserfolg beeinflussen können, wird in diesem Kapitel erläutert.

Darüber hinaus sollen Ansatzmöglichkeiten aufgezeigt und Instrumente vorgestellt werden, die diese Stressreaktionen mindern können und damit bessere Verhandlungsergebnisse ermöglichen.

Die grundsätzliche Frage, die sich bei der Analyse dieses Themenbereiches stellt, ist, ob und wenn ja, in welchem Maße sich Stressfaktoren in M&A-Transaktionen von normalen Verhandlungssituationen unterscheiden.

Prof. Dr. Gert Kaluza beschreibt in seinen Büchern über Stressbewältigung einige Faktoren, die Stress auslösen können.

Die nachfolgende Tabelle zeigt eine Auswahl dieser Faktoren, die in dieser Zusammenstellung spezifisch für M&A-Transaktionen sind.

Stressor	Transfer auf M&A-Transaktionen	Stress-verstärker	Belastungsintensität für Unter-nehmer	Belastungsintensität für Berater
Einmaligkeit des Ereignisses	In den meisten Fällen ist der Verkauf des Unternehmens ein einmaliges Ereignis im Unternehmerleben, so dass man nicht auf die Erfahrungsmuster zurückgreifen kann, die man in anderen Situationen schon erfolgreich angewendet hat.	Ich kann nicht!	■■■	□□□
Quantitative Überlastung	Bei Unternehmenstransaktionen sind neben den kommerziellen-marktorientierten Daten, eine Vielzahl weiterer Informationen aus den Bereichen Recht, Steuern, Produktion, Umwelt, Personal etc. zu berücksichtigen. Das Analysieren und richtige Einordnen dieser Fakten bedarf umfangreicher Kapazitäten.	Sei perfekt!	■■■	■□□
Qualitative Überlastung	Im Laufe des Unternehmerlebens haben sich die rechtlichen und wirtschaftlichen Rahmenbedingungen ständig verändert. Zum Zeitpunkt einer Transaktion werden die vorhandenen materiellen und immateriellen Vermögensgegenstände sowie der Geschäftsbetrieb in den Kontext der aktuellen Rahmenbedingung (z.B. Rechtsprechung, aktuelles Markt- und Produktumfeld) gebracht. Für die Beteiligten bedeutet dies innerhalb kürzester Zeit eine Vielzahl von Sachgebieten in einer Intensität zu durchdringen, die viele Menschen schlichtweg intellektuell überfordert.	Sei perfekt!	■■■	■□□
Zeitdruck	Unternehmenstransaktionen, insbesondere in einer kompetitiven Situation, bringen ein hohes Maß an Zeitdruck mit sich. Wenn es potentielle Transaktionspartner gibt, die aufgrund der vorhandenen Ressourcen, Vorwissen, Finanzierungsmöglichkeiten oder unterschiedlicher Risikoeinstellung in der Lage sind, schneller zu handeln, üben diese Druck auf den Transaktionspartner oder die Wettbewerber aus.	Sei vorsichtig!	■■■	■□□
Mangel an Kontrolle	In M&A-Prozessen - und hier insbesondere bei Distressed-M&A-Transaktionen - empfindet der Unternehmer u.U. einen Mangel bzw. evtl. sogar einen Verlust an Kontrolle. Z.B. erläutern Fachleute im Rahmen einer intensiven Due Diligence Problemfelder, die dem Unternehmer überhaupt nicht bewusst sind und die z.B. Folgehandlungen auslösen (z.B. bei Umweltproblemen, Mitarbeiterinvolvierung) können, die der Unternehmer ursprünglich nicht beabsichtigte (z.B. Umweltsanierungsmaßnahmen, Halteprämien bei verunsicherten Mitarbeitern).	Sei vorsichtig!	■■□	■■□
Mangelnde Anerkennung	Ebenfalls erlebt der Unternehmer oftmals zum ersten Mal, dass sich z.B. die vom Transaktionspartner involvierten Berater sehr deutlich und kritisch zu bestimmten Sachverhalten und früheren unternehmerischen Entscheidungen äußern.	Sei beliebt!	■■■	■□□
Trennungsschmerz	In den meisten Fällen ist der Verkauf des Unternehmens auch gleichzeitig mit dem Ausscheiden des Unternehmers aus dem unternehmerischen Umfeld verbunden. Betrachtet man die Lebenszeit, die ein Unternehmer mit seinem Unternehmen verbracht hat, wird deutlich, dass dies einen starken Trennungsschmerz auslösen kann.	Sei stark!	■■■	□□□
Verlust des Arbeitsplatzes	s.o., bezogen auf den Arbeitsinhalt und die tägliche Zeiteinteilung, die sich nach einer Transaktion völlig ändert.	Sei stark!	■□□	□□□
Keine Fehlertoleranz	M&A-Transaktionen kennen keine Fehlertoleranz. Fehler, die z.B. bei der Definition von Gewährleistungen passieren, können zu erheblichen wirtschaftlichen Problemen führen, u.U. sogar zum wirtschaftlichen Totalverlust.	Sei perfekt!	■■□	■■□

Abbildung 18
Anlassbedingte Stressoren in M&A-Transaktionen

Die in der dritten Tabellenspalte dargestellten Stressverstärker sind Leitsätze, die sich bei vielen Menschen im Lauf des Lebens gebildet haben. Diese Leitsätze können viel zu einer positiven Lebensentwicklung beitragen, verstärken jedoch unter Umständen in Stressreaktionen die vorhandenen Auswirkungen der Stressoren.

In den beiden letzten Spalten ist eine Einschätzung über den Einfluss der Stressoren auf die Beteiligten, i.W. Unternehmer (Prinzipal) und Berater (Agent) dargestellt. Der Wert 3 bedeutet eine hohe Ausprägung, zwei eine weniger hohe Ausprägung usw. bis hin zu Null, das für das Nichtvorhandensein eines Einflusses auf den Beteiligten steht. Die unterschiedliche Stresswirkung auf die beiden Beteiligtengruppen wird bereits hier deutlich. Die Summe der Stresspunkte des Unternehmers beläuft sich auf 23 von 27 möglichen Punkten; die des Beraters nur auf 8 Punkte. Hieraus folgt, dass das Hinzuziehen eines Beraters in Stresssituationen absolut notwendig ist. Aber auch Berater sollten sich bewusst machen, dass sie sich nicht vollends der Stresssituation einer M&A-Transaktion entziehen können.

Was passiert nun bei Stressreaktionen im Körper und kann man sich diesen Reaktionsmechanismen entziehen?

Stressreaktionen sind eine von der Natur vorgesehene körperliche Funktionserweiterung. Bei Tieren und bei unseren in der Wildnis lebenden Vorfahren sorgten sie für hohe Wachsamkeit und die Aktivierung von Kraftreserven. Beim heutigen Menschen entsteht Stress unter anderem auch dann, wenn Ereignisse eintreten, die für uns einerseits eine besondere Wichtigkeit haben und wir andererseits nicht auf irgendwelche in der Vergangenheit bewährte Handlungsmuster zurückgreifen können. Sprich: Wenn wir im Moment keinen einfachen Ausweg aus der Gefahr sehen. Dies verdeutlicht auch die oben dargestellte Tabelle. Aufgrund dieses angeborenen körperlichen Schemas ist das klassische, in der Medizin verwendete Beispiel zur Erklärung von Stressmechanismen das „Auftauchen eines wilden Tieres“ – also einer Bedrohung. Für diese Fälle hat der Körper bzw. das Stammhirn folgende Handlungsalternativen vorgesehen:

- Angriff (englisch fight)
- Flucht (englisch flight)
- Tot stellen (englisch freeze)

Die beiden ersten Handlungsalternativen benötigen in hohem Maße eine erhöhte körperliche Leistungsfähigkeit. Natürlich wird ein erfahrener Trapper auf die Bedrohungssituation anders reagieren als ein Mensch, der sich noch nie einem wilden Tier gegenüber sah. Beim letztgenannten werden eben genau die Effekte eintreten, die von der Natur vorgesehen sind. Der menschliche Körper ist seit Jahrtausenden so programmiert, dass die physischen Kräfte auf ein Höchstmaß „hochgefahren" und alle Körperfunktionen, die eventuell Reaktionen verlangsamen „zurückgefahren" werden. Dazu kann im Extremfall auch das Zurückfahren der kühlen Rationalität zählen, die in einer wichtigen Situation zu einem zu langen Nachdenken verführt, das bei Auftauchen eines wilden Tieres unweigerlich zur Gefahr führen kann.

Stressreaktionen werden im Gehirn in Gang gesetzt. Wir selbst entscheiden darüber, ob wir eine Situation als Gefahr identifizieren oder nicht. Dies hängt natürlich stark damit zusammen, ob wir diese Situationen schon einmal erlebt haben. Wenn aber nun die Bewertung der Situation so erfolgt, dass das Erlebte in eine Alarm- oder Gefahrenkategorie eingestuft wird, dann werden durch das Gehirn massive Stressreaktionen ausgelöst. Hierbei sind im Wesentlichen drei Hirnteile beteiligt:

- Der Hirnstamm oder das Reptilienhirn
  Betrachtet man die Entwicklungshistorie des Menschen, so stellt dieser Teil des Gehirns den ältesten Teil dar. Der Hirnstamm schließt sich an das Rückenmark an und ist für die lebenserhaltenden Informationen zuständig, wie z.B. Herzfrequenz, Blutdruck oder Atmung. Im Übergang zwischen Rückenmark und Hirnstamm ist der Locus coeruleus (der sog. blaue Kern), dessen „Nervenzellen etwa drei Viertel eines der wichtigsten Neurotransmitter (Signalüberträger) im Gehirn produziert, nämlich das Noradrenalin".

- Das Limbisches System. Zum limbischen System gehören:
    - *Thalamus*
      Hier werden die von den Sinnesorganen eintretenden Reize verarbeitet.
    - *Amygdala* (Mandelkern)
      Dies ist der Speicher für die emotionalen Erfahrungen. Dieser Teil des Gehirns hat eine zentrale Bedeutung für die Auslösung von Emotionen und ist deshalb der entscheidende Teil bei der Einschätzung darüber, ob uns etwas in Alarm- oder in einen Angstzustand versetzt.
    - *Hypothalamus* (Gefühlshirn)
      Der Hypothalamus ist das Steuerzentrum der vegetativen Funktionen, wie z.B. Körperwärme, Hunger oder Durst. Viele Hormone im Körper werden von hier aus gesteuert.

- Großhirnrinde (Denkhirn)
  Der entwicklungsgeschichtlich jüngste Teil des Hirns ist für die bewusste Wahrnehmung und alle kognitiven Prozesse zuständig.

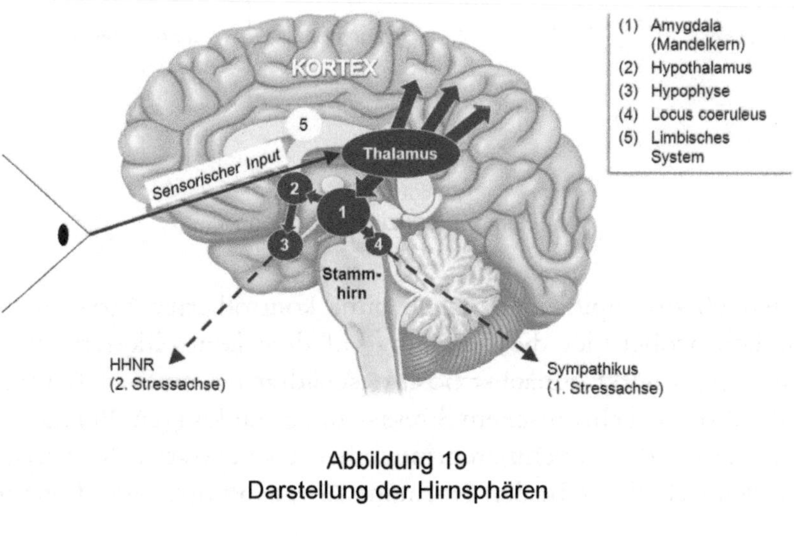

Abbildung 19
Darstellung der Hirnsphären

Kaluza führt hierzu aus: „Hier wird die aktuelle Lage bewertet, indem ein Abgleich mit abgespeicherten Erinnerungen an ähnliche Situationen vorgenommen wird. Die Großhirnrinde besitzt darüber hinaus die Fähigkeit zur Antizipation, d.h. sie kann aufgrund von noch nicht wahrgenommenen Hinweisen, Gefahrenvorstellungen bereits gedanklich vorwegnehmen. Kaluza weiter: „Kommt es im Großhirn aufgrund des Vergleiches mit früheren Erfahrungen zu der Einschätzung, dass aktuell eine Gefahr vorliegt, veranlasst es die Auslösung von Stressreaktionen. Wie schnell so etwas vonstatten geht, erlebt man selbst in Situationen, in denen man erschreckt wurde und der Körper innerhalb kürzester Zeit z.B. mit Herzklopfen, Angst und einem Schweißausbruch reagiert.

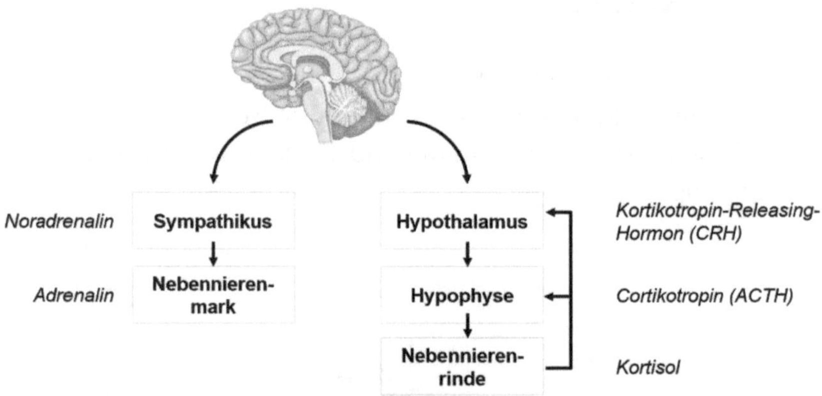

Abbildung 20
Im Gehirn produzierte Hormone

Jedoch sind Spitzenleistungen ohne kontrollierten Stress nicht möglich, wobei hier die Betonung auf dem kontrollierten Stress liegt. Stress wirkt zunächst positiv, schädigt bei einem Übermaß und führt – bei chronischem Stress – zu Erkrankungen. Bei zu viel Stress erhält die Nebennierenrinde über das vegetative Nervensystem den Befehl, die beiden Hormone Adrenalin und Noradrenalin immer weiter zu produzieren. Die Hypophyse produziert ebenfalls ständig das Hormon ACTH, das ebenfalls zur Nebennierenrinde gelangt und die Produktion weiterer Hormone veranlasst. Wenn nun Adrenalin dauerhaft zusammen mit zu viel des Stresshormons Cortisol das Gehirn überschwemmt, kommt es in der Folge zu einem Aussetzen des Hippocampus, eine zentrale Schaltstation des limbischen Systems. Die ausgeschütteten Hormone blockieren nun im Gehirn die Synapsen, so dass das Gehirn nicht mehr fehlerfrei arbeitet. Damit stehen Gelerntes und Erfahrungsmuster nicht mehr zur Verfügung; es kommt zum sog. Black-out.

Gerät der Gegenüber in einer Verhandlungssituation gefühlt in eine Situation der Bedrängnis, können diese Mechanismen ebenfalls greifen. Hier droht dann in der Tat Gefahr für das Verhandlungsergebnis: Bestimmte für Verhandlungen wichtige Eigenschaften, wie z.B. das kühle, nüchterne Abwägen verschiedener Handlungsalternativen, könnten in Stresssituationen vom Adrenalin ausstoßenden Körper abgeschaltet werden.

Natürlich kann man die Gefahr, die von einem lebensbedrohlichen Angriff ausgeht, nicht mit den Rahmenbedingungen eines Unternehmensverkaufs vergleichen. Nach einer Untersuchung von Holmes und Rage aus dem Jahre 1967 gibt es jedoch Ereignisse, die einerseits selten im Leben eines Menschen vorkommen und andererseits dennoch eine so große Bedeutung einnehmen, dass die Stresspegel, die bei diesen Situationen gemessen wurden, extrem hoch waren. An den ersten beiden Stellen dieser Liste stehen das Abschiednehmen von geliebten Menschen durch Tod und auch die Trennung im Rahmen von Ehescheidungen.

Nun sind auch diese Situationen nicht mit dem Verkauf eines Unternehmens vergleichbar. Wenn man allerdings darüber nachdenkt, wie stark die jahrzehntelange Verbundenheit mit dem selbstgeschaffenen Unternehmen das Leben eines Unternehmers (zeitlich und inhaltlich) prägt, kann man es sich vorstellen: Die Trennung vom eigenen Lebenswerk erfüllt die oben genannten Stressfaktoren durchaus.

Betrachten wir die entscheidenden Faktoren noch einmal genauer:

a) Besondere Wichtigkeit des Ereignisses:

Im letzten Absatz habe ich bereits auf die Bedeutung des Ereignisses eines Unternehmensverkaufs im Leben eines Unternehmers hingewiesen. Neben den mit dem Ausscheiden aus der Branche verbundenen immateriellen Aspekten, wie z.B. der Unsicherheit über die zukünftige Lebensgestaltung oder den Wegfall von Einfluss und Ansehen im relevanten Markt oder gesellschaftlichen Umfeld einer Region, kommen natürlich auch materielle Aspekte in Betracht.

Oftmals ist das Unternehmen der wesentliche Bestandteil des Vermögens einer Unternehmerfamilie. Beim Verkauf sollte dieser Vermögensgegenstand im Idealfall in Liquidität gewandelt werden. Diese Liquidität soll der Familie – gerade im Mittelstand – zum Bestreiten des Lebensabends zur Verfügung stehen.

In vielen Fällen gibt es dementsprechend einen festgelegten Betrag, den der Unternehmer im Verkaufsfall mindestens erzielen möchte. Dieser retrograd aus dem erwarteten zukünftigen Verbrauch ermittelte Geldbetrag ist oftmals jedoch nur schwer mit den Wertvorstellungen des Käufers in Einklang zu bringen. Wird in den Verhandlungen klar, dass es nur eine relativ kleine ZOPA gibt, resultiert hieraus ein Höchstmaß an Angst. Vor allem wenn die BATNA ebenfalls keinen adäquaten Geldbetrag aufweist.

Treten diese Diskrepanzen zutage, kommt es zu Stressreaktionen des Körpers. Das „wilde Tier" ist hier nicht nur „die Wichtigkeit der Krönung des Lebenswerks", sondern – bei kleineren Unternehmenswerten – vor allem auch die Zukunftsangst – die Sorge darum, dass die geplante Finanzierung des Lebensabends mit der aus dem Verkauf erlösten Liquidität nicht eintreten und man gefühlt mit leeren Händen dastehen könnte.

Dies alles mag manchem als irrational erscheinen – dennoch sagt die Erfahrung: Solche Stressreaktionen werden in der Mehrzahl der Fälle tatsächlich zu irgendeinem Zeitpunkt auftreten. Deshalb ist es ratsam, schon in der Analysephase des geplanten Unternehmensverkaufs alle Aspekte, d.h. sowohl die immateriellen, als auch die materiellen Aspekte eines solchen Verkaufs zu beleuchten und die

Zeit, die ein Unternehmensverkauf dauert, für die Schaffung von Handlungsalternativen zu nutzen.

Je mehr Handlungsalternativen aufgezeigt werden und damit eine echte BATNA zu dem Verkauf geschaffen wird, desto weniger Angst oder gefühlte Bedrohung durch „das wilde Tier“ entsteht in der Verhandlung. Durch die gute und ausführliche Vorbereitung im Vorfeld kann man die potentielle und reale Stressbelastung tatsächlich deutlich reduzieren. Zugegebenermaßen gibt es aber auch Konstellationen, in denen das Scheitern einer Verhandlung und die Verfolgung der BATNA, wie z.B. oben beschrieben, keine echte Option ist.

Grundsätzlich gilt: Die Einschaltung eines erfahrenen M&A-Beraters hilft, Werte zu erhalten.

Das hat schlicht damit zu tun, dass die einzelne Transaktion für sich genommen für den Berater keine existentielle Wichtigkeit in seinem Leben darstellt und er darüber hinaus große Erfahrung mit Verkaufssituationen und auch hart gesottenen Verhandlungspartnern hat und deshalb keine für die Verhandlung kontraproduktiven Stressreaktionen von ihm zu erwarten sind.

b) Einmaligkeit des Ereignisses:

Der Verkauf des eigenen Unternehmens stellt im Leben eines Unternehmers ein oftmals einzigartiges Erlebnis dar. Auf Erfolgserfahrungen der Vergangenheit kann somit nicht zurückgegriffen werden. Unsicherheit über die erfolgreiche Anwendung von bestimmten Handlungsweisen besteht. Somit entsteht Stress.

Zu beachten ist jedoch, dass es Situationen geben kann, in denen eine solche Transaktion auch für den Berater eine enorme Bedeutung hat – entweder weil er sich vom Abschluss der Transaktion ein hohes Maß an Reputation verspricht oder weil das zu erwartende Honorar für ihn doch von so immenser Bedeutung ist, dass auch er in die Zwickmühle der gefühlten Existenzangst gerät.

Dies vorausgeschickt, ist es von enormer Wichtigkeit, einen Berater auszuwählen, der nachweislich ein Höchstmaß an Transaktionserfahrung und eine entsprechend hohe Anzahl von erfolgreichen Abschlüssen vorweisen kann.

Liegt beides vor, kann man schlicht davon ausgehen, dass der Berater sich ein Mindestmaß an materieller Unabhängigkeit geschaffen hat, auf deren Basis sich die existentielle, potentielle Angst und Stress auslösende Bedeutung der einzelnen Transaktion für den ausgewählten Berater auf ein Minimum reduziert. Damit muss ein erfahrener Berater bei entsprechender Vorbereitung in der Lage sein, in kritischen Situationen sachlich und frei von belastenden Emotionen erfolgreich zu verhandeln.

Wenn man nun davon ausgeht, dass beim Verkäufer – und in manch schwierigen Fällen auch beim Berater – Stressreaktionen nicht per se auszuschalten sind, bleibt die Frage, welchen Teil sie davon eventuell kontrollieren bzw. inwieweit sie die Auswirkungen so stark reduzieren können, damit „der wache Verstand" weiterhin uneingeschränkt zur Verfügung steht.

Zusammenfassend gibt es drei Arten des Stressmanagements:[15]

- Das Instrumentelle Stressmanagement
- Das Mentale Stressmanagement
- Das Regenerative Stressmanagement

Die nachfolgende Grafik zeigt die schematische Darstellung der Stressbewältigungsmöglichkeiten und eine Auswahl von Instrumenten, die auf M&A-Transaktionen und Verhandlungssituationen transferiert wurden.

15 (Kaluza, 2012), Seite 85 ff.

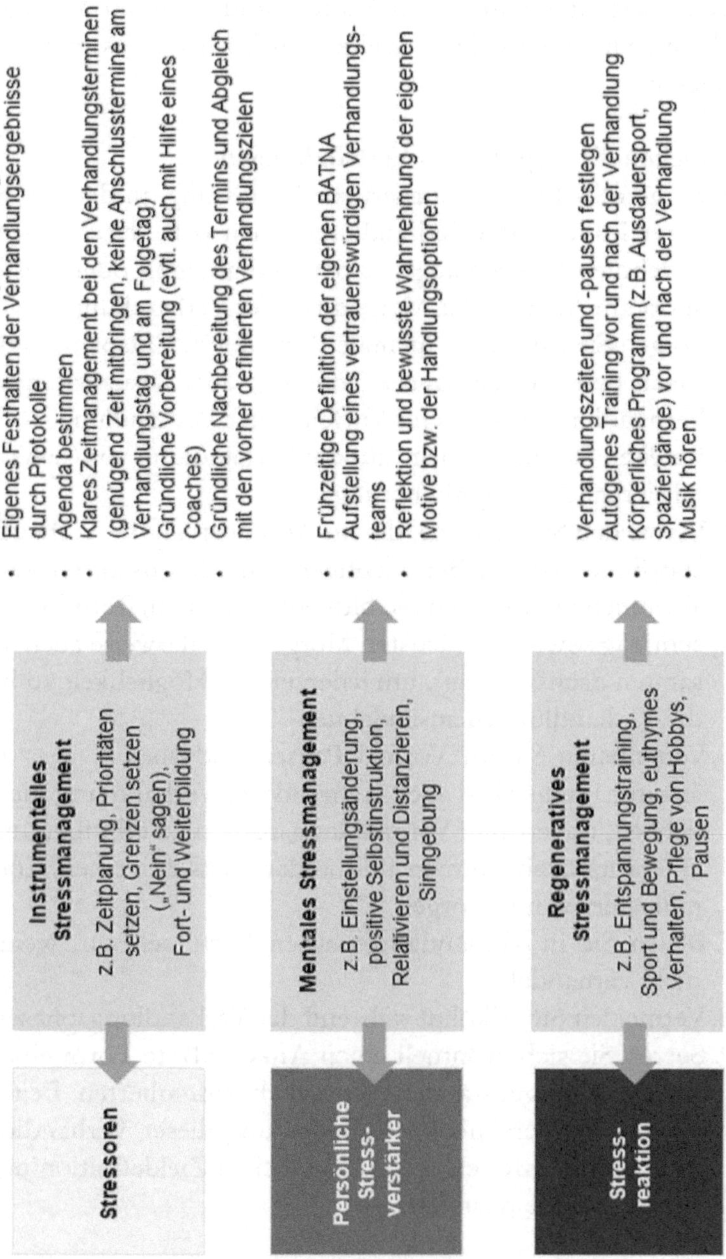

Abbildung 21
Stressbewältigungsmöglichkeiten in M&A-Transaktionen

Geeignete Maßnahmen im Vorfeld und während Verhandlungen können in hohem Maße zu einer erheblichen Stressreduzierung beitragen:

1. Gehen Sie ausgeruht in Verhandlungen
2. Sorgen Sie für eine körperliche Verfassung, in der Sie mit innerer Ruhe in die Verhandlung gehen (z.B. durch einen ausgedehnten Spaziergang vor der Verhandlung oder Ausdauersport am Abend oder Morgen vor der Verhandlung)
3. Sorgen Sie für innere mentale Ruhe durch Entspannungstechniken (wie z.B. autogenes Training) oder Visualisierung des Verhandlungserfolges im Vorfeld einer Verhandlung
4. Bereiten Sie sich intensiv auf die Verhandlung vor (siehe Kapitel Verhandlungsvorbereitung)
5. Vermeiden Sie Termine, die im Anschluss an die Verhandlung stattfinden sollen. Bei wichtigen transaktionsentscheidenden Terminen verschieben Sie bitte alle (privaten) Termine an diesem Tag sowie am nächsten Morgen (idealerweise auch am gesamten nächsten Tag), um jederzeit die Möglichkeit zu haben, die Verhandlungen auszudehnen
6. Vereinbaren Sie im Vorfeld Pausen und nutzen Sie – in adäquater Intensität – auch während der Verhandlung die Möglichkeit, ungeplante Verhandlungspausen zu erbitten, um sich einerseits abzustimmen und andererseits für einen Entspannungsmoment zu sorgen
7. Bauen Sie in Verhandlungspausen Vertrauen auf, wenn Sie nicht verhandeln
8. Vermeiden Sie Alkohol während der Verhandlungsphasen
9. Setzen Sie sich eventuell einen Anker z.B. in Form eines Gedankens, Gegenstandes, schriftlich formulierten Leitbildes, der für Sie persönlich die Bedeutung dieser Verhandlungen im Kontext Ihrer eigenen persönlichen Zieldefinition und Lebensumstände relativiert

Leider gibt es auch Situationen, in denen es keine Alternative zur Transaktion gibt. Dies kann zum Beispiel sein, wenn der Unternehmer krank ist oder er intellektuell oder aufgrund seiner Persönlichkeitsstruktur nicht in der Lage ist, einen Nachfolger, z.B. in Form eines angestellten Managers zu finden. Ebenfalls kann es Situationen geben, in denen aufgrund anhaltender Verlustsituation die Liquidität für das weitere unternehmerische Wirken nicht mehr zur Verfügung steht.

Um in solchen Situationen den enormen Stress, der auf die handelnden Personen wirkt zu reduzieren, muss neben der Einschaltung eines Beraters auch die eigene BATNA auf einer Meta-Ebene definiert werden.

Jeder Mensch definiert für sich seinen eigenen Verantwortungsbereich. Aufgrund vorhandener Handlungsmöglichkeiten erfolgt ebenfalls die Definition des eigenen Einflussbereiches. Dieser Vorgang findet in der Regel unbewusst statt. Überwiegt der selbst definierte Verantwortungsbereich den eigenen Einflussbereich, kommt es zu erheblichem Stress.

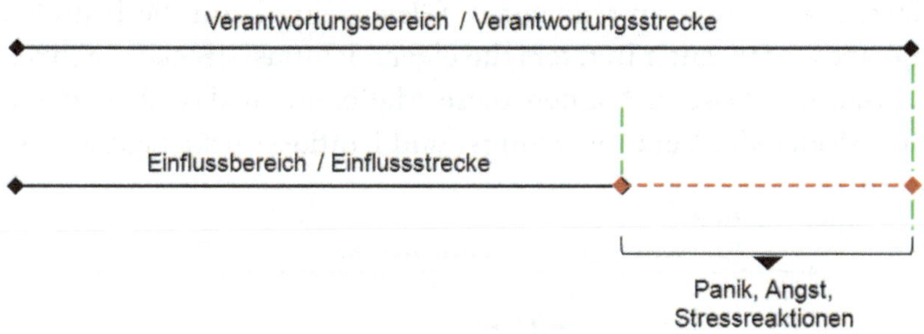

Abbildung 22
Verantwortungs- und Einflussstrecke

Die Möglichkeit, den entstehenden Stress zu reduzieren besteht an zwei Stellen, nämlich der Reduktion des eigenen Verantwortungsbereiches oder der Erweiterung der Einflussstrecke.

Bei der Reduktion des eigenen Verantwortungsbereiches und damit der Suche nach der BATNA muss in Extremfällen auf eine andere Ebene ausgewichen werden. Die beruflichen Erfolge eines Unternehmers sind in der Bedürfnispyramide nach Maslow sicherlich in den oberen Kategorien einzuordnen.

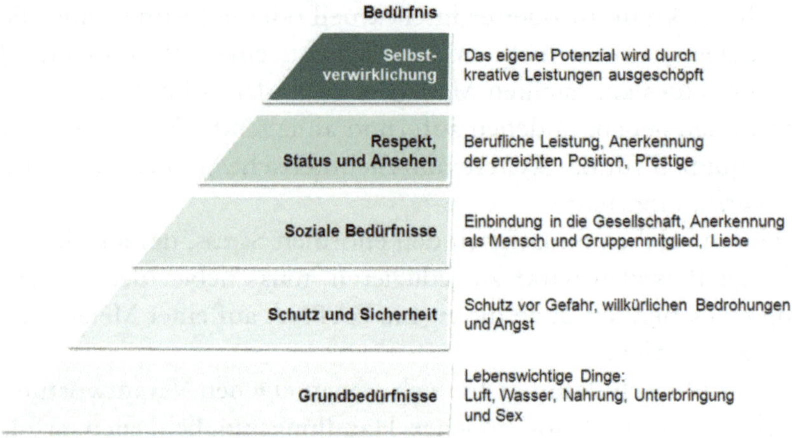

Abbildung 23
Bedürfnispyramide nach Maslow[16]

Eine zumindest zeitweise Fokussierung auf die anderen Ebenen kann helfen, eine BATNA zu definieren und den Stress aus einer etwaigen Transaktion zu reduzieren. Gleichzeitig kann die Einschaltung eines erfahrenen Beraters die eigene Einflussstrecke ergänzen.

Zusammenfassend können diese Maßnahmen das oben dargestellte Modell der Verantwortungs- und Einflusstrecke deutlich verändern:

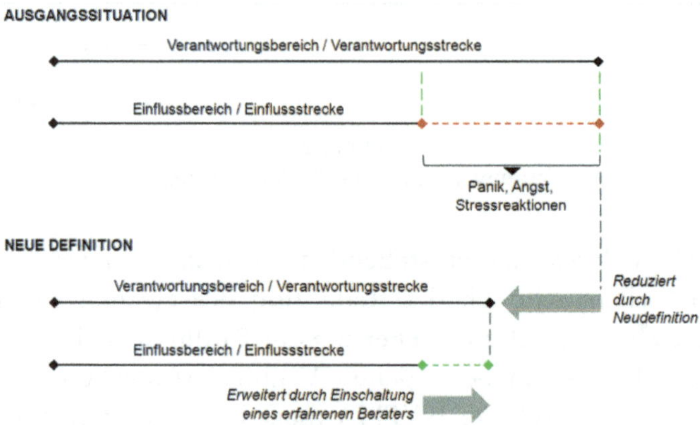

Abbildung 24
Neudefinition der Verantwortungs- und Einflussstrecke
durch Einschaltung eines M&A-Beraters

16 (Schranner, Matthias, 2007), Seite 31 ff.; Modifizierte Darstellung.

Verantwortungsstrecke und Einflussstrecke sind in dieser schematischen Darstellung nunmehr identisch. Der Stressbereich ist entfallen.

Fallbeispiel

Der Unternehmer Altmann ist 72 Jahre alt. Eine familiäre Nachfolge für sein Unternehmen, die Altmann GmbH, ist nicht möglich. Er wollte die Nachfolge daher extern regeln und hat bereits vor acht Jahren einen jungen Ingenieur in die Geschäftsführung aufgenommen, der die Gesellschaftsanteile nun erwerben soll. Leider ist der 49-jährige Ingenieur zwischenzeitlich chronisch erkrankt und kann diesen Schritt nicht vollziehen. Herr Altmann ist daher in Verhandlungen mit einem Wettbewerbsunternehmen, der Neumann AG, getreten, mit dem man in der Vergangenheit im Rahmen von projektbezogenen Kooperationen vertrauensvoll zusammengearbeitet hat. Bei der Neumann AG hat der Generationswechsel vor einigen Jahren stattgefunden. Herr Neumann Junior ist 52 Jahre alt und hat das Unternehmen auf Expansion ausgerichtet. Ein Erwerb der Altmann GmbH erscheint ihm hoch interessant. Über die Rahmenbedingungen und den Kaufpreis kann nach einigen persönlichen Gesprächen grundsätzliche Einigkeit erzielt werden. Herr Neumann schlägt vor, dass sein M&A-erfahrener Rechtsanwalt einen Vorschlag für einen Kaufvertrag für die Gesellschaftsanteile entwirft. Herr Altmann stimmt dem gerne zu. Er ist anwaltlich durch seinen langjährigen Rechtsanwalt und Jagdkollegen Herrn Förster vertreten, der in Unternehmenstransaktionen nur grundlegende Kenntnisse hat. Ferner glaubt er etwas zu sparen, wenn Herr Neumann den Aufwand der Vertragserstellung übernimmt.

Als Herr Altmann den Vertragsentwurf erhält, ist er überrascht: Neben den besprochenen zeitlichen Rahmenbedingungen und Kaufpreiskonditionen enthält der Vertrag einen Gewährleistungskatalog mit mehr als 60 Einzelpunkten für die er als Verkäufer garantieren und ggf. haften soll. Die Garantien erstrecken sich vom Zustand des Maschinenparks bis hin zu Bilanzgarantien und der Einhaltung der Planungsrechnung. Auf Rückfrage erhält er die Antwort, dies sei ein „üblicher Umfang von Gewährleistungen“ im Rahmen eines Unternehmensverkaufs. Herr Altmann ist ratlos: Sein Anwalt hat nicht die ausreichende Erfahrung in diesem Bereich, um die „Üblichkeit“ und die möglichen wirtschaftlichen Implikationen einzelner Garantien zu beurteilen. Er möchte nun auch nicht zu hart in die Verhandlungen gehen, da ihm an der Lösung mit der Neumann AG gelegen ist. Auch im Unternehmen und in der Branche kursieren bereits Gerüchte über den geplanten Verkauf, sodass ein Rückzug auch einen Imageschaden verursachen könnte. Auch sieht er sich nicht in der Lage, das Unternehmen selbst weiterzuführen. Die vor Herrn Altmann liegenden Aufgaben, wie z.B. die Einrichtung des für eine Due-Diligence-Prüfung erbetenen Datenraums, die Prüfung der einzelnen Garantiepunkte auf deren Relevanz und die Verhandlung des Kaufvertrages überfordern Herrn Altmann. Er kann kaum noch schlafen – die Situation erscheint für Herrn Altmann unlösbar, kann er – aus seiner Sicht – doch weder den Verkauf abbrechen, noch die nächsten Schritte zur Finalisierung gehen. Herr Förster rät ihm, nun doch einen M&A-Berater einzuschalten.

Der M&A-Berater Gutmann sieht sich den Vertragsentwurf kritisch an. Mit der Erfahrung aus zahlreichen Transaktionen sieht er sehr schnell, an welchen Stellen es für Herrn Altmann kritisch werden kann. Um dem Sicherheitsanspruch des Käufers gerecht zu werden, richtet er gemeinsam mit Herrn Förster zu den entsprechenden Punkten einen Datenraum ein und gewährt den Beratern der Neumann AG Zugang zu allen relevanten Daten. Auch eine technische Überprüfung der Anlagen wird im Rahmen der Due-Diligence gestattet.

Durch die Ausräumung einer ganzen Zahl von Unsicherheiten reduziert sich der Gewährleistungskatalog drastisch. Für die übrigen Punkte werden De-minimis[17]-Regelungen und Haftungshöchstgrenzen verhandelt.

Auf diesem Weg kann der für beide Seiten akzeptable Transaktionsvertrag nach wenigen Wochen unterzeichnet werden. Die Vertragsverhandlungen finden in mehreren Etappen statt, auch vor dem Hintergrund, dass Herr Altmann physisch und mental nicht in der Lage ist, mehrere Stunden am Stück den Verkauf seines Lebenswerkes zu verhandeln. Nach jeder „Teiletappe" kommt es Team-intern zwischen Herrn Altmann, Herrn Förster und Herrn Gutmann zu ausführlichen Review-Sitzungen, in denen Herr Gutmann und Herr Förster ihrem Mandanten ausführlich die vorgeschlagenen bzw. verhandelten Punkte erklären.

Durch die Einschaltung des erfahrenen M&A-Beraters konnte Herr Altmann seine Einflussstrecke deutlich vergrößern. Bereits nach dem ersten Gespräch wurde ihm bewusst, dass es Alternativen zur Akzeptanz des Garantiekataloges gibt. Die zum Teil harten Verhandlungen konnte er dem Berater überlassen und hat auf diese Weise das bislang gute persönliche Verhältnis zu Herrn Neumann nicht gefährdet.

17 Formulierung der De-minimis-Regel aus Duys/Henrich in Hölters „Handbuch Unternehmenskauf", (Hölters, 2010), Seite 1419

1.7 Zusammenfassung

In diesen ersten Abschnitten sind die Grundlagen dargestellt, die für eine ausführliche Betrachtung der Verhandlungssituationen im M&A-Bereich notwendig sind.

Dies sind im Wesentlichen:

- Proaktiver Umgang mit den Aspekten und Herausforderungen menschlicher Kommunikation

- Wahrnehmung von Stressreaktionen als normale und gute Anpassungsmechanismen des menschlichen Körpers sowie weitestgehende Vermeidung stressauslösender Situationen

- Ständige Analyse der Verhandlungssituation und der vorhandenen Alternativen

- Herstellung eines notwendigen Gleichklanges der Interessen des Mandanten und seines Beraters

2. Theoretische Verhandlungsmodelle und deren Transfer in die M&A-Praxis

2.1 Vom distributiven, kompetitiven (intuitiven) Verhandeln zum kooperativen (rationalen) Verhandeln

Natürlich können Verhandlungen auch scheitern. Im Nachhinein fragen sich die Beteiligten zumeist: „Weshalb hat man die Gespräche in diesen Fällen nicht wie sonst auch erfolgreich beenden können?“ In seinem Buch „Verhandeln und Mediation“ beschreibt Fritjof Haft eine mögliche Ursache bei Juristen, die aber auch insgesamt für alle Verhandler gilt: Junge Juristen lernen bereits frühzeitig während des Studiums, dass man die „Lösung eines Falles nach Anspruchsgrundlagen aufbauen muss. Ansprüche sind Positionen; Anspruchsdenken ist Positionsdenken. Positionsdenken verhindert (oftmals) einvernehmliche Konfliktlösungen und führt zum Streit.“[18]

Es lohnt sich, einen Moment bei diesem einfachen Gedanken zu verweilen. Grundsätzlich kann jeder Konflikt durch zwei Wege gelöst werden:

- Konfliktlösung durch Streit (positionsbezogen)
- Konfliktlösung durch Zusammenarbeit (sachbezogen).

Diese beiden Typen unterscheidet Haft folgendermaßen: „Beim Streit stellen sich die Beteiligten gegeneinander. Sie kämpfen. Ihr Ziel ist es, ihre jeweiligen Positionen durchzusetzen und Sieger der Auseinandersetzung zu werden.

Bei der Zusammenarbeit bemühen sich die Partner dagegen um ein Miteinander. Sie kooperieren. Ihr Ziel ist es, den Konflikt auf

18 (Haft, Dr. Fritjof, 2000)

eine Weise zu lösen, die allen Beteiligten möglichst große Vorteile und möglichst geringe Nachteile bringt. Es geht ihnen nicht um Sieg oder Niederlage, sondern um die kreative Lösung eines Problems."

Nun könnte man in M&A-Transaktionen davon ausgehen, dass jede Transaktion vom ersten Gespräch bis zum Closing eigentlich nach dem oben genannten Verhandlungsprinzip der Kooperation geführt werden kann. Die Überschneidung der Interessen ist schließlich – mit Ausnahme von feindlichen Übernahmen – vom Grundsatz her groß. Der Verkäufer will verkaufen und der Kaufinteressent hat das gleiche Ziel: Den Übergang des Unternehmens auf ihn. Die „große Linie" stimmt also.

Allerdings geht es bei Transaktionen im M&A-Bereich stets um große Summen. Selbst der in Zeitungen oft zitierte Ein-Euro-Deal ist kein wirklicher Ein-Euro-Deal, sondern beinhaltet immer auch die Übernahme von Verbindlichkeiten und Risiken. Aufgrund dieser hohen Summen kommt in M&A-Transaktionen neben den Grundsäulen „Verkaufswille" und „Kaufwille" noch ein dritter Einflussfaktor, die Finanzierung der Transaktion durch die kaufende Partei hinzu.

Durch die Finanzierung addiert sich also auf jeden Fall eine weitere Komponente zur Gleichung hinzu. Hier gibt es die üblichen drei Möglichkeiten:

Finanziert der Käufer die Akquisition mit Eigenmitteln, muss er sich – wenn er nicht der alleinige Inhaber der Gesellschaft ist – in der Regel vor seinen (weiteren) Eigenkapitalgebern rechtfertigen. Die Eigenkapitalgeber fordern zumeist eine adäquate Verzinsung ihres eingesetzten Vermögens nach wirtschaftlichen, oft auch kapitalmarkttheoretischen Grundsätzen. Diese Verzinsung richtet sich z.B. an einem Vergleichsmaßstab (Benchmark) für laufzeitäquivalente Anlageformen mit gleichem Risiko aus. Das Ergebnis wird in der Regel die Forderung nach einer zweistelligen Rendite pro Jahr für das mit der Transaktion eingegangene Risiko sein.

Ähnliches gilt für die Finanzierung über Fremdkapital: Hier bestimmt die Bank als Fremdkapitalgeber unter Bonitätsgesichtspunkten die Mindestrendite für den fremdfinanzierten Teil. Sie stellt ihre Kredite nur dann zur Verfügung, wenn der Unternehmer mit der Akquisition „Mehrwert generiert". Diesen Mehrwert rechnen Banken auf Basis ihrer Annahmen in „Rendite- und Liquiditätskennziffern" um.

In beiden genannten Fällen wird die Forderung nach der Verzinsung des für den Kauf eingesetzten Kapitals von Dritten gestellt. Anders verhält es sich jedoch im dritten möglichen Fall:

Der kaufende Unternehmer ist weder bei der Akquisitionsfinanzierung noch bei der Unternehmensfinanzierung auf Fremdmittel angewiesen. Weber/Siegert/Gomez bezeichnen dies in ihrem Buch „Firmen kaufen und verkaufen" als sog. „Eignerstrategien"[19]: Liegt dieser Fall einer völligen Freiheit von Kapitalzwängen vor, kann eine Transaktion tatsächlich auch von der ersten bis zur letzten Minute kooperativ ablaufen. Es gilt die einfache Regel: Kaufwille + Verkaufswille + Finanzierungsbereitschaft = kooperativer Verkaufserfolg.

Hier liegt die Hürde hoch. In der Regel wird bei der Verhandlung von kapital- und mehrwertrelevanten Faktoren wie dem Preis und den Garantien für erkannte Risiken einer Übernahme mit harten Bandagen verhandelt. Diese beiden Punkte wirken sich direkt und für beide Seiten auf die Betrachtung der Rentabilität des Deals aus. Deshalb werden beide Parteien spätestens an diesen Punkten ihre Kooperationsbereitschaft – zumindest zeitweilig – über Bord werfen und „bis aufs Messer" um jeden Euro kämpfen. Es gilt hier die einfache Regel: Jeder zusätzlich gewonnene (oder nicht ausgegebene) Euro erhöht die Rentabilität der Transaktion und verschafft dem Käufer bei den Kapitalgebern ein besseres Standing – und reduziert gleichzeitig mittelbar oder unmittelbar den Verkaufserlös für die verkaufende Partei. Dies ist der Kern des Konflikts, der die Kooperation erschwert. Die Transaktion wird als sog. „Nullsummenspiel" betrachtet, bei dem eine Partei gewinnt, was die andere Partei verliert (und damit bleibt die Summe beider Parteien „bei Null").

Auf den ersten Blick erscheinen die beiden Grundformen der Verhandlung „Streit und Kooperation" als zwei völlig verschiedene

19 (Weber, et al., 2007), Seite 15 ff.

Instrumente, vergleichbar mit Krieg und Frieden. Im Krieg sprechen die Waffen und schweigen die Diplomaten. Im Frieden ruhen die Waffen und verhandeln die Diplomaten.

Indessen würde dieser erste Blick täuschen: Jede Verhandlung kann auch nach dem Prinzip „Streit" geführt werden und im Regelfall, überraschend genug, geschieht dies auch. Die Parteien nehmen Positionen ein und versuchen diese durchzusetzen. Sie arbeiten wegen der neu hinzugekommenen Einflussgröße „Finanzierung" strukturell nicht miteinander, sondern gegeneinander. Sie tragen einen Streit aus. Freilich wird das meist nicht sichtbar, weil die Atmosphäre regelmäßig verbindlich ist und die äußerlichen Attribute eines Kampfes – Waffengeklirr, Schüsse und Pulverdampf – fehlen."[20]

In Verhandlungen ist regelmäßig dieses sich in Nullsummendenken ausdrückende Streiten, das distributive – manchmal auch als „Basarverhalten" bezeichnete – Verhandeln anzutreffen.

Fallbeispiel (Variante 1)

Die REIMER AG ist ein mittelständisches Unternehmen der chemischen Industrie. Der Inhaber und Alleinvorstand, Herr Reimer, ist 62 Jahre alt und möchte sein Unternehmen im Zuge der nicht gelösten Nachfolge an der Unternehmensspitze und im Gesellschafterkreis verkaufen. Die ZÜRICH CHEMIE AG ist ein internationaler Konzern, der sich für das Unternehmen interessiert und bereits ein attraktives Angebot ausgesprochen hat. Eine gute Voraussetzung für den Verkaufserfolg. Allerdings kommen in den Verhandlungen nun eine Reihe von Garantien auf den Tisch, die es zu regeln gilt.

Bei der Formulierungen der Garantien setzen sich einmal die Vertreter der REIMER AG durch, ein anderes Mal die Vertreter der ZÜRICH CHEMIE AG. Schließlich kommt es zur

20 (Haft, Dr. Fritjof, 2000), Seite 2

Regelung der Anwendung der Garantie-Klauseln, zu einer sog. De-minimis-Regelung[21].

Die Verhandlungen sind also in vollem Gange: Dr. Hardleiner, der Vertreter der ZÜRICH CHEMIE AG, schlägt für den Vertrag folgende Formulierung vor:

„Seller shall only be liable to Purchaser for any losses and to the extent that (i) any loss arising from an individual matter exceeds an amount of € 10.000 ("Minor Cases") and (ii) the aggregate of the losses – excluding Minor Cases – exceed a threshold[22] of € 100.000; if this threshold is exceeded, Purchaser shall be entitled to the whole amount (de minimis threshold); Minor Cases shall be excluded in any event."

Nach der Lektüre dieses Passus wird es dem Verhandlungspartner auf der Verkäuferseite, Dr. Soft, zu viel: „Lieber Herr Dr. Hardleiner, nun haben wir Ihnen schon bei so vielen Punkten unser Entgegenkommen signalisiert. Diese Grenzen können wir so nicht akzeptieren. Sicherlich kann man so etwas vereinbaren, aber bei der Größe der Transaktion soll-

---

21 Der De-minimis-Betrag kennzeichnet den Wert, ab dem die ZÜRICH CHEMIE AG Gewährleistungsansprüche gegenüber der REIMER AG geltend machen kann. Aus Sicht der ZÜRICH CHEMIE AG ist dies zunächst wenig sinnvoll, da sie auf potentielle Ansprüche von vornherein verzichtet.

22 De-minimis-Regelungen werden oft mit einem „Basket" kombiniert. Danach kann der Vertragspartner Ansprüche nur dann geltend machen, wenn er in einem „Basket" – also einem „Korb" – so viele gesammelt hat, dass deren Gesamtsumme einen bestimmten Betrag (den sog. „Threshold") überschreitet. Bis zum Erreichen des Threshold bleiben die einzelnen Ansprüche außer Betracht. Auf diese Weise werden Bagatellansprüche grundsätzlich ausgeschlossen. Allerdings gibt es auch hier unterschiedliche Varianten, auf die sich die REIMER AG und die ZÜRICH CHEMIE AG einigen müssent: Der Threshold kann als sogenannter „Freibetrag" oder als „Freigrenze" vereinbart werden. Vereinbaren die beiden Parteien einen „Freibetrag", ist nur jeder den Freibetrag übersteigende Geldbetrag erstattungsfähig („excess only"). Wird eine Freigrenze vereinbart, kann beim Erreichen des Grenzbetrags der gesamte Schaden geltend gemacht werden („first dollar"). Bei der Gestaltung dieses Vertragsteils sollte auch gleich geregelt werden, wie mit Ansprüchen umgegangen wird, die während sie im Basket liegen, verjähren. Werden diese verjährten Beträge für den Threshold einbezogen oder fallen sie mit der Verjährung aus dem Basket heraus und erhöhen damit wieder den Freibetrag? Auch dies muss vorab verhandelt werden.

ten wir unseres Erachtens eher bei € 30.000 und € 400.000 die Grenzen[23] festlegen.“

Sein Gegenüber, Dr. Hardleiner, hört die Worte wohl. Er sieht die Sache zwar anders – geht aber wie auf dem Basar einen Schritt auf sein Gegenüber zu:

„Also, Herr Dr. Soft, das geht beim besten Willen nicht. Wenn ich mir alle Regelungen noch einmal ins Gedächtnis rufe, dann können wir höchstens auf € 15.000 und € 200.000 gehen, aber nicht darunter.“

Der Verkäufer erkennt diese Bereitschaft zum Basarverhalten und geht darauf ein: „Also gut. Bisher, lieber Herr Dr. Hardleiner, haben wir ja tatsächlich sehr kooperativ miteinander verhandelt und dementsprechend schlage ich als letztes Angebot vor, dass wir uns auf die Mitte einigen. Sind Sie mit € 25.000 und € 250.000 einverstanden?“

So kommt es durch die schrittweise Annäherung zu einem Ergebnis:

„Gut. Sie sind mir an einigen Stellen entgegengekommen und nun komme ich Ihnen entgegen. Einverstanden“.

Die hier beschriebene Art der Verhandlung mag kooperativ erscheinen, hat aber eigentlich gar nichts mit kooperativem Verhandeln zu tun. Tatsächlich erweist sie sich bei genauerer Betrachtung

23 Die REIMER AG kann ihre Haftung (zusätzlich) durch die Vereinbarung eines Cap, d.h. einer Haftungshöchstgrenze, beschränken. Bei einem Cap einigen sich die Parteien auf einen Höchstbetrag, der durch den Verkäufer maximal erstattet werden muss. Insgesamt handelt es sich bei De-minimis, Basket und Cap um mittlerweile übliche Gestaltungen. Die jeweiligen Beträge und Grenzen sind genau auf die Umstände der jeweiligen Transaktion abzustimmen und bei Vereinbarung des Cap muss eine differenzierte Betrachtung denkbarer Ansprüche erfolgen (in Anlehnung an http://www.cmshsbloggt.de/gesellschaftsrecht/-legalese-folge-3-de-minimis-basket-und-cap/)

ausschließlich als Ausdruck eines unzureichenden Verhandlungsinstrumentariums.

Beim Basarverhalten werden Positionen eingenommen. Hier wird der Grundsatz der Reziprozität (auch Prinzip der Gegenseitigkeit genannt) ausgenutzt. Jedes Entgegenkommen der einen Partei wird von der Gegenseite als „Geschenk" wahrgenommen. Diese Wahrnehmung ist tief in das Verhalten des Menschen eingeschrieben[24]. In unserer Erziehung ist normalerweise verankert, dass wir mit einem ungefähr gleich großen Gegengeschenk antworten und damit wieder eine Nullsumme herstellen. Wenn wir dies nicht tun, empfinden wir und auch der Gegenüber dies als unhöflich. Selbst geübte Verhandler haben oftmals Schwierigkeiten, mehrmals nacheinander auf vermeintliche Geschenke nicht zu reagieren und somit den häufig als „Negotiation Dance" bezeichneten Weg des schrittweisen Entgegenkommens zu verlassen.

Wie gefährlich diese Art des Verhandelns ist, hat jeder Tourist bereits beim „Feilschen" auf echten Basar-Märkten feststellen können, wo in der Regel die Verkäufer in diesem Verhalten wesentlich geübter sind und den Kaufinteressenten durch Provokation, vermeintlichen Verhandlungsabbruch etc. dazu veranlassen, die ersten Schritte ohne Gegengeschenk zu gehen. Einerseits ist diese Art des Verhandelns recht einfach, aber auch genauso gefährlich, da sie die eigentlichen Interessen nicht berücksichtigt.

Genauso gut könnte nämlich das alternative Ende der bereits skizzierten Konversation wie folgt aussehen:

Fallbeispiel (Variante 2):

Auf das entgegenkommende Verhalten des Dr. Soft könnte Dr. Hardleiner auch anders reagieren: „Lieber Herr Dr. Soft, Sie verstehen unsere Bedenken überhaupt nicht. Ich habe Ihnen nun schon mehrfach erklärt, dass wir bei der nur eingeschränkt möglichen Due-Diligence eine Absicherung für bestimmte Risiken brauchen."

24 (Mauss, 1966)

Nachdem die Gegenseite sich nicht auf das Angebot einlässt, wird auch die Verkäuferseite das nicht tun. Deshalb entgegnet Dr. Soft: „Ich finde Ihr Verhalten in dieser Sache wenig kompromissbereit. Ich bin Ihnen nun schon zweimal mit den Beträgen entgegengekommen und Sie lassen von Ihrer Seite keinen Schritt des Entgegenkommens erkennen. Wenn Sie sich so unkooperativ verhalten, können wir hier keine Einigung erzielen. Insgesamt kann ich mir auch nicht vorstellen, wie wir einen solchen Vertrag zu Ende verhandeln können, wenn wir uns bei diesem Punkt streiten."

Da wird Dr. Hardleiner beschwichtigend eingreifen wollen: „Wir streiten doch gar nicht, sondern ich erkläre Ihnen unseren Standpunkt."

Allerdings wird Dr. Soft auf dieses Argument nicht eingehen wollen: „Das nennen Sie so, aber in Wirklichkeit sind Sie nicht bereit, Ihre Position um auch nur einen Cent zu verändern. So geht das nicht."

Die beiden Varianten mögen sich von ihrem Ausgang her unterscheiden – dennoch folgt auch diese zweite Variante einer Struktur des Streits um Positionen. Man könnte die Frage stellen: Warum wird so oft gestritten bei Verhandlungen? Anders gefragt: Warum arbeiten wir bei Transaktionen nicht sofort zusammen?

Eine mögliche Antwort auf diese Frage gibt Haft: „Jede Form der Zusammenarbeit bei der Lösung eines Konfliktes setzt die Fähigkeit zur sprachlichen Darstellung und Bewältigung des Konfliktes voraus. Diese Fähigkeit ist aber nur begrenzt, oftmals überhaupt nicht vorhanden. Komplexität, (Anmerkung des Verfassers: die es beim Unternehmenskauf in hohem Maße gibt) beherrschen wir aber in unserer verbalen Sprache nur unzureichend. Unser ‚Hardware Gehirn' und unsere ‚Software Sprache' lassen uns bei dieser Aufgabe rasch im Stich. Deshalb entscheiden wir uns bei der Austragung von Konflikten für ein intuitives Verhandeln, oft in der Ausprägung des distributiven Verhandlungsmodells. Bei diesem Modell gibt es keine methodischen Schwierigkeiten. Der Streit oder das anfängliche Feilschen setzt keine besonderen verbalen Fähigkeiten voraus. Er ist nicht einmal exklusiv menschlich. Streit und Kämpfe gibt es z.B. schon in der Tierwelt. Soweit der Streit aber verbal in der Sprache geführt wird, wird er durch eine wenig beachtete Eigenart unserer Sprache begünstigt. Unsere verbale Sprache ist eine ‚Geschichtensprache', die uns dazu verführt, auch komplexe Konfliktsituationen als Geschichten zu behandeln. Wir erzählen dann nicht ein Problem, sondern die Geschichte des Problems, und wir lassen unsere Erzählung in diejenige Fortsetzung münden, welche wir uns wünschen. Diese künftige Idealgeschichte ist dann identisch mit unserer Position. Andere verhalten sich ebenso. Damit steht Position gegen Position."[25]

Um es in kurzen Worten zu sagen: Wir ziehen uns beim Basarverhalten auf durch moralische Herleitungen untermalte zahlenmäßige Positionen zurück, weil wir denken, die eigentliche Komplexität des Vorgangs nicht in Worte fassen zu können.

In vielen Seminaren zum Thema Verhandeln wird ein Beispiel für die Begrenztheit dieses Positionsdenken zitiert: Zwei Mädchen streiten sich um eine Orange; die Mutter bekommt den Zwist mit und teilt gerecht die Orange, so dass beide Mädchen je eine Hälfte erhalten. Beide Mädchen sind anschließend immer noch unglücklich. Auf Nachfragen findet die Mutter heraus, dass das eine Mädchen die Schale zum Basteln wollte und das andere Mädchen den Saft zum Trinken. Hätte die Mutter nach den Motiven der beiden gefragt, hätten sie den Streit so lösen können, dass beide Seiten gewonnen hätten.

Dieses Beispiel stammt aus Abhandlungen des kooperativen Verhandelns nach dem Harvard-Konzept.

25 (Haft, Dr. Fritjof, 2000), Seite 4

Das Harvard-Konzept fußt auf vier Grundprinzipien[26]:

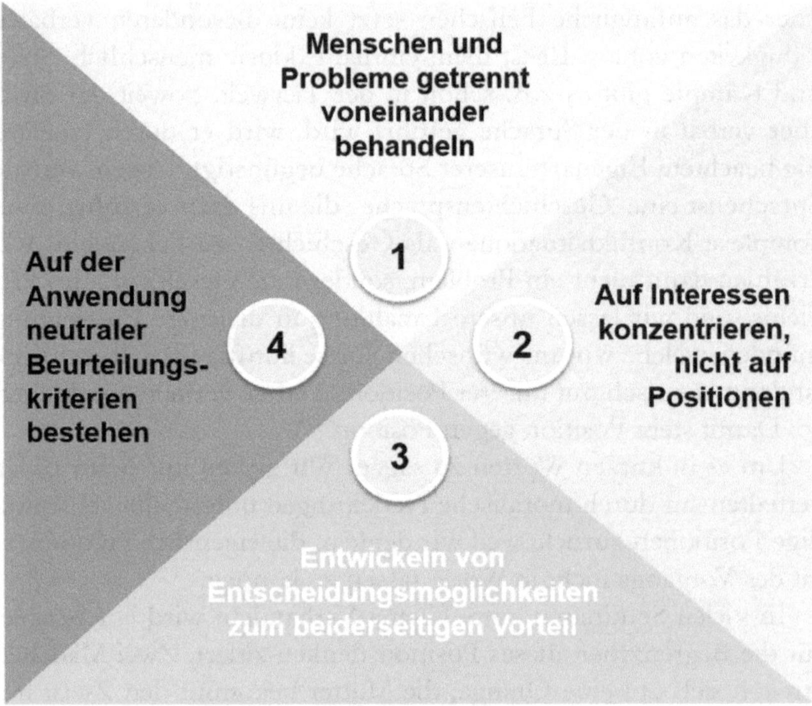

Abbildung 25
Die Grundprinzipien des Harvard-Konzepts

Zusammengefasst lassen sich diese Prinzipien anhand des folgenden Fallbeispiels aus dem M&A-Bereich erläutern:

Fallbeispiel:

REIMER AG ist ein mittelständisches Unternehmen der chemischen Industrie. Der Inhaber und Alleinvorstand, Herr Reimer, ist im Alter von 62 Jahre und möchte im Zuge der nicht gelösten Nachfolge an der Unternehmensspitze und im Gesellschafterkreis das Unternehmen verkaufen. Die

26 (Fisher, Bruce, Ury, William and Patton Bruce M. , 2000), Seite 31

ZÜRICH CHEMIE AG ist ein internationaler Konzern, der sich für das Unternehmen interessiert und bereits ein attraktives Angebot ausgesprochen hat. In den Verhandlungen kommen nun eine Reihe von Garantien, die es zu regeln gilt.

Dabei scheint es insbesondere beim Grundstück schwierig zu sein, sich auf einen aus Sicht des Kaufinteressenten ZÜRICH CHEMIE adäquaten Garantiekatalog zu einigen, der die Risiken aus Umweltschäden der vor fünf Jahren geschlossenen Lackherstellung ausschließt.

„Herr Dr. Soft, wie Sie wissen, haben wir großes Interesse den Standort zu übernehmen und im Sinne von Herrn Reimer fortzuführen. Bitte verstehen Sie jedoch, dass wir eine umfassende und unbegrenzte Garantie benötigen, die uns vor den Umweltrisiken aus der damaligen Lackherstellung absichert."

Der Verhandler der REIMER AG nimmt diese unmissverständliche Aussage auf – und pariert sie mit einer Kombination aus einem klaren Nein und einer sachlichen Erklärung: „Herr Dr. Hardleiner, wir werden eine solche Garantie nicht geben. Wir sind uns sicher, dass es hier nicht zu Schäden gekommen ist..."

Der Verhandler der ZÜRICH CHEMIE, Herr Dr. Hardleiner, spielt den Ball direkt zurück: „Dann können Sie die Garantie ja auch gewähren!"

Allerdings hat er nicht lange genug zugehört. Dr. Soft insistiert: „... lassen Sie mich bitte meine Ausführungen zu Ende bringen. Ich habe Sie auch ausreden lassen. Wir werden keine Garantie übernehmen, zumal wir nicht wissen, welche Produkte Sie in den nächsten Jahren mit welchen Verfahren am Standort produzieren möchten. Da kann es immer wieder zu Verunreinigungen kommen und ob dann nachzuweisen ist, wer was und wann verunreinigt hat, sei dahingestellt. Wir wollen uns nicht mit Ihnen im Nachhinein jahrelang streiten."

Da die Klärung der Garantiefrage für die ZÜRICH CHEMIE essentiell ist, reagiert auch Dr. Hardleiner jetzt mit einem Nein: „Tja, dann werden wir uns nicht einigen können."

Im Moment der Verhärtung der Positionen schaltet sich der M&A-Berater von Herrn Reimer, Herr Michael M. Pathie ein: „Entschuldigen Sie bitte. Ich glaube ich habe ein Verständnisproblem. Bitte helfen Sie mir an dieser Stelle und ich bitte Sie, lassen Sie uns versuchen, so klar und sachlich wie möglich unsere Sichtweisen zu definieren. Vielleicht können Sie mir noch einmal den Sachverhalt zunächst aus Ihrer Sicht, Herr Dr. Hardleiner, erklären?"

Dr. Hardleiner ist dankbar, dass durch diese Frage das Gespräch nicht versandet oder dauerhaft blockiert ist, denn schließlich hat er ja ein Interesse an der REIMER AG: „Das ist ganz einfach. Früher war auf dem Grundstück 42a eine Lackproduktion. Lacke können bei unsachgemäßer Herstellung und Lagerung beim Eindringen in den Boden zu erheblichen Umweltschäden und Grundwasserverunreinigungen führen. Dieses Risiko wollen wir nicht tragen."

Der Berater greift das Gesagte auf und will es in verwertbare Informationen umwandeln: „Danke, Herr Dr. Hardleiner, das habe ich verstanden. Herr Dr. Soft, was war denn vorher auf dem Grundstück 42a? Wissen wir das?"

Auch Dr. Soft ist froh, dass das Gespräch nicht blockiert ist: „Ja. Das war – wie alles andere auch – Ackerland und erst nachdem REIMER international expandierte, hat man sich dazu entschlossen, das der Farbpigmentproduktion nachgelagerte Produkt „Lack" selbst zu produzieren."

Auf dieser Informationsgrundlage schließt Herr Pathie eine weitere klärende Frage an: „Gibt es denn Genehmigungen, die für die Produktion der Lacke im Voraus notwendig waren?“
Auch durch diese Frage wird deutlicher, worüber eigentlich genau geredet bzw. gestritten wird. Entsprechend bereitwillig antwortet Dr. Soft: „Ja, sicherlich. Die haben wir auch alle im Voraus erteilt bekommen. Und darüber hinaus gab es laufende Prüfungen.“

Für den Berater ist das eine wichtige Information. „Wenn ich Sie richtig verstehe, dann haben Sie, Herr Dr. Soft, ja keine Angst davor, dass in der Zeit der Produktion eine Verunreinigung entstanden sein könnte, sondern vielmehr, dass bei späterer Nutzung es zu Ungewissheiten kommen kann. Sehe ich das richtig?“

Dr. Soft bestätigt: „Ja, exakt. Wir haben, was unsere bisherige Nutzung angeht, keine Sorgen.“

Auf dieser Basis kann der Berater die nunmehr genannten Informationen zu einer Basis für kooperatives Verhandeln umwandeln: „Gut, ich habe mir hier einmal aufgeschrieben, welche Möglichkeiten es aus meiner Sicht denn grundsätzlich gibt:

	Haftung Verkäufer	Keine Regelung/ Haftung beim Käufer
Einblick in die Unterlagen über die damalige Produktion		X
Klarheit über eingegangene Risiken aus der damaligen Produktion	X	
Kein Erwerb des Grundstücks, Mietzahlungen	X	

Abbildung 26
Mögliche Haftungsrisiken I

Sehe ich das richtig oder habe ich etwas vergessen?“

Herr Dr. Exakt, der Wirtschaftsprüfer von REIMER schaltet sich nun ein und erläutert seine Erfahrungen aus einer anderen Transaktion: „Man könnte ja auf Basis der vorhandenen Dokumentationen ein Umweltgutachten, ein sog. Phase-I-Gutachten erstellen lassen. Auf Basis dieses Gutachtens könnten wir Klarheit schaffen und weitere Bedenken entkräften."

Der Berater Herr M. Pathie nimmt diesen Vorschlag weiterer Optionen auf und bringt auf dieser Basis ein zusätzliches Element ein: „Bei früheren Transaktionen haben wir die Sache so gelöst, dass man auf Basis eines Phase 1-Gutachtens eine Versicherung für Altlasten abschloss. Wäre das auch eine Möglichkeit für Sie?"

	Haftung Verkäufer	Keine Regelung/ Haftung beim Käufer
Einblick in die Unterlagen über die damalige Produktion		X
Klarheit über eingegangene Risiken aus der damaligen Produktion	X	
Kein Erwerb des Grundstücks, Mietzahlungen	X	
Phase I Gutachten		X

Abbildung 27
Mögliche Haftungsrisiken II

An dieser Stelle ergreift erstmals Herr Reimer persönlich das Wort: „Also das ist mir alles viel zu kompliziert! Dann behalte ich lieber das Grundstück."

Dr. Hardleiner sieht zwar ebenfalls die scheinbare Komplexität der nun klarer skizzierten Handlungsoptionen, gibt aber zu bedenken: „Entschuldigen Sie, Herr Reimer, dann haben wir nun völlig andere Voraussetzungen. Es ist bei uns Konzernpolitik, dass wir keine Investitionen auf fremdem Grund und Boden tätigen."

Um eine erneute Verhärtung der Fronten zu vermeiden, wird der Berater die sich anbahnende Diskussion direkt unterbrechen: „Meine Herren, wir sammeln im Moment ja nur mögliche Optionen, um sie im Anschluss zu bewerten – ich schlage vor, dass wir deshalb auch eine Versicherungslösung als Option hinzunehmen:"

	Haftung Verkäufer	Keine Regelung/ Haftung beim Käufer	Haftung bei einem Dritten
Einblick in die Unterlagen über die damalige Produktion		X	
Klarheit über eingegangene Risiken aus der damaligen Produktion	X		
Kein Erwerb des Grundstücks, Mietzahlungen	X		
Phase I Gutachten		X	
Phase I Gutachten; Abschluss einer Versicherung für mögliche Altlasten			X

Abbildung 28
Mögliche Haftungsrisiken III

Herr Reimer hat zwar nichts gegen die Aufnahme der Option, macht aber gleich klar: „Ich brauche keine Versicherung. Also trage ich dafür auch nicht die Kosten!"

Dr. Hardleiner steht der Versicherungs-Option deutlich offener gegenüber: „Also, wenn ich das recht verstehe, ist Ihr Interesse, nicht für aus Ihrer Sicht potentielle, nicht bezifferbare Schäden aus der Vergangenheit zu haften. Und unser Interesse ist es, keine Haftung für – eventuell erst in der Zukunft liegende – Risiken aus dem Grundstück zu haben. Bei einer Mietlösung hätten wir dieses Risiko aber weiterhin. "

An dieser Stelle greift der moderierende Berater erneut ein: „Ich sage immer: Es ist von Vorteil, wenn man genau weiß worüber man redet. Deshalb mache ich Ihnen jetzt einen Vorschlag: Lassen Sie uns doch bitte einmal klären, was eine solche Versicherung überhaupt kosten würde. Wenn wir das wissen, können wir die Prämie dann ins Verhältnis zu den sonstigen Schadensregelungen stellen. Vielleicht ergibt sich hieraus automatisch eine klare Regelung. Wenn das nicht der Fall sein sollte, können wir immer noch über die Verteilung der Lasten im Kontext zum Gesamtvertrag sprechen."

Dr. Hardleiner, Dr. Soft und auch Herr Reimer erkennen an dieser Stelle, dass sie tatsächlich über etwas gesprochen haben, dessen Tragweite sie gar nicht kennen. Auch deshalb stimmen sie der vorgeschlagenen Lösung zu…

2.2 Die Hürden beim Übergang vom distributiven zum kooperativen Verhandeln

Dieses Beispiel zeigt, wie kooperatives Verhandeln in M&A-Situationen erfolgreich anwendbar ist. Nun stellt sich die Frage: Warum tendieren wir Menschen so oft dazu, nicht kreativ kooperierend und damit wertfördernd (create), sondern oftmals eher wertfordernd und damit meist strittig zu verhandeln (claim)? Die Antwort darauf mag nicht verwundern:

Das größte Problem liegt im Menschen und dessen unzureichenden Fähigkeiten, im Umgang mit stressigen, konfliktreichen und komplexen Situationen faktenorientiert und tatsächlich kooperativ vorzugehen – und stattdessen auf vier Mechanismen des Streitgespräches zurückzufallen:

1. Kein „aktives Zuhören“[27] sorgt für vorschnelle Urteile
2. Suche nach „der einen“ richtigen Lösung begrenzt die Sichtweise
3. Die Annahme, dass der „zu verteilende Kuchen“ begrenzt sei (und damit ein Nullsummenspiel besteht), verengt den Lösungskorridor
4. Der Rückzug auf die Vorstellung, dass die anderen ihre Probleme selbst lösen sollen, kann die gemeinsame Interessenlage empfindlich stören (zerstören)

Es wird nicht verhandelt – es wird gestritten. Die Verhandlungspartner wollen ihre jeweiligen Positionen durchsetzen, um Sieger der Auseinandersetzung zu werden. Wenn man in diesem Gedan-

27 Aktives Zuhören wird oft als ein Vorgang missverstanden, bei dem der Zuhörer durch Bejahen, zustimmende Lauten und Kopfnicken dem Redner Verständnis signalisiert. Dies hat nichts mit aktivem Zuhören zu tun. Aktives Zuhören bedeutet im Wesentlichen:
1. Nachfragen („Was genau meinen Sie damit, wenn Sie sagen…“);
2. Paraphrasieren („Wenn ich Sie richtig verstehe, dann würden Sie – mit meinen Worten ausgedrückt – …“) und
3. Anerkennen der Gefühle des Gegenübers („OK. Das verstehe ich. Das ist aber auch wirklich“)

ken verharrt, stellt sich oftmals auch ein anderes Phänomen ein, nämlich das sog. Negotiators Dilemma, das aus dem berühmten Gefangenendilemma abgeleitet ist. Dazu folgendes Szenario: Zwei Verbrecher werden von der Polizei festgesetzt. Vor der Gerichtsverhandlung wird beiden ein Geschäft vorgeschlagen: Wenn einer gesteht und seinen Komplizen belastet, droht ihm nur ein Jahr Gefängnis, seinem Komplizen jedoch fünf. Singen beide, kann das Gericht bei beiden zuschlagen und beide erhalten je vier Jahre. Halten beide dicht, kann nur ein Indizienprozess geführt werden und sie werden mit je zwei Jahren davonkommen. Jeder der beiden Verhafteten hat also zwei Möglichkeiten (oder Strategien): Er kooperiert mit der Polizei und gesteht oder er kooperiert nicht und hält dicht. In einer Tabelle dargestellt sieht das so aus:

		B	
		„Dicht halten“	„Singen“
A	„Dicht halten“	2 Jahre 2 Jahre	1 Jahr 5 Jahre
	„Singen“	5 Jahre 1 Jahr	4 Jahre 4 Jahre

Abbildung 29
Pay-off-Diagramm des Gefangenendilemmas

Betrachtet man das Ganze aus der Perspektive von A, hat er eine dominante Strategie (vorausgesetzt, er will seine Zeit im Gefängnis so kurz wie möglich halten): Wenn B leugnet, lohnt es sich zu gestehen (ein Jahr statt zwei). Sollte B gestehen, muss A auch gestehen (vier Jahre statt fünf). Da die Situation gespiegelt ist, gilt für B dasselbe. Es wählen also beide dieselbe Strategie: Sie verraten ihren Komplizen und kriegen also zusammen acht Jahre aufgebrummt (2×4), obwohl sie mit Schweigen zusammengerechnet die Hälfte hätten absitzen müssen (2×2). Diese Situation beschreibt einen Zustand, in dem eine optimale individuelle Strategie zu einem Resultat führt, welches gesamthaft gesehen, negativ ist.[28]

Wenn eine Seite kooperativ und mit „offenem Visier“ in die Verhandlungen geht, um beispielsweise im Wege einer konstruktiven, sachbezogenen Verhandlung Wege zu finden, die für beide Seiten zu einer tragfähigen Lösung führen, jedoch die andere Seite im Nullsummendenken verhaftet ist, dann kann es zu einem Scheitern der Verhandlung führen. Rein logisch betrachtet zeigt das nachfolgende Pay-off-Diagramm die Problematik, wenn Verhandlungspartner ihren Verhandlungsstil zwischen kooperativ und wertfördernd (creative) oder positionsbezogen und wertfordernd (claim) definieren:

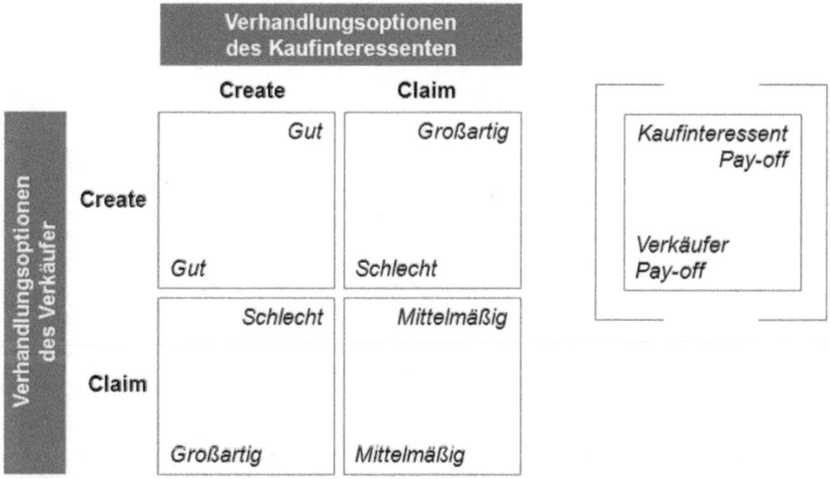

Abbildung 30
Pay-off-Diagramm des Negotiator's Dilemma

Diese Abwandlung des vorgenannten Gefangenendilemmas zeigt darüber hinaus auch eine grundsätzliche Problematik auf. Wenn man die grundsätzlichen Wahlmöglichkeiten eines Verhandlers in einen kooperativen, ehrlichen, die Motive offenlegenden Verhalten und einer harten, positions- und preisorientierten Ver-

28 (Quelle:http://scienceblogs.de/zoonpolitikon/2008/04/22/spieltheorie-einfach-erklart-i-einleitung-und-gefangenendilemma/)

handlungstaktik einteilt, dann wird deutlich, dass der Verhandler sich bei rationalem Verhalten eher für den Claim-Stil entscheiden sollte. Betrachtet man die Wahlmöglichkeit der Parteien, so zeigt sich, dass in der Summe der möglichen Ergebnisse es für jede der beiden Parteien besser ist, sich für den Claim-Stil zu entscheiden (Output: großartig oder mittelmäßig) und nicht für den Create (gut oder schlecht). Die logisch richtige Entscheidung ist bei dieser Betrachtungsweise das „claimen". Dadurch wird jedoch eine kooperative Verhandlung unmöglich gemacht.

2.3 Das Harvard-Konzept als möglicher Weg vom distributiven zum kooperativen Verhandeln

Dennoch liegt auf der Hand, dass man durchaus eine Verhandlung mit dem Hinweis auf dieses Modell eröffnen könnte und dabei eine kreative Atmosphäre schafft, die es beiden Parteien ermöglicht, zunächst über deren Schatten zu springen um eine Lösung im linken oberen Quadranten zu ermöglichen.

Das Harvard-Modell empfiehlt hier zusammengefasst folgende Ansatzpunkte, unterteilt in die Dimensionen Vorstellung, Emotion und Kommunikation.

Vorstellung	Emotion	Kommunikation
• In die Lage der anderen versetzen • Niemals die Absichten anderer aus den eigenen Befürchtungen ableiten (siehe hierzu auch Ausführungen zu „Confirmation Bias“) • Die Schuld an den eigenen Problemen nicht der Gegenseite zuschieben • Über die Vorstellungen und Motive beider Seiten sprechen • Die Gegenseite am Ergebnis beteiligen • Immer das Gesicht der Gegenseite wahren	• Sprechen über Gefühle auf beiden Seiten • Verhandlungen werden weniger reaktiv, sondern vielmehr aktiv sein • Auch „Dampf ablassen“ ermöglichen • Nicht auf die Angriffe eingehen • Auch symbolische Gesten benutzen	• Aufmerksam zuhören und Rückmeldung geben • So sprechen, dass man auch verstanden wird • Über sich reden, nicht über die Gegenseite • Mit einer bestimmten Absicht sprechen **Bei der Kommunikation gibt es drei große Probleme** 1 Verhandlungspartner sprechen miteinander nicht so, dass sie einander verstehen 2 Kein aufmerksames Zuhören 3 Missverständnisse → besonders bei unterschiedlichen Sprachen

Abbildung 31
Problemfelder der Anwendung des kooperativen Verhandelns

Während der Gespräche stellt man z.B. fest, dass die andere Partei immer wieder vom kreativen Weg abweicht und sich unkooperativ verhält. Was ist nun zu tun? Antwort hierauf liefert die Spieltheorie.

2.3.1 Spieltheoretische Grundlagen

Wenn man sich mit sozialer Interaktion im Allgemeinen oder mit Verhandlungen und eben auch der Verhandlungstechnik im Besonderen beschäftigt, wird man fast zwangsläufig auf die Ansätze der Spieltheorie stoßen. Dieser in der ersten Hälfte des 19. Jahrhunderts geborene Denkansatz leitete, zunächst bei begrenzten Fragestellungen und später auch in einem umfassenden Ansatz, aus dem Verhalten des Menschen bei Gesellschaftsspielen grundlegende Verhaltensregeln – ursprünglich für Anwendungszwecke im militärischen Bereich – ab. Bestes Beispiel ist wohl nach wie vor das Schachspiel, bei dem die Spieler jeweils ihre Strategien so verfolgen, dass sie das Verhalten des Gegenübers in ihre eigene Planung einbeziehen. Die Spieltheorie wird meist mit dem Homo Oeconomicus in Verbindung gebracht, also einem Konzept, bei dem das Handeln des Menschen im Idealfall ausschließlich von einer Frage gesteuert wird: Was nützt mir das? Die Spieltheorie betrachtet jedoch auch das Verhalten von nicht rational agierenden Spielern.

Im Sinne der Spieltheorie ist ein Spiel „eine Situation strategischer Interdependenzen: Die Folge Ihrer Entscheidungen (Strategien) hängt von den Entscheidungen der anderen Person ab, die zielgerichtet handelt."[29] Die Wissenschaft bezeichnet die Entscheidungsträger als ‚Spieler' und deren Handlungen als ‚Züge'.

Die Interessen der Spieler können in einem Konflikt zueinander stehen, sodass der Gewinn des Einen immer dem Verlust des Anderen entspricht. Dementsprechend bezeichnet man solche Spiele – wie oben bereits erwähnt – als sog. Nullsummenspiele. Typisch sind allerdings Spiele, bei denen es neben Konflikten ebenso Bereiche gemeinsamer Interessen gibt. Es können damit Kombinationen wechselseitiger vorteilhafter oder schädigender Strategien existieren.

Die Züge in der Spieltheorie können sowohl simultan erfolgen, als auch sequentiell. In letzterem Fall eignen sich sog. Entscheidungs- oder Spielbäume ideal, um das Spiel nachzubilden und zu visualisieren.

---

29 (Dixit, et al., 1997), Seite 84 ff

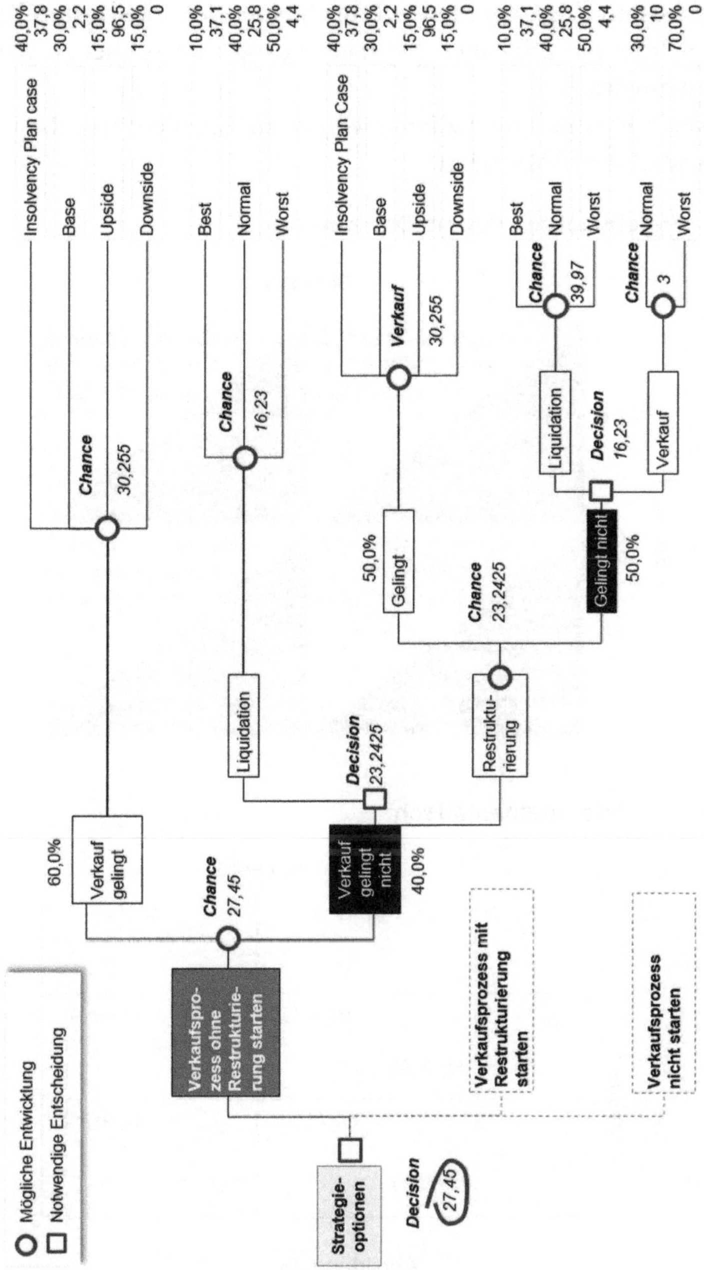

Abbildung 32
Beispielhafte Darstellung eines komplexen Entscheidungsbaums

Die besten Züge ergeben sich nach einer der wichtigsten Regeln der Spieltheorie: „Schauen Sie nach vorne und schließen Sie von dort an zurück."

Spiele mit simultanen Zügen werden in Tabellenform dargestellt oder sog. Pay-off-Matrizen.

Vereinfachte, verbale Darstellung ...

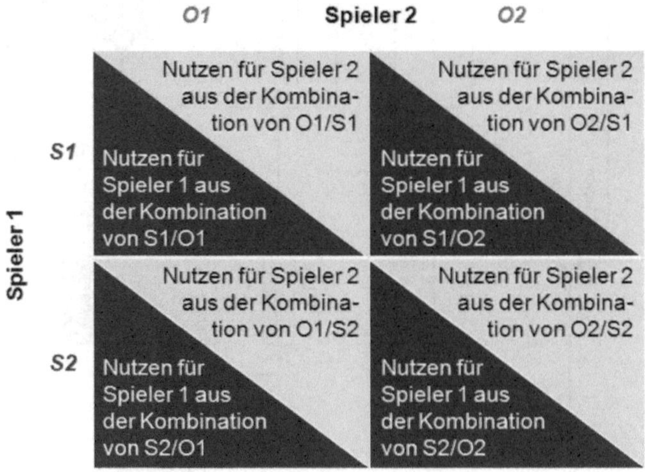

... oder mathematisch

Spieler 1 \ Spieler 2	*N*	*H*
N	$H_2(N,N)$ $H_1(N,N)$	$H_2(N,H)$ $H_1(N,H)$
H	$H_2(H,N)$ $H_1(H,N)$	$H_2(H,H)$ $H_1(H,H)$

Abbildung 33
Beispielhafte Darstellung einer Pay-off-Matrix[30]

30 (Berninghaus, et al., 2004), Seite 13 ff

Hier können sogenannte dominante Strategien leicht erkannt werden. Hierunter versteht man die Handlungen, die den Entscheidungsträger besser stellen als bei jeder anderen Handlung. Wenn Sie selbst keine dominante Strategie haben, diese jedoch bei Ihrem Gegenspieler erkennen, so verlassen Sie sich darauf, dass er diese verwendet und wählen Sie Ihre Antwort entsprechend.

Hat keiner der Spieler eine dominante Strategie, so ist in einem nächsten Schritt zu überprüfen, ob es eine dominierte Strategie gibt, d.h. eine Strategie, die durchgehend schlechter ist, als die anderen Handlungsalternativen. Gibt es eine solche, so muss diese als Handlungsalternative gestrichen und die verbleibenden Alternativen erneut überprüft werden. Wenn weder dominante noch dominierte Strategien zu erkennen sind, dann muss das Spiel auf eine Gleichgewichtssituation überprüft werden. Dies ist eine Situation, bei der die Aktion jedes Spielers die beste Antwort auf die Aktion des anderen ist. Wenn dies der Fall ist, kann man davon ausgehen, dass die Spieler auch diese Strategie wählen.

In der Praxis können Spiele zugleich einige sequentielle und einige simultane Züge haben; in solchen Fällen muss eine Kombination der beschriebenen Techniken verwendet werden.

Die Vorteile der Spieltheorie sind nicht absolut zu sehen, sondern eher konzeptioneller Natur. Die formale Struktur der Analyse (z.B. mit Pay-off-Diagrammen oder Entscheidungsbäumen) zwingt den Berater, eine Situation systematisch zu vereinfachen und die Annahmen, die den Überlegungen zugrunde liegen, exakt festzulegen. Damit können Schlussfolgerungen sehr viel leichter visualisiert werden. Der Berater versetzt sich in die Situation aller Akteure und hilft damit, die wechselseitigen Abhängigkeiten von Handlungen zu erkennen.

Eine mögliche Lösung für das oben erwähnte unkooperative Verhalten in Verhandlungen hält die Spieltheorie in der sog. Tit-for-Tat-Strategie bereit.

Ein Spieler, der die Tit-for-Tat-Strategie anwendet, beginnt die Interaktion mit einem kooperativen (freundlichen) Spielzug. Danach ahmt ein Tit-for-Tat-Spieler jeweils den letzten Zug des andern

Spielers nach[31]." Die von Anatol Rapoport in den 60er Jahren formulierte Tit-for-Tat-Strategie beinhaltet nicht nur das gerade dargestellte Prinzip der Reziprozität bzw. des Talions (Auge um Auge, Zahn um Zahn: Tue anderen so, wie sie dir getan haben), sondern der beschränkten Vergeltung, um Strafen gering und Belohnung hochzuhalten, unabhängig davon, wie der Gegenüber sich verhält.

Die Strategie hat außerdem die Regel, zu Beginn einer Interaktion auf jeden Fall kooperativ zu handeln. Tit for Tat ist daher eine freundliche Strategie. Wenn zwei Tit-for-Tat-Spieler aufeinander treffen, kooperieren sie immer.

Nach Axelrod erfüllt Tit for Tat vier Eigenschaften, die jede Strategie im wiederholten Gefangenendilemma besitzen muss, die wirkungsvoll sein soll:

- Klarheit
- Nettigkeit
- Provozierbarkeit
- Nachsichtigkeit

Tit for Tat ist klar und einfach, da die Strategie eigentlich aus nur zwei sehr elementaren Regeln besteht. Die Strategie ist nett, insofern jede Interaktion freundlich beginnt. Sie ist provozierbar, das heißt sie lässt unfreundliches Verhalten eines Gegenspielers nicht unbestraft. Und sie ist nachsichtig, denn sie reagiert nicht nachtragend und ist bereit, die Kooperation wieder aufzunehmen.

Allerdings hat diese Strategie auch Schwächen. Zwei potentielle Probleme von Tit for Tat sind die schnelle Provozierbarkeit sowie der Vergeltungsautomatismus der Strategie. Diese quasi automatisierte Anwendung der „Vergeltung" kann in denjenigen Situationen

---

31 Aus Wikipedia http://de.wikipedia.org/wiki/Tit_for_Tat: „Einen historischen Vorläufer „Tit for Tat" beschreibt bereits die isländische Hávamál, ein Teil der Edda: „Der Freund soll dem Freunde Freundschaft gewähren // Und Gabe gelten mit Gabe. // Hohn mit Hohn soll der Held erwidern, // Und Losheit mit Lüge." Als Gerechtigkeitsprinzip entspricht es dem Talions und dem Quid pro quo: Schädigungen wie Wohltaten sollen mit gleichem Maße vergolten werden. Formal wurde diese Strategie bereits in den 1960er Jahren von Anatol Rapoport erarbeitet. Bekannt als „Tit for Tat" wurde sie einer breiten Öffentlichkeit durch das Buch „Die Evolution der Kooperation" von Robert Axelrod, in dem er den großen Erfolg der Strategie bei einem Vergleichstest beschreibt

gefährlich werden, in denen die Reaktion des Verhandlungspartners nicht richtig erkannt oder interpretiert wird. Wird eine Aktion beispielsweise fälschlich als Angriff erkannt, ist ein Missverständnis aufgetreten. Aber auch eine fälschlich als unfreundlich erkannte Aktion löst bei einem Tit-for-Tat-Spieler sofort eine eigene unfreundliche Reaktion aus. Spielt auch der andere Spieler Tit for Tat, kann es aufgrund dieses einen Missverständnisses zum vollständigen Zusammenbruch der Kooperation kommen.[32]

Aus den positiven Eigenschaften dieser Strategie sind übrigens auch nachsichtigere Strategieformen erarbeitet worden: Ein stur angewendetes Tit for Tat bestraft beim Ablehnen eines Angebotes zur Zusammenarbeit – Defektion genannt – auch Verhandlungspartner, die sich zuvor über längere Zeit kooperativ verhalten haben. Damit es z.B. angesichts der Möglichkeit von Missverständnissen nicht zu Fehlleistungen kommt, ist eine Strategie denkbar, die diese freundliche Vorgeschichte berücksichtigt. Diese Strategie kann sich nachsichtig zeigen, wenn die Defektion eine Ausnahme zu sein scheint und nur dann vergelten, wenn es als Regel erscheint.

Somit könnte Tit for Tat als Strafe eingesetzt werden, wenn es den Anschein hat, dass die Gegenseite dies ausnutzen will.

Folgende Richtlinien sind dabei zu beachten:

1. Fangen Sie mit Kooperation an
2. Verfolgen Sie genau, wie oft die andere Seite unfreundlich agiert, während Sie kooperieren

32 1978 wurde die amerikanische Botschaft in Moskau von sowjetischen Agenten abgehört und ausspioniert. Die USA verringerten daraufhin die Zahl der in Washington zugelassenen sowjetischen Diplomaten. Die Sowjets wiederum zogen die einheimischen Hilfskräfte von der Moskauer US-Botschaft zurück und verlangten eine Verkleinerung der amerikanischen Delegation. Im Ergebnis wurde es für beide Seiten schwieriger, ihrer diplomatischen Tätigkeit nachzugehen. Dieser Beschreibung der Ereignisse zufolge hatten die Russen nicht Tit for Tat „gespielt", da sie mit einem unfreundlichen „Zug" begannen. Die US-Amerikaner interpretierten die „Verwanzung" ihrer Botschaft als unfreundlichen Akt, dem sie eine Vergeltung im Sinne des Tit for Tat folgen ließen. Vielleicht lag jedoch ein Missverständnis vor: Die Russen interpretierten das einseitige Verlangen der USA, die Anzahl russischer Diplomaten zu verringern, als (erste) Defektion und bestraften dieses Verhalten der USA. Liegen derartige Missverständnisse vor, kann sich wie im beschriebenen Fall eine Kettenreaktion defektiven Verhaltens ergeben. Soziologisch wird diese Form des Missverständnisses auch als Teufelskreis beschrieben" (siehe hierzu http://de.wikipedia.org/wiki/Tit_for_Tat).

3. Wenn der Anteil unfreundlichen Verhaltens zu hoch wird, kehren Sie zu Tit for Tat zurück.

Um den unzumutbaren Anteil des unfreundlichen Verhaltens festzulegen, werden kurz-, mittel- und langfristige Informationen über die Geschichte des Verhaltens der anderen Seite benötigt. Wenn jemand über längere Zeit kooperativ war, heißt das noch nicht, dass er den Verhandlungspartner zu einem späteren Verhandlungszeitpunkt nicht ausnutzen wollen wird.

Eine wichtige, praxisorientierte Anwendung bei der Auslegung der Tit-for-Tat-Strategie besteht also darin, nicht jedes unfreundliche Verhalten gleich zu bestrafen. Es müssen Vermutungen darüber angestellt werden, ob ein Missverständnis vorliegt, sei es auf der Seite des Gegners oder auf der eigenen. Die zusätzliche Nachsichtigkeit erlaubt dem Gegenüber zwar ein wenig unfreundliches Verhalten, hat aber zur Folge, dass das Vertrauen, das bisher in diesen Gegner gesetzt wurde, gemindert wird. Unfreundlichkeit des Gegners schadet ihm weiterhin selbst.

Diese zugegebenermaßen sehr theoretisch anmutende Beschreibung ist jedoch eine sehr wirksame Strategie für Verhandlungen und sollte im „Instrumentenkasten" jedes Verhandlers liegen.

Im Folgenden wollen wir diesen Ansatz auf die Verhandlungstechnik in M&A-Transaktionen herunterbrechen und sehen, welche Impulse er in diesem Bereich geben kann.

Fallbeispiel:

Der Vorstand der HABICH-Unternehmensgruppe – ein Hersteller von Automobilzulieferteilen für den Fahrzeuginnenbereich – hat sich entschieden, den Geschäftsbereich Pulverbeschichtung und Eloxierung, den man vor zwölf Jahren als verlängerte Werkbank erworben hatte, wieder zu veräußern. Die eigene Auslastung des Bereiches hat sukzessive abgenommen, sodass nur externe Lohnaufträge noch ein positives Geschäftsergebnis des Unternehmensbereichs zulassen. Um hier keine Vertriebsressourcen außerhalb des Kerngeschäftes einsetzen zu müssen, ist man zu der Entscheidung gelangt, das Beschichtungswerk zu veräußern. Einem Käufer würde man einen mittelfristigen Vertrag für die Beschichtung und Eloxierung der eigengefertigten Teile anbieten. Andernfalls könnte man diese auch bei Drittanbietern in Lohnarbeit veredeln lassen.

WILLICH Oberflächentechnik AG ist ein Spezialunternehmen für industrielle Oberflächentechnik. Mit rd. 120 Mitarbeitern ist man bereits an zwei Standorten in der Nähe großer Kunden präsent. Das Werk der HABICH-Gruppe findet man aufgrund der Nähe zu mehreren Automobilzulieferunternehmen und der modernen technischen Ausstattung interessant und möchte nunmehr auf Vorstandsebene in Gespräche über einen Erwerb eintreten.

Die Erstgespräche verlaufen kooperativ. WILLICH erhält grundlegende Informationen über das Werk. Betriebswirtschaftliche Auswertungen, anonymisierte Übersichten zum Auftragsbestand und zur Personalstruktur werden zur Verfügung gestellt und eine Besichtigung außerhalb der Geschäftszeiten durchgeführt. Der Betriebsleiter von WILLICH, Herr Lackmann hat den Werksleiter von HABICH, Herrn Redselich bereits vor einigen Jahren auf einer Branchentagung kennengelernt. Letzterem käme eine Übernahme durch WILLICH ganz recht, da er sich in der spezialisierten Unternehmensgruppe bessere Aufstiegsmöglichkeiten erhofft. Als sich die beiden auf einer Fachmesse begegnen, kommt es zum Austausch und Herr Redselich vermittelt Herrn Lackmann, dass WILLICH der klar präferierte Käufer ist.

In der darauffolgenden Woche gibt WILLICH ein Angebot ab: Man fordert im Rahmen des Erwerbs einen exklusiven

Liefervertrag seitens HABICH für die Dauer von fünf Jahren, bei Garantie einer Mindestabnahmemenge von Teilen per Annum. Der Personalstand soll nur zu 80% übernommen werden, die übrigen Mitarbeiter sollen in der HABICH-Gruppe verbleiben. Mit der Begründung, die Transaktion ökonomisch gestalten zu wollen, fordert man von nun an Exklusivität und hat das Angebot auf 14 Tage begrenzt.

HABICH ist hinsichtlich des offenkundigen Wandels im Verhandlungsstil überrascht. Nachdem die Gespräche kooperativ begonnen haben, scheint man nun zu glauben, man habe die Transaktion bereits „in trockenen Tüchern". WILLICH versucht nun durch kompetitives Verhalten die Transaktion für sich zu optimieren. Nach Beratung im Transaktionsteam erwidert der M&A-Berater Gutmann auf das Angebot: Ein exklusiver Liefervertrag sei leider nicht möglich, da man nicht ausschließen könne, dass Kunden von HABICH bei zukünftig externem Sourcing einen anderen Lieferanten vorschreiben. Grundsätzlich könne man nur bei Zweitmarktteilen Aufträge zusichern und hier jeweils nur für die Serienlaufzeit und zu den derzeitigen Konditionen. Darüber hinaus sei man bereit, bei Neuausschreibungen der nächsten zwei Jahre einen Last Call zu gewähren. Hinsichtlich des völlig neuen Aspektes einer Reduzierung des Personalstandes könne dieser nur zu Lasten des Erwerbers gehen. Ist dies nicht der Fall, ergäbe sich eine völlig neue wirtschaftliche Situation für HABICH, sodass man nun die Gespräche mit einem der anderen Interessenten wieder intensivieren müsse, nachdem man bereits davon ausging, mit WILLICH eine gefestigte Basis für eine Transaktion gefunden zu haben. Der Termin für die nächste Besprechung weird abgesagt und die beiden darauffolgenden Tage als Alternativtermine angeboten.

Nach 14 Tagen trifft man sich nun zur nächsten Verhandlungsrunde. WILLICH teilt mit, dass man das Personalkonzept nochmal überdacht habe und vermutlich reiche es, wenn man in den nächsten beiden Jahren die natürliche Fluktuation ausnutze und bei drei Mitarbeitern auf Altersteilzeit umstelle. Man sei ja auf beiden Seiten in den Überlegungen sehr weit und die Gespräche seien ja bisher von tiefgehendem Vertrauen geprägt gewesen. Daher wolle man nun doch auf einen LOI und die Vereinbarung von Exklusivität verzichten und lieber zügig in die Due-Diligence und Umsetzung der Transaktion eintreten. Der Verhandlung eines zukünftigen Liefervertrages sollten sich unverzüglich der Ressortleiter Einkauf von HABICH und der Vertriebsleiter Verkauf von WILLICH annehmen. Auch hier werde man sicher eine einvernehmliche Lösung finden.

Das Verhandlungsteam von HABICH zeigt sich mit diesen Vorschlägen einverstanden und so schreitet man nun wieder kooperativ mit den Verhandlungen voran.

Tatsächlich sind der ideale Verhandlungsverlauf und auch dessen Ergebnis so angelegt, dass sie gemeinsame Interessen fördern und Strategien oder Spielzüge, die beiden Seiten einen Schaden zufügen würden, vermeiden.

Der Berater, der mit den Instrumenten der Spieltheorie umzugehen weiß, bildet vor bzw. nach jeder Verhandlungsrunde die Situation nach bzw. visualisiert sie. Durch die Antizipation möglicher weiterer Spielzugfolgen kann hier das für beide Seiten optimale Ergebnis vorweggenommen werden. In dieser Antizipation sollte auch die Position des Gegenübers ernsthaft und in der Tiefe analysiert werden. Setzt einer der Verhandlungspartner auf eine Position der Dominanz oder setzen beide auf eine kooperative Strategie? Diese Positionen können sich im Verlaufe des „Spiels" ändern. Die Herausforderung dieses Ansatzes besteht darin, simultane und sequentielle Spielzüge zu erkennen und zu unterscheiden. Wenn Argumente gleichzeitig oder in sehr kurzer Zeit gewechselt werden, ist die Dokumentation besonders hilfreich. Die Visualisierung kann helfen, die Position des Gegenübers und auch die eigene Position zu dechiffrieren und nach Möglichkeit zu steuern.

Die große Schwierigkeit und damit Herausforderung besteht in M&A-Transaktionen darin, in der Verhandlung überhaupt „ein Spiel“ zu erkennen. Der Spielbegriff ist wohlgemerkt kein Ausdruck eines Mangels an Ernsthaftigkeit. Er steht lediglich für eine nüchterne Betrachtung und Analyse eventueller Risiken. Man kann also sagen:

Durch die Betrachtung der Verhandlungszüge als „Spiel“ lassen sich die allfälligen und typischen Verzerrungen durch die menschliche Wahrnehmung analysieren.

2.3.2 Wahrnehmungspsychologische Grundlagen

In den letzten Jahren sind im wirtschaftswissenschaftlichen und soziologischen Bereich – nicht zuletzt aufgrund der Publikationen des Nobelpreisträgers Kahneman[33] und Caldini[34] – eine Reihe von psychologischen Phänomenen und Erklärungen in Zusammenhang mit dem Wirtschaftsleben gebracht worden, die erklären, warum es so schwierig ist, in komplexen Situationen, wie z.B. in M&A-Transaktionen erfolgreich verhandeln zu können.

Kahneman greift – abseits des oben erwähnten physiologischen Aufbaus des Gehirns – auf ein Denkmodell zurück, um Entscheidungsvorgänge beim Menschen besser erklären zu können. Hierbei teilt er Entscheidungsprozesse beim Menschen in zwei verschiedene Systeme ein: System 1 und System 2.

Kahneman verdeutlicht die Funktionsweise dieser Arten des Denkens an zwei einfachen Beispielen:

Was sehen Sie auf dem nebenstehenden Bild?

33 (Kahneman, 2011)

34 (Cialdini, 2013)

Abbildung 34
Verängstigte Frau

In der Regel nehmen Sie eine verängstigte, beunruhigte Frau wahr. Diese rasche Auffassung geschah durch Ihr schnell denkendes System 1.

Wieviel ist 42 * 12?

Für diese Rechnung benötigen Sie mehr Zeit, denn Sie müssen Ihr langsam denkendes System 2 aktivieren.

System 1 reagiert quasi in Bruchteilen von Sekunden aufgrund vergangener Erfahrungen und intuitiv, während das System 2 das bewusste Denken darstellt. Bei Kahnemanns Ausführungen wird deutlich, dass zunächst der Eindruck des Systems 1 bestimmt, ob und wenn ja, in welche Richtung System 2 denkt. Da System 1 allerdings alles andere als vollkommen ist, kommt es häufig zu sog. kognitiven Verzerrungen, die dazu führen, dass wir trotz intensivem

Nachdenken Fehler begehen, die in M&A-Verhandlungen schwerwiegend sein können.

Solche typischen Wahrnehmungsverzerrungen im M&A-Bereich sind[35]:

- Negotiator's Dilemma

Auf das Phänomen des Negotiator's Dilemma wurde oben bereits hingewiesen. Die Schwierigkeit besteht darin, eine Atmosphäre zu schaffen, in der sich die Verhandlungspartner öffnen und gemeinsam nach Möglichkeiten suchen, den Kuchen zu vergrößern, sprich den Nutzen aus und in einer Transaktion für beide Seiten zu erhöhen.

Fallbeispiel:

Der M&A-Berater Gutmann ist mit dem Verkauf des mittelständischen Maschinenbauunternehmens SCHRAUBE AG beauftragt. Herr Schraube, der alleinige Gesellschafter, bittet Herrn Gutmann, nur einen einzigen Interessenten anzusprechen, von dessen Interesse Herr Schraube schon seit Jahren weiß. Herr Gutmann erklärt Herrn Schraube die möglichen Probleme bei der Abwicklung einer Transaktion ohne einen Wettbewerb unter mehreren Interessenten. Der Unternehmer zeigt sich einsichtig und gestattet Herr Schraube, neben dem strategischen Interessenten, einen Finanzinvestor anzusprechen.
Herr Gutmann stellt den Kontakt zur PEM GmbH, einem der renommiertesten Finanzinvestoren in Deutschland her. PEM besichtigt das Unternehmen, ist sich jedoch auf Basis der bisher erhaltenen Informationen unsicher, wie man das Unternehmen bewerten soll. Herr Buddenmeier, einer der Investmentanalysten ruft Herrn Gutmann an und gemeinsam besprechen sie sehr konstruktiv die Sichtweise auf den

35 (Bruner, 2004), Seite 783

Unternehmenswert. Sie beachten dabei nicht nur die aktuelle Rentabilität, sondern vergleichen auch den Innovationsgrad der SCHRAUBE AG mit denen der vergleichbaren, börsennotierten Peergroup.
Herr Gutmann geht hierbei auch sehr offen mit den Patentproblemen um, die sich in der Vergangenheit ergeben haben und erläutert, welche rechtlichen Maßnahmen getroffen wurden und wie diese Probleme bald gelöst seien. Auch erläutert er, warum er selbst keine höheren Multiplikatoren ausgewählt hat, da die höher bewerteten Unternehmen allesamt bereits im asiatischen Raum vertreten seien, SCHRAUBE AG jedoch erst mit dem Aufbau des asiatischen Marktes befasst sei. Allerdings sieht er hier auch genau das Wertsteigerungspotential, das mit Hilfe von PEM gehoben werden kann. Gemeinsam kommen sie zur Überzeugung, dass SCHRAUBE mit einem EV/EBIT Multiplikator von 8,5 zu bewerten sei, was auch der ursprünglichen Bewertung von Herrn Gutmann im Vorfeld der Gespräche entspricht.
Herr Buddenmeier erklärt, er würde diese Bewertung seinen Kollegen präsentieren und am Montag könne man letzte Details des von Herrn Gutmann erbetenen, unverbindlichen Angebotes am Telefon besprechen. Aufgrund des eingeschränkten Wettbewerbs unter den Interessenten, erklärt Herr Gutmann dem Vertreter von PEM recht offen, dass im Vergleich zu sonstigen M&A-Prozessen, die Chancen auf einen Abschluss vergleichsweise gut seien und bittet, dies beim Angebot zu berücksichtigen.
Montags kommt es zu dem avisierten Telefonat, bei dem nicht nur Herr Buddenmeier, sondern auch die beiden Partner der PEM anwesend sind.
Zur Überraschung von Herrn Gutmann beginnt einer der Partner das Gespräch mit dem aus deren Sicht nun enttäuschenden Verlauf des Prozesses. Der Eindruck von SCHRAUBE habe sich bei PEM kontinuierlich verschlechtert. Man sei insbesondere aufgrund der geschilderten Patentproblematik und der fehlenden Präsenz im wichtigen asiatischen Markt

nicht mehr in dem Maße interessiert. Eine Bewertung würde äußerst schwer fallen und wenn man überhaupt diese Investmentmöglichkeit, die man nicht mehr als Opportunität betrachtet, weiter verfolgen will, dann nur, wenn bereits jetzt ein Commitment des Verkäufers bestehen würde, zu einem Preis von 5,5x bis 6,0x EBIT zu verkaufen.
Herr Gutmann ist fassungslos, denn alle von ihm im Rahmen seines kooperativen Verhandlungsstils offen geäußerten Motive wurden nunmehr von PEM ins Gegenteil verkehrt. Vor dem Hintergrund des auch offen kommunizierten geringen Wettbewerbs unter den Interessenten hat PEM diesen Sachverhalt genutzt, um wertfordernd klare, aber für SCHRAUBE AG unattraktive Positionen einzunehmen.
Die Gespräche mit PEM scheitern.

- Winner's Curse

Der sog. Winner's Curse, also der Fluch des Gewinners – ist ein aus dem Auktionsbereich stammendes Phänomen, das allerdings auch bei Unternehmenstransaktionen statthaben kann. Um es einmal einfach auszudrücken: Der Gewinner bezahlt den höchsten Preis, weil seine Bewertung des Verkaufsobjekts am höchsten lag. Während die in der Mitte liegende Einschätzung sich meist als am belastbarsten erweist, ist die Abweichung beim Höchstbietenden am stärksten ausgeprägt. Diese Abweichung kann sich – hierzu gibt es zahlreiche Studien[36] – auch so auswirken, dass die zu erwartenden positiven Effekte durch die Überschätzung des Wertes aufgefressen werden: Der Deal wird zu einem Drauflege-Geschäft, das bis zum Totalverlust reichen kann. Der Begriff des Winner's Curse wurde erstmalig bei einer Studie zur Ölindustrie in den 60er Jahren verwendet.[37]

Bei einer Versteigerung von Ölbohrrechten lagen die Gebote zwischen $ 6,9 und $ 108,8. Dieser gewaltige Spread führte schluss-

36 (Capen, et al., 1971), Seite 641-653

37 (Capen, et al., 1971)

endlich dazu, dass die Unternehmen, die den Zuschlag mit einem hohen Preis bekamen, nicht in die Gewinnzone kommen konnten. Die Bereitschaft, einen zu hohen Preis zu bezahlen, kann sich also vorderhand als Strategie der Dominanz erweisen, schlussendlich aber tatsächlich zum Fluch des Gewinners entwickeln. Umso wichtiger ist eben der Einsatz einer auf Gleichgewicht und rationaler Einigung ausgerichteten Strategie. Wird diese Strategie von beiden Parteien gepflegt, ist der Winner's Curse ebenso ausgeschlossen wie das Nullsummenspiel. Das heißt konkret: das Aufbauen einer Dominanz durch die Nennung eines – der subjektiven Einschätzung entsprechenden – Maximalgebots sollte auf jeden Fall vermieden werden. Die rationale Berechnung von Wahrscheinlichkeiten kann hier ein wirksamer Schutz vor einer Wertüberschätzung sein. Der Abstand zwischen Gebot und Bewertung sollte also nicht allzu groß sein. Den richtigen Abstand zu bestimmen, ist wiederum eine Frage der Kenntnis bzw. der Antizipation der Argumente und Spielzüge aller Beteiligten sowie deren spieltheoretischer Abgleich.

Ein weiteres Beispiel für die Gefahren der subjektiven Bewertung gibt ein mit Studenten durchgeführtes Experiment, bei dem die Probanden den Wert einiger Münzen auf einen Blick schätzend bestimmen sollten. Der tatsächliche Wert der Münzen lag bei € 1,40. Die abgegebenen Schätzungen lagen zu 80% unter diesem realen Wert. Der höchste Wert lag bei € 3,17. Dieser Bieter unterlag also in der Studie dem Winner's Curse.

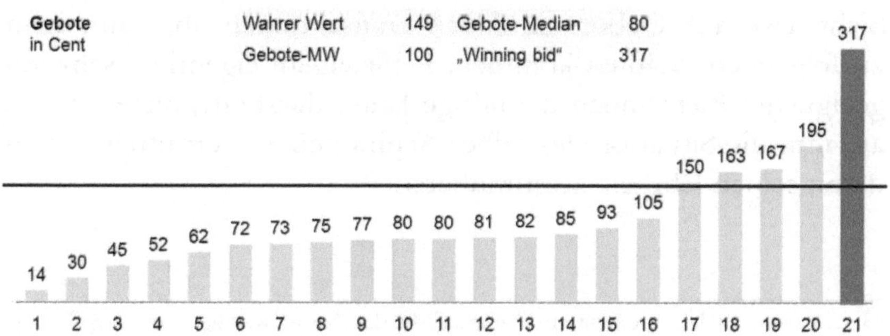

Abbildung 35
Darstellung der Gebote für Ölbohrrechte

Bemerkenswert ist an dieser Verteilung, dass der Median der abgegebenen Gebote mit 80 Cent dem Realwert tatsächlich deutlich näher kam als der Höchstwert. Die sehr niedrigen Schätzungen dürften auf die Risikoaversion der Probanden zurückzuführen sein. Die Erkenntnis, die man aus Studien wie dieser ziehen kann: Je höher die Anzahl der Bieter, desto klarer wird die Wertbandbreite – und desto verlässlicher wird die Beurteilung des rational erreichbaren Wertes.

- Verlustangst

Das Gegenstück zum Winner's Curse ist die Verlustangst. Hier wird häufig ein bemerkenswertes Phänomen aus dem Sportbereich genannt: Wer die Wahl zwischen dem Gewinn der Silber- oder Bronzemedaille hätte, wird in der Regel immer auf die Silbermedaille schielen. Interessanterweise, so sagt man, wirkten allerdings die Gewinner der Bronzemedaille immer glücklich als die Träger der silbernen Ehrung. Das kann wie folgt interpretiert werden: Der Silbergewinner ärgert sich, dass er es nicht bis zum Gold geschafft hat. Er sieht das als Verlust anstatt sich über den zweiten Platz zu freuen. Obwohl er mehr erreicht hat als der Drittplatzierte, wird er damit nicht zufrieden sein. Der Drittplatzierte freut sich in der Regel über das Gewinnen einer Medaille und einen Platz auf dem Podest. Bildet man diese Sichtweise auf Gebote in M&A-Transaktionen ab, kann man zu folgendem Schluss kommen: Fehlt einem eigentlich sehr gut geeigneten Bieter noch die nötige Entschlusskraft, bietet es sich an, ihm die Situation des Silber-Aspiranten zu vermitteln – und damit seinen Ehrgeiz zu stimulieren. [38]

38 An dieser Stelle sei erneut auf die aus Sicht des Autors wichtige Grundregel hingewiesen, nämlich die der Ehrlichkeit und Integrität über allen anderen Prinzipien. Selbstverständlich und auch aufgaben-inhärent ist das Aufzeigen des Weges zum Abschluss des Deals, wohl nicht, dass „Vorgaukeln" des zweitbesten Angebotes, wenn dies nicht der Tatsache entspricht.

- Reziprozität

Das bereits in einem vorhergehenden Kapitel angesprochene Phänomen der Reziprozität – also des in allen menschlichen Kulturen gelernten Verhaltensmusters, eine Gabe mit einer Gegengabe zu erwidern – kann von einem geschickten Verhandler im Verlauf der Verhandlung als Spielzug so eingesetzt werden, dass er den Gegenüber durch mehrere kleine Zugeständnisse dazu verführt, auf diese Gaben mit einer deutlich größeren Gabe, z.B. einer Übernahme von großen Gewährleistungen, zu reagieren.

- Social Proof

Die überwiegende Mehrheit der Menschen tendiert – auch am Verhandlungstisch – dazu, eigene Entscheidung auf die Entscheidungen anderer zu referenzieren. Das beste Beispiel dafür ist der oft gehörte Satz im Kaufhaus: „Wird immer wieder gern genommen". Diese auf die Entscheidung anderer fußende Entscheidungsstruktur kann auch in M&A-Transaktionen genutzt werden. Das Aufzeigen entsprechend vergleichbarer Transaktionen, Transaktionsdetails oder Preisfenster mit hohem Mehrwert kann ein gut funktionierender Spielzug sein.

- Authority

Seit Milgram wissen wir um die Macht von Autoritäten.[39] Dies bedeutet für den erfahrenen M&A-Berater: Es ist immer wirkungs-

39 Aus Wikipedia http://de.wikipedia.org/wiki/Milgram-Experiment: „Das Milgram-Experiment ist ein erstmals 1961 in New Haven durchgeführtes psychologisches Experiment, das von dem Psychologen Stanley Milgram entwickelt wurde, um die Bereitschaft durchschnittlicher Personen zu testen, autoritären Anweisungen auch dann Folge zu leisten, wenn sie in direktem Widerspruch zu ihrem Gewissen stehen. Der Versuch bestand darin, dass ein „Lehrer" – die eigentliche Versuchsperson – einem „Schüler" (ein Schauspieler) bei Fehlern in der Zusammensetzung von Wortpaaren jeweils einen elektrischen Schlag versetzte. Ein Versuchsleiter (ebenso ein Schauspieler) gab dazu Anweisungen. Die Intensität des elektrischen Schlages sollte nach jedem Fehler erhöht werden. Diese Anordnung wurde in

voll, Personen in den Verhandlungen aufzubieten, die aufgrund von Titeln, Funktionen, Ruf, Kleidung etc. eine gewisse Autorität ausstrahlen und andererseits durch die Anwesenheit jüngerer Mitarbeiter, die Autorität der erfahrenen Verhandler zu erhöhen. Diese greifen dann nur an den entscheidenden Stellen der Verhandlungen, den sog. Big Points, in das Geschehen ein.

- Verknappung / Scarcity

Opportunitäten sind für uns erstrebenswerter, wenn diese nur wenigen zugänglich sind. Deshalb kann es auch in M&A-Verkaufssituationen hilfreich sein, nur einen kleinen Bieterkreis aufzubieten und diesem gut gebündelt ein kurzes Zeitfenster zur Durchführung der Transaktion zu gewähren.

- Familiarity and likeability

Der Grund, warum es bestimmte Verkaufsorganisationen gibt, die auf den Verkauf durch Freunde und Familienmitgliedern setzen (wie z.B. Tupperware, Mary Kay, verschiedene Lebensversicherungen und Bausparkassen) ist, dass der Mensch lieber Geschäfte mit Menschen macht, die er kennt und die er schätzt. Dementsprechend ist es bei der Zusammenstellung eines Dealteams wichtig darauf zu achten, einen Rechtsanwalt zu engagieren, der den Kaufinteressenten entweder kennt, in Transaktionen schon auf ihn getroffen ist oder im Idealfall diesen bereits in zurückliegenden Transaktionen beraten hat.

Die Spieltheorie basiert auf einer Vorgehensweise, die durch rationale und meist buchstäblich berechnende Art und Weise mit der allfälligen Irrationalität des subjektiven Anteils in Verhandlungen umzugehen versucht. Die Antizipation verschiedener Spielzüge, so-

---

verschiedenen Variationen durchgeführt. 26 Personen gingen in diesem Fall bis zur maximalen Spannung von 450 Volt und nur 14 brachen vorher ab."

wohl der eigenen Partei als auch des Gegenübers, soll – je nach Strategie –

- zur Vergrößerung des eigenen Nutzens (im Idealbild vom Homo Oeconomicus) oder
- zur Vergrößerung des zu verteilenden Kuchens für beide Parteien

führen. Der spieltheoretische Ansatz ist sicherlich kein Wundermittel gegen Fehleinschätzungen oder gar gegen das Nichteintreffen von Annahmen über in der Zukunft liegenden Entwicklungen. Was dieser Ansatz aber durchaus leisten kann, ist die methodische und systematische Schaffung von Distanz zum eigenen, subjektiven Urteil.

Die durch individuelle Wertvorstellungen, situativ-spontane Wahrnehmungen und andere Wahrnehmungsverzerrungen entstehenden Risiken können durch die permanente Reflexion des Gesamtspiels gesenkt werden.

Die einfachste Regel für dieses, den anderen und vor allem sich selbst reflektierende Vorgehen, gibt ein Satz aus dem Buch „Nein sagen und trotzdem erfolgreich Verhandeln“ des Harvard-Konzept-Autors William Ury:[40] wider: „Go to the balcony – gehen Sie auf den Balkon“!

Auf Deutsch heißt das soviel wie „Es macht immer Sinn, einen Schritt zurückzutreten und sich das große Bild anzusehen“.

40 (Ury, 2009), Seite 45.

2.4 Vom Umgang mit Risiken

Das Treffen von Entscheidungen ist – sowohl im Spiel als auch im realen Leben – mit Unsicherheit verbunden. Jede Entscheidung, sei sie für oder gegen etwas, verfolgt ein Ziel. Und jedes Ziel ist zunächst einmal nur eine abstrakte und mehr oder weniger ideale Vorstellung von einem Zustand, der durch die Entscheidung herbeigeführt wird. Wie nah das tatsächliche und nachhaltige Ergebnis der Zielvorstellung kommen wird, ist von der Anzahl und Wirksamkeit von Unwägbarkeiten über den tatsächlichen Verlauf abhängig.

- Wird mir meine Entscheidung tatsächlich den erwarteten Nutzen bringen?
- Werden sich meine Annahmen – z.B. zu den für die Zielerreichung nötigen Aufwänden tatsächlich als richtig erweisen?

Mit diesen beiden grundlegenden Fragen sind auch der Verkäufer oder Käufer eines Unternehmens konfrontiert. Denn hier trifft der Unternehmer oder Manager eine Entscheidung, die in der Regel so weitreichend ist, dass sie in manchem Fall eine Entscheidung existentiellen Ausmaßes sein kann. Solch eine Entscheidung ist nicht spielend einfach zu treffen.

Wir brechen das nun also einmal herunter: Die beiden genannten grundsätzlichen Unsicherheiten beziehen sich in M&A-Transaktionen aus der Sicht des Käufers u.a. auf folgende Fragen:

- Entspricht der erworbene Gegenstand tatsächlich den im Laufe der Due-Diligence getroffenen Annahmen?
- Können die mit einem Erwerb verbundenen strategischen Überlegungen und Chancen realisiert werden und so die prognostizierte wirtschaftliche Entwicklung nach der Übernahme des Unternehmens tatsächlich eintreten lassen?

- Passen die Unternehmenskulturen zusammen, sodass die Menschen auch zukünftig in einem Umfeld arbeiten, das ihre Leistungen fördert?
- Wird die Transaktion abseits der Cashflows Werte schaffen?
- Ist der Kaufpreis auch Ex post betrachtet adäquat?

Umgekehrt wird sich der Verkäufer die Fragen stellen:

- Werde ich nach dem Verkauf des Unternehmens Entlastung verspüren und neue Chancen in meinem Leben nutzen können?
- Entspricht die erhaltene Liquidität auch in der Zukunft dem Wert, den ich bisher aus dem Unternehmen erhalten habe?

Was ich hier als Fragen formuliert habe, sind aus der planerischen Perspektive schlicht Risiken, mit deren Management man sich beschäftigen muss, um die vorhandene Unsicherheit quantifizieren und im Idealfall auch reduzieren zu können.

Es liegt im Wesen des Risikobegriffs, dass er mit einer Vielzahl von negativen Dingen, wie z.B. dem Verlust, einem Wagnis, dem Scheitern etc. in Zusammenhang gebracht wird. Dementsprechend beschäftigt sich der Mensch nicht gerne mit Risiken. Der Unternehmer allerdings tut gut daran, sich hier auf die Position des Homo Oeconomicus zurückziehen und die Risiken mit einem entsprechenden Risikomanagement zu bewerten und im Idealfall zu senken. Allerdings drohen diese Modelle, werden sie mit der oft vorzufindenden puren Rationalität angewendet, an Grenzen zu stoßen, denn ein Unternehmen ist keine Maschine, sondern ein Konstrukt, in dem Menschen, gesellschaftliche Entwicklungen, das Verhalten von Märkten und eben auch ein gerütteltes Maß an Irrationalität eine wesentliche Rolle spielen. Um diese aus der Irrationalität geborenen Risiken einigermaßen zu planen und beherrschen zu können, helfen Instrumente des Risikomanagements.

2.4.1 Vertrauen auf das „Bauchgefühl“?

Wie irrational die Einschätzung von Risiken sein können, wird schon bei der Teilnahme am Straßenverkehr deutlich:

Wir sind auf dem Weg zum Flughafen in Verzug geraten. Nun gilt das Flugzeug ja als eines der sichersten Verkehrsmittel überhaupt. Das Risiko, bei einem Flug ums Leben zu kommen, ist also als gering einzuschätzen. Dieser ideale Wert wird sich allerdings relativieren, wenn wir, um den Verzug auszugleichen und das Flugzeug noch zu erreichen, mit 190 km/h über die Autobahn rasen und genau wissen: Jährlich sterben auf deutschen Autobahnen tausende von Menschen. Dieses Risiko lässt uns kalt. Wenn wir dagegen im Flugzeug sitzen, bekommen wir womöglich Flugangst.

Dies ist nur ein Beispiel für (situative) Verzerrungen in der menschlichen Wahrnehmung, die schnell zu hohen Risiken führen können. Wir meinen das Risiko beherrschen zu können, z.B. weil wir das Lenkrad des Autos in der Hand halten. Dabei geht eine seltsame aber menschlich normale Schere auf: Wir unterschätzen das Risiko im Straßenverkehr und überschätzen das Risiko eines Flugzeugabsturzes.

Dieses hier kurz beschriebene und sicherlich jedem Leser und jeder Leserin bekannte Phänomen sollte ausreichen, um den Einfluss von Irrationalität auf den M&A-Bereich abzubilden:

Die erste zu treffende Entscheidung in einem Verhandlungsprozess wird sich auf folgende Alternativen beziehen:

- Höre ich auf mein Bauchgefühl?
- Nutze ich die unten ausführlich beschriebenen Instrumente des Risikomanagements, um Chancen und Risiken besser einschätzen zu können?

Hier stellt sich auch die Frage, was denn exakt das Bauchgefühl ist bzw. ausmacht. Der Mensch tendiert dazu, aus den Erfahrungen der Vergangenheit in die Zukunft zu schließen. Dieser Vorgang findet oft unbewusst statt. Bei alltäglichen Handlungen hat das natürlich seine Berechtigung. Es macht keinen Sinn, an der Ampel in unserem Heimatdorf vor dem Überqueren einer Straße eine Statistik zu bemühen, die die Unfälle an exakt diesem Ort aufweist. Durch das unbewusste Zurückgreifen auf Erfolgserfahrungen der Vergangenheit entscheiden wir uns, die Straße innerhalb der 25 Sekunden Ampel-Grün-Phase zu überqueren.[41] Wir denken nicht wirklich bzw. nicht bewusst und rational darüber nach. Und es funktioniert doch in der Mehrzahl der Fälle.

Gerd Gigerenzer veranschaulicht die Leistungsfähigkeit des menschlichen Hirns sowie die schnelle Abrufbarkeit von Erfahrungen am Beispiel des Ballwurfs[42]. Es gibt keine Maschine oder keinen Roboter auf Erden, der in der Lage ist, einen Ball aus einer Entfernung von fünf Metern zu fangen. Kein Computer, keine optoelektronische Vorrichtung, keine ausgefeilte Mechanik ist – wenigstens bisher – in der Lage, die Erkenntnisse aus Flugbahn, Geschwindigkeit, Lichtverhältnisse so schnell umzusetzen, wie das menschliche Gehirn und der menschliche Körper dies vermögen.

Nehmen wir also einmal an, dass das Bauchgefühl tatsächlich ein ultraschnelles unbewusstes Verarbeiten und Analysieren von Informationen ist, so stellen sich die Fragen:

- Ergeben sich aus den persönlichen Erfahrungen des Bauchgefühls wirklich die richtigen Entscheidungen?
- Oder drohen wir durch die schnelle aber falsche Extrapolation und Abbildung von Erfahrungen aus der Vergangenheit, die falsche Entscheidung zu treffen?

Diese Restunsicherheit beim Treffen von Entscheidungen sollten Entscheidungsträger und auch erfahrene Verhandler immer vor Augen haben, auch oder gerade weil es keine Gewissheit über die jeweils richtige Antwort gibt.

41 Wir wissen spätestens seit dem Bestseller von Nassim Taleb „Black Swan“ und dem anschaulichen Beispiel des Truthahns einen Tag vor und nach Thanks-Giving, dass das Schließen aus der Vergangenheit (in diesem Beispiel veranschaulicht an den netten Menschen, die sich immer um das Wohlbefinden des Truthahns kümmerten) nicht immer möglich und sinnvoll ist.

42 (Gigerenzer, 2008), Seite 17

In diesem Zusammenhang ist noch einmal auf die von Kahneman vorgenomme Unterscheidung zwischen schnellem Denken des Systems 1 und dem langsamen Denken des Systems 2 verwiesen.

2.4.2 Abbilden von Unsicherheit mit Hilfe der Mathematik

Wenn wir uns die Auswirkungen von Stress auf den menschlichen Körper und Geist vor Augen führen und die Überforderung des menschlichen Gehirns mit der Komplexität in M&A-Transaktionen aufgrund der Vielzahl der zu berücksichtigenden Parameter beachten, so wird umso deutlicher, dass es systematischer Elemente bedarf, um hier erfolgreich arbeiten und Wagnisse zutreffend beurteilen zu können.

Dies sind zum Beispiel:

- Abbilden von Unsicherheit mit Hilfe der Mathematik
- Hinterfragen der Entscheidungswege
- Analysieren der Chancen und Risiken mit Hilfe der Spieltheorie
- Einsetzen von Instrumenten des Risikomanagements
- Aufstellen eines Verhandlungsteams, das bestimmte Problemfelder systembedingt ausschließt

Nicht ohne Grund wurde die Spieltheorie vor allem in der Finanzmathematik und der Wirtschaftswissenschaft stark eingesetzt. Die oberste Prämisse ist hier: Der Mensch ist von Natur aus risikoscheu[43]. Inwieweit diese Prämisse tatsächlich ihren Weg in die Handlungen der Finanzwelt gemacht hat, mag jeder selbst beurteilen.[44]

---

43 (Volkart, 2008), Seite 208ff

44 Bitte denken Sie einen Moment an das oben genannte Beispiel des Straßenverkehrs – und denken Sie bitte an die weltweite Begehrlichkeit für Private Equity Fonds und deren Eigenkapitalrendite-Versprechen von 25% p.a. Beurteilen Sie nun selbst, ob die in der Kapitalmarkttheorie oftmals angenommene Risikoaversion in der Realität wirklich anzutreffen ist.

Der finanzmathematische und methodische Ansatz der Abbildung von Risiken ist, gewissermaßen in Würdigung der Tatsache, dass das Bauchgefühl sich ohnehin im Laufe einer Verhandlung Raum greifen wird, sicherlich bedenkenswert.

Klar ist hierbei vor allem eins: Unternehmerische Entscheidungen, wie z.B. der Erwerb eines Unternehmens sind immer zukunftsorientiert. Da es um große Geldbeträge geht, die in den meisten Fällen mit Finanzierungen verbunden sind, müssen für die Finanzmittelgeber Zukunftsgrößen abgeschätzt werden. Oftmals geschieht dies in verschiedenen Szenarien. Je mehr die pessimistischen und optimistischen Erwartungen vom wahrscheinlichsten Wert abweichen, desto größer ist die Unsicherheit, sprich das Risiko.

Einen wesentlichen Unterschied zwischen den beiden Ansätzen definiert Prof. Dr. Rudolf Volkart:

„Im Rahmen der neoklassischen Finanztheorie interpretiert man Risiko als Unsicherheit bezüglich der Höhe zukünftiger Größen, z.B. zukünftiger Aktienrenditen. Die in Zukunft eintretende Rendite ist nicht als feste Größe gegeben, sondern sie ist eine um einen bestimmten Erwartungswert herum streuende Wahrscheinlichkeitsverteilung, oft als Normalverteilung oder Lognormalverteilung angenommen. Dieser Risikobegriff ist ein ‚symmetrischer' und beinhaltet Gefahren (negative Abweichungen) wie auch Chancen (positive Abweichungen). Demgegenüber ist der oben angesprochene Alltagsbegriff von Risiko ein asymmetrischer, indem nur die negative Seite (Downside-Risiko) betrachtet wird."[45]

2.4.3 Unsicherheit im Rahmen der finanzwirtschaftlichen Planungsrechnung

Im Rahmen der Planung verwendet man für die in der Zukunft liegenden ökonomischen Größen mittlere plausible Schätzungen, mathematisch gesprochen sog. Erwartungswerte. Die hinter diesen Werten liegenden Wahrscheinlichkeitsverteilungen sind meist unbekannt.

45 (Volkart, 2008)

Die nachfolgenden Begriffe aus der Statistik sind für das Verständnis der mathematischen Abbildung von Risiken wichtig:

Normalverteilung am Beispiel des Würfelspiels:

Man nehme einen Würfel und werfe ihn beliebig oft. Die Wahrscheinlichkeit, dass eine bestimmte Zahl auftaucht, wird auch bei einer unendlichen Anzahl von Würfen mathematisch betrachtet exakt bei 1/6 liegen. Das liegt zunächst einfach daran, dass ein Würfel in der Regel sechs Möglichkeiten anbietet. Dass diese logische Herleitung tatsächlich richtig ist, lässt sich in der statistischen Praxis zeigen:

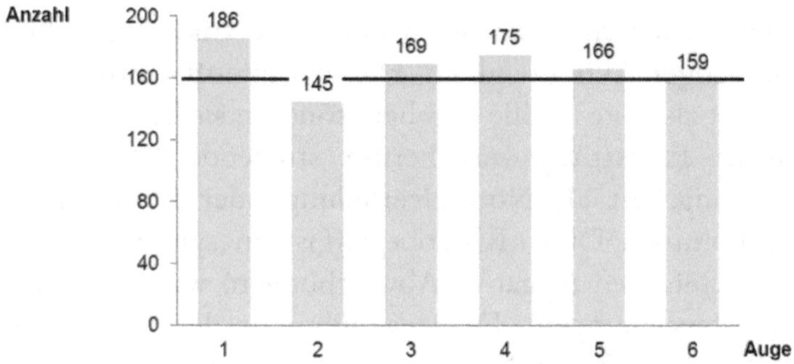

Abbildung 36

Ergebnisse eines Experiment des Autors mit 1.000 Würfen[46]

Um nun den Begriff der Normalverteilung zu erklären, nehme man nun zwei Würfel und zähle bei jedem Wurf die Summe der Augen zusammen. Sortiert man nun die Ergebnisse nach der Häufigkeit des Eintretens so erkennt man im Diagramm eine Kurvenform.

---

46 Simuliert mit Excel (Funktion ZUFALLSBEREICH (1;6)).

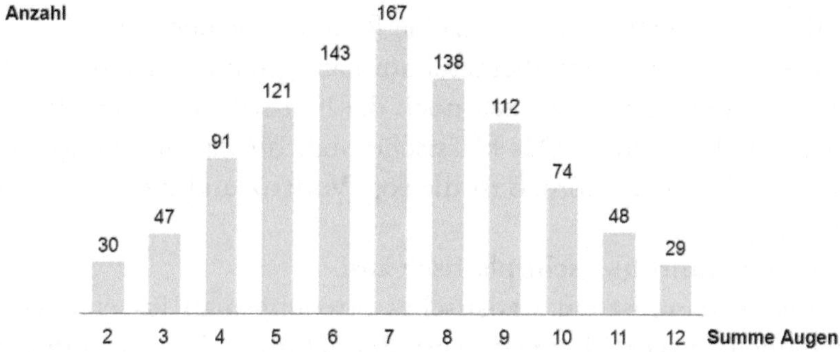

Abbildung 37
Ergebnisse eines Experiments des Autors bezüglich der Summe der Augenzahlen bei 1.000 Würfen[47]

Die Normalverteilung ist eine in der Statistik und auch in der Finanzwirtschaft häufig unterstellte Verteilung. Sehr hohe und sehr tiefe Zielwerte sind dabei nur wenig wahrscheinlich. Auch dieses Ergebnis – die relativ am häufigsten auftretende Zahl 7 – mag aus dem Bauchgefühl und bei einfacher Überlegung kaum verwundern. Die Würfelaugen von 1 bis 6 ergeben bei zwei Würfeln eben eine vergleichsweise große Wahrscheinlichkeit, dass in der Addition der Augen die 7 erscheint. (1+6, 2+5, 3+4). Ein mittlerer Wert ist deshalb am wahrscheinlichsten.[48]

Häufig sind jedoch Wahrscheinlichkeiten nicht objektiv quantifizierbar wie z.B. beim wiederholten Würfeln), sondern lassen sich lediglich als subjektive Wahrscheinlichkeit wahrnehmen. Was beim Bauchgefühl die gesammelten und unbewusst abgerufenen Erfahrungen sind, erscheint bei der rationalen Beschreibung von angenommenen Verteilungen als der Einsatz von standardisierten Streuungsmaßen der Statistik. Dabei werden die einzelnen Abwei-

47 Simuliert mit Excel (Funktion ZUFALLSBEREICH (1;6)).

48 Eine Gleichverteilung würde bedeuten, dass die Zielgröße jeden möglichen Wert mit gleicher Wahrscheinlichkeit annehmen kann. Eine Rechteckverteilung wäre analog zur Gleichverteilung aber nur in einem bestimmten Werteintervall.

chungen vom Erwartungswert und die dazugehörigen Wahrscheinlichkeiten kompakt in eine einzelne Risikogröße überführt.

Die in der Finanzmathematik am häufigsten unterstellte Verteilung von Renditen ist zurzeit noch die Normalverteilung bzw. die Lognormalverteilung. Das klassische Maß für das Streuungs- und damit auch das Risikomaß ist die sog. Varianz und die Standardabweichung.

Volkart führt hier sehr plastisch aus:

„Die Varianz ist ein statistisches Streuungsmaß für eine Wahrscheinlichkeitsverteilung (Ex ante Betrachtung). Dieses kann auch für Ex post Betrachtungen verwendet werden, wobei die Herleitung dann etwas anders erfolgt. Für die Berechnung der Varianz werden die möglichen positiven und negativen Abweichungen vom Erwartungswert einer Zielgröße quadriert und anschließend mit ihren zugehörigen Wahrscheinlichkeiten multipliziert. Die Summe der wahrscheinlichkeitsgewichteten Abweichungsquadrate entspricht der Varianz. Ermittelt man aus der Varianz die zweite Wurzel, so erhält man die Standardabweichung.

Damit ergeben sich folgende Formeln:

Ex post Betrachtung:	$\sigma^2 = \frac{1}{N-1} \sum_{i=1}^{N} (x_i - \bar{x})^2$
Ex ante Betrachtung:	$\sigma^2 = \sum_{i=1}^{N} (x_i - E(x))^2 \cdot P_i$

wobei

N	=	Anzahl Beobachtungen
Pi	=	Wahrscheinlichkeit des Wertes xi
Xi	=	Einzelwert
$\bar{x}$	=	Mittelwert
E(x)	=	Erwartungswert“

Übertragen auf den M&A-Bereich hat dies, insbesondere im Rahmen der Unternehmensbewertung und daraus resultierend der Abschätzung des mit einem Unternehmenskauf verbundenen Investitionsrisikos, eine große Bedeutung. Das nachfolgende, vereinfachte Fallbeispiel verdeutlicht dies:

Fallbeispiel

Werte in Mio. €	2010	2011	2012	2013	2014	2015	2016
Umsatz	**100**	**102**	**105**	**110**	**120**	**133**	**143**
Steigerungsrate		2,0%	2,9%	4,8%	9,1%	10,8%	7,5%
EBITDA	**22**	**20**	**19**	**22**	**25**	**30**	**38**
in % des Umsatzes	22,0%	19,6%	18,1%	20,0%	20,8%	22,6%	26,6%
Abschreibungen	3	5	5	5	5	6	7
EBIT	**19**	**15**	**14**	**17**	**20**	**24**	**31**
Adj. Tax	5,7	4,5	4,2	5,1	6	7,2	9,3
Investitionen	6	5	5	5	7	8	7
Delta WC	2	3	4	3	3	4	5
Free Cashflow to Entity	**5,3**	**2,5**	**0,8**	**3,9**	**4,0**	**4,8**	**9,7**
Periode				1	2	3	4
Terminal Value FCFE							**97,0**
WACC	12%						
Perpetuity Growth Rate	2%						
Diskontfaktor				0,893	0,797	0,712	0,636
Barwerte FCF				3,5	32,2	3,4	6,2
Barwert TV							61,6
Enterprise Value (kum.)				**77,9**			

Abbildung 38
Beispielhafte Darstellung der wirtschaftlichen Entwicklung eines Unternehmens

Analysiert man die Vergangenheitszahlen und die Prognose für die zukünftige Entwicklung des Unternehmens, so fällt auf, dass sowohl die prognostizierten Umsatzwachstumsraten als auch EBITDA-Margen deutlich höher sind als in der Vergangenheit. Selbst die plausiblen Begründungen des Managements mindern nicht die Unsicherheit des erwerbenden Unternehmers. Er will diese Berechnungen gerne absichern. Um sich hier Sicherheit zu verschaffen, bittet er seinen M&A-Berater um Hilfe. Der Berater stellt also in mehreren Schritten

ein etwas komplexeres Finanzmodell unter Berücksichtigung der Unsicherheiten auf.
In einem ersten Schritt werden die Annahmen über die wahrscheinlichste Zahl des Werttreibers (in unserem vereinfachten Beispiel Umsatzwachstum und EBITDA-Marge) getroffen:

in %		2014	2015	2016	2017
Umsatzwachstum	Erwartungswert	4	6	5	4
EBITDA-Margen	Erwartungswert	16	18	19	22

Abbildung 39
Definition des Erwartungswertes der Werttreiber

Danach werden die pessimistischsten und optimistischsten Werte ebenfalls prognostiziert:

in %		2014	2015	2016	2017
Umsatzwachstum	Min	-3	0	-1	0
	Erwartungswert	4	6	5	4
	Max	5	9,1	10,8	7,5
EBITDA-Margen	Min	14	14	14	14
	Erwartungswert	16	18	19	22
	Max	19	20	22,6	26,6

Abbildung 40
Werttreiber mit Eintrittswahrscheinlichkeiten

Mit dieser Berechnungsmethode gelangt er zu einem ebenfalls mathematischen Schluss. Betrachtet man bspw. die Einschätzung der Umsatzwachstumsrate des Jahres 2014, so wird deutlich, dass nach Einschätzung des potentiellen Erwerbers keinesfalls eine Normalverteilung oder Gleichverteilung der möglichen Werte vorliegt, sondern eine rechtsschiefe Verteilung.

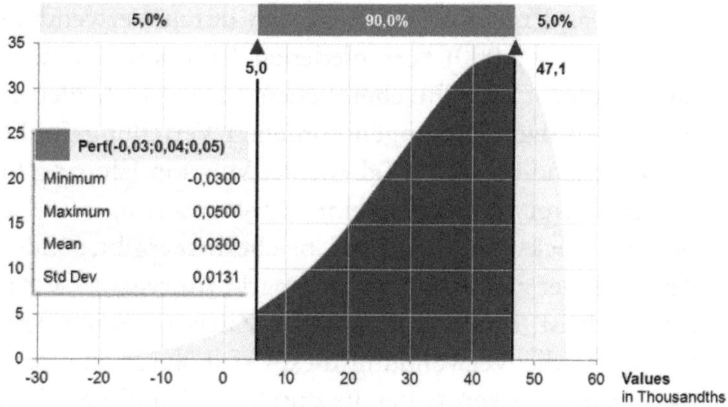

Abbildung 41
Risiko-Simulation eines Werttreibers mit rechtsschiefer Verteilung

Bei der wichtigen Prognose des Wachstumsfaktors im sog. Terminal Value (Endwert) sind sich die Planungsexperten unsicher und nehmen deshalb eine gleichverteilte Eintrittswahrscheinlichkeit an:

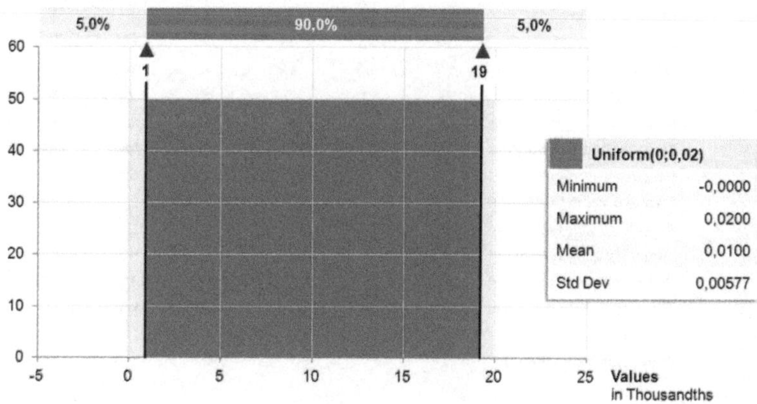

Abbildung 42
Monte-Carlo-Simulation des Terminal Value mit Gleichverteilung

Um ein Ergebnis aus diesen neuen Prämissen zu erhalten, werden in unserem Beispiel 5.000 Berechnungen durchgeführt. Das Ergebnis errechnet sich durch Verwendung von 50.000 (10 x 5.000) verschiedenen Parametern (oder in seltenen, höchst unwahrscheinlichen Fällen auch identischen), die jedoch nach den angenommenen Verteilungsfunktionen entsprechend oft in die Tabellenkalkulation Eingang finden. Der Bewerter verwendet keinen Diskontierungssatz, der sich durch Berücksichtigung von Unsicherheit ergibt, sondern den Zinssatz, der zurzeit am Kapitalmarkt für risikofreie Anlagen erhältlich ist, den sog. risikolosen Zinssatz. Seine Argumentation für die Verwendung dieses risikolosen Zinssatzes ist, dass er die Risiken ja bereits durch die 5.000 verschiedenen Berechnungen abbildet und dementsprechend nicht zweimal das Risiko einrechnen kann. Dementsprechend sieht eine der 5.000 in die Berechnung einbezogenen GuV-Simulationen wie folgt aus:

Werte in Mio. €	2010	2011	2012	2013	2014	2015	2016
Umsatz	100	102	105	110,0	118,2	126,3	128,4
Steigerungsrate		*2,0%*	*2,9%*	*4,7%*	*7,4%*	*6,9%*	*1,7%*
EBITDA	22	20	19	17,3	21,5	20,8	27,2
in % des Umsatzes	*22,0%*	*19,6%*	*18,1%*	*15,7%*	*18,2%*	*16,5%*	*21,2%*
Abschreibungen	3	5	5	5	5	6	7
EBIT	19	15	14	12	17	15	20
Adj. Tax	5,7	4,5	4,2	4	5	4	6
Investitionen	6	5	5	5	7	8	7
Delta WC	2	3	4	3	3	4	5
Free Casflow to Entity	**5,3**	**2,5**	**0,8**	**0,6**	**1,6**	**-1,6**	**2,2**
Periode				1	2	3	4
Terminal Value FCFE							**82,9**
Risikofreier Zinssatz	*4%*						
Perpetuity Growth Rate	*1%*						
Diskontfaktor				0,893	0,797	0,712	0,636
Barwerte FCF				0,5	1,3	-1,2	1,4
Barwert TV							52,7
Enterprise Value (kum.)				**54,7**			

Abbildung 43
Darstellung der GuV nach durchgeführter Monte-Carlo-Simulation

Nach Durchführung der 5.000 Berechnungen ergibt sich folgendes Bild:

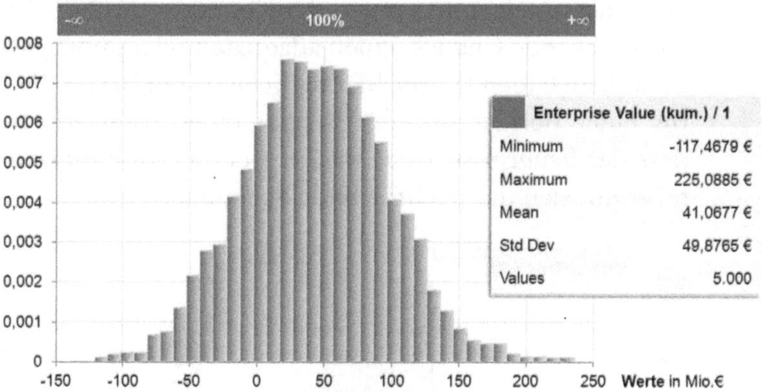

Abbildung 44
Ermittlung des Unternehmenswertes mithilfe der Monte-Carlo-Simulation

Der höchste errechnete Unternehmenswert liegt bei € 225 Mio. Der Mittelwert liegt allerdings nur bei € 41 Mio. Die Standardabweichung ist mit 49,9% sehr hoch und zeigt die hohe Unsicherheit, die mit der Investition verbunden ist. Teilt man die Ergebnisse in verschiedene Intervalle ein, so zeigen sich deutlichere Aussagen:

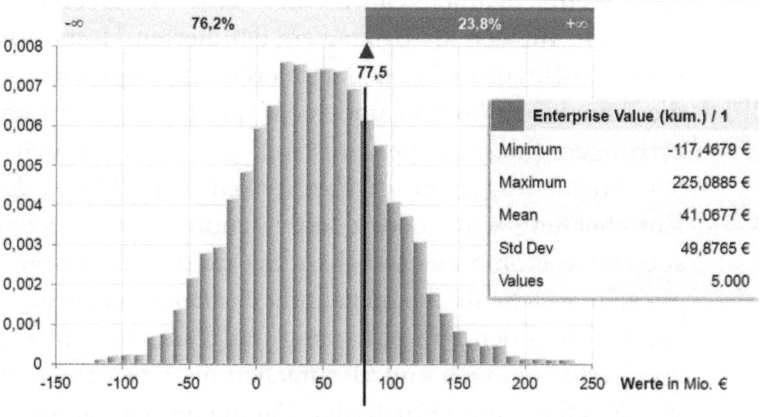

Abbildung 45
Einteilung des ermittelten Unternehmenswertes in Intervalle

Würde der Erwerber den ursprünglich errechneten Wert von rd. € 78 Mio. zahlen, so läge das Risiko, unter Berücksichtigung der Unsicherheit zu viel zu bezahlen, bei 76,2%. Die entsprechende Chance, einen adäquaten oder günstigen Preis bezahlt zu haben, würde hier umgekehrt nur bei 23,8% liegen. Bei einer Betrachtung des Risikos eines Totalverlustes, d.h. dass der Enterprise Value kleiner oder gleich Null sein könnte, ergibt sich das nachfolgende Schaubild:

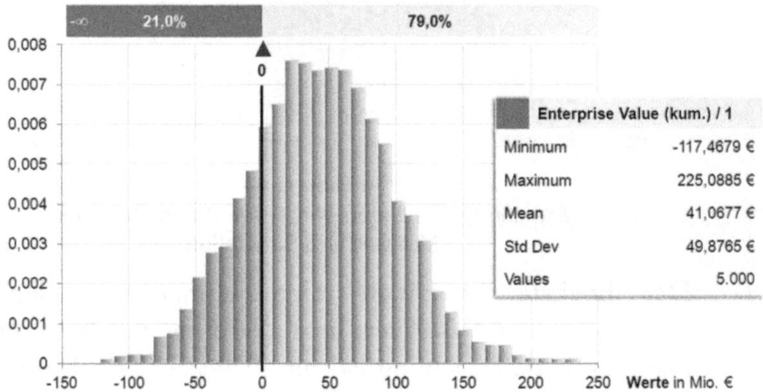

Abbildung 46
Betrachtung des Risikos eines Totalverlustes

Eine Wahrscheinlichkeit von 21% eines Totalverlustes ist – vor allem für den als risikoavers definierten Homo Oeconomicus – oftmals nicht zu akzeptieren und zeigt, dass – wenn die Annahmen korrekt und nicht durch Wahrnehmungsverzerrungen (bias) zu pessimistisch getroffen wurden – ein Investment insgesamt zu überdenken wäre. Die endgültige Entscheidung wird jedoch schlussendlich auch wieder eine subjektive Komponente haben. Sie wird stark davon abhängig sein, welche Risikoeinstellung der Entscheider hat.
Variiert man den Fall ein wenig und kann z.B. im Rahmen von Verhandlungen und Gesprächen die Erwartungshaltung des Käufers hinsichtlich der Parameter Umsatzsteigerung und EBITDA-Marge beeinflussen, so zeigt sich, dass das Ri-

siko, ausgedrückt durch die Standardabweichung, sich rechnerisch deutlich reduziert:

in %		2014	2015	2016	2017
Umsatzwachstum	Min	-2	0	4	4
	Erwartungswert	4,8	9,1	10,8	7,5
	Max	5	10	11	8
EBITDA-Margen	Min	16	17	18	18
	Erwartungswert	18	18	19	20
	Max	20	21	22,6	26,6
Perpetuity Growth Rate	Min				1
	Max				2

Abbildung 47
Werttreiber mit modifizierten Eintrittswahrscheinlichkeiten

Die errechnete Enterprise-Value-Bandbreite ist dabei deutlich nach oben gerückt:

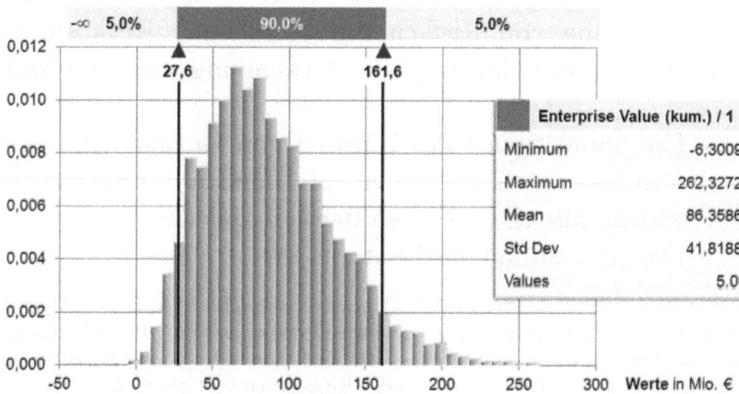

Abbildung 48
Ermittlung des Unternehmenswertes mithilfe der Monte-Carlo-Simulation bei modifizierten Eintrittswahrscheinlichkeiten

Das durch die statistische Kennzahl der Standardabweichung ausgedrückte Risiko hat sich in dieser Betrachtung von 49,9% auf 41,8% reduziert.

Nun mag der eine oder andere sagen: „Das sind ja alles nur Berechnungsvarianten. Am Ende muss man doch den Bauch entscheiden lassen, mit welchen Parametern gerechnet wird".

Tatsächlich würde diese Wahrnehmung auch aus der Sicht der Spieltheorie eben einen Faktor außer Acht lassen. Nämlich die Sichtweise und die zu erwartenden Spielzüge des Gegenübers.

Die Aufgabe besteht darin, diese Spielzüge dadurch für beide Seiten positiv zu beeinflussen, dass man sich auf gemeinsame Sichtweisen und Parameter einigt. Die Unsicherheit des tatsächlichen Eintreffens der errechneten Wahrscheinlichkeiten bleibt davon unberührt.

Die Erläuterung der verwendeten wirtschaftlichen Parameter ist nicht nur für die Kaufpreisbemessung wesentlich, sondern auch und vor allem für die Einschätzung des Risikos und damit unter Umständen der Investitionsentscheidung insgesamt. Diese Entscheidung wird immer von subjektiven Faktoren beeinflusst werden: Von der Risikoaffinität bzw. -aversion des Käufers.[49]

Dieses Beispiel des Versuches der mathematischen Quantifizierung von Risiken mit Hilfe einer Risikosimulations-Software zeigt nur eine mögliche Anwendung. Denkbar sind auch:

- Die Simulationen des Eintritts von Umständen, die zu Gewährleistungsfällen mit entsprechenden Zahlungen im Kaufvertrag führen und deren Barwertäquivalent
- Die Simulation von Bietstrategien

49 Ein Wikipedia-Artikel zur Entscheidungstheorie beschreibt Risiken und das Verhalten der Entscheider wie folgt (aus http://de.wikipedia.org/wiki/Risiko#Entscheidungstheorie): „Die Entscheidungstheorie differenziert das Verhalten eines Entscheiders im Angesicht einer Risiko-Situation. Risikoaversion oder Risikoscheu bezeichnet die Eigenschaft eines Entscheiders, bei der Wahl zwischen mehreren Alternativen mit gleichem Erwartungswert (= Eintrittswahrscheinlichkeit x Nutzenhöhe) die Alternative mit dem geringsten Risiko bezüglich des Ergebnisses – und damit auch dem geringstmöglichen Verlust – zu bevorzugen. Risikoscheue Entscheider bevorzugen also einen möglichst sicheren Gewinn, auch wenn dieser klein ausfällt. Risikoneutralität bedeutet, dass ein Entscheider bezüglich des Risikos indifferent ist, das heißt seine Entscheidung allein anhand des Erwartungswertes trifft und das dabei evtl. auftretende Risiko nicht mit in seine Entscheidung einbezieht. Risikoaffinität, Risikosympathie oder Risikofreude bezeichnet die Eigenschaft eines Entscheiders, bei der Wahl zwischen mehreren Alternativen mit gleichem Erwartungswert die Alternative mit dem höchsten Risiko bezüglich des Ergebnisses – und damit auch dem höchstmöglichen Gewinn zu bevorzugen.

- Die Simulation von Exit-Parametern z.B. bei einer LBO-Analyse
- Die Simulation einzelner Planungsparameter (Werttreiber) unabhängig oder in Abhängigkeit voneinander

2.5 Zusammenfassung der verschiedenen theoretischen Verhandlungskonzepte

	Intuitives Verhandeln		Kooperatives Verhandeln
Orientierung	***Konfrontativ***	***Individualistisch***	***Kooperativ***
Grundhaltung	*„Ich erlange meinen Vorteil auf dem Verlust des Anderen"*	*„Ich will meinen Vorteil. Was der Andere bekommt/ verliert ist mir egal!"*	*„Bei Kooperation ist ein beidseitiger Vorteil und Verhandlungserfolg zu erreichen".*
Beginn der Verhandlung	• Aufbau und Verteidigung der eigenen Position • Nicht in die Karten sehen lassen		• Über Motive und Interessen reden • Bisherige Gemeinsamkeiten herausheben • Vertrauen schaffen • Suche nach beiderseitigem Nutzen und der Möglichkeit, den „Kuchen zu vergrößern"

Verlauf der Verhandlung	• Feilschen / Basarverhalten
	• Einsatz von Manipulationstechniken,' Versuch der Täuschung
	• Keine Zusammenarbeit
	• Ausnutzen von Irrtümern und Fehlern
	• Bei negativem Verlauf:
	  • Beschädigung persönlicher Beziehungen
	  • Gesichtsverlust
	  • Ggf. Unfairness
			• Respektvoller Umgang
			• Freundlich-verbindlicher Verhandlungsstil, jedoch „hart in der Sache"
			• Einsatz der Techniken des Harvard-Konzeptes
			• Suche nach Optionen
			• Suche nach Möglichkeiten zur Erweiterung der zukünftigen Zusammenarbeit

Schlussphase	• Feilschen bis zum Schluss • Immer neues Fordern • Nachgeben führt zu Unglaubwürdigkeit		• Zurückdrängen des Basarverhaltens und Objektivierung durch neutrale, allseits anerkannte Kriterien • **Achtung**: Restbereich Basar verbleibt oftmals! • Parteien wahren das Gesicht

Abbildung 49
Intuitives, kompetitives Verhandeln vs. rationales, kooperatives Verhandeln

Die nebenstehende Grafik zeigt zusammenfassend die beiden großen unterschiedlichen Verhandlungsstile und ihre jeweiligen Eigenschaften:

Insbesondere in M&A-Transaktionen haben sich folgende Punkte als Erfolgsfaktoren in Verhandlungen herauskristallisiert:

1. Menschen und Probleme getrennt voneinander behandeln – immer höflich, aber hart in der Sache
2. Auf Interessen und Motive konzentrieren, nicht auf Positionen
3. Entwickeln von Entscheidungsmöglichkeiten zum beiderseitigen Vorteil
4. Auf die Anwendung neutraler Beurteilungskriterien bestehen
5. Mit kooperativem Verhandlungsstil beginnen und bei Missachtung durch den Verhandlungspartner Konsequenzen ziehen
6. „Build trust when you are not negotiating!"

3. Grundsätzliche Aspekte internationaler Verhandlungen

Die Bedeutung internationaler Aspekte bei der Analyse des Verhandlungsthemas in M&A-Transaktionen muss nicht besonders herausgehoben werden. Es ist mittlerweile eine Binsenweisheit, dass der globale Wettbewerb auch in der kleinsten Branche angekommen ist. Dementsprechend ist es notwendig, neben den M&A-spezifischen Verhandlungsaspekten auch die internationalen Besonderheiten zu erwähnen.

Grundsätzlich gilt: Überall auf der Welt möchten Menschen verstanden werden. Dieses Verstehen hat zwei Aspekte. Der technische Aspekt ist die Kenntnis der Sprache und die Fähigkeit, sicher die Verhandlungssprache zu beherrschen. Ist dies nicht der Fall, sollten Sie sich keinesfalls scheuen, einen Übersetzer mit an den Verhandlungstisch zu nehmen. Nichts ist unangenehmer, als über ein ohnehin schon komplexes Thema verhandeln zu müssen, mit den Emotionen bspw. des ausscheidenden Unternehmers umgehen zu müssen und in dieser Stresssituation nicht in der Lage zu sein, die wichtigen Aspekte der Verhandlung im korrekten Sinn und der richtigen Taktik präsentieren zu können. Wichtig bei der Wahl eines Übersetzers ist eine hierfür fachlich ausgebildete und akkreditierte Person. Auch spielt bei der Wahl das Geschlecht eine Rolle, denn die Stellung der Frau bei geschäftlichen Verhandlungen ist international weiterhin unterschiedlich.

Der neben dem technischen Aspekt zweite wichtige Punkt ist die weltweit wichtige Fähigkeit des aktiven Zuhörens, die ich im Kapitel über die Kaufvertragsverhandlung näher beschreibe. Diese beiden Hauptaspekte sind weltweit gleich und bilden die Grundvoraussetzungen erfolgreicher internationaler Verhandlungen.

Darüber hinaus gibt es weitere Einflussgrößen, die internationale Verhandlungen prägen:

Abbildung 50
Einflussgrößen internationaler Verhandlungen[50]

Das eigentliche Verhandlungsthema im Sinne dieses Buches ist klar definiert: Der Erwerb oder der Verkauf von Unternehmen oder Unternehmensteilen. Die individuelle Persönlichkeit des Verhandlers ist so unterschiedlich, wie Menschen eben sind und im Rahmen dieses Buches nicht zu behandeln. Ebenso wenig ist der sich im Laufe der Zeit ständig verändernde geopolitische Kontext im Rahmen einer generellen Analyse zu beschreiben. Die anderen Einflussgrößen wie strukturelle Faktoren, kulturelle Eigenschaften und kulturell unterschiedliche Zeitverständnisse werden im Rahmen der weiteren Ausführungen an den jeweiligen Stellen dieses Buches (in einem grün unterlegten Kasten) erläutert und anhand der Ergebnisse einer Studie von Prof. Dr. Jeswald W. Salacuse, Lehrstuhlinhaber an der Fletcher School of Law and Diplomacy, einer der bekanntesten Universitäten der USA für das Studium internationaler Beziehungen, länderspezifisch erläutert[51]. Ergänzt habe ich diese Studie durch weitere internationale, wissenschaftliche Auswertungen und

50 (Solomon, et al., 2010), Seite 7

51 (Salacuse, Jeswald W., 2003)

den eigenen Erfahrungen erfolgreich abgeschlossener Cross-border Transaktionen, die bei Allert & Co. in den letzten zehn Jahren mehr als die Hälfte der abgeschlossenen Transaktionen im Mittelstand ausgemacht haben.

Der kulturelle Einfluss auf Verhandlungen wird in den weiteren Ausführungen in die wichtigsten Verhandlungsfaktoren unterteilt. Die in der Studie erwähnten Länder stehen dabei repräsentativ für die jeweiligen Regionen.

The Impact of Culture on Negotiation

Negotiating Factors	**Range of Cultural responses**
Goal	Contract ⟷ Relationship
Attitudes	Win-lose ⟷ Win-win
Personal Styles	Informal ⟷ Formal
Communications	Direct ⟷ Indirect
Time Sensitivity	High ⟷ Low
Emotionalism	High ⟷ Low
Agreement Form	Specific ⟷ General
Agreement Building	Bottom-Up ⟷ Top-Down
Team Organization	One Leader ⟷ Consensus
Risk Taking	High ⟷ Low

Abbildung 51
Der Einfluss der Kultur eines Landes auf den Verhandlungsstil[52]

Bei der Betrachtung der Ergebnisse der Studie sowie weiterer landesspezifischer Anmerkungen ist zu beachten, dass diese keinesfalls für jede Situation als Leitfaden herangezogen werden können. Ein Unternehmen ist ebenso eine Einheit mit vielfältigsten sozialen Beziehungen und gemeinsamen Werten, die beispielsweise den allgemeinen, im Rahmen dieser Ausführungen dargestellten Aussagen widersprechen können.

52 (Salacuse, Jeswald W., 2003), Seite 110

Sicherlich sind die interne und externe Kommunikations- und Verhandlungskultur von Google nicht mit der von Lockheed Martin, dem größten Rüstungskonzern der Welt, zu vergleichen, obwohl beide Unternehmen ihren Firmensitz in den USA haben.

Die in diesem Buch nachfolgend dargestellten internationalen, kulturellen Aspekte des Verhandelns sind – dem Umfang dieses Buches geschuldet – nur verallgemeinernd zu verstehen. Im Anhang ist eine umfangreiche Literaturliste, die Verhandlungsspezifika vieler Länder im Detail beschreiben und die als Vorbereitung auf wichtige Verhandlungen internationaler M&A-Transaktionen herangezogen werden sollten.

TEIL B

4.Verhandlungspunkte des M&A-Prozesses

Grundsätzlich kann der M&A-Prozess in drei Phasen unterteilt werden:

a) Strukturierung und vorbereitende Maßnahmen (Structuring)
b) Durchführung (Execution)
c) Pre-Closing Phase

Die Strukturierung ist in folgende Punkte untergliedert:

1. Analyse der Motive
2. Longlist/ Shortlist
3. Erstellung des Informationsmemorandums und weiterer, transaktionsrelevanter Dokumente
4. Wahl des Verfahrens

Im Rahmen der Durchführung eines Unternehmensverkaufs unterteilen wir in:

5. Sounding und Appoach
6. Austausch der ersten Transaktionsdokumente
7. Managementpräsentation
8. Einholung unverbindlicher Angebote
9. Due-Diligence
10. Einholung verbindlicher Angebote
11. Verhandlung des Kaufvertrages

Die dritte Phase c) Pre-Closing ist der Zeitraum zwischen

12. der Unterzeichnung des Transaktionsvertrages – Signing und

13. dem rechtlicher Vollzug der Transaktion – Closing

Dieser Zeitraum ist durch eine Reihe von Besonderheiten gekennzeichnet.

4.1 Strukturierung und vorbereitende Maßnahmen

4.1.1 Analyse der Motive

Der erste Prozessschritt im Rahmen der Strukturierung und der vorbereitenden Maßnahmen ist die Analyse der Motive. Rufen wir uns hierzu nochmal die Prozessübersicht aus dem Teil A des Buches in Erinnerung.

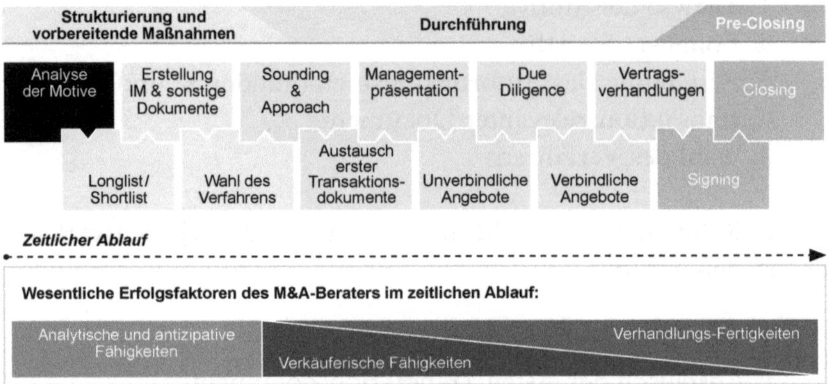

Abbildung 52
Analyse der Motive im Rahmen des M&A-Prozessablaufs

4.1.1.1 Analyse der Motive der Verkäuferseite

Auf Seiten des Verkäufers lassen sich die Gründe für eine Veräußerung eines Unternehmens grundsätzlich in vier Kategorien einteilen:

- Lösung der unternehmerischen Nachfolge, z.B. aus Alters- oder gesundheitlichen Gründen
- Verkauf des Unternehmens aus strategischen Gründen zur Sicherung der Existenz
- Teilweiser oder kompletter Verkauf als monetäre Würdigung jahrelanger unternehmerischer Leistung
- Verkauf des Unternehmens im Rahmen einer Portfoliobereinigung

Nicht selten wird dem Berater der eigentliche Grund des Verkaufs des Unternehmens im Vorfeld der Mandatierung verschwiegen. Darüber hinaus gibt es Situationen, in denen sich der Verkäufer der eigentlichen Gründe selbst nicht bewusst ist.

Der oft genannte Grund des Verkaufs eines Unternehmens aufgrund der nicht gelösten Nachfolge im Unternehmen ist bei tiefergehender Analyse meist nicht der einzige Grund – oder gar nur vorgeschoben. Nur selten gibt es keinerlei Nachfolger auf Gesellschafterebene im Unternehmen. Hätte der Unternehmer beispielsweise schon seit Jahren eine zweite Führungsebene etabliert und langfristig einen geeigneten Nachfolger aufgebaut, so wäre die Weitergabe der Gesellschaftsanteile innerhalb der Familie möglich. Ein Beirat könnte z.B. die eventuell fehlende betriebswirtschaftliche Kompetenz der neuen Erben-Gesellschafter-Generation ersetzen bzw. ergänzen und die Nachfolge wäre gelöst.

In vielen Fällen wurden über Jahre hinweg Gewinne aus dem Unternehmen genommen – sicherlich auch begünstigt durch die frühere Steuerpolitik – und im Privatbereich angelegt. Wenn nun gleichzeitig eine Branchenphase der Konsolidierung herrscht bzw. die Produktionsverlagerung an andere Standorte notwendig wird und damit ein massiver Kapitalbedarf einhergeht, müsste oftmals zur Stärkung der Eigenmittelbasis die im Privatvermögen angelegten Eigenmittel wieder in das Unternehmen eingebracht werden. Da diese zumeist nicht liquide verfügbar sind, wird dieser Zeitpunkt genutzt, um den Ausstieg aus dieser unternehmerischen Aktivität zu suchen. Natürlich wird der Unternehmer in diesem Fall nicht angeben, dass er aus strategischen Gründen verkaufen muss, um langfristig die Existenz des Unternehmens zu sichern, sondern wird die Lösung der Nachfolge in den Vordergrund stellen.

In vielen Fällen sind Unternehmer, die jahrelang überzeugend und erfolgreich ihre Produkte verkauft haben, auch bei der Argumentation der Gründe im Vorfeld einer Mandatierung sehr überzeugend. Nicht selten wird auch dem Berater der eigentliche Verkaufsgrund erst in einer späteren Phase des Prozesses deutlich. Es gilt daraufhin zu überprüfen, ob die angestrebte Transaktion auch tatsächlich zielführend oder gegebenenfalls zu korrigieren ist.

Wenn jedoch bereits die Argumente zwischen Kaufinteressent und Berater des Verkäufers ausgetauscht sind und die eigentlichen Gründe erst im Nachhinein transparent werden, kann es zu einem massiven Vertrauensverlust kommen.

Neben der Analyse der Motive des Verkäufers empfiehlt es sich frühzeitig auch die Motive der sonstigen, in die Transaktion involvierten Parteien – sowohl auf der eigenen Seite des Tisches, als auch die der Verhandlungspartner – zu analysieren (siehe Checkliste).

Fallbeispiel 1:

Rainer Bremer ist geschäftsführender Gesellschafter der BREMER Verlagsgruppe, einem kleinen Verlag für Periodika im Medizin- und Gesundheitsbereich. Herr Bremer ist 55 Jahre alt und müde vom täglichen Kampf als kleiner Verlag mit den großen Verlags- und Medienunternehmen der Branche, die in immer kleinere und ehemals geschützte Segmente vordringen.

Herr Bremer beauftragt den M&A-Berater Gutmann mit dem Verkauf seines Unternehmens. Herr Gutmann bereitet den Verkauf lehrbuchmäßig vor und hat mit der VPMT-Gruppe einen finanzstarken und hochinteressierten Käufer gefunden. Die Due-Diligence-Prüfung soll beginnen und Herr Gutmann fordert erneut beim Steuerberater von BREMER, die relevanten Dokumente für die Tax Due-Diligence ein. Die eingereichten Unterlagen erscheinen Herrn Gutmann unvollständig und er fragt sowohl bei Herrn Bremer als auch bei dessen Steuerberater nach, ob die Zusammenstellung korrekt sei. Herr Bremer erklärt deren Vollständigkeit mit der Gewissenhaftigkeit des Steuerberaters, der schon seit Unternehmensgründung für Herrn Bremer arbeitet. BREMER sei schließlich für die Steuerberatungskanzlei das größte Mandat und dementsprechend würde sich diese kleinere Kanzlei extrem viel Mühe mit der Bearbeitung aller Anfragen geben. Herr Gutmann solle darauf vertrauen, dass diese Unterlagen vollständig sind. Auch im persönlichen Gespräch mit dem Steuerberater erhält er die Antwort, man habe alles zusammengetragen. Der Bitte von Herrn Gutmann nach Unterzeichnung einer Vollständigkeitserklärung für die Inhalte des Datenraums kommt Herr Bremer umgehend nach. Eine solche Erklärung seitens des Steuerberaters einzuholen hält Herr Bremer für völlig überzogen und betont, Herr Gutmann solle diesen Mann nicht überfordern. Man wisse, was man an dem Steuerberater habe und wolle ihn keinesfalls verärgern.

Im Gespräch mit den Prüfern des Kaufinteressenten stellen sich nun ähnliche Fragen, wie sie der M&A-Berater im Vorfeld bereits antizipierte. Herr Gutmann bittet den Steuerberater mit zum Gespräch, der diesem Wunsch erst nach Intervention von Herrn Bremer entspricht. Im Gespräch stellt sich die steuerliche Situation der BREMER-Verlagsgruppe gänzlich anders da. Die zusätzlich erbetenen Unterlagen sind zurzeit im Unternehmen nicht vorhanden, da gerade eine Sonderprüfung stattfindet. Leider habe man seitens der Steuerberatungskanzlei vergessen, Kopien anzufertigen. Alle Dokumente seien beim Finanzamt. Der Kaufinteressent ist nicht nur irritiert, sondern wirft Herrn Gutmann unprofessionelle Vorarbeiten vor. VPMT zieht sich aus der Transaktion zurück. Herr Bremer bittet Herrn Gutmann die Transaktion zu verschieben, bis sich dieser Sachverhalt, den auch Herr Bremer nicht mehr präsent hat, erledigt hat.

Fünf Jahre später ist BREMER immer noch geschätzter Kunde der Steuerberatungskanzlei, hat jedoch mittlerweile erhebliche Probleme, da die Printprodukte des Verlags bei vielen Lesern durch Online-Publikationen eines Wettbewerbers substituiert wurden. Die Steuerberatungskanzlei hilft nunmehr auch bei der Erstellung der Dokumentation der Sanierung von BREMER für die Banken mit.

Dieses Friendly Fire, das schließlich zum Abbruch der Transaktion geführt hat, hätte bei exakterer Analyse der Ausgangssituation erkannt werden können. Auch wenn es hier wahrscheinlich keine Lösung dieses Problems gegeben hätte, wäre Herr Gutmann in der Lage gewesen, das Problem schon zu Beginn zu adressieren. Wenn Herr Bremer die Bedenken als unberechtigt abgewiesen hätte, wäre Herr Gutmann zumindest in der Lage gewesen, für diesen Fall eine entsprechende Regelung in seinen Honorarvertrag aufzunehmen, der das Risiko des Abbruchs der Transaktion aus diesem Grund wirtschaftlich für Herrn Gutmann reduziert hätte.

Fallbeispiel 2:

Der Alleinaktionär und Vorstandsvorsitzende der VULKAN AG hat das 75. Lebensjahr erreicht und möchte nunmehr im Rahmen der Nachfolgeregelung sein Unternehmen an den doppelt so großen BERGNER-Konzern veräußern, der in wenigen Segmenten sogar ein Wettbewerber ist. Die Vorgespräche sind geführt, man hat sich auf den Preis geeinigt. Die Due-Diligence-Prüfung erfolgt.

Bei den notwendigen Gesprächen über die sog. Findings (Auffälligkeiten) aus der Due-Diligence glänzen die beiden anderen Vorstände zunächst durch Abwesenheit aufgrund dringender Kundenbesuche.

Ein weiteres Mal fehlen beide, da sie verkehrsbedingt im Stau stehen.

Beim dritten Termin zeigen sie sich desinteressiert und uninformiert.

Da der Erwerber jedoch auf das Management angewiesen ist und er dieses Verhalten als unfreundlich empfindet, kommt es zum Abbruch der Transaktion.

Grundsätzlich ist die Motivlage des Managements bei der Analyse der Ausgangssituation immer zu berücksichtigen. Auftretende Konfliktfelder können nicht nur eine Verzögerung des Verkaufsprozesses bedeuten, sondern die Verhandlungen auch völlig zum Scheitern führen. Auch hier treten Formen des vorgenannten Principal-Agent-Problems auf. Dr. Ronald Weihe definiert: Das Management nimmt „eigennützig und eventuell unter Einsatz von Täuschungen eine oder mehrere für den Unternehmensverkäufer nachteilige Handlung(en) vor oder unterlässt vorteilhafte Handlungen, die es bei Fehlen oder mangelnder Wahrnehmung des Interessensgegensatzes nicht vorgenommen hätte bzw. nicht unterlassen hätte.“[53]

Die nachfolgende Tabelle zeigt einen sehr guten Überblick über die einzelnen Problemfelder, die sich ergeben können.

53 (Weihe, 2003); Seite 106-108

Form des Interessenskonflikts	Interessen des Unternehmensverkäufers	Interessen des Managements
Preiskonflikt	Möglichst hoher Kaufpreis	Möglichst niedriger Kaufpreis*; Management Buy-out oder Börseneinführung
Vollständigkeitskonflikt	Möglichst vollständige Veräußerung	Zurückbehalten von Teilen*; Management Buy-out oder Börseneinführung
Abschlusskonflikt	Abschluss der Transaktion	Kein Abschluss der Transaktion
Qualitätskonflikt	Auswahl eines aus Verkäufersicht attraktiven Investors	Präferenz für einen anderen Investor*; Management Buy-out oder Börseneinführung
Timingkonflikt	Veräußerung bis zu einem bestimmten Zeitpunkt	Veräußerung zu einem späteren Zeitpunkt

** Beim Unternehmensverkauf an Dritte*

Abbildung 53
Formen der Interessenskonflikte von Verkäufer und Management[54]

Kommen neben den oben aufgeführten Interessen des Managements auch noch eigene Kaufinteressen in Form eines Management Buy-outs hinzu, so wird der Konflikt mit dem Verkäufer unmissverständlich. MBO-Manager können bei der eigenen Wert- resp. Kaufpreisermittlung im Gegensatz zu strategischen Kaufinteressenten keine Synergien einpreisen, sodass deren Kaufpreisangebote in der Regel deutlich niedriger sind, als die eines strategischen Investors, z.B. eines direkten Wettbewerbers. Dieses oben beschriebene Friendly Fire, d.h. Konflikte auf der gleichen Seite des Tisches sind im Vorfeld einer Transaktion zu antizipieren. Dabei sind im Wesentlichen folgende Fragen zu stellen:

1. Welche Personen sind direkt in den Verkaufsprozess involviert?
   a) Geschäftsführung

54 (Weihe, et al., 2004), Seite 602 ff

b) Zweite Managementebene
c) Betriebsrat
d) Leistungsträger im Unternehmen
e) Steuerberater
f) Wirtschaftsprüfer
g) Rechtsanwälte
h) Sonstige Berater

2. Wann werden diese Personen in den Verkaufsprozess involviert?
   a) Vor Ansprache des Interessenten
   b) Zur Ansprache des Interessenten
   c) Anlässlich der Managementpräsentationen
   d) Bei der Due-Diligence des Interessenten
   e) Bei den Vertragsverhandlungen
   f) Zwischen Signing und Closing

3. Werden diese Personen direkten Kontakt zum Kaufinteressenten haben?
4. Welche wirtschaftlichen Auswirkungen hat ein Verkauf für diese Personen?
5. Welche Auswirkungen hat ein Verkauf auf das soziale Umfeld bzw. das gesellschaftliche Leben dieser Personen?

6. Sind die oben genannten Konfliktfelder zu erwarten?
   a) Preiskonflikt
   b) Vollständigkeitskonflikt
   c) Abschlusskonflikt
   d) Qualitätskonflikt
   e) Timingkonflikt

7. Können diese Personen incentiviert werden, um eine Interessenskongruenz zu den Motiven des Verkäufers zu erreichen?

Incentivierungen oder zu deutsch Anreizinstrumente können sowohl verhaltens- als auch ergebnisorientiert sein.

Situationsmerkmal	Gestaltung von Anreizsystemen – Ausprägung (niedrig bzw. hoch): Eher verhaltens-orientiert	Eher ergebnis-orientiert
Intensität der Interessenkonflikte		X
Ergebnismessbarkeit		X
Risikoaversion des Verkäufers		X
Ergebnisunsicherheit	X	
Risikoaversion des Managements	X	
Einsatz von Informationsverfahren zur Verhaltensaufklärung	X	
Dauer des Anstellungsverhältnisses	X	
Einsatz expliziter Verhaltensnormen/ "Programmierbarkeit"	X	

	Ergebnisorientiert	Verhaltensorientiert
Monetär	• Bei Abschluss der Transaktion, vollständiger Veräußerung, Erreichen eines gewünschten Kaufpreises, Verkauf an einen bestimmten Investor und/oder Verkauf innerhalb eines bestimmten Zeitraums: • Prozentuale Beteiligung am diskontierten Verkaufserlös • Prozentuale Beteiligung am nominellen Verkaufserlös • Fixe Sonderzahlung bzw. Sachleistung • Ermessensprämie • Kapitalbeteiligung am Verkaufsunternehmen • Kaufoption auf Anteile am Verkaufs-untemehmen • Zinsvergünstigtes Darlehen • Höheres Grundgehalt unter einem neuen Eigentümer • Beteiligung am Erfolg und/oder Kapital des Käuferuntemehmens	• Bei kooperativem Verhalten • Fortschrittsprämien • Einmalige fixe Sonderzahlung bzw. Sachleistung • Ermessensprämie • Bleibeprämie (Golden Handcuff) • Beteiligung am Unternehmenserfolg • Kapitabeteiliung am Verkaufsuntemehmen • Kaufoption auf Anteile am Verkaufsuntemehmen • Zinsvergünstiges Darlehen • Verlängerung des Anstellungsvertrags • Anstellungsgarantie in Verbundunternehmen
Nicht-monetär	• Bei Abschluss der Transaktion, vollständiger Veräußerung, Erreichen eines gewünschten Kaufpreises, Verkauf an einen bestimmten Investor und/oder Verkauf innerhalb eines bestimmten Zeitraums: • Öffentliche Danksagung • Persönliche Verbundenheit • Attraktive nicht-monetäre Perspektiven unter einem neuen Eigentümer z.B. zusätzliche Entscheidungsbefugnisse, angenehmes Arbeitsumfeld, Macht, erweitertes Investitionsbudget, beruflicher Aufstieg • Freizeit/Sonderurlaub zwischen Signing und Closing	• Bei kooperativem Verhalten • Lob und verbale Anerkennung durch den Untemehmensverkäufer • Erteiung eines sehr wohlwollenden Zeugnisses • Weiterempfehlung an andere potenzielle Arbeitgeber • Vermittlung von Titeln, Auszeichnungen, Aufsichtsrats-/Beiratspositionen, Vereinsmitgliedschaften • Erklärtes Vertrauen des Verkäufers auf ein weiterhin loyales Verhalten des Managements • Verweis auf positive Wahrnehmung des Engagements des Managements durch potenzielle Investoren

Quelle: In Anlehnung an Weihe/Elschen „Interessenskonflikte bei M&A-Prozessen"

Abbildung 54
Anreizinstrumente bei Interessenskonflikten zwischen Verkäufer und Management in M&A-Transaktionen

Wie in der Abbildung zu erkennen ist, reichen die Anreizinstrumente dabei von monetären Anreizen bis hin zu öffentlichem Lob und Danksagungen. Je nach Situation und Motivlage der entsprechenden Person ist hier im Vorfeld ein Instrumentarium anhand der nebenstehenden Matrix zu definieren und bereits an dieser Stelle des Prozesses zu kommunizieren und ggls. sogar vertraglich zu regeln.

Natürlich ist nicht nur die Motivation und das Interesse der eigenen Seite zu analysieren, es müssen bereits in dieser Phase die grundsätzlichen Motive der möglichen Kaufinteressenten bei deren Auswahl analysiert werden.

4.1.1.2 Analyse der Motive der Käuferseite

In der Regel unterscheidet man hier drei Gruppen, die zum Teil sehr unterschiedliche Interessenlagen haben, auf die man sich einstellen muss:

Die erste Gruppe sind die sog. strategischen Investoren – also all diejenigen, die entweder bereits Aktivitäten in der Branche unterhalten oder aber in einer Branche tätig sind, die der Wertschöpfungskette des veräußernden Unternehmens vor- oder nachgelagert ist. Das können also einfach gesprochen direkte oder indirekte Wettbewerber, Lieferanten, Kunden oder sonstige Wertschöpfungspartner des Unternehmens sein.

Das Ziel eines strategischen Investors wird es sein, sein eigenes Unternehmen durch den Zukauf von Know-how, Marktzugängen oder Marktanteilen im Liefer- oder Absatzmarkt zu komplettieren und im Ganzen wettbewerbsfähiger zu machen.

Der Verkauf an einen direkten Wettbewerber als strategischen Investor ist übrigens in der Mehrzahl der Fälle eher kritisch zu betrachten. Ein direkter Wettbewerb verfügt in der Regel über ein identisches oder sehr ähnliches Leistungsportfolio. Mit einem Erwerb des Unternehmens wird der Käufer also hauptsächlich Marktanteile hinzugewinnen können. Aus diesem Umstand ergibt sich, dass ein direkter Wettbewerber weniger Mehrwerte aus dem Kauf erzielen kann als ein anderer Kaufinteressent, der sich durch den Kauf zum Beispiel seine Wertschöpfungskette erweitert. Das wird sich ggf. auf den Preis auswirken. Bringt ihm der Erwerb vielleicht auch Einkaufsvorteile, steigern die sich daraus ergebenden höheren Margenvorteile logischerweise die Bereitschaft, höhere Kaufpreise zu zahlen. Je vielfältiger also die Mehrwerte für den Käufer sind, desto größer ist der Hebel.

Die zweite Gruppe sind die Finanzinvestoren, wie z.B. Private Equity Fonds und Beteiligungsgesellschaften.

Ein Finanzinvestor ist ein Kaufinteressent, der oftmals noch keine eigene Aktivität in der Branche des zu kaufenden Unternehmens gezeigt hat. Er erwirbt das Unternehmen, um es durch verschiedene Wertsteigerungsaktivitäten zu entwickeln und zu einem späteren Zeitpunkt mit finanziellem Gewinn wieder zu veräußern. Entscheidend ist hierbei, dass ein Finanzinvestor sein Verkaufsszenario in der Regel schon beim Erwerb des Unternehmens vor Augen hat. Das wirkt sich auch auf die Verhandlung aus.

Es ist deshalb hilfreich, wenigstens ein Gefühl oder besser Erfahrungswerte für den zu erwartenden auf einen Wiederverkauf ausgerichteten Zeithorizont (den sog. Exit) zu haben. Je länger dieser Zeithorizont ist, desto mehr Potentiale ergeben sich für die Entwicklung des Unternehmens.

Die nachfolgende Abbildung zeigt die unterschiedlichen Interessenslagen von strategischen Investoren und Finanzinvestoren. Sie unterteilt die vier Dimensionen grundsätzliche Überlegungen, Managementanforderungen, Finanzierungsaspekte und Überlegungen zur Transaktionsstruktur.

Als dritte Gruppe müssen auch sonstige potentielle Kaufinteressenten und Marktteilnehmer erwähnt werden, deren Entscheidungsgrundlage nicht rational-ökonomisch ist.

Das können Marktteilnehmer sein, die mit dem Kauf des Unternehmens in erster Linie keine nüchtern ausgerechneten wirtschaftlichen Ziele verfolgen – was nicht zwingend heißt, dass sie das Unternehmen ökonomisch unvernünftig führen würden.

In einigen Fällen haben Unternehmer das seit Generationen aufgebaute und übergebene Familienunternehmen schließlich verkauft und lassen den Verkaufserlös durch ein Family Office verwalten. Lässt die Anlagestrategie auch Investments in unternehmerische Direktbeteiligungen zu, so werden oftmals Beteiligungen eingegangen, die weniger unter Diversifikationsgesichtspunkten zu sehen sind, sondern eher der persönlichen Affinität zum Geschäftsgegenstand oder zur Branche geschuldet ist (z.B. Investitionen in erneuerbare Energien, Biotechnologie oder auch Sportvereine).

	Strategische Investoren ...	Finanzinvestoren ...
Grundsätzliche Überlegungen	• Erhöhung des Marktanteils, Verbesserung der Marktposition • Synergiepotentiale (Einkauf, Vertrieb, Administration etc.) • Errichtung/Verstärkung regionaler Präsenz • Know-how-Zugewinn • Erhöhung der Wertschöpfung (horizontal/vertikal) • Produktdiversifikation • Diversifikation des Kundenstamms	Klassische Finanzinvestoren: • Stabile Cashflows, hohe Margen • Marktführer, Technologieführer oder Hidden Champion • Möglichkeit zur Erzielung eines vordefinierten IRRs (ca. 25%) • Unterschiedliche Exitkanäle, IPO, Tradesale, Secondary Finanzinvestoren mit Restrukturierungsfokus: • Unternehmen in der Krise oder Turnaround-Situationen • Potential zu operativer und finanzieller Restrukturierung
Anforderungen an das Management	• Kenntnis regionaler Marktspezifika kann von zentraler Bedeutung sein (kultureller Aspekt) • Management sollte bereits vor der Transaktion im Unternehmen etabliert sein und auch nach Closing zur Verfügung stehen • Eigentümerunabhängigkeit des Managements im Falle einer 100%-Veräußerung	• Kompetentes und erfahrenes Management von zentraler Bedeutung • Bestehendes Management sollte für eine Übergangsphase von bis zu 3 Jahren zur Verfügung stehen • Stark erfolgsabhängige Vergütungsstruktur des Managements • Kennzahlengetriebenes Management, hoher Controlling- und Reporting-Aufwand • Unterstützung des Managements durch branchen- und restrukturierungserfahrene Interims-Manager
Finanzierungsaspekte	• Großteil potentieller Käufer könnte eine Akquisition aus liquiden Mitteln finanzieren • Grundsätzlich Mix aus Fremd- und Eigenkapitalkomponenten • Earn-out-Struktur je nach Abhängigkeit vom Unternehmer • Individuelle IRR-Erwartungen orientieren sich am internen Zinsfuß des jeweiligen strategischen Käufers	• Primär Finanzierung über Fremdkapitalgeber, aktuell ca. 50% • Hohe Verschuldung dient der Maximierung des Eigenkapitalertrags • Zusätzlich Earn-out-Struktur oder Vendor Loan (Verkäuferdarlehen) üblich • „Haircuts" auf langfristige Bankdarlehen (falls möglich) • Debt Equity Swap – Umwandlung der übernommenen Verbindlichkeiten in Eigenkapitalanteile
Überlegungen zur Transaktionsstruktur	• Übernahme sowohl von Mehrheits- als auch Minderheitsanteilen, strategische Beteiligungsüberlegungen • Exitplan steht nicht im Vordergrund	• Übernahme von Minderheitsbeteiligungen eher unwahrscheinlich – Mehrheit präferiert • Investitionshorizont i.d.R. 3 bis 5 Jahre

Abbildung 55
Interessenslage unterschiedlicher Investorengruppen

4.1.2 Erstellen der Longlist

Nach der Analyse der Motivlage beginnt die Suche nach Kaufinteressenten und das Zusammentragen in der sogenannten Longlist.

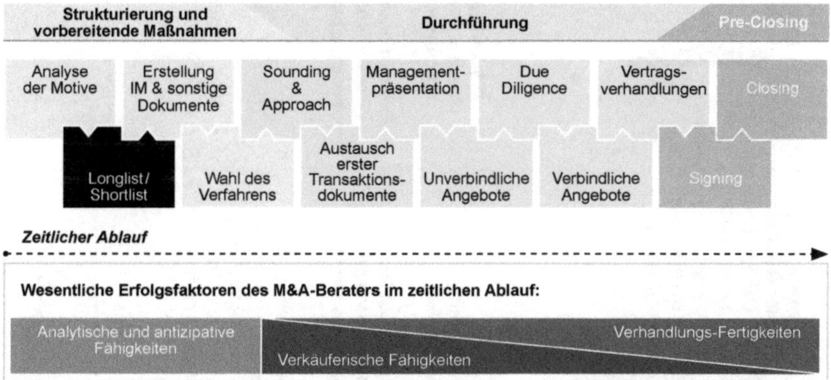

Abbildung 56
Erstellen der Longlist als nächster Schritt im M&A-Prozessablauf

Unter einer Longlist versteht man eine erste Aufstellung der Namen potentieller Kaufinteressenten. Diese Liste ist in einem ersten Schritt zwar bereits an den Motiven der Transaktion und dem Profil des zum Verkauf stehenden Unternehmens ausgerichtet, die Berücksichtigung der Kriterien der Feinauswahl steh jedoch noch aus. Sie ist dementsprechend noch sehr umfangreich und lang, deshalb auch der entsprechende englische Name „longlist“.

Jedes M&A-Beratungsunternehmen hat hier eine individuelle Vorgehensweise bei der Erstellung einer Longlist. Der grundsätzliche Ablauf ist in nachstehender Grafik abgebildet:

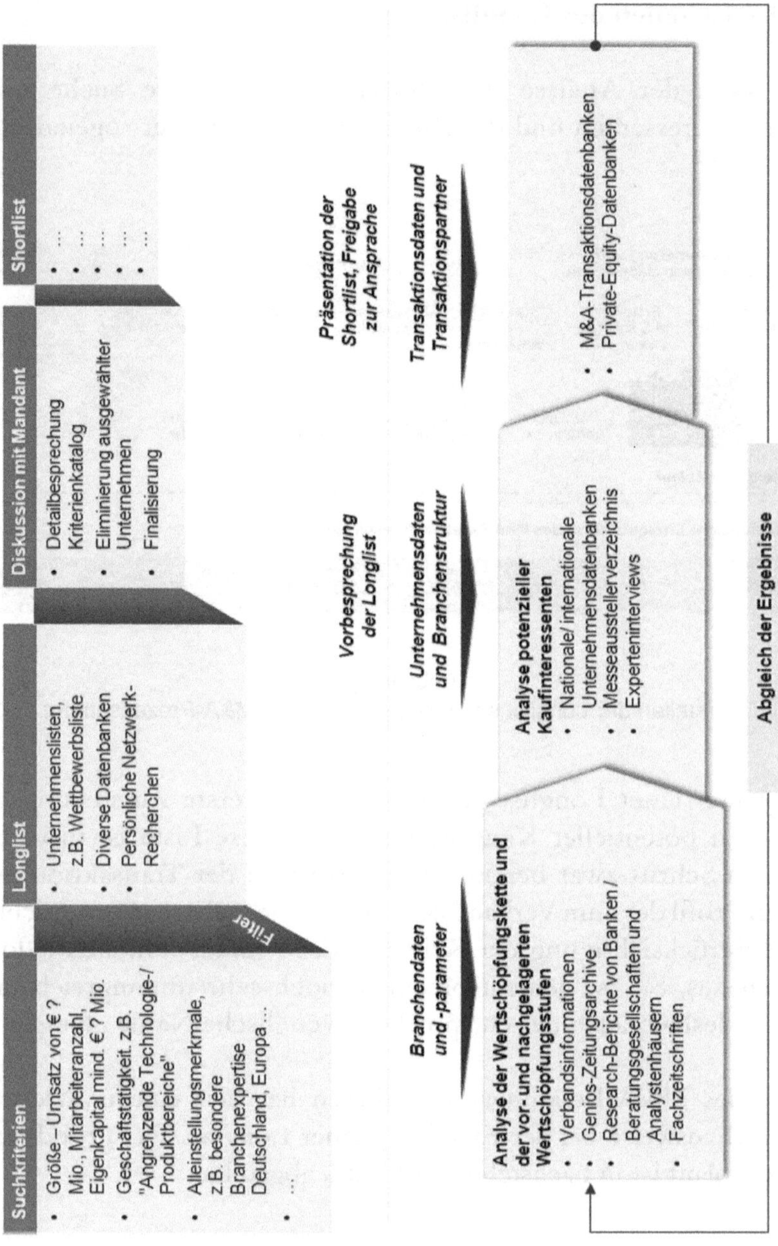

Abbildung 57
Identifikationen geeigneter Zielunternehmen
im Rahmen der Erstellung einer Longlist

Im Rahmen der Erstellung dieser ersten Arbeitsliste (Longlist) werden vorhandene Quellen systematisch nach Unternehmen bzw. Investoren selektiert, die Kriterien aufweisen, die zuvor gemeinsam mit dem Mandanten als Suchkriterien festgelegt wurden. Diese Liste wird – nach Absprache mit dem Mandanten – nunmehr bereinigt, um die Kandidaten zu identifizieren, die man einer umfangreichen Detailanalyse unterzieht. Bei der Detailanalyse werden die selektierten Unternehmen auf deren finanzielle Solidität, die verfolgte Strategie sowie die bisherige M&A-Praxis hin untersucht. Dabei sind auch die Namen der Berater, die das relevante Unternehmen bzw. den relevanten Investor bei dessen bisherigen Transaktionen begleitet haben, sehr wichtig. Im M&A-Ansatz werden letztendlich konkret die Faktoren herausgearbeitet, die einen Nutzen für den Transaktionspartner darstellen und die im Rahmen der späteren Ansprache als Argumente verwendet werden sollten. In dieser Phase wird ebenfalls festgelegt, über welchen Ansprechpartner man das Entree beim Unternehmen bzw. dem Investor sucht.

Um die spätere Kontaktierung der vom Mandanten zur Ansprache freigegebenen Adressen zu erleichtern, empfiehlt es sich bereits bei der Erstellung der Longlist die Kriterien zu vermerken, die den Ausschlag für die Auswahl des betreffenden Unternehmens gaben. Dies können z.B. die Erweiterung des regionalen Marktgebietes, die Komplementarität der Produkte, die Nutzung vorhandener Zulassungen und Lizenzen etc. sein. Eine solch strukturierte Arbeitsweise erleichtert die Ansprache sowohl zeitlich als auch inhaltlich enorm. Die Shortlist ist dann die Übersicht aller Unternehmen mit den finalen, für die Ansprache relevanten und mit dem Auftraggeber vereinbarten, Kontaktvorgaben.

4.1.3 Erstellen des Informationsmemorandums und weiterer transaktionsrelevanter Dokumente

Nach der Erstellung der Longlist mit den Erkenntnissen aus der Analyse der eigenen Motive sowie der Kenntnis der strategischen Rahmenbedingungen aus der Longlist-Recherche werden nun die weiteren transaktionsrelevanten Dokumente, insbesondere das Informationsmemorandum, erstellt.

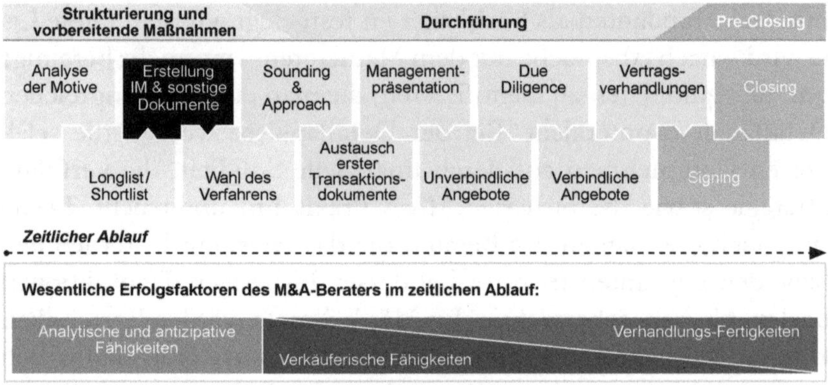

Abbildung 58
Die Erstellung des Informationsmemorandums und sonstiger Dokumente im M&A-Prozessablauf

4.1.3.1 Informationsmemorandum

Neben dem Kaufvertrag ist das Informationsmemorandum das wichtigste Dokument im Rahmen des gesamten M&A-Prozesses. Nach der Unterzeichnung der Vertraulichkeitsvereinbarung erhält ein Kaufinteressent ein Informationsmemorandum (auch Confidential-, Offering- oder Selling-Memorandum genannt), das einen Einblick in das Unternehmen, die finanzwirtschaftlichen Verhältnisse, den relevanten Markt, die Branche sowie die strategischen Optionen gewährt.

Auch wenn das Informationsmemorandum ein schriftliches Dokument ist und auf den ersten Blick nichts mit einem Verhandlungsprozess zu tun hat, so täuscht dieser erste Eindruck. Das Informationsmemorandum ist die Auslagerung der Kommunikation mit verschiedenen Kaufinteressenten „auf Papier aus Zeit- und Kostengründen". Damit ist es ein wesentlicher Baustein der Verhandlungseröffnung. Die nachstehende Gliederung zeigt beispielhaft den Inhalt eines solchen Informationsmemorandums im Detail:

Beispielgliederung eines Informationsmemorandums	
Präambel	• Disclaimer • Kontaktadressen • Abbildungsverzeichnis • Abkürzungsverzeichnis/Glossar
Zusammenfassung	• Auf einen Blick • Finanzwirtschaftlicher Kurzüberblick • Investmentopportunität • Transaktionsgegenstand
Markt- und Branchenbetrachtung	• Die historische Entwicklung der Branche weltweit • Die historische Entwicklung der Branche in den relevanten geografischen Marktgebieten • Darstellung der wesentlichen Wettbewerber in den relevanten geografischen Marktgebieten • Darstellung von harten und weichen Einflussfaktoren auf die Branchenentwicklung • Marktwachstumsprognosen in den relevanten geografischen Marktgebieten
Unternehmensporträt	• Unternehmenshistorie • Unternehmensorganisation und Standorte • Produkt- und Leistungsportfolio • Wertschöpfungskette • Marketing und Vertrieb • Kundenportefeuille • Referenzen und Projektbeispiele • Immaterielle Vermögensgegenstände • Management und Personal • Beschaffungsmanagement und Logistik • Kaufmännische Verwaltung und IT • Controlling und Projektsteuerung
Strategische Optionen	• Unternehmensstrategie – Wachstumschancen • Unternehmensstrategie- Konsequenzen aus der Wettbewerbslandschaft
Finanzwirtschaftliche Verhältnisse	• GuV-Übersicht • Bilanzübersicht • Entwicklung des Working Capitals • Planungsprämissen • GuV-Planung • Bilanzplanung • Cashflow-Planung
Zusammenfassung	• SWOT-Analyse • TARGET ist ein ideales Investment für …
Anhang	

Abbildung 59
Beispielgliederung eines Informationsmemorandums

Die exakte Darstellung der Branche sowie des relevanten Marktsegmentes ist für den weiteren Verhandlungsverlauf äußerst wichtig. Hier werden nicht nur – sofern vorhanden – relevante Marktwachstumsprognosen aufgezeigt, sondern auch die Branchenwertschöpfungskette und die Einordnung des zum Verkauf stehenden Unternehmens innerhalb dieser Wertschöpfungskette dargestellt.

Marktwachstumsdaten sind wichtig, um einem Kaufinteressenten die Möglichkeit zu geben, die für Unternehmensbewertungen relevanten Umsatzveränderungen besser beurteilen zu können. Wenn beispielsweise ein Markt mit 3% wächst, dann ist ein in der GuV-Planung dargestelltes Wachstum von 2% einerseits zwar konservativ, andererseits bedeutet dies, dass das in Rede stehende Unternehmen Marktanteile verliert. Umgekehrt bedeutet ein Wachstum über die Prognosen des Marktes, dass Marktanteile zu Lasten von Wettbewerbern hinzugewonnen werden und mit einer solchen Aussage im Informationsmemorandum gleichzeitig eine Begründung einhergehen muss, wie dieses überdurchschnittliche Wachstum erzielt werden kann.

Die Darstellung der Branchenwertschöpfungskette ist bedeutend, zeigt sie doch das Verständnis des Auftraggebers bzw. des Beraters über die Struktur einer Branche. In manchen Fällen kann es vorkommen, dass diese Einschätzung und Sichtweise des relevanten Marktsegmentes von der des Kaufinteressenten zum Teil deutlich abweicht. Dies ist verständlich, wenn man bedenkt, dass es in den seltensten Fällen eine klar abgegrenzte Branche gibt. Mittlerweile sind Prozesse im Rahmen einer Supply Chain vom Rohstoff zum Endprodukt so eng miteinander verzahnt, dass Unternehmenstypen unterschiedlichster Ausprägung verschiedene Wertschöpfungsstufen in sich vereinen. Vor diesem Hintergrund ist die klare Sichtweise, auf welcher Stufe der Wertschöpfungskette sich das zum Verkauf stehende Unternehmen befindet, von großer Wichtigkeit. Dies vor allem deshalb, weil Ansatzpunkte für Parameter, die eine Transaktion eventuell in eine Win-win-Situation führen könnten, oftmals darin liegen, dass die Schnittstellen zwischen einzelnen Branchenwertschöpfungsstufen erweitert werden und damit für beide Seiten Vorteile geschaffen werden können.

Fallbeispiel 1:

Im Oktober 2002 wurde PayPal von eBay für $ 1,5 Mrd. erworben. PayPal war zuvor die beliebteste Bezahlmethode von mehr als der Hälfte der eBay-Benutzer und der Service konkurrierte mit eBays Tochtergesellschaft Billpoint. eBay hat seitdem seinen Billpoint-Service zu Gunsten von PayPal auslaufen lassen. (Quelle: Wikipedia) eBay hat durch diese Akquisition die Wertschöpfungskette der Online-Auktion um den Zahlungsvorgang erweitert. Mit dem marktführenden Unternehmen PayPal hat man auch direkt Kundenbeziehungen zu zahlreichen führenden Internetgeschäften geknüpft.

Fallbeispiel 2:

Ein größeres Logistikunternehmen ist seit vielen Jahren als Dienstleister für die Lagerhaltung eines produzierenden Unternehmens tätig. Die Teile, die hier gelagert werden, werden auf Abruf an einen Dienstleister geliefert, der hier mechanische Anarbeitungen vornimmt. Danach erfolgt eine erneute Einlagerung, bis die Teile dann für die laufende Produktion des Kunden abgefordert werden. Da Logistikleistungen starkem Wettbewerbs- und Preisdruck unterliegen, erwirbt das Logistikunternehmen einen kleinen Metallverarbeitenden Betrieb in der Nähe seines Standortes und bietet von nun an die Anarbeitung im Paket mit den Lager- und Transportleistungen an. Hierdurch kann jeweils ein Ein- und Auslagerungsvorgang eingespart werden. Der Kunde erhält nunmehr die Lieferung der angearbeiteten Teile aus einer Hand und das Logistikunternehmen gibt einen Teil der Kosteneinsparung an den Kunden weiter. Die Leistung ist weniger austauschbar geworden und die Kundenbeziehung wurde hierdurch langfristig gefestigt.

Vertrauen im Rahmen einer Verhandlung entsteht dadurch, dass – wie in allen anderen Bereichen menschlichen Miteinanders – mitgeteilte Informationen wahrheitsgetreu und in sich konsistent sind. Dementsprechend ist das Informationsmemorandum ebenfalls konsistent zu formulieren. Angaben im Textteil, die z.B. notwendige Investitionen beschreiben oder das Zahlungsverhalten von Kunden erläutern, müssen sich im Zahlenteil der finanzwirtschaftlichen Übersicht, respektive in der Planungsrechnung wiederfinden. Aus meiner Sicht ist es von großer Wichtigkeit, dass durch Konsistenz von Aussagen und Zahlen an verschiedenen Stellen des Memorandums ein unzweifelhaftes Bild über das Unternehmen entsteht. Darüber hinaus zeigt dies eine seriöse Arbeitsweise bei der Erstellung des Memorandums und Sorgfalt beim Zusammentragen von transaktionsrelevanten Daten. Dementsprechend ist ein Informationsmemorandum bereits so zu formulieren, dass es im späteren Verkaufsprozess nicht zu einer beim Kaufinteressenten widersprüchlichen Wahrnehmung führt, auch auf die Gefahr hin, dass Schwächen des zum Verkauf stehenden Unternehmens aufgezeigt werden.

Im Rahmen einer Einwandvorwegbehandlung sollte ein Informationsmemorandum bereits die Faktoren enthalten, die in einer späteren Verhandlungsphase als eventuell kritisch einzustufen sind. Entscheidend bei der Besprechung mit dem Mandanten ist auch, dass dieser versteht, dass eventuell aufgezeigte Schwachstellen in den meisten Fällen – wenn es keine marktbedingten, nicht beeinflussbaren Risiken sind – Verbesserungspotential für einen Kaufinteressenten darstellen und damit eine erweiterte Verhandlungsbasis generiert. Bspw. ist ein unzureichendes Controlling oder eine nicht vorhandene Integration der Produktionssteuerung in das ERP-

System einerseits eine klare Schwachstelle, andererseits stellt dies für einen Kaufinteressenten, der über entsprechendes Know-how verfügt, ein „handwerklich" zu lösendes Problem dar. Die Lösung dieses Problems wird aus Sicht des Kaufinteressenten für verlässlichere Daten sorgen und damit für ein sichereres Steuern des Unternehmens hin zu einer erhöhten Rentabilität. Eine im Informationsmemorandum beschriebene fehlende Umsetzungsstärke von vorhandenen Produktinnovationen in marktreife Produkte lässt sich einerseits als Schwäche kritisieren, andererseits bietet sie dem Kaufinteressenten ein Potential, Erlöse mit neuen Produkten zu erzielen, wenn er sich selbst in der Lage sieht, diesen Transformationsprozess zu bewerkstelligen. Dies sind nur einige Beispiele dafür, dass vermeintliche Schwächen im Rahmen von Verhandlungen zu „den Kuchen vergrößernden" Parametern werden können, sofern diese bereits im Vorfeld antizipiert werden.

Mit dem Schreiben des Informationsmemorandums ist einerseits die Grundlage für die spätere verkäuferische Aufgabe in der Managementpräsentation gegeben und andererseits die Ausgangsbasis für ein faktenorientiertes Verhandeln gelegt. Der Inhalt muss es dem Kaufinteressenten ermöglichen, eine vorläufige Entscheidung über die Integration, die zukünftige Strategie und den Wert des Unternehmens stand-alone und auf integrierter Basis zu ermitteln. Die so gewonnenen Erkenntnisse müssen sich dann im Laufe der späteren Due-Diligence bestätigen. Das Informationsmemorandum prägt den späteren Verhandlungsverlauf und setzt den Rahmen für Preisverhandlungen.

Die vier Kernfragen des Käufers, die in einem Informationsmemorandum beantwortet werden müssen, lauten nach Gomez/Siegert/Weber[55]:

1. „Richtige Strategie? Kann ich Wert zufügen?
2. Richtige Information? Weiß ich genau, was ich kaufe?
3. Richtiger Preis? Wie groß ist das Wertsteigerungspotential?
4. Richtige Durchführung? Können die Wertsteigerungspotentiale rasch erschlossen werden?"

55 Siehe hierzu auch (Weber, et al., 2007), Seite 192

4.1.3.2 Financial Factbook

Mittlerweile findet man bei mittleren bis größeren M&A-Transaktionen häufig eine Trennung zwischen dem Informationsmemorandum, das im Wesentlichen die Markt- und betriebswirtschaftlichen Unternehmensdaten aufweist, und einem sog. Financial Factbook, das sehr ausführlich die finanzwirtschaftlichen Verhältnisse des Unternehmens beschreibt. Dadurch besteht die Möglichkeit, einen Rahmen für die Darstellung der Finanzdaten und die sich daraus ableitbaren Analysen proaktiv vorzugeben. Insbesondere bietet sich ein Financial Factbook dann an, wenn ein Bereich eines Unternehmens im Rahmen eines Carve-outs veräußert werden soll und für diese unternehmerische Einheit keine Jahresabschlüsse vorliegen.

Die nachstehende Tabelle zeigt beispielhaft die Gliederung eines Financial Factbooks.

Beispielhafte Gliederung eines Financial Factbooks	
Wesentliche Finanzdaten und Überblick über die Geschäftstätigkeit	• Kurzüberblick über GuV, Bilanzstruktur, Working-Capital-Entwicklung und Mitarbeiterstruktur • Rechtliche Rahmenbedingungen und Transaktionsgegenstand • Business Structure und Wertschöpfungskette
Vorgehensweise bei der Zusammenstellung der Finanzdaten im Rahmen der Carve-out-Überlegungen	• Konkrete Ableitung von Finanzdaten • Aufstellung über notwendige operative Maßnahmen im Zusammenhang mit dem Carve-out

Beispielhafte Gliederung eines Financial Factbooks	
Historische Geschäftsentwicklung	• Absatz- und Preisentwicklung • Produktspezifisch • Kunden(-gruppen-)spezifisch • Regional • Deckungsbeitragsentwicklung • Kundenkonzentration sowie Kundengewinne und -verluste • Saisonalität des Geschäftes • Personalkostenstruktur
Historische Bilanzentwicklung	• Investitionen • Working Capital • Sonstige Aktiva • Rückstellungen • Verbindlichkeitenspiegel • Sonstige Passiva
Prognostizierte Geschäftsentwicklung	• Marktprognosen • Planungsparameter • Plan-GuV • Plan-Bilanz • Plan-Cashflow-Rechnung
Prognostizierte Investitionen und Working-Capital-Entwicklung	
Außerbilanzielle Informationen	

Abbildung 60
Beispielgliederung eines Financial Factbooks

4.1.3.3 Teaser

Ein Teaser fasst auf ein bis zwei Seiten die wichtigsten Fakten anonymisiert zusammen und soll das Interesse potentieller Kaufinteressenten wecken. Ob ein Teaser vor dem Versand einer Vertraulichkeitsvereinbarung zum Einsatz kommt, muss indicviduell und je nach zur Verfügung stehendem Zeitrahmen entschieden werden.

Beispielhaft sei hier ein Teaser dargestellt, der den grundsätzlichen Aufbau am Beispiel eines Baumhäuser herstellenden Unternehmens aufzeigt.

[ALLERT & CO.]
Wertorientierte Unternehmenstransaktionen

Project Treehouse Comp

Company Overview

Treehouse Comp (das "Unternehmen") ist seit nunmehr über 60 Jahren führend in der Entwicklung, Herstellung und dem weltweiten Vertrieb von Baumhäusern. Nach den Anfängen als reines Gartenhaus-Bauunternehmem, bietet "Treehouse Comp" heute alle gängigen Baumhausvarianten aus Holz und Metall, wobei auf eine umfassende Beratung und zuverlässige Qualitätssicherung größten Wert gelegt wird. Mit rund 40 Mitarbeitern, der hohen für die Unternehmensgröße beachtlichen Entwicklungs- und Innovationskraft, einem ungewöhnlich hohen Maß an Qualitätssicherung und damit einem Höchstmaß an Kundenzufriedenheit, zählt „Treehouse Comp" zu den Marktführern in Deutschland und den größten Anbietern international.

Das Produktportfolio besteht aus:

- Holzbaumhäuser
- Metallbaumhäuser
- Befestigungen und Stützen

Key Investment Considerations

Führender Anbieter von Baumhäusern	• Marktführer bei Baumhäusern in Deutschland für den privaten Gebrauch • Weltweit exzellenter Ruf als Baumhausanbieter mit über 200 verkauften Einheiten pro Jahr • Hohes Entwicklungs- und Prozess-Know-how
Marktführende "Trusted Brands"	• Treehouse Comp ist es als vielleicht einzigem, deutschem Unternehmen der Holzverarbeitenden-Industrie gelungen, in einer ehemals als Commodity-Markt angesehenen Branche, eine führende Marke zu kreieren.
Herausragendes Know-how und ein innovativer Track Record	• Generationsübergreifendes Know-how in der gesamten Holzverarbeitung • Exzellente Kenntnisse aller für die Baumhausarten relevanten Produktions-verfahren • Spezielles Logistik-Know-how für Großkunden-Management
Langjährige Kundenbeziehungen zu den renommiertesten Häusern	• Ca. 1.500 aktive Kunden • Der Exportanteil beträgt zurzeit bei 25% und weiterhin steigend • Umfassendes Großkunden-Key-Account-Management • Langjährige Kundenbeziehungen zu den renommiertesten Hotelketten in Deutschland und damit dem Who-is-who des deutschen Hotelgewerbes • Sehr gute Bonität der Kunden • Auch internationale Key-Accounts • Langjährige und feste Lieferantenstruktur, dadurch • zuverlässige und konstante Qualität! Logo 2 Logo 1 Logo 4 Logo 3 Logo 6 Logo 5

Abbildung 61
Beispielhafte Gliederung eines Teasers – Seite 1

Project Treehouse Comp

[Allert & Co.]
Wertorientierte
Unternehmenstransaktionen

Blick auf den relevanten Markt

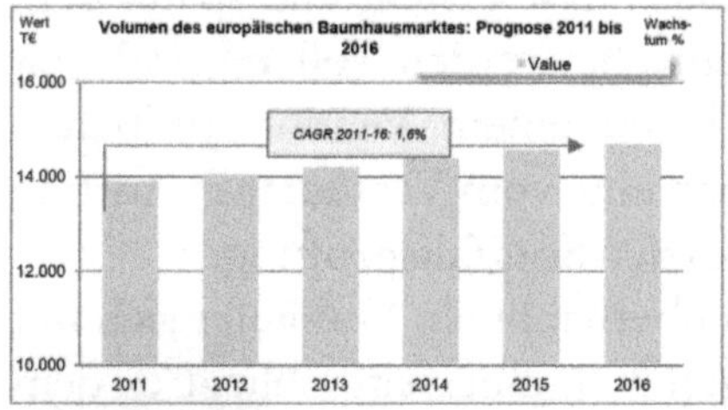

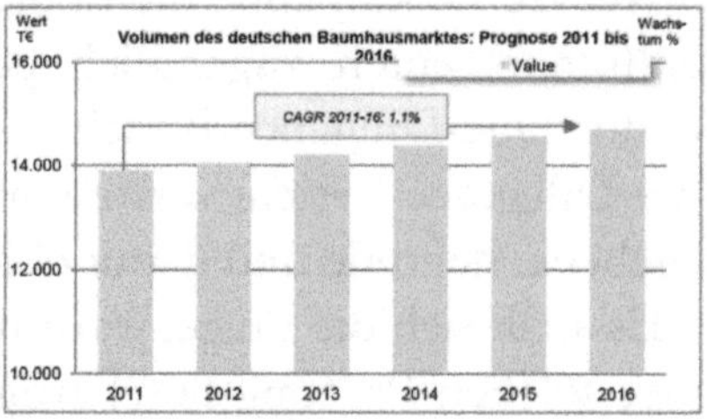

Zahlreiche Zukunftspotenziale

- Geschätzter Innovationspartner der Holzindustrie durch ständige Produktneuerungen
- Starkes Wachstum bei alternativen Unterbringungen, insbesondere weltweit bei hochwertigen Hotelketten
- Full-Product-Range für die Hotelindustrie
- In den letzten Jahren verstärkt aufgebaute, große Kapazitäten im High-End-Bereich
- QM und R&D für alle Baumhausarten/-systeme ist international geschätzt!

Erfahrenes Management-Team

- Das Management ist auf erster sowie zweiter Ebene im technischen sowie administrativen Bereich mit Mitarbeitern mit langjähriger Erfahrung in der Branche ausgestattet.
- Die langjährigen Mitarbeiter haben aus diesem Grund ein so hohes Maß an Kenntnis der spezifischen Gegebenheiten bei den Kunden, dass dies einen bedeutenden Wettbewerbsvorteil darstellt.

Finanzwirtschaftliche Kurzübersicht

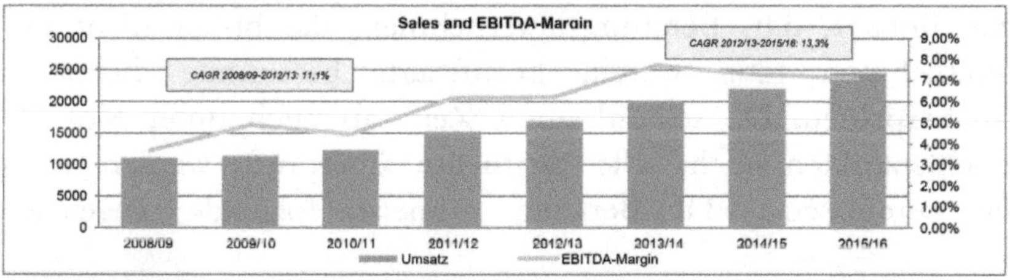

Investment-opportunität

- Ein Investment in das Unternehmen bietet einem strategischen oder finanziell motivierten Investor die Möglichkeit, vom Tag 1 der Übernahme an eine relevante Marktposition in der deutschen Baumhausindustrie einzunehmen.
- Die Umsatzwachstumsraten der letzten Jahre unterstreichen die positive Wahrnehmung des Unternehmens im Abnehmermarkt sowie das zukunftsorientierte Produktprogramm.
- Gesucht wird ein Investor, der das Wachstum der letzten Jahre begleitet, neue regionale Marktgebiete erschließt und damit dem Familienunternehmen einen sicheren Hafen im globalen Marktumfeld bietet.

Abbildung 62
Beispielhafte Gliederung eines Teasers – Seite 2

4.1.3.4 Vendor Due-Diligence

Weitere Dokumente, die in dieser Phase erstellt und später dem Kaufinteressenten zugänglich gemacht werden sollen, sind sog. Vendor-Due-Diligence-Berichte. Unter einem Vendor- (initiated) Due-Diligence-Bericht versteht man eine vom Verkäufer in Auftrag gegebene, neutrale und damit objektive Sorgfaltsprüfung.

Es stellt sich die Frage, warum überhaupt ein Verkäufer sich mit einer solchen Prüfung beschäftigen soll; einerseits obliegt es dem Käufer durch eine solche Prüfung Sicherheit zu erlangen, was er denn schlussendlich kauft und andererseits wird ein solches Instrument doch wahrscheinlich ohnehin vom Käufer mit Argwohn betrachtet.

Grundsätzlich gilt: Ein Vendor-Due-Diligence-Bericht ersetzt nicht die käuferseitige Prüfung. Gleichwohl ist es in vielen Fällen ein sehr wichtiges verhandlungstechnisches Instrument im M&A-Prozess.

Eine Vendor Due-Diligence (nachfolgend auch VDD genannt) wird vom Verkäufer veranlasst, in dem er zumeist neutrale Berater, d.h. Beratungsunternehmen, die bisher nicht im Unternehmen tätig waren, beauftragt, bestimmte Bereiche zu überprüfen. Da sowohl unter Zeit- als auch unter Kostengesichtspunkten nicht alle Segmente überprüft werden können, umfassen VDD-Berichte zumeist folgende Bereiche:

- Recht (Legal)
- Steuern (Tax)
- Finanzen (Financial)
- Markt- und strategieorientierte Analyse (Commercial and Strategy)
- Umwelt (Environmental)

Der Unterschied und z.B. im Finanzbereich die Abgrenzung zum oben erwähnten Financial Factbook ist darin zu sehen, dass es weniger um eine Darstellung der wirtschaftlichen Parameter geht, als um eine prüferische Handlung, die auch Ordnungsmäßigkeitsaspekte einschließt.

Die Vorteile einer VDD erschließen sich nicht auf den ersten Blick. Sie ist mit einem hohen Zeit- und Kostenaufwand verbunden und wahrscheinlich werden im Unternehmen auch Mitarbeiter auf die Tätigkeiten des Prüfers aufmerksam. Die Vorteile sind jedoch vielfältig:

1. Vermeidung des Überraschungseffektes
   In nicht wenigen Fällen kommt es leider erst im Verkaufsprozess durch Prüfungshandlungen des Käufers zur Identifikation von Problembereichen im Unternehmen. Dies wird oftmals vom Kaufinteressent erst während der Verhandlungen ins Feld geführt. Der Überraschungseffekt wird kaufpreismindernd eingesetzt. Durch die dem Verkaufsprozess vorangestellte Prüfung im Rahmen der VDD können diese im Unternehmen etwaig vorhandenen Schwachstellen bereits frühzeitig aufgedeckt werden. Die Verkäuferseite ist sich etwaigen Problemen bewusst und kann eine entsprechende Argumentation antizipativ aufbauen.

2. Möglichkeit der Verbesserung bestimmter Sachverhalte
   Natürlich gibt eine VDD auch die Möglichkeit, die aufgedeckten Problemfelder frühzeitig zu beheben, sodass diese im endgültigen Bericht nicht mehr erwähnt werden müssen. Die Verhandlungsposition des Verkäufers hat sich hierdurch deutlich verbessert.

3. Alle Bieter werden schnell auf ein hohes Informationsniveau gebracht
   Spricht man mit einer Vielzahl von Kaufinteressenten, so hat trotz einer oft von Verkäuferseite vorgegebenen und damit erbetenen zeitlichen Abfolge der Transaktion jeder Bieter sein eigenes Tempo. Ebenso haben sowohl der Kaufinteressent als auch dessen Berater in der Regel weitere Projekte und

insbesondere im Mittelstand auch eine erhebliche Ressourcenbindung durch das operative Geschäft. In manchen Fällen sind schlicht wenig oder gar keine Kapazitäten vorhanden, umfangreiche Prüfungen im vom Verkäufer erbetenen Zeitraum durchzuführen. Wenn mehrere Interessenten diese Probleme haben, ist es leicht vorstellbar, wie schwierig eine zeitliche Koordination der Interessenten ist. Ein Wettbewerb zwischen unterschiedlich informierten Kaufinteressenten ist so nur schwer herzustellen. Oftmals „verzettelt" sich der Verkäufer dann in Gesprächen mit unterschiedlich gut informierten Kaufinteressenten und schätzt deren Abschlusswillen und -wahrscheinlichkeit nicht adäquat ein. Durch eine VDD werden alle Interessenten schnell auf ein einheitliches und vor allem hohes Wissensniveau gebracht.

4. Senkung der Transaktionskosten beim Interessenten schafft höhere Verweildauer im Prozess
   Viele Interessenten stellen sich zu Beginn des M&A-Prozesses die Frage, wie hoch die Abschlusswahrscheinlichkeit aus Käufersicht ist und wieviel Ressourcen man dem anstehenden M&A-Prozess zuweisen soll. Je nach Intensität des Prozesses entscheidet der Kaufinteressent in jeder Phase neu, ob der bisher geleistete und noch zu leistende Aufwand im positiven Verhältnis zur Abschlusswahrscheinlichkeit der Transaktion stehen. Oftmals schreckt ein Kaufinteressent zurück, wenn er z.B. die hohen Kosten der nun anstehenden Financial Due-Diligence sieht und gleichzeitig weiß, dass neben ihm noch sechs weitere Interessenten vorhanden sind. Eine simple Rechnung zeigt ihm eine theoretische Abschlusswahrscheinlichkeit von rd. 14%. In vielen Fällen steigen aus diesem Grund hochinteressante Kaufinteressenten aus einem M&A-Prozess aus. Eine VDD verlagert einen Teil der Kosten vom Interessenten auf den Verkäufer; der Kaufinteressent kann unter Kostengesichtspunkten länger im Prozess bleiben.

5. Konsistenz der gesamten Dokumentation hinweg schafft Vertrauen
   Die durch eine VDD geschaffene Datenbasis kann auch für andere Dokumente genutzt werden, wie z.B. Teaser und Informationsmemorandum. Darüber hinaus wird im Rahmen der VDD bereits der Datenraum zusammengestellt, sodass alle Dokumente vom Informationsmemorandum über den VDD-Bericht und die späteren Informationen im Datenraum konsistent sind. Dies schafft bei Kaufinteressenten und deren Beratern in hohem Maße Vertrauen. Nichts ist in einem kompetitiven M&A-Prozess unangenehmer, als das nachträgliche Herausstellen von fehlerhaften Ausgangsdaten, z.B. bei der Planungsrechnung.

6. Vertrauenstransfer zwischen dem den VDD-Bericht erstellenden Prüfer und dem Prüfungsobjekt
   Gerade bei kleineren mittelständischen Transaktionen wird oftmals von größeren Kaufinteressenten die Qualität der präsentierten Informationen in Frage gestellt. Auch wenn dies selbstverständlich eine fehlerhafte Einschätzung ist, führt eine kleine, unbekannte Wirtschaftsprüfungsgesellschaft z.B. bei angestellten Managern eines Konzerns zu Unbehagen über die Datenbasis, die deren Kaufentscheidung zugrunde liegt. Ein VDD-Bericht einer renommierten Kanzlei wird zwangsläufig zu einem Image- und damit Vertrauenstransfer zwischen dem den VDD-Bericht erstellenden Prüfer und dem Target führen.

7. Frühzeitige Bereitstellung der für finanzierende Banken notwendigen Dokumentationserfordernisse
   Bei Unternehmenstransaktionen geht es in den meisten Fällen um sehr hohe Kaufpreissummen, die in den wenigsten Fällen ausschließlich über Eigenkapital (all-Equity) finanziert werden. Dementsprechend ist neben dem eigentlichen Entscheidungsprozess des Käufers auch der Entscheidungsprozess der den Käufer finanzierenden Bank ein zeitlicher Faktor,

der einen wettbewerbsintensiven M&A-Prozess verlangsamen kann. Durch einen VDD-Bericht wird ein Teil der Dokumentationserfordernisse, die Banken haben, bereits erledigt, sodass es zu schnelleren Entscheidungen auch bei den Fremdkapitalgebern führt.

8. Die wegen der hohen Kosten von Käuferseite oftmals geforderte Exklusivität kann umgangen werden
Wie oben bereits beschrieben, müssen Kaufinteressenten im Rahmen von M&A-Prozessen kostenintensive Due-Diligence-Maßnahmen vornehmen bei gleichzeitig unsicherer oder gar niedriger Abschlusswahrscheinlichkeit. Dies ist einer der Gründe, warum Interessenten regelmäßig zu bestimmten Zeitpunkten eine Exklusivitätsphase fordern. Da Kosten der Due-Diligence jedoch auch beim Verkäufer angefallen sind, kann dieses Argument für den Wunsch nach Verhandlungsexklusivität nicht mehr angebracht werden.

Alles in allem verhilft eine VDD zu sinkenden Transaktionskosten bei den Kaufinteressenten und einem schnelleren Verkaufsprozess. Der Wettbewerb unter Kaufinteressenten bleibt in hoher Intensität länger bestehen und sollte am Ende der Transaktion zu einem höheren Verkaufspreis führen, der die Kosten der VDD überkompensiert.

4.1.3.5 Valuation Guideline

4.1.3.5.1 Begriffsdefinition und Abgrenzung zur klassischen Unternehmensbewertung

Die entscheidende Stelle in jedem Verkaufsprozess ist der Zeitpunkt der Wert- und Preisdiskussion. Aus Käufersicht bestimmt die Informationsgüte die Möglichkeit der Wertfindung. Diese wird im Zeitablauf zunehmen, sodass auch die Verfahren zur Wertfindung sich im Laufe des M&A-Prozesses verändern bzw. ergänzen.

Die nachfolgende Abbildung zeigt diese Entwicklung aus Käufersicht:

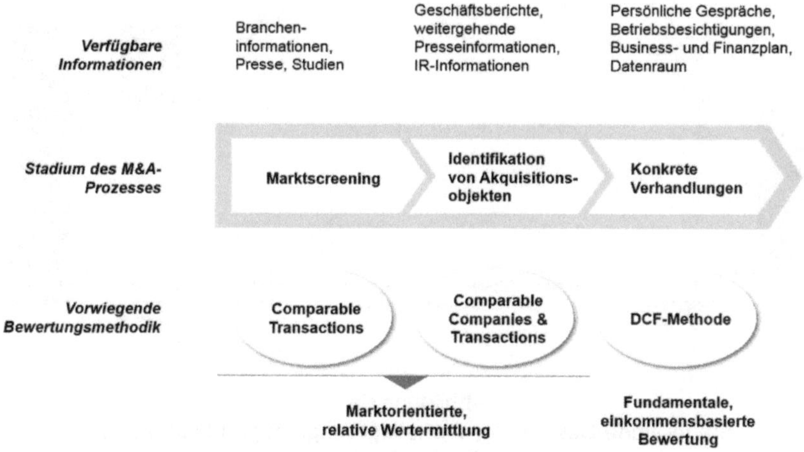

Abbildung 63
Abhängigkeit der Bewertungsmethode von der Informationsgüte[56]

Um auch hier für Verhandlungen gerüstet zu sein und vor allem, um die bereits oben mehrfach erwähnte Datenkonsistenz im gesamten M&A-Prozess aufrecht zu erhalten, sind die Parameter einer Bewertung aus Käufersicht gedanklich vorwegzunehmen.

Sind am Verkaufsprozess in größerer Anzahl strategische Interessenten beteiligt, die in Abbildung 64 bezeichneten Größen zu antizipieren und die Parameter, die dem Käufer eine Berechnung ermöglichen, weitestgehend verfügbar zu machen und ebenfalls in das eigene Kalkül aufzunehmen.

Sicherlich kann eine noch so gute Vorbereitung nie das Synergiepotential eines Kaufinteressenten darstellen. Ebenso wenig sind die Kosten, die einem Interessenten dadurch entstehen, dass nicht er, sondern sein Wettbewerber abschließt, klar bezifferbar. Nichtsdestotrotz sind die Parameter, die für eine Quantifizierung notwendig sind, zu eruieren und gegebenenfalls in die Verhandlungen aktiv einzubringen.

56 Siehe Vortrag Prof. Dr. Christian Aders „Leverage Buy-out (LBO)-Analyse und -Bewertung“ anlässlich der IACVA-Jahreskonferenz 2012

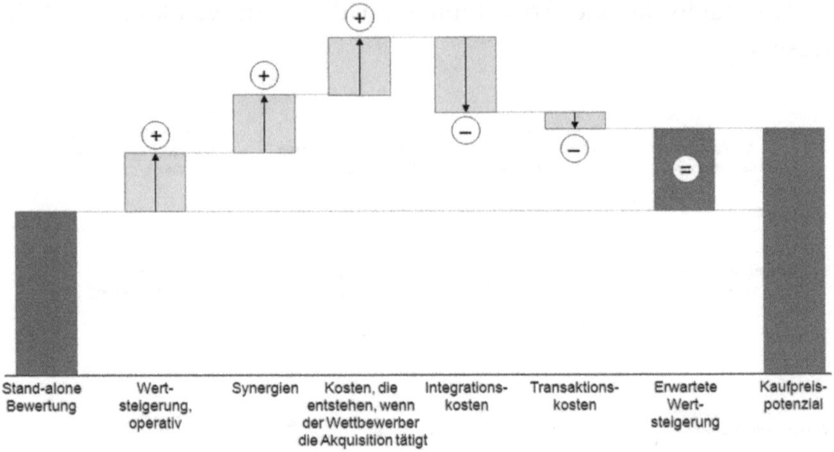

Abbildung 64
Stand-alone-Bewertung, Wertsteigerungsmöglichkeiten und Kaufpreispotential (ohne Berücksichtigung von Steuereffekten)

Die für eine – im nächsten Kapitel grundsätzlich erläuterte – Discounted-Cashflow-Bewertung (kurz DCF) notwendigen Parameter sind noch um einiges vielschichtiger:

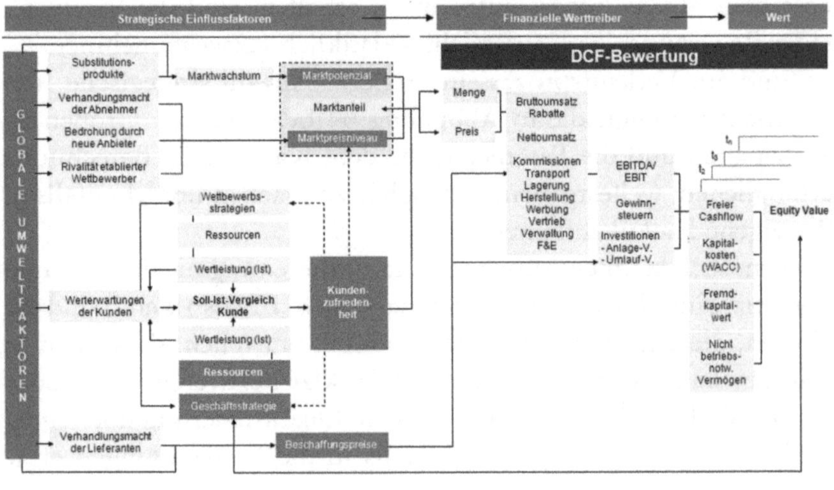

Abbildung 65
Komplexität der Wert- resp. Preisfindung[57]

57 in Anlehnung an (Peschke, 1997), Seite 147

Sind eine Vielzahl von Finanzinvestoren im M&A-Prozess als Kaufinteressenten vorhanden, bietet es sich an, deren Sichtweise im Rahmen einer sog. Leveraged-Buy-out-Analyse (kurz LBO-Analyse) einzunehmen. Eine LBO-Analyse zeigt auf, welchen Liquiditätsrückfluss ein Finanzinvestor bei einem Investment im zum Verkauf stehenden Unternehmen erzielen kann. Dieser Rückfluss findet in der Regel seinen Ausdruck in den beiden für die Branche wichtigen Kennzahlen der IRR (Internal Rate of Return) oder dem sog. Cash- oder Money-Multiple, der aussagt, um wieviel das eingesetzte Kapitel sich vermehrt hat.

Eine LBO-Analyse unterteilt sich in der Regel in folgende Bestandteile:

- Transaktionsüberblick (Transaction Summary)
- Rentabilitätsrechnung (Return Analysis)
- Businessplan-Annahmen (Assumptions)
- Fremdkapitalübersicht (Debt Schedule)
- Gewinn-und-Verlust-Rechnung (Income Statment)
- Bilanz (Balance Sheet)
- Kapitalflussrechnung (Cashflow-Scheme)

Diese verschiedenen, miteinander verknüpften und aufeinander aufbauenden, Teilrechnungen werden unter verschiedenen

- operativen Szenarien,
- Finanzierungsstrukturen,
- Szenarien über die Liquiditätsveränderung und
- Zinsentwicklungsszenarien

überprüft und bilden die Grundlage für die Entscheidung eines Finanzinvestors über ein Investment.

Sind die Gespräche mit einem strategischen Interessenten bereits konkreter, kann es sich anbieten ein sog. Merger Model zu erstellen. Hier sind jedoch eine Reihe von Daten des Kaufinteressenten notwendig, die – je nach Größenordnung und Publizitätspflichten des Kaufinteressenten – teilweise nur eingeschränkt vorhanden sind. Kauft darüber hinaus ein sehr viel größeres Unternehmen ein kleineres, vom Geschäftsvolumen relativ betrachtet eher unbedeutendes Unternehmen, so macht eine solch komplexe Rechnung keinen Sinn.

Ein aussagefähiges Merger Model ist wie folgt aufgebaut:

Abbildung 66
Merger Model

Eine Valuation Guideline ist nicht als objektives Gutachten zu verstehen, sondern als Informationssammlung, um den Kaufinteressenten den Einstieg in die Bewertungsarbeiten zu erleichtern. Dementsprechend sind neben den für eine DCF-Bewertung notwendigen Daten auch

- Daten über vergleichbare börsennotierte Unternehmen,
- Daten über vergleichbare Transaktionen sowie
- die sich daraus ergebenden Multiplikatoren enthalten

Auch wenn es sich hierbei nicht um ein Gutachten handelt, sondern eine Valuation Guideline bewusst eine Kaufpreisargumentation vorbereitet, so ist zu beachten, dass auch bei umfangreichen

Haftungsausschlüssen in Form von Disclaimern und sog. Hold-harmless Lettern (oder auch Non-reliance Lettern) eine Vertrauenshaftung besteht, d.h. unrichtige Angaben oder vorsätzliche Unterdrückung von Tatsachen sind auch hier selbstverständlich zu unterlassen.

Der Unterschied zwischen den Begrifflichkeiten im Sinne dieser Ausführungen ist nachstehend noch einmal im Überblick dargestellt. Im Vorfeld einer Transaktion sind diese Instrumente auf deren Notwendigkeit hin zu überprüfen und entsprechend umzusetzen.

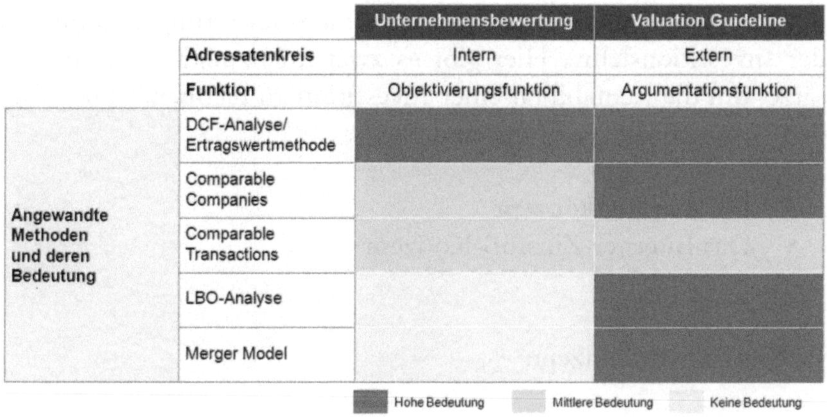

Abbildung 67
Unterscheidung zwischen klassischer Unternehmensbewertung und Valuation Guideline

Um für die späteren Ausführungen – insbesondere bei den Kaufpreisverhandlungen – das für den M&A-Bereich notwendige Grundrüstzeug zu besitzen, folgen einige grundsätzliche Ausführungen zum Thema Unternehmenswert.

4.1.3.5.2 Verhandlungsparameter bei Unternehmensbewertungen – Argumentations- und Angriffspunkte

In jeder Transaktion kommt es an einer bestimmten Stelle der Verhandlungen zum Punkt der Wertdiskussion und daraus abgeleitet zur Preisargumentation. An dieser Stelle wird ausdrücklich darauf hingewiesen, dass Unternehmensbewertung oft als hohe Kunst bezeichnet wird und ich hier nur einen kurzen Überblick über die verschiedenen Bewertungsverfahren gebe und zwar insoweit, wie dieses Grundverständnis notwendig ist, um die Verhandlungsparameter in M&A-Transaktionen zu verstehen.

Der Grundgedanke der Unternehmensbewertung kommt aus der Investitionslehre. Hier gibt es zwei finanzmathematische Ansätze, um die Rentabilität einer Investition zu rechnen.[58] Diese beiden Arten der Betrachtung sind:

- Das Barwertkonzept
- Das Interner-Zinsfuß-Konzept

Das Barwertkonzept:

Jede Investition beginnt zuerst mit einer Auszahlung, der eigentlichen Investition. Im Anschluss daran sollten in Zukunft die mit der Investition erzielten Cashflows die Auszahlung übersteigen. Dabei gilt, dass ein Cashflow, der in der Zukunft liegt, weniger wert ist als ein gleichgroßer Cashflow, der heute zur Verfügung steht. Deshalb wird über eine Diskont-Rechnung der sog. Barwert der zukünftigen Cashflows, d.h. deren heutiger Wert, berechnet.

58 Aus dieser Sicht ist der Erwerb eines Unternehmens mathematisch betrachtet nichts anderes als eine – eben sehr große – Investition. Dass es vielleicht noch andere, nicht monetär messbare Größen für einen Unternehmenserwerb gibt, ist an anderer Stelle ausführlich erläutert.

Mathematisch erfolgt dies nach folgender Formel:

$$NPV = -I_0 + \sum_{t=1}^{T} \frac{CF_t}{(1+k)^t}$$

Die Entscheidungslogik ist nun, dass eine Investition **(I_0)** nur dann getätigt werden sollte, wenn der Nettobarwert **(NPV)** der Cashflows **(CF)** größer oder zumindest gleich Null ist. Dabei ist ein Diskontsatz **(k)** zu wählen, der einer Alternativanlage mit gleicher Laufzeit und gleichem Risikogehalt wie die geplante Investition entspricht.

Das Interner-Zinsfuß-Konzept:

Das Konzept des internen Zinsfußes (oftmals auch Internal Rate of Return oder kurz **IRR** bezeichnet) ist eine gleich gelagerte Rechnung, die als Ergebnis jedoch nicht den Nettobarwert angibt, sondern exakt den Zinssatz, bei dem der Nettobarwert Null ist.
Mathematisch kann man dies wie folgt ausdrücken:

$$-I_0 + \sum_{t=1}^{T} \frac{CF_t}{(1+IRR)^t} = 0 = NPV$$

„Es gibt mathematisch keine generelle analytische Lösung für die Herleitung des **IRR**. Vielmehr muss der **IRR** „iterativ" gesucht werden, indem der Kapitalkostensatz so lange verändert wird, bis der **NPV** gerade Null wird."[59]

Die nachfolgende Tabelle zeigt die beiden Alternativrechnungen in einem vereinfachten Beispiel:

59 (Volkart, 2008), Seite 285

Barwertkonzept					
	Jahr 1	**2**	**3**	**4**	**5**
Cashflow (out)	-400,0 €				
Cashflow (in)	100,0 €	110,0 €	108,0 €	112,0 €	115,0 €
Summe	**-300,0 €**	**110,0 €**	**108,0 €**	**112,0 €**	**115,0 €**
Kapitalkosten	*8,0%*				
Diskontfaktoren	0,926	0,857	0,794	0,725	0,681
Barwert	277,8 €	94,3 €	85,7 €	82,3 €	78,3 €
Nettobarwert	**62,9 €**				

Interner-Zinsfuß-Konzept					
	Jahr 1	**2**	**3**	**4**	**5**
Cashflow (out)	-400,0 €				
Cashflow (in)	100,0 €	110,0 €	108,0 €	112,0 €	115,0 €
Summe	**-300,0 €**	**110,0 €**	**108,0 €**	**112,0 €**	**115,0 €**
Interner Zinsfuß: 17,71%					
Probe:					
Diskontfaktoren	0,850	0,722	0,613	0,521	0,443
Barwert	254,9 €	79,4 €	66,2 €	58,3 €	50,9 €
Summe der Barwerte	**0,0 €**				

Abbildung 68
Barwert-Konzept vs. Interner-Zinsfuß-Konzept

Die Betrachtung dieser Grundlagen-Rechnungen ist deshalb wichtig, weil die einkommensbasierten Unternehmenswertberechnungen, wie z.B. das Discounted-Cashflow-Verfahren nach diesem Kalkül funktionieren. Der Zusammenhang zwischen positivem Barwert (Unternehmenswert) und den Kapitalkosten (risikoäquivalenter Alternativanlagezinssatz) wird insbesondere bei der IRR-Rechnung deutlich, die zeigt, dass ab einem gewissen, das Risiko repräsentierenden, Kapitalkostensatz (IRR) der Unternehmenswert gegen Null tendiert. Dieser Zusammenhang ist wichtig, um die nachfolgenden Ausführungen zu Bewertungsparametern als Gegenstand von Verhandlungen und Beispielrechnungen zu verstehen.

Eine grundsätzliche Erkenntnis, die man sich aber gar nicht oft genug in Erinnerung rufen kann, ist der grundlegende Unterschied zwischen Wert und Preis.

Das Wirtschaftslexikon definiert Wert als Ausdruck der Wichtigkeit eines Gutes für die Befriedigung subjektiver Bedürfnisse. In dieser Definition ist der Wertbegriff mit dem Begriff der Subjektivität gekoppelt. Das Institut der Wirtschaftsprüfer hat diese Relation bereits früh verstanden und deshalb die Begriffe der Subjektivität mit der Objektivität bzw. Objektivierbarkeit im Zusammenhang mit Unternehmensbewertungen durch eine entsprechende Funktionenunterteilung bei der Unternehmensbewertung exakt abgegrenzt. Im Grundsatz S1 zur ordnungsgemäßen Durchführung von Unternehmensbewertungen werden die verschiedenen Funktionen eines Unternehmensbewerters und dic daraus abgeleiteten Sichtweisen, respektive zu verwendenden Parameter, definiert.[60]

In der Praxis ist es deshalb von großer Bedeutung, bei der Analyse von Bewertungsgutachten darauf zu achten, in welcher Funktion der Bewerter das Gutachten geschrieben hat und ob in die Wertfindung nur „objektivierbare“ Faktoren Einzug gefunden haben oder aber „subjektive“ Parameter gewählt wurden, die mit dem zu bewertenden Objekt und den Verhältnissen des

60 (Institut der Wirtschaftsprüfer e.V., 2008)

Transaktionspartners zusammenhängen[61]. Im Hinblick auf die Angebotswerte bei Unternehmenstransaktionen ist regelmäßig davon auszugehen, dass Berater für ihre Mandanten einen subjektiven Wert als Grenzpreis ermitteln. Das Delta zwischen den seitens des Verkäufers und des Käufers ermittelten Werten wird dann im Rahmen der Kaufpreisverhandlungen zum Verhandlungsgegenstand.

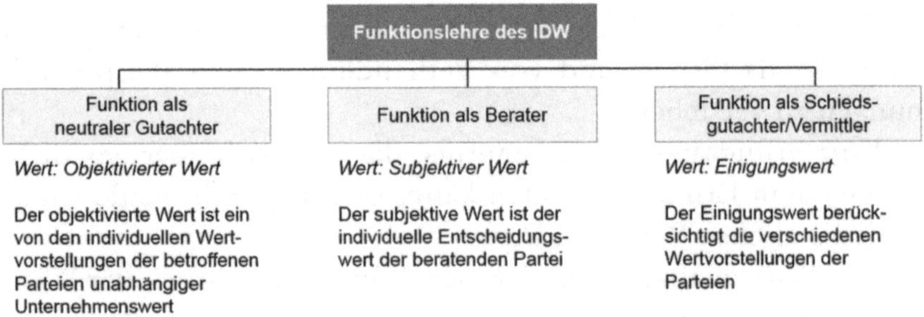

Abbildung 69
Funktionslehre des IDW[62]

Grundsätzlich können Unternehmen mit drei verschiedenen Ansätzen bewertet werden:

1. Einkommensbasierter Ansatz (Income Approach)
2. Marktwertorientierter Ansatz (Market Approach)
3. Substanzwertorientierter Ansatz (Asset Approach)

Die nachfolgende Grafik zeigt die gängigsten Verfahren im Überblick:

61 Siehe hierzu auch (Institut der Wirtschaftsprüfer e.V., 2008), Textziffer 29 und Textziffer 48

62 Schulungsunterlagen zum Certified Valuation Analyst des IACVA Germany e.V.

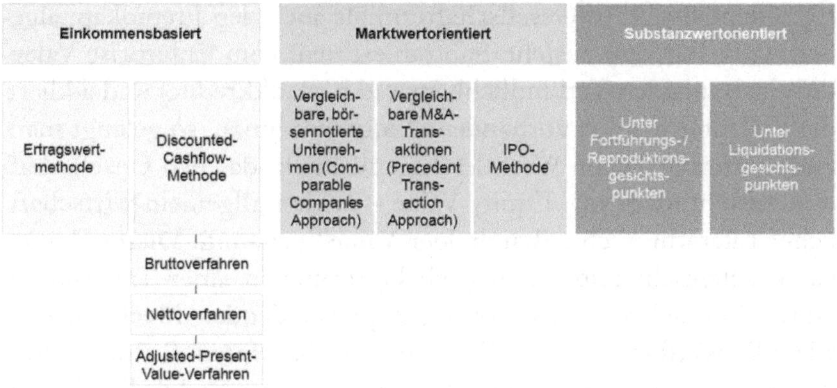

Abbildung 70
Übersicht über die gängigsten Bewertungsverfahren

4.1.3.5.3 Kurzbeschreibung der gängigsten Verfahren

4.1.3.5.3.1 Einkommensbasierte Bewertungsverfahren

Bei den einkommensbasierten Bewertungsverfahren (Income Approach) dominiert international das Discounted-Cashflow-Verfahren, das frei nach der alten Wirtschaftsregel „Für das Gewesene gibt der Kaufmann nichts“ sich auf die zukünftige wirtschaftliche Entwicklung des Unternehmens bezieht. Um den Unternehmenswert zu errechnen, wird eine Größe gesucht, die für den wirtschaftlichen Erfolg eines Unternehmens steht. Dies ist bei den DCF-Verfahren der zukünftige Zahlungsstrom, d.h. die durch das unternehmerische Wirtschaften entstehende Liquidität. Im Übrigen ist das deutsche Ertragswertverfahren rechnerisch eigentlich nichts anderes, bezieht sich jedoch nicht auf die Liquidität, sondern auf eine buchhalterische Erfolgsgröße, nämlich den ausschüttungsfähigen Ertrag sowie den Wert der nicht ausgeschütteten, thesaurierten Gewinne.

Grundsätzlich stellt der Unternehmenswert einen Gesamtunternehmenswert dar, den sog. Enterprise Value, der sowohl den

Eigenkapitalgebern (Gesellschaftern) als auch den Fremdkapitalgebern (z.B. Banken) zusteht. Subtrahiert man vom Enterprise Value die zinstragenden Verbindlichkeiten (d.h. Bankkredite) und addiert die im Unternehmen vorhandene Liquidität hinzu, so gelangt man zum wirtschaftlichen Wert des Eigenkapitals, das den Gesellschaftern zusteht (dem sog. Equity Value – in eher allgemein-wirtschaftlicher Literatur auch „Shareholder Value" genannt). Dieser Equity Value entspricht rein rechnerisch betrachtet in einer Transaktion (unter Vernachlässigung sonstiger preisbildender Mechanismen, wie z.B. Wettbewerb unter Bietern) dem Kaufpreis für das Unternehmen „wie es steht und liegt", d.h. inkl. aller Verbindlichkeiten. In manchen Transaktionen erlebt man auch, dass ein Unternehmen auf schuldenfreier Basis veräußert werden soll. Das kann z.B. der Fall sein, wenn die Banken nicht bereit sind, dem Erwerber auf unveränderter Basis ebenso wie dem bisherigen Unternehmer, mit Krediten zur Verfügung zu stehen. In einem solchen Fall würde der Kaufpreis dem Enterprise Value (cash and debt free) entsprechen.

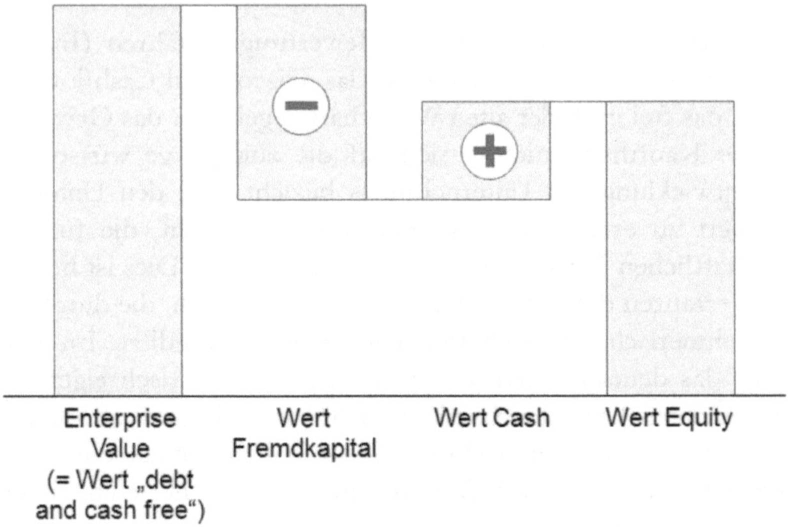

Abbildung 71
Vereinfachte Überleitungsbrücke vom Enterprise Value zum Equity Value

Wie gelangt man nun zum Enterprise Value?

Auf Basis der historischen Zahlen der Gewinn-und-Verlust-Rechnung wird eine Planungsrechnung erstellt, die im Idealfall zumindest drei Jahre in die Zukunft reicht. Noch besser ist es, wenn ein branchenspezifischer Konjunkturzyklus ermittelt werden kann und die Planungsrechnung einen solchen, kompletten branchenspezifischen Zeitraum abbildet. Entscheidend hierbei ist, dass die Planung das operative Ergebnis eines Unternehmens ohne Sondereinflüsse abbildet. Um dies besser veranschaulichen zu können, bereinigt man in der Regel die Vergangenheitszahlen des Bewertungsobjektes um aufgetretene Sondereinflüsse und verwendet diese Ergebnisse als Basis für die Planungsrechnung.

Das Planen einer Gewinn-und-Verlust-Rechnung und auch einer Bilanz ist ein komplexer Vorgang.

Da sich der Gegenstand der Betrachtung auf einen zukünftigen Zeitraum bezieht, ist die Planung auch in hohem Maße mit Unsicherheit behaftet. Dementsprechend müssen verschiedene, den Unternehmenswert betreffende, Annahmen getroffen und die sog. Werttreiber bestimmt werden. In vielen Fällen sind dies z.B. Umsatzwachstum, Wareneinsatzquote, Personalaufwandsquote, sonstige betriebliche Aufwandsquote, etc.

Da die Modellierung der Gewinn-und-Verlust-Rechnung zwar den Erfolg des Unternehmens darstellt, jedoch noch nicht die aus diesem Erfolg entstandene Liquidität aufzeigt, sind auch diejenigen Positionen der Unternehmensbilanz zu planen, die Einfluss auf die Liquidität haben (können). Dies sind z.B. Investitionen in das Anlagevermögen und die Veränderung des Umlaufvermögens, des sog. Working Capital. Die Planung des Working Capitals geschieht häufig auf Basis von Laufzeiten für die einzelnen Positionen, d.h. vereinfacht aus der Forderungslaufzeit, der Lagerdauer der Vorräte und der Kreditorenlaufzeit. Berücksichtigt man all diese Positionen, kommt man zum sog. Free Cashflow.

Wie oben erwähnt gibt es drei verschiedene DCF-Verfahren, je nachdem, welchen Kapitalgebern die entstehenden und in der Berechnung verwendeten Cashflows zustehen.

Verwendet man einen Cashflow, der bereits die an die Fremdkapitalgeber bezahlten Zinsen berücksichtigt, erhält man als Ergebnis direkt den Wert, der den Eigenkapitalgebern zusteht. Dies ist das sog. Nettoverfahren, das direkt zum Equity Value führt. Häufig wird dieses Verfahren auch Equity Approach genannt.

Kann man die Entwicklung des Fremdkapitals nicht exakt planen, so verwendet man in der Praxis häufig den Cashflow vor Zinsen, d.h. einen Cashflow, der allen Kapitalgebern für deren Ansprüche zur Verfügung steht (der sog. unlevered/ unverschuldete Free Cashflow). Diese Größe steht theoretisch den Fremdkapitalgebern für deren Zinsansprüche und den Eigenkapitalgebern für deren Dividendenansprüche zur Verfügung. Dementsprechend ist das Ergebnis dieses Bruttoverfahrens der oben erwähnte Gesamtunternehmenswert oder Enterprise Value.

Beim Adjusted-Present-Value-Verfahren, oder kurz APV-Ansatz, wird der Unternehmenswert in zwei Schritten berechnet. Zunächst wird der Wert des Unternehmens unter der Prämisse einer vollständigen Eigenfinanzierung ermittelt. Da Zinsen für Fremdkapital jedoch den Gewinn eines Unternehmens und dadurch auch die Steuerlast mindern, wird in einem zweiten Schritt der Wertbeitrag aus dem Steuervorteil der Fremdfinanzierung ermittelt.

Diese Art der Unternehmensbewertung wird hauptsächlich von Private Equity Unternehmen verwendet, bei denen der Einsatz von Fremdkapital eine bedeutende Wertsteigerungskomponente darstellt.

4.1.3.5.3.2 Marktwertorientierte Bewertungsverfahren

Ausgangspunkt der marktwertorientierten Bewertungsverfahren (Market Approach) ist der Gedanke „Similar Assets should sell at similar Prices“[63]. Dementsprechend kommt der Identifikation und Zusammenstellung vergleichbarer Preisrelationen die zentrale Bedeutung zu. Die Marktbewertungs- oder Multiplikatormethode unterteilt sich je nach Art der Vergleichsdaten in drei Varianten:

63 (Esty, 2000), S.24

Die Comparable-Companies-Methode greift auf börsengehandelte Vergleichsunternehmen zurück. Die Notierung börsengehandelter Anteilsscheine von Unternehmen können in der Regel als Preise für die Erlangung von Minderheitsanteilen aufgefasst werden, denn der gewöhnliche Handel mit Aktien zielt nicht auf die Erlangung von Kontrollmöglichkeiten ab. Jedoch können durch entsprechende Zuschläge, die im Rahmen von Untersuchungen von Kontrollprämien ermittelt wurden, auch Rückschlüsse auf den Preis für Mehrheitsanteile gezogen werden.

In der Transaktionspraxis kann die Comparable-Companies-Methode bei sachgerechter Anwendung, d.h. insbesondere zutreffender Auswahl der Vergleichsunternehmen (sog. Peergroup), Hinweise auf den mindestens zu entrichtenden Preis für ein Zielunternehmen liefern.

Eine weitere Methode ist die Precedent-Transactions-Methode (oftmals auch Recent-Acquisitions-Methode genannt), die auf Kaufpreise von zeitnah erfolgten Übernahmen vergleichbarer Unternehmen abstellt und aus diesen entsprechende Multiplikatoren ableitet. Hier schränkt insbesondere im außerbörslichen Bereich die geringe Verfügbarkeit von Transaktionswerten häufig die Auswahl stark ein.

Die dritte verwendete Variante ist die sog. IPO-Methode (Initial Public Offering), bei der Platzierungspreise von Börseneinführungen im Multiplikator verarbeitet werden. Hierbei ist jedoch zu beachten, dass Banken insbesondere bei Neuemissionen aus platzierungstaktischen Überlegungen Abschläge einpreisen, um für Investoren eine Investition lukrativ darzustellen. In der Transaktionspraxis findet man die IPO-Methode wohl auch deshalb eher selten.

4.1.3.5.3.3 Substanzwertorientierte Bewertungsverfahren

Der Vollständigkeit halber sei erwähnt, dass das Substanzwertverfahren (Asset Approach) nur noch zur Validierung der Ergebnisse der vorgenannten Methoden bzw. bei der Bewertung von Unternehmen in Krisen- bzw. Insolvenzsituationen zur Anwendung kommt. Es handelt sich hierbei um sog. Einzelbewertungsverfahren, bei denen alle Vermögensgegenstände einzeln bewertet werden und das Gesamtergebnis sich aus der Addition der Teile ergibt. Dabei kann zwischen einer Bewertung auf Basis von Reproduktionswerten, d.h. auf Basis der Kosten für die Wiederbeschaffung (im IDW S1 als Substanzwert im engeren Sinne bezeichnet) und auf Basis von Liquidationswerten unterschieden werden.

Der Liquidationswert wird ermittelt als der Barwert der Nettoerlöse, die sich aus der Veräußerung aller Assets abzüglich der Verbindlichkeiten des Unternehmens ergeben. Bei der Bemessung der Verbindlichkeiten sind auch die Liquidationskosten sowie gegebenenfalls anfallende Steuern zu berücksichtigen.

Auch wenn in der Bewertungspraxis diesen Ansätzen eher geringere Bedeutung beigemessen werden, gibt es dennoch Investoren oder auch Verkäufer, die sich bei der Betrachtung eines Unternehmens wesentlich von der vorhandenen Substanz beeinflussen lassen.

4.1.3.5.4 Argumentations- und Angriffspunkte

Unternehmensbewertungen werden zu verschiedensten Anlässen erstellt. Dabei werden die erstellten Wertgutachten entweder nur für die interne Entscheidungsfindung verwendet oder aber auch extern gegenüber dem Transaktionspartner oder gegenüber anderen in die Transaktion involvierten Parteien eingesetzt. Dort, wo Unternehmensbewertungen nicht die Funktion eines neutralen Gutachtens einnehmen, werden diese zur Argumentation von Wert- und Preisvorstellungen verwendet. Dies kann deshalb sinnvoll sein, weil die dem Bewertungsergebnis zugrunde gelegten Berechnungsmethoden in vielen Fällen zu einer Rationalisierung der weiteren Gespräche und Verhandlungen beitragen. In vielen Fällen nehmen Verkäufer und Käufer Preispositionen im Rahmen eines kompetitiven, distributiven Verhandlungsstils ein. Der Vorgang der Wertfindung wird oft nicht beleuchtet, sodass ein Abweichen von einer eingenommenen Position oftmals als Gesichtsverlust im Basarverhalten interpretiert wird. Liegen jedoch Erkenntnisse einer Unternehmensbewertung mit weitestgehend objektiven Kriterien vor, so lassen sich sowohl Forderungen als auch Zugeständnisse einfacher begründen. Damit kommen festgefahrene Verhandlungen oftmals wieder in Gang.

Natürlich ist ein Bewertungsvorgang grundsätzlich subjektiv. Selbst die als objektiv bezeichneten Parameter einer Bewertung lassen Spielräume zu, die nachfolgend aufgezeigt werden sollen. Diese Spielräume eignen sich einerseits für die Argumentation und damit der Verteidigung bestimmter Preis- und Wertvorstellungen, andererseits helfen sie als Angriffspunkte, um hierdurch unliebsame Wert- und Preisdiskussionen in die „richtige Bahn" zu lenken.

4.1.3.5.4.1 Wert ist nicht gleich Preis

Ein Preis entsteht auf Märkten als Schnittpunkt von Angebot und Nachfrage und hat per se nichts mit dem Wert des Transaktionsgegenstandes zu tun. Natürlich werden sich rational handelnde Transaktionspartner vor ihrem Preisangebot oder ihrer Nachfrage Gedanken über den Wert des Transaktionsgegenstandes machen, dabei spielen aber eine Reihe von weiteren Faktoren auch eine Rolle. Der Wert eines (Transaktions-) Gegenstands ist definiert als „Ausdruck der Wichtigkeit eines Gutes für die Befriedigung subjektiver Bedürfnisse"[64].

Diese Subjektivität wiederum enthält neben der Stand-alone-Betrachtung eines Unternehmens eben noch andere Komponenten, die Einfluss auf die Preisbandbreite haben, die ein Käufer bereit sein könnte, zu bezahlen. Solche preisbeeinflussende Faktoren sind positiv wirkende Synergien auf der Erlös- als auch auf der Kostenseite, aber auch negativ wirkende Kosten, die aus der Transaktion selbst oder durch die Integration des Transaktionsobjektes resultieren.

Daraus folgt, dass unabhängig von der Bewertung des Transaktionsobjektes auf Stand-alone-Basis der Transaktionspartner nie auf die Wertvorstellung des anderen schließen kann, sofern dieser sie

64 (Sellien, et al., 2000); Seite 3462

nicht im Rahmen einer kooperativen Verhandlung offenlegt. Die Erfahrung zeigt, dass selbst bei kooperativ geführten Verhandlungen der wahre Grenzpreis faktisch nie offengelegt wird. Dementsprechend können in einer Argumentation für einen hohen oder einen niedrigen Preis immer die eigenen, wertbeeinflussenden Parameter eingesetzt werden (siehe Checkliste).

4.1.3.5.4.2 Verhandlungsparameter der einkommensbasierten Bewertungsmethoden

Angesichts dieser Vielzahl von Einflussfaktoren und der großen Bandbreite von unterschiedlichen Wahrnehmungsweisen wird die Diskussion und Einigung über Parameter, die den Unternehmenswert darstellen, zur hohen Kunst. Erfahrungsgemäß lösen vor allem folgende Parameter in Verhandlungen regelmäßig Diskussionen aus:

- Höhe des freien Cashflows
- Dauer des Detailplanungszeitraums und daraus resultierend:
  - Höhe des Terminal Values und dessen
  - „ewiger" Wachstumsrate, des sog. Perpetuity Growth Factors
- Auswahl der Vergleichsunternehmen (Peergroup) als Datenbasis
- Höhe der Kapitalkosten und dort insbesondere
  - Betafaktor

Bei der Analyse der Höhe der freien Cashflows, die sich aus einer vorgelegten Planungsrechnung ergeben, ist zu beachten, dass diese im Einklang mit den historisch nachweisbaren Zahlen stehen müssen. Entscheidend ist dementsprechend bei der Analyse dieser Rechnung immer eine Plausibilitätskontrolle der historischen Zahlen mit den Plandaten.

Bei historischen Daten werden oftmals Bereinigungsrechnungen durchführt, die die historischen Daten um bestimmte, aus Sicht des Erstellers oder Bewerters, außerordentliche Sachverhalte korrigieren. Damit soll ein normalisierter Ertrag/Cashflow dargestellt werden, wie er auch für die Zukunft zu erwarten ist. Hierauf ist bei der Beurteilung von Unternehmenswerten ein besonderes Augenmerk zu legen. Bei der Beurteilung solcher Bereinigungsrechnungen sind folgende Fragen zu stellen:

1. Sind die aufgeführten außerordentlichen Effekte wirklich einmalig oder periodenfremd? Bspw. Aufwendungen für Restrukturierung
2. Sind diese bereinigten Positionen zwar außerordentlich, aber kommen in bestimmten Abständen (z.B. alle drei Jahre) immer wieder vor? Bspw. Aufwendungen für die Suche nach Personal
3. Sind diese bereinigten Positionen für das zu bewertende Unternehmen eventuell als außerordentlicher – also einmalig auftretender – Vorgang im Kontext des aktuellen Gesellschafterkreises zu sehen oder werden sie zu ordentlichen Aufwendungen, wenn ein anderer Gesellschafter die Anteile hält?

Ferner wird es regelmäßig zu intensiven Diskussionen kommen, wenn in der Planungsrechnung des Verkäufers bzw. dessen Bewertung, bereits Effekte berücksichtigt sind, die erst der Käufer realisieren kann (z.B. Kostenvorteile des Poolings von Einkaufsvolumina, Umsatzsteigerung aufgrund geschätzter Vertriebssynergien). Es gilt dann zu verhandeln, wie man sich diesen Vorteil, den keine der Parteien ohne den Abschluss der Transaktion realisieren kann, aufteilt.

Eine Planungsrechnung wird oftmals in verschiedene Planungszeiträume unterteilt. Während das aktuelle Jahr bereits einen Forecast-Charakter, d.h. eine realistische Prognose des Jahresendergebnisses auf Basis der Zwischenzahlen besitzt, wird das darauffolgende Jahr meist budgetiert.

Der Begriff Budget ist hier als exakte Planung des nächsten Jahres auf Basis bekannter Kosten zu verstehen. Die darauf folgenden Jahre werden meist mit konkreten Werttreibern geplant und je nachdem, wie lange der Planungshorizont angesetzt wird, sind diese Jahre oftmals nur noch mit Steigerungsraten bei Erlösen und Kosten versehen. Hierbei ist darauf zu achten, dass die Dauer des Detailplanungszeitraums und deren Auswirkung auf den Unternehmenswert oftmals unterschätzt werden.

Dabei spielen auch die Komponenten Endwert oder Terminal Value, dessen Wachstumsfaktor sowie die zur Diskontierung verwendeten Kapitalkosten eine wesentliche Rolle.

In der betriebswirtschaftlichen Theorie hat ein Unternehmen keine endliche Lebensdauer, sondern existiert grundsätzlich noch über den Planungshorizont hinaus, sodass auch die später anfallenden Cashflows in einer Unternehmensbewertung berücksichtigt werden müssen. In der betriebswirtschaftlichen und finanzmathematischen Literatur geht man sogar von einer unendlichen Lebensdauer eines Unternehmens aus. Finanzmathematisch wird dies durch eine sog. Ewige Rente, oftmals auch als Terminal Value bezeichnet, dargestellt, d.h. man ermittelt rechnerisch einen Wert, den diese Cashflows vom Ende des Planungszeitraums bis in die „Unendlichkeit" darstellen.

Da die Planung der Gewinn-und-Verlust-Rechnung grundsätzlich in realen Werten erfolgt, müssen inflationsbedingte Wertminderungen durch Anwendung einer sog. ewigen Wachstumsrate (oder neudeutsch: Perpetuity Growth Rate) Rechnung getragen werden. Bei dieser Rechenmethode steigt der Cashflow jedes Jahr um einen bestimmten Prozentsatz.

Durch Abzinsung des Terminal Values auf den Bewertungsstichtag wird quasi hiervon nur der Barwert berücksichtigt. Stellt man sich vor, dass die Zahlungsströme, die in z.B. 100 Jahren anfallen – aufgrund der Zinseszinsrechnung bzw. Diskontrechnung – heute sowieso nur einen äußerst geringen Wert darstellen, wird diese Methode verständlicher und damit auch praxistauglich.

Wichtig bei der Ermittlung des Terminal Value ist die Annahme, dass sich das Unternehmen in einem sog. Gleichgewichtszustand (Steady state), d.h. das Unternehmen sich theoretisch in einer Phase befindet, wo es weitestgehend unabhängig von konjunkturzyklusspezifischen Sondereinflüssen ist und sich alle Größen der Bilanz und der Gewinn-und-Verlust-Rechnung mit dem gleichen Faktor verändern. Schon allein aufgrund der Aussage des letzten Satzes wird deutlich, dass der Zeitpunkt der Wahl der Überführung des letzten geplanten Cashflows in den Terminal Value einen Angriffspunkt darstellen kann.

Das Zusammenspiel all dieser Faktoren hat einen sehr hohen Einfluss auf den Unternehmenswert. Die nachfolgende Tabelle zeigt den Zusammenhang zwischen

- Unternehmenswert und
- dem Wertbeitrag des Barwertes des Terminal Values und
- des Barwertes der Detailplanungszeitraum-Cashflows

und dies alles bei

- Modellierung der Kapitalkosten und
- der entsprechenden Wachstumsraten (sowohl im Detailplanungszeitraum als auch im Terminal Value)

Bei entsprechender Modellierung werden ein paar grundlegende Fakten deutlich:

- Je länger der Detailplanungszeitraum ist, desto kleiner ist der Wertbeitrag des Terminal Value
- Je größer die Kapitalkosten sind, desto kleiner ist der Wertbeitrag des Terminal Value
- Verwendet man Kapitalkosten im einstelligen Prozentbereich, ist der Wertbeitrag des Terminal Value extrem hoch und wird auch im Zeitverlauf nicht deutlich geringer

	Wachstum der Cashflows: 3%				Wachstumsfaktoir im TV: 3%				Diskontsatz: 6%							
	Jahr	1	2	3	4	5	6	7	8	9	10	11	12	13	14	15
	Diskont-faktoren	0,943	0,890	0,840	0,792	0,747	0,705	0,665	0,627	0,592	0,558	0,527	0,497	0,469	0,442	0,417
(1)	Cashflows	100,0	103,0	106,1	109,3	112,6	115,9	119,4	123,0	126,7	130,5	134,4	138,4	142,6	146,9	151,3
(2)	Terminal Value ab Jahr ...	3.333,3	3.433,3	3.536,3	3.642,4	3.751,7	3.864,2	3.980,2	4.099,6	4.222,6	4.349,2	4.479,7	4.614,1	4.752,5	4.895,1	5.042,0
(1) + (2)	Jahr 1	3.433,3														
	Jahr 2	100,0	3.536,3													
	Jahr 3	100,0	103,0	3.642,4												
	Jahr 4	100,0	103,0	106,1	3.751,7											
	Jahr 5	100,0	103,0	106,1	109,3	3.864,2										
	Jahr 6	100,0	103,0	106,1	109,3	112,6	3.980,2									
	Jahr 7	100,0	103,0	106,1	109,3	112,6	115,3	4.099,6								
	Jahr 8	100,0	103,0	106,1	109,3	112,6	115,3	119,4	4.222,6							
	Jahr 9	100,0	103,0	106,1	109,3	112,6	115,3	119,4	123,0	4.349,2						
	Jahr 10	100,0	103,0	106,1	109,3	112,6	115,3	119,4	123,0	126,7	4.479,7					
	Jahr 11	100,0	103,0	106,1	109,3	112,6	115,3	119,4	123,0	126,7	130,5	4.614,1				
	Jahr 12	100,0	103,0	106,1	109,3	112,6	115,3	119,4	123,0	126,7	130,5	134,4	4.752,5			
	Jahr 13	100,0	103,0	106,1	109,3	112,6	115,3	119,4	123,0	126,7	130,5	134,4	138,4	4.895,1		
	Jahr 14	100,0	103,0	106,1	109,3	112,6	115,3	119,4	123,0	126,7	130,5	134,4	138,4	142,6	5.042,0	
	Jahr 15	100,0	103,0	106,1	109,3	112,6	115,3	119,4	123,0	126,7	130,5	134,4	138,4	142,6	146,9	5.133,2
Barwerte der Cashflows		94,3	186,0	275,1	361,6	445,7	527,5	606,9	684,0	759,0	831,9	902,7	971,5	1.038,3	1.103,3	1.166,4
Barwert des TV zum Zeitpunkt t0		3.144,7	3.055,7	2.969,2	2.885,1	2.803,5	2.724,1	2.647,0	2.572,1	2.499,3	2.428,6	2.359,9	2.293,1	2.228,2	2.165,1	2.103,8
Gesamt		3.239,0	3.241,7	3.244,3	3.246,8	3.249,2	3.251,6	3.253,9	3.256,2	3.258,4	3.260,5	3.262,5	3.264,5	3.266,5	3.268,4	3.270,2
CF (Detailplan.-Zeitr.) in % v. Ges.		2,9%	5,7%	8,5%	11,1%	13,7%	16,2%	18,7%	21,0%	23,3%	25,5%	27,7%	29,8%	31,8%	33,8%	35,7%
TV in % v. Ges.		97,1%	94,3%	91,5%	88,9%	86,3%	83,8%	81,3%	79,0%	76,7%	74,5%	72,3%	70,2%	68,2%	66,2%	64,3%

Der Anteil des Wertbeitrags des Terminal Values sinkt bei längerem Detailplanungszeitraum. Bei geringen Kapitalkosten ist der Wertbeitrag des Terminal Values sehr hoch.

Entwicklung des prozentualen Wertbeitrags des TV im Jahr 5

		Wachstumsfaktor TV						
Kapital kosten	86,3%	1,5%	2,0%	2,5%	3,0%	3,5%	4,0%	4,5%
	4,5%	86,6%	88,6%	90,7%	92,8%	95,1%	97,5%	100,0%
	5,0%	84,6%	86,5%	88,5%	90,6%	92,8%	95,1%	97,5%
	5,5%	82,6%	84,5%	86,4%	88,4%	90,5%	92,7%	95,0%
	6,0%	80,7%	82,5%	84,4%	86,3%	88,3%	90,4%	92,6%
	6,5%	78,9%	80,6%	82,4%	84,2%	86,2%	88,2%	90,3%
	7,0%	77,1%	78,7%	80,4%	82,2%	84,1%	86,1%	88,1%
	7,5%	75,3%	76,9%	78,6%	80,3%	82,1%	84,0%	85,9%

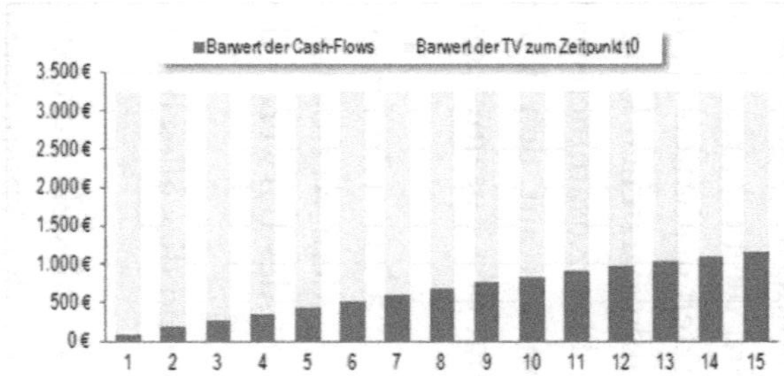

Abbildung 72
Ergebnisdarstellung der Modellierung der Cashflows und deren Auswirkungen auf den Wertbeitrag des Terminal Values

Dementsprechend kommt der Dauer des Detailplanungszeitraumes sowie der Wahl der Kapitalkosten, deren Ermittlung nachfolgend beschrieben wird, eine extrem hohe Bedeutung zu.

Je nach Definition des Cashflows ist ein zur Cashflow-Basis passender Kapitalkostensatz zu verwenden. Anhand des international am meisten verbreiteten Bruttoverfahrens und der hierbei zur Anwendung gelangenden durchschnittlich gewichteten Kapitalkosten (Weighted Average Cost of Capital oder auch WACC genannt) werden die einzelnen Komponenten und deren Eignung für eine Argumentation niedriger oder hoher Unternehmenswerte erläutert.

In vielen Büchern wird das Bruttoverfahren oder Entity-Ansatz deshalb auch als „textbook formula" bezeichnet. Eayrs / Ernst / Prexl[65] definieren prägnant: „Bei diesem Ansatz werden die Zahlungsüberschüsse ermittelt, die zur Befriedigung der Ansprüche aller Kapitalgeber – also sowohl Eigen- als auch Fremdkapitalgeber – zur Verfügung stehen. Unter Fremdkapitalgebern werden hier nur die Bereitsteller von (üblicherweise) verzinslichem Fremdkapital verstanden. Es handelt sich somit um Cashflows vor Abzug von Zins- und Tilgungszahlungen (...) die operativen Free Cashflows werden mit einem Mischzinssatz diskontiert, in den sowohl die Renditeansprüche der Eigenkapitalgeber als auch die der Fremdkapitalgeber eingehen. Die jeweiligen Kapitalkosten werden dabei entsprechend dem Anteil des Eigenkapitals (EK) und Fremdkapitals (FK) am Gesamtkapital (GK) gewichtet. Hierbei erfolgt die Gewichtung nicht auf Basis von Buchwerten, sondern auf Basis von Marktwerten."

Der WACC berechnet sich dementsprechend wie folgt:

$$WACC = r_{EK} * \frac{EK}{GK} + r_{FK} * (1-t) * \frac{FK}{GK}$$

mit $\mathbf{t}$ = Ertragssteuersatz und $\mathbf{r_{EK}}$:

$$r_{EK} = r_f + (MRP * ß)$$

65 (Eayrs, et al., 2007), Seite 332

r_f beschreibt hier den sog. risikofreien Zinssatz als Ausgangsbasis der Ermittlung der Eigenkapitalkosten. Auf diesen risikofreien Zinssatz wird die Marktrisikoprämie (MRP) addiert. Die Marktrisikoprämie ist der Renditeunterscheid zwischen dem risikofreien Zinssatz und der Rendite für risikobehaftetes Eigenkapital. Diese Prämie wird durch Vergleich mit den Renditen des Aktienmarktes (zumeist anhand eines Indizes des Landes des zu bewertenden Unternehmens) ermittelt. Zwar gibt es Empfehlungen des IDW zur Anwendung der Marktrisikoprämie, jedoch sind auch andere Werte als diese Empfehlungen argumentierbar. Selbst bei gleicher Datenbasis sind über unterschiedliche Arten der Mittelwertbildung (z.B. durch Anwendung einer sog. harmonischen oder einer arithmetischen Mittelwertbildung) differenzierte Ergebnisse ermittelbar. Dies gilt einerseits bei der Mittelwertbildung für die Anwendung der Marktrisikoprämie, als auch bei der Aggregation der Kennzahlen einer Peergroup.

Bei Verhandlungen, in denen eine Unternehmenswertberechnung in den Mittelpunkt der Preisdiskussion gestellt wird, werden oftmals die einzelnen Parameter diskutiert. Die nachfolgende Tabelle zeigt ein paar grundlegende Argumente, die für die Argumentation eines niedrigeren bzw. hohen Wertes herangezogen werden können.

Kriterium	Ansatzpunkte für die Argumentation eines hohen Unternehmenswertes	Ansatzpunkte für die Argumentation eines niedrigen Unternehmenswertes
Basiszinssatz (je niedriger, desto höher der Unternehmenswert)	Svensson-Methode	Ableitung des Basiszinssatzes aus Renditen langfristiger Staatsanleihen
Marktrisikoprämie (je niedriger, desto höher der Unternehmenswert)	Hohe Bandbreite argumentierbarer Werte möglich, aufgrund unterschiedlicher Betrachtungszeiträume und unterschiedlicher Mittelwertbildungen	
Betafaktor (je niedriger, desto höher der Unternehmenswert)	Umfangreiche Peergroup „glättet Ausreißer“	Exakte Abbildung einer kleinen Vergleichsgruppe mit ähnlichen Renditen, Kapitalstrukturen, Umsatzgrößenklassen, Investitionsquoten und Wachstumsraten

Abbildung 73
Argumente für Unternehmenswerte

Da die Marktrisikoprämie den gesamten Aktienmarkt betrachtet und nicht nur das mit dem Bewertungsobjekt vergleichbare Marktsegment, muss noch eine Berücksichtigung der Rendite-/ Risikobesonderheiten der jeweiligen Branche erfolgen. Dies geschieht durch Auswahl einer Vergleichsgruppe, der sog. Peergroup, und deren Renditeabweichung zum Gesamtmarkt, gemessen im sog. Betafaktor[66].

Der Auswahl der Peergroup, auf deren Basis der anzuwendende Betafaktor berechnet wird, kommt in vielen Fällen große Bedeutung zu.

Die Schwankungsbreite des Enterprise Value bei variierendem Betafaktor ist in der nachfolgenden Tabelle dargestellt.

Wachstumsfaktor TV	2%
Rf	2,75%
MRP	5,0%
Betafaktor	1,0
FK-Zinssatz	6,0%
Steuerquote	30%
EK-Quote	45%
FK-Quote	55%
WACC	7,5%

	Jahr 1	Jahr 2	Jahr 3	Jahr 4	Jahr 5	TV
Cashflow	100€	102€	104€	106€	108€	1.967€
Diskontfaktor	0,930	0,865	0,805	0,749	0,696	0,696
Barwert	93€	88€	84€	79€	75€	1.370€
NPV	1.790€					

In €	Betafaktoren								
WACC	0,2	0,4	0,6	0,8	1,0	1,2	1,4	1,6	1,8
0,5%	2.018	1.856	1.719	1.600	1.496	1.406	1.325	1.253	1.188
1,0%	2.185	1.994	1.834	1.697	1.579	1.477	1.387	1.307	1.236
1,5%	2.393	2.162	1.971	1.812	1.676	1.559	1.457	1.368	1.290
2,0%	2.657	2.370	2.139	1.949	1.790	1.655	1.539	1.439	1.350
2,5%	3.002	2.634	2.347	2.116	1.927	1.769	1.635	1.520	1.420
3,0%	3.476	2.983	2.613	2.325	2.094	1.906	1.748	1.615	1.501
3,5%	4.165	3.463	2.965	2.592	2.303	2.073	1.885	1.728	1.596

Abbildung 74
Sensitivitätsanalyse der Auswirkungen unterschiedlicher WACC und Betafaktoren

66 Der Betafaktor misst die Schwankungen einer bestimmten Aktie zum Gesamtmarkt. Weist eine Aktie einen Betafaktor von 1 auf, so schwankt diese wie der Gesamtmarkt; ist der Betafaktor größer als 1 schwankt die Aktie mehr als der Gesamtmarkt und die Anlage in eine solche Aktie weist dementsprechend ein höheres Risiko auf. Ist der Betafaktor kleiner, ist das Risiko der Anlage in eine solche Aktie kleiner.

Die Selektion einer Peergroup ist eine diffizile Aufgabe, die oftmals unterschätzt wird. Eine Peergroup zeichnet sich in der Theorie durch ein:

- vergleichbares Umsatzniveau,
- vergleichbare Produktlebenszyklen,
- vergleichbare geographische Verteilung des Geschäftes,
- vergleichbares Rentabilitätsniveau und
- vergleichbare Wachstumsraten im Umsatz und Ergebnis aus.

Dies ist natürlich in der Praxis nur selten anzutreffen.

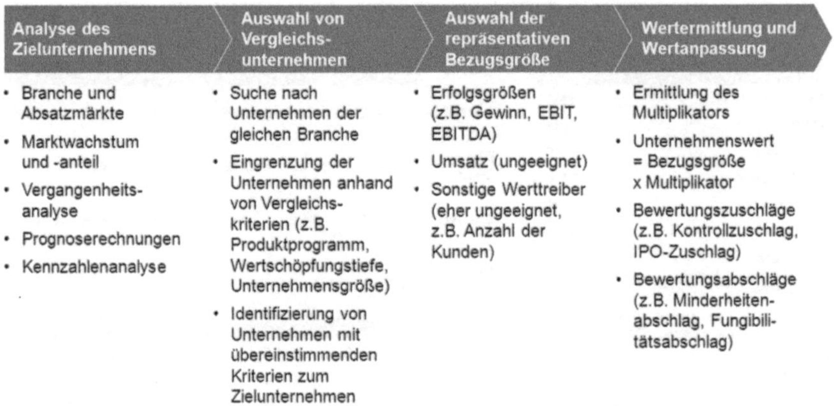

Abbildung 75
Auswahl einer Peergroup

In vielen Fällen ist bei genauerer Betrachtung der Peergroup dementsprechend festzustellen, dass diese nicht einwandfrei und konsistent zusammengestellt wurde. Trotz einer Vielzahl börsennotierter Unternehmen ist in den wenigsten Fällen eine exakte Vergleichbarkeit herzustellen.

Die Zusammensetzung der Peergroup ist somit in Verhandlungen ein wichtiger Ansatzpunkt für die Anfechtung von Unternehmenswerten.

4.1.3.5.4.3 Verhandlungsparameter der Marktwertorientierten Bewertungsmethode

Beim Kauf und Verkauf von Unternehmen kommt es in den finalen Verhandlungsrunden, aber auch schon bei der Abgabe von Angeboten, regelmäßig zur Verwendung von sog. Multiplikatoren zur Wert- respektive Preisfindung für die Anteile eines Unternehmens. „Wir zahlen fünfmal Betriebsergebnis" oder „Das Unternehmen ist zurzeit 6x EBITDA wert" sind häufig zu hörende Aussagen in solchen Situationen.

Bei diesen Multiplikatoren handelt es sich um Vervielfältiger bestimmter, für das Geschäft relevanter Bezugs- oder Überschussgrößen (z.B. Umsatz, EBITDA, EBIT u.a.).

Multiplikatoren finden in der Praxis einen hohen Beliebtheitsgrad, da sie einfach anzuwenden sind und die Komplexität einer ohnehin schon diffizilen Unternehmenstransaktion zu vereinfachen scheinen. Doch der Schein trügt.

Leider herrscht bei vielen, offen gesagt der Mehrzahl der am Verhandlungstisch sitzenden Personen Unkenntnis über die Herkunft der Multiplikatoren. Aufgrund dessen werden diese leider oft falsch angewendet. Dies kann bei schwierigen Verhandlungen nicht nur zu erheblichen Dissonanzen führen, sondern letztlich sogar zum Scheitern einer Transaktion.

Die am häufigsten anzutreffenden Problemfelder sind:

1. Unkenntnis über die finanzmathematische Herleitung eines Multiplikators
2. Der Multiplikator passt nicht zur Bezugs-/ Überschussgröße
3. Unterschiedliche Bilanzierungsvorschriften der Unternehmen einer Vergleichsgruppe, über die der angewendete Multiplikator hergeleitet wurde, führen zu falschen Ergebnissen
4. Marktintransparenz und fehlende Informationen führen zu falscher Schlussfolgerung

In vielen Fällen wenden Teilnehmer in M&A-Transaktionen Multiplikatoren an, ohne zu wissen, wo der Ursprung dieser Multiplikatoren zu finden und was hieraus bei der Anwendung des Multiplikators zu beachten ist. Diese Unkenntnis der finanzmathematischen Herleitung eines Multiplikators kann einen Verhandler in ernste Schwierigkeiten bringen.

Die grundsätzliche Formel der einkommensbasierten Bewertungsmethode kann im Hinblick auf die Zeitkomponente in zwei Abschnitte unterteilt werden.

$$UW = \sum_{t=1}^{n} \frac{CF_t}{(1+i)^t} + \frac{\frac{CF_{TV}}{(i-g)}}{(1+i)^n}$$

$$UW = \sum_{t=1}^{n} \frac{CF_t}{(1+i)^t} + \frac{TV}{(1+i)^n}$$

Abbildung 76
Formel zur Berechnung des Unternehmenswertes nach den einkommensbasierten Bewertungsmethoden (hier DCF-Methode)

mit
UW = Unternehmenswert
TV = Terminal Value
g = Wachstumsrate

Den ersten Term der Gleichung bildet die Phase der Detailplanung; den zweiten Abschnitt bildet der Terminal Value. Letzter ist von seiner Herkunft her die bereits besprochene Annahme einer Ewigen Rente, der als gleichbleibend angenommener Zahlungsstrom durch Division mit einem entsprechenden Zinssatz in die mathematische Unendlichkeit fortgeschrieben wird.

Im Zähler dieser Formel steht die Ertragskomponente, in diesem Fall als Cashflow dargestellt. Im Nenner der Formel steht das durch die Kapitalkosten **(i)** ausgedrückte Renditemaß als Wertmaßstab des eingegangenen Risikos. Ersetzt man den Cashflow durch den Ertrag **(E)** und formt diesen Ausdruck um, so wird der Multiplikator sichtbar:

$$UW = \frac{E}{i}$$

$$UW = E * \frac{1}{i}$$

Fallbeispiel:

$$E = 200$$

$$i = 12\%$$

$$UW = \frac{200}{12\%}$$

$$UW = 1.666{,}7$$

Umgeformt:

$$UW = 200 \cdot \left(\frac{1}{12\%}\right)$$

$$UW = 200 \cdot 8{,}33$$

$$UW = 1.666{,}7$$

Damit entspricht der Unternehmenswert dem 8,3-fachen Ertrag.

Der Kehrwert des oben verwendeten Kapitalisierungszinssatzes **i** (=1/i), ergibt eine Zahl, die als Multiplikator (z.B. Kurs-Gewinn-Verhältnis – auch KGV genannt) im Rahmen der Unternehmensbewertung interpretiert werden kann.

Für den zweiten Term der Gleichung, den Terminal Value, wird ein nachhaltiges Ergebnis häufig aus den Ergebnissen der vorangegangenen Perioden abgeleitet und mit einem – um einen Wachstumsabschlag reduzierten – Kapitalisierungszinssatz diskontiert. Unterstellt man, dass das nachhaltige Ergebnis aller zukünftigen Perioden (sowohl im Detailplanungszeitraum als auch im Terminal Value) konstant ist, so ermittelt sich der Unternehmenswert nach der Formel für den Barwert einer ewigen Rente.

In der Praxis empfiehlt es sich, bei Anwendung der Multiplikatoren eine Rückwärtsrechnung anzustellen und sich zu fragen, ob der sich so ergebende Zinssatz das angemessene Maß des Risikos für eine Investition in das Unternehmen darstellt. Wird z.B. in Verhandlungen ein Multiplikator von 7,5 zur Ermittlung des Enterprise Value genannt, so entspricht dies einem Zinssatz in der Formel der Ewigen Rente von rd. 13,3%. Zerlegt man nun den Zinssatz in seine einzelnen Komponenten der unten genannten Formel und auf Basis der bekannten Eigen- und Fremdkapitalrelation, so kann man aus vorhandenen, relativ unstrittigen Parametern diejenigen Faktoren der Formel herauslesen, die eventuell zu unterschiedlichen Risikoeinschätzungen führen können. Das nachfolgende Beispiel zeigt vereinfachend die Überlegung:

Multiplikator	**7,5x**
Sich hieraus ergebender Zinssatz	**13,3%**
Fremdkapital	80
Eigenkapital	120
hieraus ergibt sich:	
FK-Zins	5,3%
EK-Zins	8,0%
gegeben sind:	
Risikoloser Zinssatz	4,0%
Marktrisikoprämie	5,0%
Summe	9,0%
Impliziter Betafaktor	0,8

Abbildung 76
Überschlagsrechnung zur Ermittlung
des impliziten Betafaktors eines Multiples

Die sich an diese grobe Überschlagsrechnung anschließende Frage: Ist das mit einem Betafaktor von 0,8 ausgedrückte Risiko geringer als das Risiko des Gesamtmarktes von 1,0?

Auf Basis dieser groben Überschlagsrechnung ist ein Multiplikator in seine verschiedenen Komponenten zerlegt und lässt sich somit in Verhandlungssituationen be- oder entkräften.

Ebenso ist in Verhandlungen zu beobachten, dass der gewählte Multiplikator nicht zur gewählten Basis oder Überschussgröße passt.

Ein zur Anwendung gelangender Multiplikator muss immer im Zusammenhang mit der Wertbasis stehen und umgekehrt. Der einfachste Multiplikator, den man vor allem aus der Aktienbewertung kennt, ist das so genannte KGV, das Kurs-Gewinn-Verhältnis, das oben bereits im vereinfachten Beispiel zur Erläuterung der Herkunft des Multiplikators verwandt wurde. In der Bezeichnung dieses Multiplikators sind Überschussgrößen bereits klar ersichtlich. Beim Kurs einer Aktie handelt es sich um den Preis für den jeweiligen Eigenkapitalanteil. Der Kurs einer Aktie ist der Bruchteil des Equity Values (wirtschaftlicher Wert des Eigenkapitals) des gesamten Unternehmens. Dementsprechend muss die Überschussgröße ebenfalls einen Wert nach Fremdkapitalkomponenten (in den Ertragsgrößen dementsprechend nach Zinsaufwendungen) darstellen. Vereinfachend auf die Unternehmensbewertung übertragen ist das Kurs-Gewinn-Verhältnis nichts anderes als ein Equity-Value-Multiplikator, nämlich Equity Value geteilt durch Jahresüberschuss.

Möchte man die Finanzierungsstruktur zunächst außer Acht lassen oder bspw. den durch Abschreibungen dargestellten Modernisierungsgrad des Unternehmens zunächst nicht berücksichtigen, so wählt man die Überschussgrößen EBIT (Earnings before Interest and Taxes, also das Ergebnis vor Zinsen und Steuern) bzw. EBITDA (Earnings before Interest, Taxes, Depreciation and Amortization, also das Ergebnis vor Zinsen, Steuern und Abschreibungen (auch auf Firmenwert)). Die hierzu konsistente Wertbasis ist jedoch dann nicht der Equity Value sondern der Gesamtunternehmenswert, also der sogenannte Enterprise Value. Oftmals werden in der Praxis diese Faktoren vertauscht, sodass es zu Multiplikatoren wie Kaufpreis (Equity Value)/EBIT oder ähnlichen kommt.

Umsatzmultiplikatoren, die immer nur Enterprise-Value-Multiplikatoren darstellen können, werden oftmals verwendet, um das Geschäftsvolumen in die Verhandlungen einzubringen. Darüber hinaus lassen sich Umsatzmultiplikatoren auch bei ertragsschwachen Unternehmen anwenden. Die eigentliche Herkunft kommt jedoch nicht von ertragsschwachen Unternehmen, sondern im Gegenteil von Unternehmen in Branchen, die feste, monopol- oder oligopolähnliche Strukturen aufweisen. Diese Unternehmen haben, entweder aufgrund der Marktstruktur oder im Hinblick auf feste Vergütungsregeln (wie z.B. bei Arztpraxen, Steuerberaterkanzleien, oder ähnlichem) feste Umsatz-Ertrags-Relationen. Wenn beispielsweise in einer Branche eine EBIT-Marge von 15% grundsätzlich erreicht werden kann, so kann man auch einen einfach zu kommunizierenden Umsatzmultiplikator von 1 wählen, entspricht er doch ungefähr dem 6,7-fachen EBIT.

Letztendlich sind Umsatzmultiplikatoren immer auch angestrebte Ertragsmultiplikatoren. Im Einzelfall gilt es jedoch, bei deren Anwendung in der Verhandlung vorab zu prüfen, ob die herangezogenen Vergleichsunternehmen tatsächlich vergleichbare Umsatz- und Erlösstrukturen aufweisen bzw. das Bewertungsobjekt diese kurz- oder mittelfristig erreichen kann.

Insbesondere bei der Anwendung von Umsatzmultiplikatoren, die noch am ehesten aus öffentlich zugänglichen Informationen gewonnen werden können, kommt es fast zwangsläufig zu Fehlinterpretationen der Multiplikatoren aufgrund unterschiedlicher Bilanzierungsvorschriften. Während im deutschen Handelsrecht Umsätze erst zum Zeitpunkt der Gewinnrealisierung ausgewiesen werden dürfen, werden sie nach internationalen Rechnungslegungsvorschriften (z.B. nach IAS), z.B. im Anlagenbau, bereits bei Erbringung der Leistung ausgewiesen und für den noch nicht erbrachten Leistungsteil entsprechende Rückstellungen gebildet (Percentage-of-Completion-Methode). Bildet man nun auf einem nach internationalen Rechnungslegungsvorschriften erstellten Jahresabschluss einen Umsatzmultiplikator und wendet diesen wiederum auf ein Unternehmen an, das nach deutschem Handelsgesetzbuch bilanziert, so ergeben sich für das deutsche Unternehmen nachteilige Bewertungen. Entweder ist der Multiplikator oder die Umsatzgröße des deutschen Unternehmens zu erhöhen, d.h. zu bereinigen[67].

Die Anwendung solcher fehlerhaft zusammengestellter und oftmals auch inkonsistent aggregierter Umsatzmultiplikatoren zur Preisargumentation in Verhandlungen sollte unterlassen werden. Dies führt zu einem nachhaltigen Vertrauensverlust, da diese offensichtlich falsch verwendet werden.

Eine weitere Herausforderung bei der Anwendung von Multiplikatoren ist die Marktintransparenz und die häufig fehlenden Detailinformationen. Oftmals sind von vergleichbaren Unternehmenstransaktionen nur Anteilsquoten und/oder Kaufpreisbandbreiten zu erfahren. Selbst bei Vorliegen des exakten Kaufpreises sind die Garantien und Gewährleistungen im Kaufvertrag nicht bekannt, die diesen möglicherweise maßgeblich beeinflusst haben. Dementsprechend können die sich aus dem Kaufpreis ergebenden Verhältniszahlen/Multiplikatoren nicht unbedingt auf jede andere Transaktion mit unterschiedlicher Gewährleistungs- und Garantiestruktur angewendet werden.

Multiplikatoren finden in der Transaktionspraxis deshalb so häufig Anwendung, weil sie sehr einfach erscheinen. Bei genauerer Betrachtung fällt allerdings auf, dass nicht nur beim Bilden von Vergleichsgruppen börsennotierter Unternehmen (Comparable Companies) oder bei der Betrachtung vergleichbarer Transaktionen (Recent Acquisitions) ein erheblicher Arbeitsaufwand für Bereinigungsrechnung entstehen. Dabei sind nicht nur außerordentliche Effekte, die im jeweiligen Bewertungsjahr die Ergebnissituation des Unternehmens außerordentlich beeinflussen, zu bereinigen. Auch die Verfassung des Aktienmarktes und Faktoren wie z.B. Zahlungs-

67 Um weitere Problemfelder anzudeuten sei darauf verwiesen, dass die Zusammensetzung des Umsatzes (und daraus resultierend der Erträge) bei einem multinationalen Konzern aus verschiedenen Währungen entsteht. Die für Finanzanalysten relevanten Quartals- oder Jahresabschlusszahlen oftmals mit einem Stichtagskurs umgerechnet werden. Die sich daraus wiederum ableitenden Preise und dementsprechend Multiplikatoren können nur schwer angewendet werden auf ein zwar von der Branche her vergleichbares Unternehmen, das jedoch z.B. nur in Deutschland seine Umsätze erzielt.

modalitäten bei vergleichbaren Unternehmenstransaktionen sind hier zu berücksichtigen. Es ist durchaus ein Unterschied, ob z.B. ein Minderheitsanteil verkauft wird, ein zu erreichender (oder eben nicht zu erreichender) Earn-out (variabler Kaufbestandteil) eine wesentliche Vertragskomponente ist oder der Kaufpreis in bar oder in eigenen Anteilen beglichen wurde. All diese Faktoren müssen korrekterweise bei der Berechnung eines Vergleichsmultiplikators beachtet werden, um ein wirklich belastbar vergleichbares Ergebnis zu erzielen.

Fallbeispiel:

Oftmals wird auch der Multiplikator gleichgesetzt mit der Anzahl der Jahre, in denen das entsprechende Ergebnis verdient werden muss. Fünfmal EBIT wird dann vom Verkäufer gleichgesetzt mit dem Gedanken, dass man das gleiche Ergebnis auch nach fünf Jahren der Fortführung der Unternehmertätigkeit erhalten würde und dementsprechend der Multiplikator vielleicht doch zu schlecht sei. Natürlich verleitet diese vereinfachende Darstellung zu einer solchen Betrachtung. Allerdings wird der Zeitwert des Geldes hierbei ebenso außer Acht gelassen wie die Tatsache des Mittelzuflusses beim Anteilseigner (während der Kaufpreis direkt zufließt ist der EBIT eine Ergebnisgröße, die dem Anteilseigner i.d.R. nicht unmittelbar als Liquidität zur Verfügung steht).

Die nachfolgende Tabelle zeigt bei unterschiedlichen Zinssätzen, welcher Multiplikator nach wie vielen Jahren zum entsprechenden Äquivalent führt:

		Diskontsätze					
		6,0%	8,0%	10,0%	12,0%	14,0%	16,0%
Multiple bzw. falsche Annahme der Jahre	3	2,7x	2,6x	2,5x	2,4x	2,3x	2,2x
	4	3,5x	3,3x	3,2x	3,0x	2,9x	2,8x
	5	4,2x	4,0x	3,8x	3,6x	3,4x	3,3x
	8	6,2x	5,7x	5,3x	5,0x	4,6x	4,3x
	10	7,4x	6,7x	6,1x	5,7x	5,2x	4,8x

Abbildung 77
Darstellung des Multiples und der entsprechenden Dauer der Ausschüttung

Multiplikatoren sollten am Ende einer Vertragsverhandlung, beispielsweise bei Vorliegen von Kaufpreisdifferenzen angewendet werden, um Earn-out-Komponenten zu definieren, da sie eine verhandlungsfördernde Vereinfachung durch Abstraktion darstellen.

Allemal können Multiplikatorverfahren nur ein ergänzendes Element in der Unternehmensbewertung sein. Zu jeder seriösen, rationalen und wertorientierten Unternehmenstransaktion gehört eine detaillierte Betrachtung des Ertrages respektive der Liquidität in Form einer Discounted-Cashflow-Analyse und -Bewertung.

Da dieses analytische Instrumente jedoch in der rechnerischen Ausführung und Darstellung relativ komplex ist, kann es sich je nach Gesprächspartner anbieten, die Ergebnisse dieser Discounted-Cashflow-Methode in einen Multiplikator zu transformieren, der wiederum einfacher in der Verhandlungspraxis eingesetzt werden kann.

Eine gute Darstellung einer DCF-Bewertung zeigt immer auch die sich aus dem Ergebnis implizit ergebenden Multiplikatoren sowie anhand von Sensitivitätsrechnungen, die Auswirkungen auf die Kenngrößen bei sich ändernden Parametern.

Werte in Mio. €	Historische Daten 2011	2012	2013	CAGR (2011-13)	FC 2014	Budget 2015	Planungszeitraum 2016	2017	Überleitung TV 2018	2019	CAGR (2014-19)
Umsatz	**17.000,0**	**17.207,4**	**18.643,5**	*4,7%*	**18.007,0**	**18.593,0**	**19.336,7**	**20.013,5**	**20.613,9**	**21.026,2**	*3,1%*
% Umsatzwachstum	*NA*	*1,2%*	*8,3%*		*(3,4%)*	*3,3%*	*4,0%*	*3,5%*	*3,0%*	*2,0%*	
Bestandsveränderungen	-	303,7	-113,7		75,0	100,0	60,0	60,0	30,0	-	
Sonst.betr. Erträge und akt. Egnlstg.	-	217,3	133,5		240,0	140,0	-	-	-	-	
Materialaufwand	5.163,7	6.200,7	6.945,4		6.509,0	6.639,0	7.154,6	7.405,0	7.627,1	7.779,7	
Rohertrag	**11.836,3**	**11.527,7**	**11.717,9**	*-0,5%*	**11.813,0**	**12.194,0**	**12.242,1**	**12.668,5**	**13.016,8**	**13.246,5**	*2,3%*
% des Umsatzes	*69,6%*	*67,0%*	*62,9%*		*65,6%*	*65,6%*	*63,3%*	*63,3%*	*63,1%*	*63,0%*	
Personalaufwand	6.925,2	6.752,3	6.641,9		6.693,0	7.318,0	6.767,9	7.004,7	7.214,9	7.359,2	
Sonst. betriebl. Aufwand	4.545,1	4.358,1	4.033,0		4.487,0	4.137,0	4.447,4	4.603,1	4.638,1	4.730,9	
EBITDA	**366,0**	**417,3**	**1.043,0**	*68,8%*	**633,0**	**739,0**	**1.026,8**	**1.060,7**	**1.163,8**	**1.156,4**	*12,8%*
% margin	*2,2%*	*2,4%*	*5,6%*		*3,5%*	*4,0%*	*5,3%*	*5,3%*	*5,6%*	*5,5%*	
Abschreibungen	529,2	442,2	468,3		520,0	464,0	464,1	460,3	432,9	420,5	
EBIT	**-163,3**	**-24,9**	**574,7**	-	**113,0**	**275,0**	**562,8**	**600,4**	**730,9**	**735,9**	*45,5%*
% des Umsatzes	*(1,0%)*	*(0,1%)*	*3,1%*		*0,6%*	*1,5%*	*2,9%*	*3,0%*	*3,5%*	*3,5%*	
Steuern	0,0	0,0	0,0		29,0	29,0	168,8	180,1	219,3	220,8	
EBIAT	**-163,3**	**-24,9**	**574,7**	-	**84,0**	**246,0**	**393,9**	**420,3**	**511,6**	**515,1**	*43,7%*
Plus: Abschreibungen	529,2	442,2	468,3		520,0	464,0	464,1	460,3	432,9	420,5	
Less: Investitionen	-552,9	-582,1	-1.464,0		-453,0	-355,9	(386,7)	(400,3)	(412,3)	(420,5)	
Less: Zunahme des Netto-Working Capitals		-948,9	57,6		-495,7	-399,9	(204,0)	(82,4)	(73,1)	(50,2)	
Unlevered Free Cashflow	**-186,9**	**-1.113,7**	**-363,4**		**-344,7**	**-45,8**	**267,3**	**397,9**	**459,1**	**464,9**	
WACC	*15,0%*										
Discount Period						0,5	1,5	2,5	3,5	4,5	
Discount Factor						0,9	0,81	0,71	0,61	0,53	
Present Value of Free Cashflow						**-42,7**	**216,7**	**280,6**	**281,5**	**247,9**	

Enterprise Value	
Cumulative Present Value of FCF	**984,0**
Terminal Value	
Terminal Year FCF (2019E)	464,9
Perpetuity Growth Rate	2,0%
Terminal Value	**3.576,5**
Discount Factor	0,5
Present Value of Terminal Value	**1.778,1**
% of Enterprise Value	*64,4%*
Enterprise Value	**2.762,1**

Equity Value	
Enterprise Value	2.762,1
Less: Zinstragende Verbindlichkeiten	0,0
Less: Pensionsrückstellungen*	0,0
Plus: Cash and Cash Equivalents*	10,6
Implied Equity Value	**2.772,7**

Implied EV/EBIT	
Enterprise Value	2.762,1
EBIT 2014	113,0
Implied EV/EBIT	**24,4x**

Implied EV/Sales	
Umsatz	18.007,0
Enterprise Value	2.762,1
Implied EV/Sales	**0,2x**

Implied EV/EBITDA	
Enterprise Value	2.762,1
EBITDA 2014	633,0
Implied EV/EBITDA	**4,4x**

Enterprise Value

	2.762,1	Perpetuity Growth Rate 1,0%	1,5%	2,0%	2,5%	3,0%
WACC	**14,0%**	2.869	2.943	3.024	3.111	3.207
	14,5%	2.748	2.815	2.888	2.966	3.052
	15,0%	2.635	2.696	**2.762,1**	2.833	2.910
	15,5%	2.531	2.586	2.646	2.711	2.780
	16,0%	2.433	2.484	2.539	2.597	2.660

Implied Enterprise Value / EBITDA 2014

	4,4	Perpetuity Growth Rate 1,0%	1,5%	2,0%	2,5%	3,0%
WACC	**11,0%**	6,1x	6,3x	6,6x	6,9x	7,2x
	13,0%	5,0x	5,1x	5,3x	5,4x	5,6x
	15,0%	4,2x	4,3x	**4,4x**	4,5x	4,6x
	17,0%	3,6x	3,6x	3,7x	3,8x	3,9x
	19,0%	3,1x	3,2x	3,2x	3,3x	3,3x

Abbildung 78
Beispielhafte DCF-Analyse
mit impliziten Multiplikatoren und Sensitivitätsanalysen

Im oberen Teil findet sich die Berechnung des sich aus dem DCF-Verfahren ergebenden Unternehmenswertes. Der mittlere Teil zeigt implizite Multiplikatoren. Am Ende der Darstellung werden durch sog. Sensitivitätsanalysen die Ergebnisse dargestellt (hier links der Enterprise Value und rechts der EV/EBITDA-Multiplikator), die sich bei Variation der Kapitalkosten und des Wachstumsfaktors der Ewigen Rente ergeben.

Solche Sensitivitätsanalysen sind in schwierigen Verhandlungssituationen ein probates Mittel, um bei festgefahrenen Streitigkeiten über Parameter der Unternehmensbewertung deren Auswirkungen in Kombination zu verdeutlichen und auch zu relativieren.

Die nachstehende Aufzählung zeigt, das Kapitel abschließend, die gängigsten Bewertungsverfahren und die wesentlichen Parameter, die bei der Argumentation des Unternehmenswertes resp. Kaufpreises ins Feld geführt werden können:

- Einkommensbasierte Bewertungsmethoden (Ertragswert- oder DCF-Verfahren):
  - Ist die Planungsrechnung eine Erwartungswertplanung oder eine Planung mit Zielvorgabencharakter?
  - Sind bereits Effekte aus der beabsichtigten Transaktion in die Planung eingeflossen?
  - Ist der Planungszeitraum ausreichend lang?
  - Ist der gewählte Cashflow, der zum Terminal Value führt, wirklich zum Zeitpunkt des sog. Gleichgewichtszustands berechnet?
  - Wurde die Peergroup zur Berechnung der Betafaktoren korrekt erstellt?
  - Sind die zukünftig prognostizierten Cashflows plausibel aus den Vergangenheitszahlen herleitbar?
  - Wurden wirklich nur außerordentliche und einmalige Effekte bereinigt?

- Marktwertorientierte Bewertungsmethoden:
  - Wie setzt sich die zur Ableitung von Multiplikatoren erstellte Peergroup zusammen?

- Sind die Unternehmen wirklich vergleichbar?
- Sind die Rechnungslegungsvorschriften der Peergroup konsistent und passen diese zum Verhandlungsobjekt?
- Ist der Multiplikator in sich konsistent, d.h. passt die Wertbasis zur Überschussgröße?

- Substanzwertorientierte Bewertungsmethoden:
  - Wurden alle Vermögensgegenstände erfasst?
  - Wurden auch immaterielle Vermögensgegenstände bewertet und wenn ja, wie wurden diese bewertet?
  - Ist ein Reproduktionswert überhaupt praktikabel ermittelbar?
  - Wie wurde der Unterschied zwischen Reproduktionswert/Fortführungswert und Liquidationswert bestimmt?

4.1.4 Strategische Wahl des M&A-Verkaufsverfahrens

Als letzter Schritt im Rahmen der vorbereitenden Maßnahmen eines Unternehmensverkaufs erfolgt die Wahl des Verkaufsverfahrens.

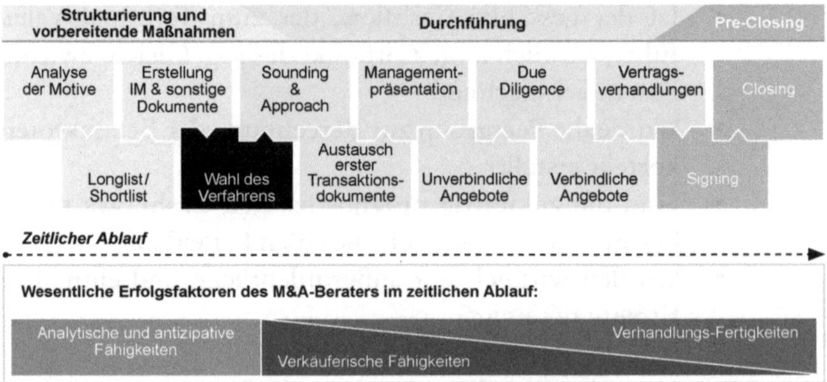

Abbildung 79
Wahl des Verkaufsverfahrens im gesamten M&A-Prozessablauf

Grundsätzlich kann beim Unternehmensverkauf in drei verschiedene Verfahren unterteilt werden:

- Der klassische Unternehmensverkauf in Form von sequentiellen, bilateralen Verhandlungen mit Interessenten
- Strukturierte Verkaufsprozesse
- Verkauf im Rahmen von Auktionsverfahren

Beim erstgenannten Verfahren wird in der Regel der zunächst aussichtsreichste Kaufinteressent angesprochen und mit diesem versucht, die Verhandlungen zum Abschluss zu bringen. Scheitern diese Verhandlungen, wendet man sich an den zweitaussichtsreichsten Kandidaten usw.

Unter einem strukturierten Verkaufsprozess versteht man die parallele Ansprache mehrerer Interessenten und die für alle Beteiligten synchrone Abarbeitung bestimmter im Verkaufsprozess vorhandener Meilensteine.

Der Verkauf eines Unternehmens im Rahmen eines Auktionsverfahrens bedeutet die Schaffung einer zeitlich begrenzten Auktionssituation, bei der „die Preisermittlung und der Zuschlag für den Käufer anhand zuvor definierter Regeln und auf Grundlage der Gebote der Erwerbsinteressenten erfolgt.“[68]

Nachfolgend werden die einzelnen Verfahren ausführlich beschrieben und deren Vor- und Nachteile aufgezeigt. Diese Vor- und Nachteile sind im Hinblick auf den späteren Verhandlungsverlauf im Rahmen des Prozessdesigns zu berücksichtigen.

4.1.4.1 Sequentielle, bilaterale Verhandlungen

Jedes Unternehmen ist ein individuelles und einmaliges „Konstrukt“ mit spezifischen Rahmenbedingungen. Dies gilt bildlich gesprochen sowohl für den Kiosk an der Ecke, als auch für das global aufgestellte Industrieunternehmen.

---

68 (Kopp, 2010), Seite 1

Bei nahezu jeder mittelständischen M&A-Transaktionen wird die Bedeutung des zu verhandelnden monetären Betrags aus der Sicht der Transaktionspartner immens hoch erscheinen. Jeder Verhandlungsschritt und vor allem ein mögliches Scheitern von Verhandlungen wird insbesondere vom Verkäufer gleichzeitig meist auch mit der Gefahr verbunden, dass die im Rahmen der Gespräche und Prüfungshandlungen gewonnenen Erkenntnisse – trotz geschlossener Vertraulichkeitsvereinbarungen – außerhalb des M&A-Prozesses genutzt werden könnten. Ein Vertrauensbruch könnte in der Zukunft für das zum Verkauf stehende Unternehmen negative Konsequenzen haben.[69]

Bei bilateralen Gesprächen mit einem potentiellen Käufer ist die Vertraulichkeit der Gespräche naturgemäß in höherem Maße gewahrt, als bei der Ansprache einer Vielzahl von Interessenten, bei denen man ein Informationsleck nicht ausschließen kann. Dies ist ein entscheidender Vorteil, wenn der Vertraulichkeit der Gespräche ein hohes Maß an Bedeutung eingeräumt wird.

Ein weiterer Vorteil von bilateralen Gesprächen ist, dass Schwerpunkte beim Verkauf individuell gesetzt und die Rahmenbedingungen des Kaufinteressenten in hohem Maße berücksichtigt werden. Handelt es sich beispielsweise um einen potentiellen Käufer, der insbesondere im Vertrieb in einer bestimmten Region Verbesserungspotential hat, kann genau auf diese Eigenschaft des zu verkaufenden Unternehmens und den strategischen Fit eingegangen werden.

Zeitlich sind solche Prozesse allerdings nur sehr schwer zu strukturieren. Die oben gemachten Ausführungen im Rahmen der Beschreibung der Vendor Due-Diligence, bei der ich auf die Kapazitätsgrenzen von Interessenten und deren Schwierigkeiten neben dem operativen Geschäft volle Aufmerksamkeit auf einen unter Zeitdruck aufgesetzten Verkaufsprozess zu lenken, eingegangen bin, gelten hier entsprechend. Gibt es keinen festen Zeitrahmen, der durch eine Wettbewerbssituation gesetzt werden kann, kann es

69 Beispiele hierfür sind das Akquirieren attraktiver Kunden des Unternehmens durch den Kaufinteressenten, das Abwerben von Mitarbeitern, die gezielte Streuung von Gerüchten über den Verkaufswillen des Unternehmers, was je nach Branche mit einem Vertrauensverlust der Kunden und Lieferanten verbunden sein kann.

unter Umständen dennoch vorkommen, dass sich Verhandlungen zeitlich in die Länge ziehen. Eventuelle wirtschaftliche, negative Einflüsse in diesem Zeitraum beschränken dann die Verhandlungssituation. Dementsprechend ist auch bei bilateralen Verhandlungen im Voraus ein Zeitplan für die Verhandlungen, ein sog. Rhythm of Negotiation zu besprechen und gemeinsam zu verabschieden[70].

Der Rhythm of Negotiation legt fest, welche Meilensteine bis wann erreicht werden sollen, oder einfach: „Wer macht was wann und mit wem?"

Oftmals ist der zeit- und kostenintensivste Prozessschritt und damit auch der „gordische Knoten", die Due-Diligence, um den herum die anderen Schritte organisiert werden müssen. Jeder Verhandlungspartner hat Verständnis für und Interesse daran, hier Ressourcen für Berater und Datenraumbesucher effizient zu koordinieren. Dementsprechend kann man frühzeitig um diesen Due-Diligence-Zeitraum herum andere zentrale Punkte wie z.B. Managementgespräche, unverbindliche Angebote, Vertragsverhandlungen terminieren und damit den Rhythm of Negotiation festlegen.

In bilateralen Gesprächen entsteht der Verhandlungserfolg häufig durch ein „gegenseitiges Herantasten" an die transaktionsrelevanten Themen. Oft erleichtern solche Situationen in hohem Maße einen kooperativen Verhandlungsstil. Die Verführung, wertfordernd zu claimen, nach dem Motto: „Wenn Sie es nicht kaufen, dann kauft es eben ein anderer", ist alleine durch die Wahl des Verfahrens und die damit verbundene Geisteshaltung aller Beteiligten deutlich eingeschränkt.

Neben der zeitlichen Komponente, die durch einen erfahrenen Berater, eine vorausschauende Definition des Rhythm of Negotiation und eine offene Kommunikation zwischen den Parteien optimiert werden kann, bleibt ein nicht zu verkennender Nachteil: Aufgrund mangelnder Vergleichsmöglichkeiten verbleibt die Ungewissheit, ob der Verkäufer den besten Verkaufspreis erzielt hat. Dies ist bei der Wahl des Verfahrens vorab zu berücksichtigen. Zumal ein weiterer Nachteil darin bestehen kann, dass ein Kaufinteressent

70 (Schranner, Matthias, 2009), Seite 173

in einer späteren Phase des Transaktionsprozesses seine „Alleinstellung“ als Druckmittel zur Durchsetzung von Forderungen hinsichtlich Kaufpreis oder Vertragsbedingungen nutzt.

4.1.4.2 Strukturiertes Verfahren

Bei einem strukturierten Verkaufsprozess wird – unter klaren inhaltlichen und zeitlichen Vorgaben – versucht, mehrere Interessenten gleichzeitig zum Abschluss eines Kaufvertrages zu bewegen. Durch das parallele Verhandeln und die Offenlegung der Wettbewerbssituation soll zugunsten des Verkäufers der Preis maximiert werden.

Oftmals werden Kaufinteressenten durch einen sog. Process Letter oder Procedure Letter, zu Deutsch Prozessbrief, über die einzelnen Schritte informiert. Je nach Situation kann die Unterzeichnung dieses Prozessbriefes zur Grundlage der Teilnahme an einem solchen Verfahren gemacht werden.

Ein Prozessbrief enthält in der Regel folgende Angaben:

1. Transaktionsgegenstand
2. Zeitlicher Ablauf der Transaktion
   a) Versand des Informationsmemorandums
   b) Zeitpunkt der Abgabe und Inhalt des unverbindlichen Angebotes
   c) Zeitpunkt für eine Managementpräsentation
   d) Zeitraum für die Due-Diligence-Prüfung
   e) Zeitpunkt der Übergabe des Kaufvertragsentwurfes
   f) Zeitpunkt der Abgabe und Inhalt des verbindlichen Angebotes
   g) Zeitraum für Vertragsverhandlungen
   h) Zeitpunkt für das Signing
3. Aufforderung zum frühzeitigen Klären der Finanzierungsaspekte
4. Aufforderung zur Mitteilung von Gremienvorbehalten
5. Haftungsausschlüsse

6. Regelung zur Kommunikation und zum Informationsaustausch

Das Ziel des strukturierten Verkaufs- oder Investorenprozesses ist, im Rahmen einer klaren zeitlichen Vorgabe, einen Wettbewerb unter Kaufinteressenten herzustellen, der zum erwarteten Stichtag den bestmöglichen Abschluss ermöglicht.

4.1.4.3 Auktionsverfahren

Wikipedia definiert eine Auktion als besonderes „Verfahren zur Preisermittlung bei einem Verkauf". Übertragen auf die M&A-Welt heißt es, dass potentielle Käufer oder Verkäufer Gebote für das zu übertragende Objekt abgeben. In diesem Fall bestimmt ein definierter Auktionsmechanismus

- welches der abgegebenen Gebote den „Zuschlag" erhält und
- wie die Zahlungsströme zwischen dem Käufer und dem Verkäufer angelegt sind.

Der Reiz der von dieser Art der Preisfindung ausgeht, ist die Möglichkeit der Nutzung von Informationsasymmetrien zwischen den interessierten Parteien.

- Der Verkäufer kennt häufig zwar den finanzmathematischen Wert seines Unternehmens, nicht jedoch die Zahlungsbereitschaft potentieller Kaufinteressenten. Setzt er einen zu hohen Preis fest, kann er womöglich das Unternehmen nicht verkaufen. Setzt er seinen Preis zu niedrig fest, schöpft er nicht das volle Potential dieser im Unternehmerleben einmaligen Transaktion aus.
- Die Kaufinteressenten hingegen kennen zwar ihre eigene Zahlungsbereitschaft, nicht aber die Marktpreiseinschätzung anderer Bieter.

In dieser Situation bietet eine Auktion dem Verkäufer theoretisch einen flexiblen Preisfindungsmechanismus, der im Idealfall zum Verkauf zum aktuellen Marktpreis führt und die Zahlungsbereitschaft der Interessenten optimal ausschöpft.

In der M&A-Praxis wird häufig von Unternehmensverkäufen in Auktionsverfahren gesprochen. Dementsprechend lohnt es sich etwas genauer hinzusehen: Entsprechen die Prozesse tatsächlich einer Auktion oder wurde der Begriff der Auktion nur gewählt, um den Beteiligten „vorzugaukeln“, dass es sich hierbei um einen vom Verkäufer (oder dessen Berater) in der Funktion des „Auktionators“ jederzeit kontrollierten Prozess handelt, bei dem sich Wettbewerber in der Hitze der Auktion hochschaukeln und der Meistbietende den Abschluss tätigt.

In der Auktionstheorie unterscheidet man grundsätzlich vier Grundtypen von Auktionen, die sich aufgrund des Preismechanismus und der Art der Information unterscheiden:

- Vickrey- oder Second-Price-Auktion

Bei einer Vickrey-Auktion (häufig auch als Second-Price-Auktion bezeichnet), darf jeder Bieter innerhalb eines vom Auktionator festgelegten Zeitraums ein einziges verdecktes Angebot einreichen. Der Bieter, der das höchste Angebot eingereicht hat, erhält den Zuschlag, muss aber nur den Preis des zweithöchsten Gebotes zahlen. Das nebenstehende Diagramm zeigt den Mechanismus.

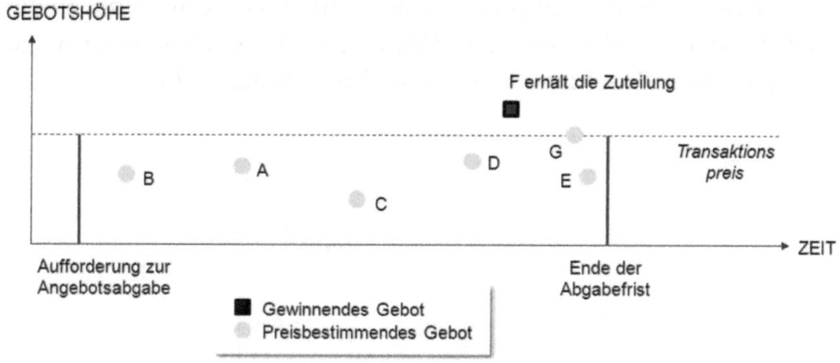

Abbildung 80
Vickrey-Auktion[71]

Zunächst mag man sich fragen, warum der Mechanismus nicht so konstruiert ist, dass Bieter F den Zuschlag zum von ihm gebotenen Preis erhält. Bieter F kann doch z.B. einen überteuerten Preis bieten, denn er erhält ja ohnehin den Zuschlag zum Preis des Zweitbesten. Versetzt man sich jedoch in die Lage der Bieter und deren Antizipation der Überlegungen der anderen Bieter, so wird schnell deutlich, dass ein überhöhter Preis dazu führen kann, dass man – bei einem exakt identischen Handeln des anderen – zu einem ebenfalls viel zu überteuerten Preis des Zweitbietenden den Zuschlag erhält. Demzufolge ist es ratsam, auch wirklich nur den Preis zu bieten, den man höchstens bereit ist, für das verauktionierte Gut zu zahlen.

Vickrey-Auktionen sind mehr von theoretischer wie von praktischer Bedeutung. Rothkopf/Teisberg/Kahn führen vor diesem Kontext insbesondere die Furcht der Bieter an, durch fingierte Angebote seitens des Verkäufers geschädigt zu werden.

- Höchstpreisauktion oder First-Price-Sealed-Bid-Auktion

In einer Höchstpreisauktion (auch First-Price-Sealed-Bid-Auktion) geben alle Bieter innerhalb eines vom Auktionator vorge-

71 vgl. (Kopp, 2010)

schriebenen Abgabezeitraums verdeckt ihre Gebote ab. Jeder Bieter darf nur ein Angebot abgeben. Derjenige mit dem höchsten Angebot erhält den Zuschlag zu dem von ihm gebotenen Preis:

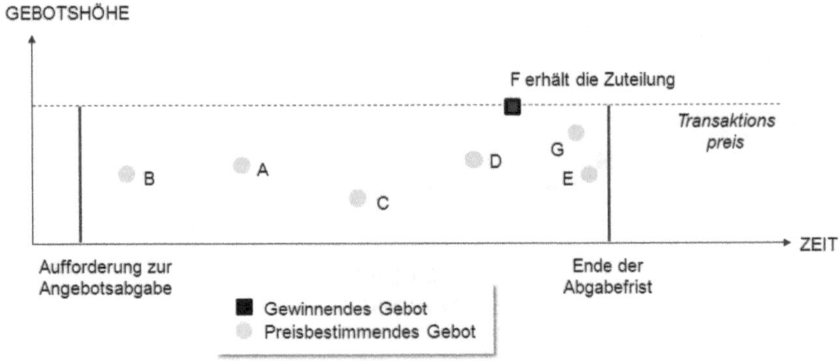

Abbildung 81
Höchstpreisauktion

Die Höchstpreisauktion wird oftmals beim Verkauf von Geschäftsbetrieben aus dem Insolvenzverfahren angewendet. Der Insolvenzverwalter fordert die Kaufinteressenten am Ende des M&A-Prozesses auf, verdeckte Angebote abzugeben. Dies geschieht vor allem in Situationen, in denen der Insolvenzverwalter die Geheimhaltung der Angebote nicht durchsetzen kann und eventuelle Nachteile für die eine oder andere Gläubigergruppe im Rahmen der Kaufpreisallokation auf die einzelnen Vermögensgegenstände vermutet. In der Regel sind die Gläubiger unterschiedlich besichert; Einflussnahmen auf gebotene Kaufpreise können hier Wettbewerbssituationen aufheben. Die verdeckte Höchstpreisauktion schließt solche Strategien aus. Dieses Verfahren verhilft zur Objektivität und zum Nachweis, am Ende auch das höchste Gebot angenommen zu haben.

- Englische Auktion

Bei der englischen Auktion werden die Preise der Bieter offen aufgerufen bis kein höheres Angebot mehr abgegeben wird. Der

Auktionator erteilt demjenigen mit dem höchsten Preis den Zuschlag.

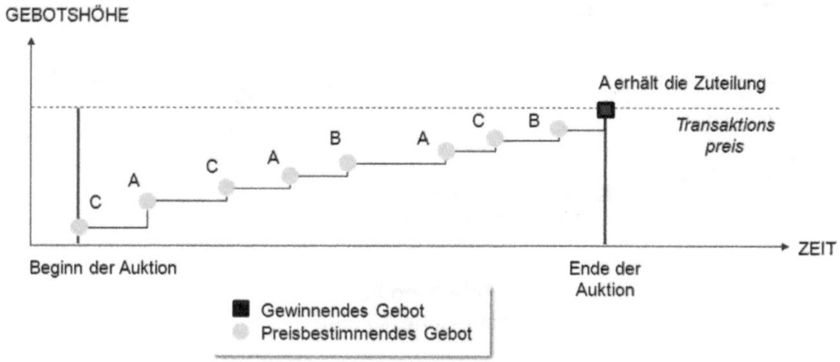

Abbildung 82
Englische Auktion

Dieses Verfahren, das man von Kunstversteigerungen kennt, ist jedoch hinsichtlich der Höhe des Preises eher suboptimal. Zwar gewinnt der Bieter mit dem höchsten Preis, jedoch ist der Verkäufer in Ungewissheit, auch wirklich den besten Preis erzielt zu haben. Da der Kaufinteressent A mit seinem besten Angebot nur knapp über dem Preis von B liegt, kann man zwar sicher sein, dass niemand höher geboten hätte. Gleichwohl weiß der Verkäufer nicht, ob A dem Unternehmen nicht doch einen noch höheren Preis beimisst.

- Holländische Auktion

Diesem Dilemma bei der offenen Höchstpreisauktion kann man durch die Gestaltung einer holländischen Auktion entgehen. Bei diesem Auktionskonzept ruft der Auktionator einen Preis auf und senkt diesen kontinuierlich in bestimmten (u.U. im Voraus festgelegten Schritten). Erfolgt ein Gebot, erhält es direkt den Zuschlag.

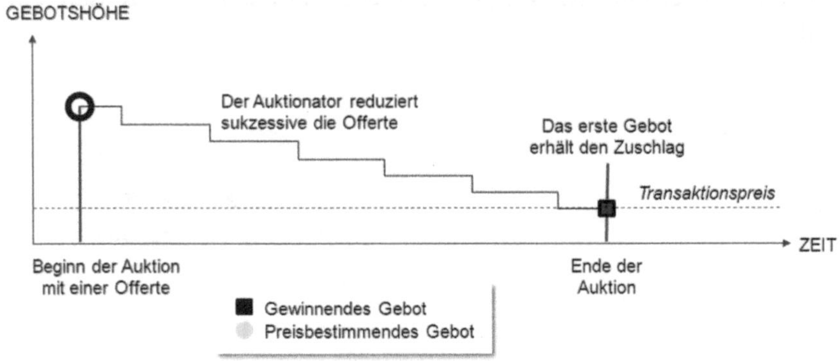

Abbildung 83
Holländische Auktion

Der besondere Reiz der holländischen Auktion liegt – man kennt das ggf. von den holländischen Tulpenmärkten – darin, dass mit dem obersten Preis begonnen wird und der Preis im Unterschied zu üblichen Auktionsverfahren nicht steigt, sondern gewissermaßen mit der tickenden Uhr sinkt. Der für den einzelnen Käufer richtige Preis wird also durch den richtigen Zeitpunkt beeinflusst. Das bedeutet, je länger die Kaufinteressenten abwarten, desto niedriger ist der Preis – und desto höher die Wahrscheinlichkeit, dass „ein anderer zuschlagen" wird. Im Gegensatz zu einer gewöhnlichen Auktion kann es deshalb bei einer Rückwärtsauktion schon sehr schnell nach Beginn zum Verkauf kommen, da die Kaufinteressenten untereinander unter Zugzwang stehen.

Diese Art der Auktion hat einen Vorteil: Ein Käufer, der sich rational ein Werturteil zu dem angebotenen Unternehmen bildet, muss jederzeit davon ausgehen, dass dies auch jeder andere Bieter tun wird. Geht ein Bieter davon aus, dass andere Bieter zur identischen Werteinschätzung gelangt sind, kann er logischerweise nur dann zum Zuge kommen, wenn er sich entweder exakt bei seinem höchsten Gebot platziert – oder sogar ein wenig darüber.

Allerdings kommt hier oftmals der sog. „Winner's curse" zum Tragen. Dieser Fluch des Gewinners, auch Fluch des Meistbietenden ist ein Modell der Verhaltensökonomik. Es beschreibt den Effekt, dass der Meistbietende in Versteigerungen bei unvollständiger Information aus systematischer Sicht immer einen zu hohen Preis zahlt. Das Modell basiert darauf, dass einzelne Marktteilnehmer unterschiedliche Informationen haben, die dazu führen, dass sie den Wert des zu versteigernden Gegenstandes unterschiedlich einschätzen. Diejenigen, die den Wert hoch einschätzen, unterliegen der Gefahr, den wahren Wert zu überschätzen, diejenigen, die ihn niedrig einschätzen, ihn zu unterschätzen. Klar ist bei diesem Modell, dass der Sieger in der Auktion der Meistbietende sein wird, also der erste Bieter. Bei diesem ist das Risiko, dass er den Wert überschätzt hat, am höchsten.

Die nachfolgende Tabelle zeigt die unterschiedlichen Basisformen von Auktionsverfahren und deren Eigenschaften:

<table>
<tr><th rowspan="3">Eigenschaften</th><th colspan="4">Auktionsregel</th></tr>
<tr><th colspan="2">Verdeckte Gebote (Sealed Bid)</th><th colspan="2">Offene Gebote (Open Bid)</th></tr>
<tr><th>Vickrey-Auktion</th><th>Höchstpreis-Auktion</th><th>Englische Auktion</th><th>Holländische Auktion</th></tr>
<tr><td>Mögliche Anzahl Gebote</td><td colspan="2">Nur ein Gebot möglich</td><td>Mehrere Gebote möglich</td><td>Eine Offerte kann angenommen werden</td></tr>
<tr><td>Richtung der Gebote</td><td colspan="2">– / –</td><td>Aufsteigend</td><td>Absteigend</td></tr>
<tr><td>Dauer der Auktion</td><td colspan="2">Festgelegter Abgabezeitraum</td><td>Auktion beendet, sobald keine höheren Gebote mehr eingehen</td><td>Auktion beendet, sobald die Offerte des Auktionators angenommen wird</td></tr>
<tr><td>Transaktionspreis</td><td>Zweithöchstes Gebot</td><td colspan="3">Höchstes Gebot</td></tr>
</table>

Abbildung 84
Zusammenfassende Darstellung der Standard Auktionsregeln

4.1.4.4 Gegenüberstellung der verschiedenen Verfahren und deren Anwendbarkeit auf die M&A-Praxis

Die nachfolgende Tabelle zeigt die Arten der Ansprache im Überblick:

Strukturierung der Ansprache	Anzahl Bieter	Pro	Contra
Der klassische Unternehmensverkauf in Form bilateraler sequenzieller Gespräche	Sequenziell	• Höchstmaß an Vertraulichkeit • Problemlos zu beenden • Exklusivität des Verkaufsprozesses gewährt • Abschluss in überschaubarer Zeitspanne möglich • Minimiert Belastung des Managements und der Mitarbeiter	• Mangelnde Transparenz • Begrenzter Wettbewerb limitiert den Verhandlungsspielraum • Begrenzte Vergleichbarkeit verschiedener Angebote (Fehlen eines einheitlichen Nenners) • u.U. keine Wertmaximierung, der Verkäufer akzeptiert das erste "genügende" Angebot
Strukturierter Verkaufsprozess	3 bis 15	• Schafft hohe Transparenz • Maximiert annähernd den Verkaufserlös • Steigert die Wahrnehmung der Fairness • Vertraulichkeit bleibt erhalten • Verkäufer kontrolliert weitestgehend die Bedingungen und Konditionen des Vertrags • Schafft Wettbewerb	• Schwieriger zu beenden • Gefahr von Vertraulichkeitsverlust steigt • Management wird i.d.R. in den Prozess wesentlich eingebunden • Schürt über Zeit Unsicherheit bei den Mitarbeitern (bleibt kaum verborgen)
Verkauf im Rahmen eines Auktionsverfahren Öffentliche Bekanntgabe des Verkaufs gefolgt von einer kontrollierten Auktion	> 15	• Schafft volle Transparenz • Maximaler Verkaufserlös • Maximaler Wettbewerb • Steigert die Wahrnehmung der Fairness • Limitiert Unsicherheit bei Mitarbeitern	• Unternehmen könnte Schaden nehmen durch Bekanntgabe des Verkaufs • Potenzielles PR-Problem – besonders wenn es nicht zu einem Verkauf kommt • Wenig Flexibilität bei Beendigung des Verkaufsprozesses • Management wird meist tief in den Prozess verwickelt

Abbildung 85
Überblick über die Eigenschaften der verschiedenen Verkaufsverfahren

Es stellt sich nun die Frage, ob Auktionsformen grundsätzlich für M&A-Transaktionen geeignet sind oder wie man diese Verfahren so modifizieren kann, dass sie für M&A-Transaktionen anwendbar werden.

Die nachfolgende Grafik zeigt die grundsätzlichen Ziele des Verkäufers im Hinblick auf das M&A-Verfahren:

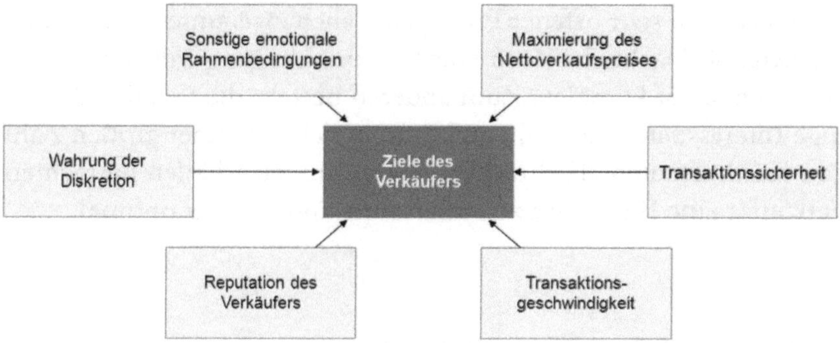

Abbildung 86
Ziele des Verkäufers bei der Wahl des M&A-Verkaufsverfahrens

- Maximierung des Nettoverkaufspreises:

Einer der bekanntesten Verhandlungstheoretiker der heutigen Zeit ist Prof. Guhan Subramanian, der in einem Aufsatz das Thema „Preisfindung – Versteigern oder Verhandeln“ wie folgt ausführt: „Je mehr potentielle Käufer sich für ein Produkt interessieren, desto wahrscheinlicher ist es, dass eine Versteigerung zu einem hohen Verkaufspreis führen wird. Wie die untenstehende Grafik zeigt, wird unter sonst gleichen Bedingungen der Vorteil, der durch die Teilnahme eines zusätzlichen Bieters entsteht, mit jedem zusätzlichen Bieter geringer. Bei zehn Teilnehmern lassen sich rund 85 Prozent des Preises erzielen, der bei einer Versteigerung mit 50 Bietern möglich wäre. Bei etwa 15 Teilnehmern sinkt der Wert, den jeder zusätzliche potentielle Käufer beiträgt, auf nahezu null. Ab diesem

Punkt ergibt sich kein besonderer Vorteil mehr für den Verkäufer, denn mit jedem neuen Bieter sinkt die Wahrscheinlichkeit, dass gerade dieser das höchste Gebot abgeben und damit den Zuschlag erhalten wird bzw. dass er als derjenige mit dem zweithöchsten Gebot den Preis festlegt. Letztendlich sind jedoch nur diese beiden Bieter für den Verkäufer von Interesse. Man könnte meinen, dass eine möglichst große Zahl von Teilnehmern grundsätzlich vorteilhaft wäre, weil der zu erwartende Preis dadurch steigen könnte. Aber solch ein sehr offener Prozess hat auch zwei unter Umständen gravierende Nachteile: Zum einen ist der Umgang mit sehr vielen Bietern äußerst komplex. Zum anderen besteht die Gefahr, dass einige Interessenten (auch finanzkräftige) sich von einer großen Zahl von Konkurrenten abschrecken lassen. In vielen Fällen betrachten Verkäufer eine Bieterzahl zwischen fünf und acht als optimal.

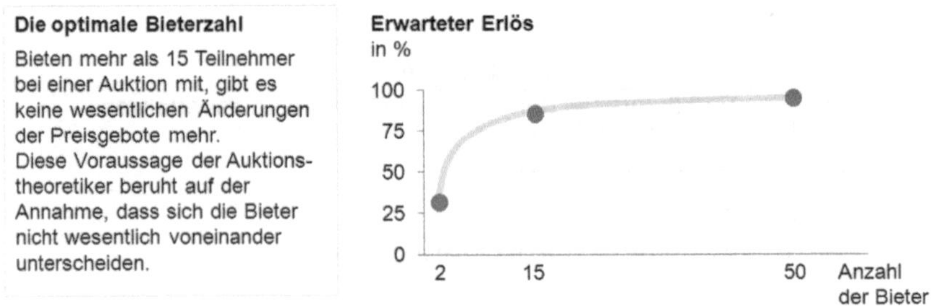

Abbildung 87

Die optimale Bieterzahl[72]

- Transaktionssicherheit:

In der Tat ist es so, dass eine Mehrzahl an interessierten Parteien die Chance erhöht, die Transaktion auch abzuschließen. Allerdings ist auch an dieser Stelle zu erwähnen, dass ab einem bestimmten Zeitpunkt des allzu preistreibenden oder preisgetriebenen Agie-

72 (Subramanian, 2010), Seite 5 ff

rens mit mehreren Interessenten es zu einer Verärgerung der Bieter kommen kann – im schlimmsten Fall auch zu einem Auflösen der Wettbewerbssituation.

- Transaktionsgeschwindigkeit:

Ob sich die Geschwindigkeit einer Transaktion durch die Arbeit mit mehreren Bietern erhöht, ist empirisch nicht nachgewiesen. Eine von Allert & Co. erstellte Studie zeigt, dass sich bei exklusiven Verhandlungen die Zeit bis zum Abschluss tendenziell verlängert.[73]

Ob eine hohe Transaktionsgeschwindigkeit überhaupt wünschenswert ist, bleibt – abseits von Krisensituationen, die zumeist ein schnelles Handeln bedingen – zu bedenken. Grundsätzlich gibt es ein Spannungsfeld in Form des Magischen Dreiecks zwischen einem hohen Verkaufspreis, einem verkäuferfreundlichen Garantiekatalog und einer schnellen Transaktionsabwicklung.

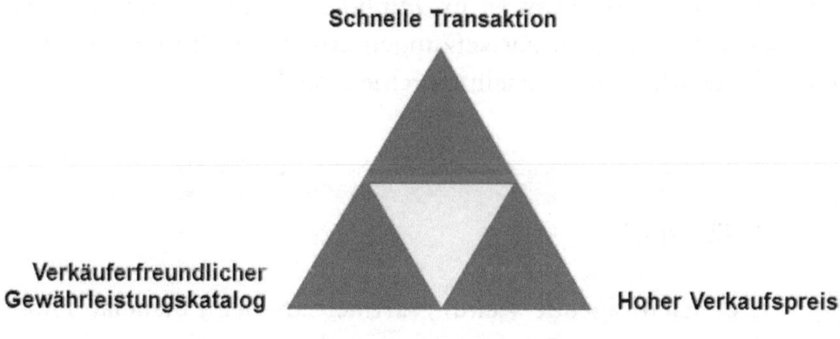

Abbildung 88
„Magisches Dreieck" im Transaktionsprozess

Nach meiner Erfahrungen hat eher die perfekte Vorbereitung des Prozesses einen Einfluss auf die zeitliche Komponente und die richtige Wahl der Interessenten, als die Wahl des Verfahrens.

---

73 (Allert & Co. GmbH, 2012)

- Reputation des Verkäufers:

Bei öffentlich bekannt werdenden Verkaufstransaktionen spielt die Reputation des Verkäufers eine wesentliche Rolle. So ist der Bekanntheitsgrad der Gebrüder Strüngmann nach deren Verkauf von HEXAL an NOVARTIS für € 5,85 Mrd. erheblich gestiegen. Bei vielen Verkäufern ist aber die Wahrung der Privatsphäre ein wesentliches Element, das in solchen Transaktionen in den Hintergrund rückt.

- Wahrung der Diskretion:

„Das Ziel der Wahrung der Vertraulichkeit ist hierbei v.a. konfliktionär zu denen der Kaufpreismaximierung und der Transaktionssicherheit zu sehen. Während eine Vielzahl von Bietern eine geringere Diskretion impliziert, ist die Wahrscheinlichkeit für einen Abschluss zu einem unter wettbewerblichen Bedingungen gebildeten Preis höher. Insofern ist im Hinblick auf die im Rahmen der Transaktion verfolgten Zielsetzungen eine Gewichtung vorzunehmen, die letztlich in die Zielhierarchie eingeht."

Fallbeispiel:

Der nachfolgende Zeitungsartikel aus der Financial Times Deutschland zeigt eine offensive Kommunikation einer geplanten Unternehmenstransaktion, bei der Diskretion von untergeordneter Bedeutung in der Zielhierarchie des Verkäufers war.

Chinesen greifen nach MAG-Gruppe

Vier Firmen bieten für schwächelnden Maschinenbauer // Ausverkauf im deutschen Mittelstand

Beim angeschlagenen schwäbischen Werkzeugmaschinenbauer MAG Group könnte bald ein chinesischer Eigner das Sagen haben. Der staatliche MAG-Rivale Shenyang Machine Tool bestätigte am Montag Gespräche über eine Übernahme der Göppinger Firma. Nach Angaben aus Verhandlungskreisen sind mit Dalian, Quier Machine Tools und YierMT noch weitere Unternehmen aus China interessiert. Deutsche Mittelstandsinvestoren wie Triton und die DBAG haben ebenfalls ein Auge auf die Firma geworfen, wie ein mit den Plänen vertrauter Banker sagte. Ein MAG-Sprecher erklärte: „Nach einer erfolgreichen Evaluierungsphase sind wir in Gesprächen mit einer Vielzahl von qualifizierten potenziellen Bietern weltweit."

Angesichts des großen Interesses aus Fernost ist wahrscheinlich, dass mit der MAG-Gruppe der Ausverkauf deutscher Traditionsfirmen nach China weitergehen wird. In jüngsten Bieterkämpfen hatten Finanzinvestoren gegenüber den von der chinesischen Regierung unterstützten Strategen mit ihren tiefen Taschen meist den Kürzeren gezogen. So wurden die Betonpumpenhersteller Putzmeister und Schwing von den chinesischen Unternehmen Sany und XCMG gekauft. Der Autozulieferer Kiekert ging an Hebei Lingyun.

Die schwäbische Maschinenbaugruppe MAG war ab 2005 vom US-Investor Mo Meidar rund um die ehemaligen IWKA-Töchter Ex-Cell-O und Boehringer sowie um Unternehmensteile von ThyssenKrupp aufgebaut worden. 2011 rutschte MAG in eine tiefe Krise, der europäische Teil des Unternehmens namens MAG Europe schrieb über 50 Mio. Euro Verlust.

Die Banken werfen Meidar vor, er habe in den vergangenen Jahren immer wieder Geld aus der Firma gezogen. Auf ihren Druck musste Meidar vergangen Herbst die Kontrolle über MAG Europe an einen Treuhänder abgeben, den Rechtsanwalt Alfred Hagebusch. Der amerikanische Teil gehört Meidar weiterhin. Seit März ist die US-Bank Goldman Sachs mit dem Verkauf beider Teile beauftragt. Die gesamte Gruppe mit 3500 Mitarbeitern setzte 2011 rund 900 Mio. Euro um, davon 560 Mio. in Europa.

„Wir hoffen, bis Oktober einen Käufer zu finden"
MAG-SPRECHER

Die nun an MAG interessierte Firma Shenyang, nach eigenen Angaben einer der sieben größten Werkzeugmaschinenbauer der Welt, hatte schon 2004 den deutschen Maschinenbauer Schiess erworben.

Die Gläubiger drängen offenbar auf einen strategischen Käufer. Seit dem Übertrag an einen Treuhänder haben de facto die Institute – unter ihnen Commerzbank und Deutsche Bank – im Unternehmen das Sagen. An sie ginge zunächst auch der Verkaufserlös, der Insidern zufolge allein für MAG Europe 250 Mio. Euro betragen könnte. Erste Gebote sind spätestens im September fällig. „Wir hoffen, bis Oktober einen Käufer zu finden", sagte ein MAG-Sprecher. REUTERS, FTD

Abbildung 89
Zeitungsartikel der Financial Times Deutschland vom 09. Juli 2012

Über den Verlauf des „mit einer Vielzahl von qualifizierten und potentiellen Bietern weltweit" geführten Investorenprozesses konnte man folgende Meldungen lesen:

Handelsblatt

MASCHINENBAUER 11.12.2012, 20:14 Uhr

Verkauf der MAG Group zieht sich hin

Der Verkauf des schwäbischen Maschinenbauers MAG an das chinesische Unternehmen Sinomach dauert wahrscheinlich länger als angenommen. Die Gespräche auf der Zielgeraden gestalten sich schwierig, hieß es aus Kreisen.

Abbildung 90
Screenshot „Handelsblatt Online"[74]

74 http://www.handelsblatt.com/unternehmen/industrie/maschinenbauer-verkauf-der-mag-group-zieht-sich-hin/7508512.html

REUTERS DEUTSCHLAND

Sie sind hier: Home > Nachrichten > Unternehmen > Artikel

HOME
NACHRICHTEN
Top-Nachrichten
Inland
Ausland
Unternehmen
Konjunktur
Märkte
Wechselkurse
RESEARCH
BÖRSENKURSE
VIDEO

Produkte und Dienstleistungen
› Kundenzone
Partner Services
› Careers Centre
Über Thomson Reuters

Kreise: US-Teil von Anlagenbauer MAG an Franzosen verkauft

Freitag, 8. März 2013, 08:49 Uhr

Diesen Artikel drucken [-] Text [+]

Frankfurt (Reuters) - Der amerikanische Teilkonzern des Werkzeugmaschinenbauers MAG geht Finanzkreisen zufolge an den französischen Konkurrenten Fives.

Die Verträge seien in der Nacht zum Freitag unterschrieben worden, sagten zwei mit der Transaktion vertraute Personen der Nachrichtenagentur Reuters. Fives gehört seit dem vergangenen Jahr dem Finanzinvestor Axa Private Equity und hatte 2011 fast 1,3 Milliarden Euro umgesetzt. Fives beschäftigt 6100 Mitarbeiter. Die US-Sparte von MAG baut vor allem Werkzeugmaschinen für die Luftfahrt, während das Göppinger Unternehmen in Europa auf die Autoindustrie spezialisiert ist.

Das Unternehmen, das der US-Investor Mo Meidar unter anderem aus ehemaligen Teilen von Kuka und ThyssenKrupp aufgebaut hat, steht auf Druck der finanzierenden Banken in zwei Teilen zum Verkauf. Eigentlich war erwartet worden, dass zunächst der größere europäische Teilkonzern abgegeben würde. Doch sind die Verhandlungen mit dem Interessenten Sinomach, einem Maschinenbauer aus China, auf der Zielgeraden ins Stocken geraten.

Abbildung 91
Screenshot „Reuters Deutschland"[75]

Unabhängig von den Gründen der Verzögerung und dem letztendlichen Ausgang der Transaktion ist es sehr wahrscheinlich, dass die vorzeitig abgedruckten Meldungen über die Transaktion deren Abschluss nicht gefördert haben.

- Sonstige emotionale Rahmenbedingungen:

Nicht zu unterschätzen ist die emotionale Einbindung des Verkäufers im Rahmen von sog. Auktionen. Es ist ein erheblicher Unterschied, wenn ein Unternehmer sich z.B. mit einem seiner Wettbewerber über den Markt, das Umfeld, die Lieferantensituation unterhält und gemeinsam strategische Optionen diskutiert oder er einer Vielzahl potentieller Investoren mehrmals die annähernd

75 http://de.reuters.com/article/idDEBEE92701I20130308

gleiche Präsentation „aufführt“. Hier sieht sich der Verkäufer meist auch mehrheitlich professionellen Käufern aus der Private Equity Industrie gegenüber. Diese Profi-Unternehmenskäufer sind in der Art und Weise des Umgangs mit einem Unternehmer – trotz aller Lippenbekenntnisse – wenig zimperlich. Kommt es darüber hinaus in der Phase nach der Managementpräsentation oder in der Phase der Due-Diligence zu mehreren begründeten Absagen, so ist die emotionale Belastung des Unternehmers riesig. Ein Abbruch der geplanten Transaktion ist in solchen Fällen zu befürchten.

Eine Auktion bedeutet für den verkaufenden Unternehmer einen erheblichen Stressfaktor, der nicht zu unterschätzen ist. Generell kann man die Wahl des Verfahrens in die grundlegenden Elemente Auktion oder Verhandlung unterteilen.

	Verhandlung		Auktion
Bieter-universum		Große Anzahl potenzieller Käufer	✓
	✓	Bieter bekannt	
	✓	Bieter haben gute Alternativen	
	✓	Große Differenzen in Bewertungsüberlegungen	
Charakteristika der Assets		Assets klar spezifizierbar	✓
	✓	Großes Wertgenerierungspotenzial	
	✓	Beziehung mit Partner wichtig	
Verkäufer-anforderung		Geschwindigkeit wichtig	✓
	✓	Geringe Risikotoleranz	
Kontext der Transaktion	✓	Geheimhaltung wichtig	
		Transparenz wichtig	✓

Abbildung 92
Gegenüberstellung Verhandlung und Auktion[76]

Es gilt: Wenn Art und Anzahl der potentiellen Käufer genau bekannt sind, könnte eine Versteigerung sogar zu einem schlechteren Ertrag führen. Dies gilt insbesondere für den Fall, dass der Kreis der Interessenten sehr überschaubar ist. Was passiert zum Beispiel, wenn sich keine weiteren Interessenten einfinden? Was passiert bei Absprachen zwischen den wenigen Interessenten? In solchen Fällen

76 (Subramanian, 2010), Seite 84

erscheint es zweckmäßiger, direkte Gespräche mit den bekannten Kandidaten zu führen. Sind hingegen die finanzstarken potentiellen Käufer unter Umständen nicht bekannt oder könnten nur mit einem unverhältnismäßig hohen Aufwand ermittelt werden, bietet sich die Versteigerung als ein Instrument an, mit dem möglichst viele potentielle Käufer auf die Transaktion aufmerksam gemacht werden können.

Die oben dargestellte Abbildung zeigt im Überblick, dass eine Auktion zwar der in der Theorie und den Marketing-Versprechen mancher Investment-Banken oder ihrer M&A-Boutiquen propagierte beste Weg zur Veräußerung eines Unternehmens sein sollte, in der Praxis allerdings – aufgrund der Kriterien, die ein Unternehmen als Gesamtsystem aufweist – keinesfalls einen „Königsweg" darstellt, sondern eine ganze Reihe von Fallstricken enthält.

Fallbeispiel:

Ein traditionsreiches mittelständisches Unternehmen ist auf die Herstellung hochwertiger Möbel spezialisiert. Mit über 200 Mitarbeitern und hoher Kreativität sicherte es sich lange Zeit eine feste Position unter den Marktführern in der Nische.

Kontinuierlich werden in Deutschland neue und existierende Produkte entwickelt, weiterentwickelt, viele Modelle auch noch im Stammwerk produziert und in den internationalen Märkten abgesetzt. Die Kollektionen werden über den gehobenen Fachhandel und Exklusivabteilungen renommierter Möbelhäuser vertrieben. Das Unternehmen exportierte erfolgreich in fast alle europäischen Länder.

Weltweite niedrigere Preise bei Beschaffung, Personalkosten und Energiekosten lassen allerdings den Standort Deutschland für die Produktion von Möbeln nicht mehr zu. Man kann sich nicht mehr gegen den globalen Wettbewerb behaupten. Die Möglichkeiten, in diesem kosten- und preisgetriebenen

Markt durch Technologieführung wichtige Punkte zu machen und damit die Produktion im Lande zu begründen, erweisen sich als sehr begrenzt. Infolge dieser wohlbekannten Situation stellt das Unternehmen aufgrund von Umsatzrückgang und damit einhergehender Liquiditätsprobleme und schließlich eintretender Zahlungsunfähigkeit den Antrag auf Eröffnung des Insolvenzverfahrens. Im unmittelbar aufgesetzten M&A-Prozess gelingt es zwar eine Reihe von Interessenten für den Geschäftsbetrieb und die Marken zu begeistern, jedoch zeigt sich schnell, dass die branchenimmanenten Strukturprobleme bleiben. Dementsprechend kann der Geschäftsbetrieb als Ganzes nicht veräußert und auch nicht fortgeführt werden. Es stellt sich also die Frage, welche Assets werthaltig sind und wie sie vermarktet werden können?

Im Laufe des Verkaufsverfahrens waren zwar nur unbefriedigende Kaufangebote für das Unternehmen als Ganzes, aber eine ganze Reihe von Angeboten für den Erwerb der Markenrechte eingegangen. Also erging der Beschluss, sich auf den Verkauf der Markenrechte zu konzentrieren und diese – von Restrukturierungskosten unbelastet – dem Markt anzubieten. Im Laufe der ersten Angebotsprozesse zeigt sich ein interessantes Phänomen: Die zunächst eingehenden, unverbindlichen Angebote zeigen ein heterogenes Bild über die Werthaltigkeit der Markenrechte. Das Spektrum der Angebote ist, gemessen an den bei anderen Transaktionen üblichen Korridoren eingehender Preisindikationen, ungewöhnlich breit. Diese Besonderheit lässt auf eine ausgeprägte Informationsasymmetrie sowohl zwischen den einzelnen Interessenten als auch zwischen dem Verkäufer der Rechte und den Kaufinteressenten schließen. Hintergrund dieser deutlichen Asymmetrie ist sicherlich auch der Umstand, dass die Bestimmung der Werthaltigkeit der Marke und der dazugehörigen Markenrechte als immateriellem Wert offenbar zu einem beträchtlichen Teil auf subjektiver Einschätzung beruhen. Den Preis und Wert einer Maschine kann man vergleichsweise leichter bestimmen. Die belastbare Bestimmung eines Markenwerts erweist sich jedoch gelinde gesagt als schwieriger. Aufgrund von Forschungen zu möglichen Verhandlungsstrategien und Transaktionsdesigns erweist sich der Gedanke, spieltheoretische Ausführungen zu Auktionsmechanismen und Bieterstrategien auf die Praxis anzuwenden, als vielversprechend und letztlich auch zielführend. Um mit dieser Situation optimal umzugehen, fällt die Entscheidung, die Rechte im holländischen Auktionsverfahren zu veräußern – also einem Verfahren, in dem der Markt den Wert des gemeinsam betrachteten Gegenstands – hier eben der Markenrechte für Luxusmöbel – gewissermaßen durch den subjektiv richtigen Zeitpunkt für den Zuschlag selbst bestimmt.

Die holländische Auktionierung von Markenrechten für einen bestimmten Markt ist zwar aus der Auktionierung von Tulpen abgeleitet – dennoch ist sie im vorliegenden Fall ein wenig komplizierter: Um den Verkauf der IP-Rechte auch tatsächlich durch ein solches Verfahren zu ermöglichen, müssen eine Reihe von Rahmenbedingungen geschaffen werden, die es den Bietern erlauben, tatsächlich auch bieten zu können. Um hier auch in einer rechtlich nicht angreifbaren Form zu agieren, können Regeln für die Auktion definiert und bekanntgegeben werden.

Nach der Auktionsankündigung bei den entsprechenden Käufergruppen – mit einem naturgemäß über dem höchsten Angebot liegenden Startpreis – wird die Auktion gestartet. Innerhalb relativ kurzer Zeit schlägt einer der Interessenten zu einem wesentlich höheren Preis, als die während des vorhergegangenen M&A-Prozesses abgegebenen Angebote, zu. Durch das Design der Auktion und damit der Schaffung eines intensiven Wettbewerbes zwischen den Kaufinteressenten gelingt es, für die Gläubiger einen solchen Mehrwert zu schaffen, der in dieser exakt nachweisbaren Form des Erfolgsbeitrags des Auktionsdesigns nur selten vorzufinden ist.

Entscheidende Kriterien, die für eine Auktion sprechen sind:
- Große Anzahl an Kaufinteressenten
- Klar spezifizierbare Assets, die verkauft werden sollen
- Vorhandensein einer validen Informationsbasis, die allen Interessenten eine grundsätzliche Kaufentscheidung überhaupt erst ermöglicht
- Geheimhaltung spielt keine übergeordnete Rolle
- Große Bedeutung der Geschwindigkeit der Transaktion

Umgekehrt gibt es auch Kriterien, die für den Verkauf im normalen Wege des Verhandelns sprechen:
- Bieter haben Alternativen zur Transaktion, z.B. Make-Strategien oder andere Unternehmenskäufe
- große Differenzen in den Bewertungsüberlegungen, aufgrund individueller Synergien. Dadurch kann auch bei einer Übernahme ein großes Wertgenerierungspotential entstehen
- Geschwindigkeit spielt – außer bei Distressed-Transaktionen – keine Rolle
- die Geheimhaltung ist wichtig

Bei komplexeren Verkaufsgegenständen, und das ist ein Unternehmen zweifellos, fällt es oft schwer, die Anforderungen an die Preisabgabe und die Definition des Verkaufsgegenstandes konkret zu formulieren. Häufig lassen sich schon die Produktspezifikationen kaum isoliert von einer Preisbetrachtung festlegen. Im Falle von M&A-Transaktionen beispielsweise das sich ständig ändernde Warenlager als Bestandteil des Working Capitals. Wenn die Produktmerkmale Teil der Verhandlungsmasse sind oder die verfügbaren Optionen nicht im Detail definiert wurden, ist eine erfolgreiche Ausschreibung praktisch unmöglich.

Vom Grund her und auch aus Gründen der praktischen Erfahrung wäre somit ein Unternehmensverkauf eher im Wege der Verhandlung durchzuführen als im Wege einer Auktion.

Allerdings sind die Vorteile eines Auktionsverfahrens durchaus mit denen einer klassischen Verhandlung kombinierbar.

Häufig führt der Weg zu einem erfolgreichen Abschluss eines Unternehmensverkaufs über eine Hybrid-Strategie, mit der die Elemente einer Verhandlung mit den Vorteilen einer Auktion verbunden werden.

Subramanian definiert den aus den englischen Worten „Negotiation“ und „Auction“ kombinierten Begriff der „Negotiauctions“ als „die Anbahnung eines Geschäftes, bei der sowohl von der Gegenseite, als auch von den Mitbewerbern Druck ausgeübt wird.“[77]

Dabei nennt er fünf wesentliche Elemente:

1. Es gibt mehrere (aber nicht allzu viele) Kaufinteressenten
2. „Asymmetrische Informationsverteilung zugunsten des Verkäufers, der zumeist zu Beginn der Verhandlungen über mehr verkaufsrelevante Informationen verfügt“[78]
3. Die klassische Rollenverteilung der Akteure ist nur zu Beginn gegeben
4. Ähnlich wie bei konventionellen Verhandlungen finden eine Vielzahl von Einzelgesprächen zwischen Verkäufer und potentiellem Käufer statt
5. Eine oder mehrere Bieterrunden und andere auktionsähnliche Formen des Wettbewerbs finden Anwendung

Kernelement der Überlegungen bei „Negotiauctions“ ist vereinfacht ausgedrückt: Der Verkäufer definiert über einen Startzeitpunkt (Set-up-Move) Kriterien für Kaufinteressenten und erhält diese bis zu einem gewissen, individuell festzulegenden Zeitpunkt stringent aufrecht. Je nach Grad der Intensität des Wettbewerbs unter den Interessenten kann es Konstellationen geben, bei denen man das Verfahren oder den Transaktionsgegenstand so modifiziert (Rearranging-Move), dass er im Idealfall einen Mehrwert für die Beteiligten schafft und damit einem oder einigen Kaufinteressenten die Abschlussbereitschaft signalisiert. Am Ende dieser Phase kann es sein, dass man die Seiten des Tisches wechselt und sich nun quasi auf einer Seite des Tisches mit dem Kaufinteressenten

77 (Subramanian, 2010), Seite 164

78 (Subramanian, 2010), Seite 165

sieht und gegenüber anderen Interessenten abgrenzt – um dann gemeinsam die Transaktion zum Abschluss (Shut-down-Move) zu führen (siehe Checkliste).

Drei Elemente der Negotiauction		
Set-up Moves	**Rearranging Moves**	**Shut-down Moves**
Set-up Moves sind Bedingungen, zu denen ein Bieter bereit ist in eine Verhandlungssituation zu gehen. Dies können sein: • Exklusivität (für den Käufer der Idealfall) • Nur Abgabe eines Angebots, wenn zeitgleich der andere Bieter ein Angebot abgibt • Das Recht auf einen „Last Call"	Rearranging Moves sind Bedingungen oder Maßnahmen, mit denen eine Umdefinition der Ausgangssituation erfolgt und die Mehrwerte schaffen. Dies können sein: • Miterwerb eines Grundstücks, dessen Veräußerungserlös steuerfrei ist • Zusammenschluss zu einem Konsortium • Frühzeitiges Einbinden der Hausbank • Verlängerung des Zeitraumes der Mitarbeit des ausscheidenden Unternehmers mit einem sehr gut dotierten Beratervertrag.	Shut-down Moves sind Maßnahmen, mit denen man den Wettbewerb mit anderen Interessenten beendet und sich nur noch auf den Abschluss des Deals mit einem Interessenten konzentriert: Shut-down Moves funktionieren nur, wenn diese besser sind als der BATNA des Verkäufers. Dies können sein: • Verhandlungsexklusivität mit hoher Break-up Fee • Zeitlich eng befristete Angebote

Abbildung 93
Die drei Elemente der Negotiauction

Fallbeispiel:

Die Gruga-Werke GmbH ist eine breit diversifizierte Unternehmensgruppe. Man ist mit mehreren Unternehmen in den Bereichen Metall- und Kunststoffverarbeitung tätig. Die Abnehmer sind namhafte Unternehmen aus der Automobil-, Medizintechnik- und Unterhaltungselektronikindustrie. In allen Branchen ist der Wettbewerb sehr hoch und das Unternehmen wird sowohl im In- und Ausland aufgrund seiner Innovationsfreude und der Fähigkeit, Innovationen schnell in Produkte zu wandeln, sehr geschätzt.
In der Holding des Unternehmens kommt es unerwartet zu finanziellen Schwierigkeiten. Derivative Geschäfte, die man dachte zur Zins- und Währungssicherung eingesetzt zu haben, entwickelten sich als toxisch. Die Holding sieht keine andere Möglichkeit mehr, als Antrag auf Eröffnung des Insolvenz-

verfahrens zu stellen. Aufgrund des Haftungsverbundes, den auch die Tochtergesellschaften mit der Holding eingegangen sind, kommt es durch drohende Bürgschaftsinanspruchnahme und vor allem durch das Wegfallen des Cashpools und der damit einhergehenden Zahlungsunfähigkeit, ebenfalls zur Insolvenzantragstellung zahlreicher Tochtergesellschaften.
Der Insolvenzverwalter Rinnert sieht das enorme Potential, das die einzelnen Tochtergesellschaften in ihren jeweiligen Bereichen haben und beauftragt schließlich Gutmann M&A mit dem Verkauf des Geschäftsbereiches Medizintechnik, der aus mehreren Gesellschaften besteht.
Nachdem in kürzester Zeit ein Informationsmemorandum erstellt wurde, wählte man gemeinsam mit dem Geschäftsführer des Bereiches Medizintechnik die möglichen Kaufinteressenten aus, bei denen die größten strategischen Potentiale gesehen werden. Die Interessenten werden angesprochen, Vertraulichkeitsvereinbarungen ausgetauscht und das Informationsmemorandum versandt. Den Geschwindigkeitsanforderungen des Insolvenzantragsverfahrens geschuldet, werden bereits parallel Termine für Betriebsbesichtigungen vereinbart.
Manfred Gutmann, Partner bei Gutamnn M&A, erklärt den Kaufinteressenten den gesetzlichen Rahmen des Insolvenzverfahrens und weist darauf hin, dass der vorläufige Verwalter durch sonstige Rahmenbedingungen gehalten ist, den Geschäftsbetrieb mit Eröffnung des Insolvenzverfahrens zu veräußern. Damit setzt er eine klare Frist für Kaufinteressenten, die aufgrund der insolvenzrechtlichen Notwendigkeit auch von den Interessenten akzeptiert wird (Set-up-Move).
Nach 6 Wochen liegen dem M&A-Berater eine Reihe von unverbindlichen Angeboten vor, den Geschäftsbetrieb im Wege eines Asset Deals, d.h. durch Erwerb der wesentlichen Vermögensgegenstände, zu übernehmen.
Die Angebote werden ausgewertet und gemeinsam mit dem vorläufigen Insolvenzverwalter dem neu einberufenen vorläufigen Gläubigerausschuss präsentiert:

	Werte in T€	Bieter 1	Bieter 2	Bieter 3	Bieter 4	Bieter 5	Bieter 6	Buch-wert	Liquidations-Wert gem. Sachaufnahme	Fortführungs-wert gem. Sachaufnahme
(1)	**Immaterielles Vermögen**	**750**	**200**	**350**	**–**	**300**	**200**	**8,5**	**–**	**–**
(2)	Marke	350	100	250	–	300	200	-	–	–
(3)	Kundenstamm u.a. immaterielle Werte	400	100	10 0	–	–	–	8,5	–	–
(4)	**Anlagevermögen**	**2.150**	**2.150**	**1.750**	**1.801**	**2.650**	**2.225**	**2.436,3**	**1.810,2**	**2.479,2**
(5)	Grundstücke und Gebäude	1.200	1.400	1.200	900	1.600	1.245	1.245,0	1.450,0	1.450,0
(6)	Technische Anlage und Maschinen	800	600	450	900	850	800	956,1	292,0	834,2
(7)	Betriebs- und Geschäftsausstattung	150	150	100	1	200	180	235,2	68,3	195,0
(8)	**Umlaufvermögen**	**3.950**	**4.700**	**4.586**	**3.286**	**4.250**	**3.750**	**4.262,9**	**4.385,6**	**5.166,6**
(9)	Roh-, Hilfs- und Betriebsstoffe	2.500	2.500	2.500	2.000	2.600	2.600	2.853,8	2.650,0	2.650,0
(10)	Unfertige Erzeugnisse	-	400	286	286	200	150	285,6	285,6	414,1
(11)	Fertige Erzeugnisse	1.450	1.800	1.800	1.000	1.450	1.000	1.123,5	1.450,0	2.102,5
(12)	**Summe**	**6.850**	**7.050**	**6.686**	**5.087**	**7.200**	**6.175**	**6.707,7**	**6.195,8**	**7.645,8**
(13)	**Sonstige Rahmenbedingungen:**								**Anzahl MA**	
(14)	Anzahl Mitarbeiter, die übernommen werden sollen	120	115	85	100	100	135		135	
(15)	Vom Verwalter freizusetzende Mitarbeiter	15	20	50	35	35	0			
(16)	Kosten der Freisetzung (T€ 22/MA)	330	440	1.100	770	770	-			
(17)	**Liquidität verbleibend (12) - (16)**	**6.520**	**6.610**	**5.586**	**4.317**	**6.430**	**6.175**			

Abbildung 94
Angebotsübersicht – Phase 1

Bieter 4 scheidet aufgrund des zu niedrigen Angebotes aus. Der gebotene Wert liegt sogar unter dem Wert, der im Falle einer Liquidation angenommen wird. Da Bieter 3 nur bereit ist, den Geschäftsbetrieb zu übernehmen, wenn 50 Mitarbeiter im Zuge der Transaktion abgebaut werden, ist auch diese Variante unattraktiv.
Manfred Gutmann erklärt den Mitgliedern des vorläufigen Gläubigerausschusses nun die Elemente einer Negotiauction: Zunächst wird er den Kaufinteressenten erklären, dass die von Ihnen abgegeben Preise nicht den Wertvorstellungen des vorläufigen Insolvenzverwalters entsprechen, denn keines der Angebote erreicht den Fortführungswert.
Hierdurch baut er Wettbewerb und Druck über den Verhandlungstisch, d.h. zwischen Verkäufer und Käufer, auf. Anschließend wird er den Bietern im Rahmen der Due-Diligence weitere Informationen zur Zusammensetzung des Umlaufvermögens zur Verfügung stellen und damit die Möglichkeit schaffen, dass Interessenten einerseits neue Informationen verarbeiten und andererseits gesichtswahrend auch das ursprüngliche Angebot erhöhen können.
In einem zweiten Schritt erklärt der M&A-Berater den Interessenten die aktuellen Überlegungen des vorläufigen Insolvenzverwalters, alle Bieter aufzufordern, ein notariell beglaubigtes Angebot abzugeben (Rearranging-Move 1). Er erläutert, dass zurzeit noch etwas weniger als eine Handvoll Interessenten im Rennen und diese aufgrund der Branchenkenntnisse allesamt als ernstzunehmende Interessenten einzustufen sind. Hierdurch schafft er Wettbewerb und baut erneut Druck durch die gleiche Seite des Tisches, d.h. unter den Interessenten, auf.
Im Rahmen der weiteren Managementgespräche favorisieren die Mitarbeiter von GRUGA klar Bieter 1. Sowohl strategisch als auch durch dessen hohe finanzielle Schlagkraft, sehen sich die Mitarbeiter langfristig in einem „sicheren Hafen".
Nach Besprechung aller Sachverhalte im vorläufigen Gläubigerausschuss erhalten der vorläufige Insolvenzverwalter

und der M&A-Berater die Erlaubnis, mit den Bietern 1 und 2 über einen schnellen Abschluss zu verhandeln (Rearranging-Move 2).

Mit dem entsprechenden Mandat ausgestattet kommt es zu den entscheidenden Verhandlungen mit den Bietern 1 und 2, bei denen der vorläufige Insolvenzverwalter erklärt, dass er unter der Voraussetzung der Übernahme der Kosten des Mitarbeiterabbaus durch den Erwerber, kurzfristig einen Transaktionsvertrag abschließen kann (Shut-down-Move). Gleichzeitig strebt der Insolvenzverwalter einen schnellen Übergang an, der es ihm nicht ermöglicht, die unfertigen Erzeugnisse zu Ende zu produzieren und am Markt abzusetzen. Bieter 1 erkennt die Chance, die er somit bekommt und erhöht sein Angebot. Auch Bieter 2 ahnt, dass es zu einer entscheidenden Phase kommt und versucht seinerseits durch ein finales, befristetes und erhöhtes Angebot, die Situation zu seinen Gunsten zu entscheiden. Es kommt zu folgender Angebotssituation:

	Werte in T€	Bieter 1	Bieter 2
(1)	**Immaterielles Vermögen**	**750**	**500**
(2)	Marke	350	250
(3)	Kundenstamm u.a. immaterielle Werte	400	250
(4)	**Anlagevermögen**	**2.150**	**2.150**
(5)	Grundstücke und Gebäude	1.200	1.400
(6)	Technische Anlage und Maschinen	800	600
(7)	Betriebs- und Geschäftsausstattung	150	150
(8)	**Umlaufvermögen**	**4.300**	**4.700**
(9)	Roh-, Hilfs- und Betriebsstoffe	2.500	2.500
(10)	Unfertige Erzeugnisse	350	400
(11)	Fertige Erzeugnisse	1.450	1.800
(12)	**Summe**	**7.200**	**7.350**
(13)	**Sonstige Rahmenbedingungen:**		
(14)	Anzahl Mitarbeiter, die übernommen werden sollen	120	115
(15)	Vom Verwalter freizusetzende Mitarbeiter	15	20
(16)	Kosten der Freisetzung (T€22/MA)	–	440
(17)	**Liquidität verbleibend (12) - (16)**	**7.200**	**6.910**

Abbildung 95
Angebotsübersicht – Phase 2

Auch in dieser Konstellation unterbreitete Bieter 1 das attraktivere Angebot. Es kommt mit dem Tag der Verfahrenseröffnung zum Verkauf des Geschäftsbetriebes an Bieter 1.

4.2 Durchführung

Im Rahmen der bisherigen Ausführungen wurden die einzelnen vorbereitenden Schritte ausführlich erläutert. Dabei wurde aufgezeigt, dass die Vorbereitung und das Design des Verkaufsprozesses die Grundlage für ein späteres, erfolgreiches Verhandeln dargestellt.

Nunmehr erläutere ich den Teil der Durchführung, der neben den bisher im Vordergrund stehenden analytischen Fähigkeiten des M&A-Beraters, auch und insbesondere dessen Verhandlungskompetenzen im Zusammen- und Gegenspiel mit den Kaufinteressenten betrachtet.

4.2.1 Sounding und Approach

Der erste Schritt bei der Durchführung eines Unternehmensverkaufs ist das sog. Sounding & Approach. Leider gibt es kein vergleichbares deutsches Wort. Am ehesten könnte man das Sounding & Approach mit dem Begriff des „Herantastens“ an den Kaufinteressenten übersetzen.

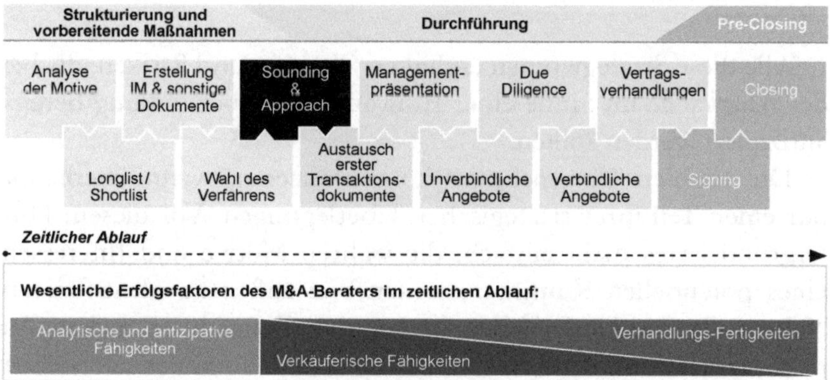

Abbildung 96
Sounding und Approach im gesamten M&A-Prozessablauf

Dem Sounding kommt eine große Bedeutung zu, vor allem wenn auf der Liste der potentiellen Kaufinteressenten im Wesentlichen strategische Interessenten stehen.

Nicht nur die Offenlegung von detaillierten Informationen gegenüber dem Wettbewerber im Rahmen der Due-Diligence, sondern alleine schon die Tatsache als solches, dass das Unternehmen zum Verkauf steht, kann erhebliche negative Konsequenzen haben, wenn damit nicht richtig umgegangen wird.

Oft sind Branchennischen so klein, dass sich die Marktteilnehmer auch global betrachtet alle kennen und dementsprechend auch eine anonyme Beschreibung des zum Verkauf stehenden Unternehmens bereits den Rückschluss auf den Namen zulässt.

Strategische Interessenten verfolgen grundsätzlich sieben verschiedene strategische Stoßrichtungen beim Erwerb von Unternehmen:

- Volumenexpansion
- Regionale Expansion
- Produktexpansion
- Kompetenzexpansion
- Vorwärtsintegration
- Rückwärtsintegration
- Diversifizierung

Alle diese Strategietypen enthalten Chancen und Risiken, die bei der Ansprache im Sinne einer Einwandvorwegbehandlung bereits antizipiert werden sollten.

Die meisten Unternehmen kommunizieren, wenn überhaupt, nur einen Teil ihrer strategischen Überlegungen. Vor diesem Hintergrund ist es nicht einfach, die wahren Motive und Interessen eines potentiellen Kaufinteressenten von außen zu identifizieren. Neben allen verkäuferischen und verhandlungstheoretischen Aspekten ist der strategische Fit zwischen dem zum Verkauf stehenden Unternehmen und dem potentiellen Erwerber immer noch das Kernelement des gesamten M&A-Prozesses.

Merger-Typ	Beschreibung	Beispiele	Chancen	Risiken
Volumen-expansion	Horizontale Integration direkter Mitbewerber, um den Marktanteil zu erhöhen und um Skaleneffekte zu erzielen	Carrefour/Promodès	• Erzielung von Skaleneffekten Erweiterung des Marktes und der Kaufkraft • Zugang zu neuen Best Practices und verbesserten Angeboten	• Verlust von Umsatz und Kunden • Geringe Realisierung von Synergien aufgrund geringen Investitions-Know-hows • Entstehung organisatorischer Barrieren durch verschiedene Unternehmens-kulturen
Regionale Expansion	Horizontale Integration von Firmen aus derselben Industrie, jedoch mit einem unterschiedlichen regionalen Fokus. Beide Firmen möchten schnell in neue geografische Segmente expandieren, sind am lokalen Know-how interessiert oder wollen den globalen Marktanteil erhöhen	Anthem/Trigon Healthcare	• Eintritt in neue geografische Regionen • Erzielung von Skaleneffekten • Risikodiversifizierung • Zugang zu neuen Best Practices und verbesserten Angeboten	• Entstehung kultureller Konflikte und Widerstände gegen sich entwickelnde Synergien • Anbieten standardisierte Angebote ohne Berücksichtigung regionaler Voraussetzungen
Produkt-expansion	Horizontale Integration nicht-direkter Mitbewerber, welche dieselbe Kundengruppe mit anderen Produkten oder Dienstleistungen beliefern. Ziel ist, das Produktportfolio zu erweitern und Cross-Selling-Potenziale zu heben oder manchmal auch Skaleneffekte zu realisieren	PepsiCo/Quaker Oats	• Entwicklung der Kundenbasis durch Cross-Selling und Alleinstellungsmerkmale durch Kombination von Produkten und Dienstleistungen • Realisierungspezifischer Synergien, möglicherweise im Vertrieb und im Marketing	• Unzureichendes Produktwissen • Verlust von Vertriebspersonal während der Integration • Entstehung von Konflikten rund um Marken und Positionierung

Kompetenz-expansion	Teilweise horizontale Integration von Unternehmen, welche nicht im direkten Wettbewerb stehen, sondern sich auf einen Teil der Wertschöpfungskette des Käufers fokussiert haben (oft Marketing/ Vertrieb oder F&E). Der Käufer erhält Zugang zu Know-how und Technologien, welche die eigenen Kernkompetenzen steigern können	Bilfinger Berger/ Rheinhold & Mahla	• Erreichung neuer Kompetenzen, z.B. Experten, Fähigkeiten, Patente, Technologien und Marketing
			• Komplettierte Services auf lange Frist
				• Entstehung von Integrationsbarrieren
				  • Für Käufer: Widerstand gg. die neue Vorgehensweise („not investedhere syndrome")
				  • Für Zielunternehmer: Kulturelle Unterschiede
				• Verlust von Schlüsselmitarbeitern und Kunden, Kauf nur der Unternehmenshülle

Vorwärts-integration	Vertikale Integration nachgelagerter Kunden oder Händler um weitere Marktsegmente, Kanäle oder möglicherweise Endkunden in das eigene Unternehmen zu integrieren.	Vodafone/Singlepoint	• Bessere Steuerung des Vertriebs • Sicherung von Abnahmemengen • Vorteil gegenüber Wettbewerbern • Bessere Marktnähe („Ohr am Markt")	• Verlust von Kunden, die auf dieser Wertschöpfungsstufe nun Wettbewerber sind • Verlust der Fokussierung auf das Kerngeschäft
Rückwärts-intregration	Vertikale integration vorgelagerter Lieferanten, um strategische Ressourcen sicherzustellen oder um die Abnahme der Lieferantenmacht auszunützen	Mittal Steel/Kryvorizhstal	• Günstigeres Sourcing von Einkaufsteilen und -leistungen • Bessere Einbindung des „Zulieferers" in die Entwicklungskette • Sicherstellung der Ressourcen bei knappen Gütern/Leistungen	• Profitabilität des erworbenen Unternehmens in Gefahr durch Verlust dritter Kunden • Verlust der Fokussierung auf das Kerngeschäft • Verlust der „Beschaffungsfreiheit"
Diversifizierung	Merger zwischen Unternehmen unterschiedlicher Industrien, um einen neuen attraktiven Markt zu betreten und um die Geschäftsfelder zu diversifizieren, das Risiko zu reduzieren, die Marke zu transferieren oder um strategische und unternehmerische Fähigkeiten abzugreifen	Anglian Water und Morrison Construction	• Ausgleich zwischen Geschäftsbereichen zur Stabilisierung des Unternehmens bei Marktschwankungen • Ggf. Entwicklungs-/Vertriebs-, sonstige Synergien	• Ressourcenwettbewerb völlig unterschiedlicher Geschäftsbereiche in einem Unternehmen • Keine Realisierung von Synergien • „Verzettelung" • Unternehmensprofilierung verschwimmt

Abbildung 97
Chancen- und Risikoprofile der grundsätzlichen Merger-Strategietypen[79]

79 (Rothenbücher, et al., 2013), Seite 76, ergänzt um eigene Anmerkungen

Ziel ist es, am Ende des Prozesses eine wertorientierte Transaktion bewerkstelligen zu können, die im Idealfall den größtmöglichen Mehrwert für alle Anspruchsgruppen (Stakeholder) generiert. Dementsprechend ist bei Wissenslücken einerseits ein hohes Maß an Recherchearbeit notwendig, darüber hinaus hilft es in vielen Fällen, den potentiellen Interessenten nach den relevanten Informationen zu fragen.

Aufgabe des M&A-Beraters ist es, durch ein Herantasten an den Interessenten Antworten auf die folgenden Kernfragen zu erhalten:

1. Ist der potentielle Kaufinteressent tatsächlich an Wachstum durch Akquisitionen interessiert?
2. Ist der potentielle Kaufinteressent grundsätzlich in der Lage, den erwarteten Kaufpreis zu finanzieren?
3. Wer ist der richtige Ansprechpartner, der eine positive Entscheidung zur Prüfung der Akquisitionsmöglichkeit treffen kann und der frei von etwaigen Konflikten in diesem Zusammenhang ist?
4. Was ist der richtige Zugang zu dieser Person?

Die Klärung dieser Fragen ist nicht immer einfach, denn nur in seltenen Fällen sind die Antworten auf diese Fragen öffentlich zugänglich. Vielmehr sind insbesondere in dieser Phase die Erfahrung, das Know-how und das Netzwerk des M&A-Beraters gefragt, um Antworten hierauf zu erhalten (siehe Checkliste).

Liegen diese Antworten nun alle vor, werden in Absprache mit dem Mandanten die Ansprachewege definiert. Auch wenn in den meisten Fällen die anonyme Ansprache durch den Berater erfolgen sollte, so kann es – insbesondere in engen Branchen, in denen sich die Marktteilnehmer über Jahrzehnte kennen – den Entscheidungsträger beim Kaufinteressenten befremden, wenn nicht der Unternehmer selbst, zu dem er – trotz des vielleicht fallweisen Wettbewerbs im operativen Geschäft – ein enges Vertrauensverhältnis für sich definiert hat, ihn anspricht. In diesen seltenen Fällen empfiehlt es sich, dass der Unternehmer selbst „vorfühlt“. Ist Interesse seitens des angesprochenen Unternehmens vorhanden, muss jedoch schnell die Kommunikation an den M&A-Berater übergeben werden.

Eine noch so gut durchgeführte Recherche kann natürlich nicht wirklich in die Köpfe der handelnden Personen beim Kaufinteressenten schauen und deren strategische Überlegungen in der gesamten Breite erfassen. Internetseiten sind von Kommunikations- und Werbeagenturen gestaltet und transportieren oft nur rudimentär strategische Positionierung und Zukunftsorientierung eines Unternehmens.

Interessanterweise lassen sich die Themen, an denen jeder Top-Entscheider in einem Unternehmen interessiert ist, zu Kernaussagen verdichten, die im Rahmen der Ansprache des Interessenten zunächst genutzt werden sollten.

Der Top-Entscheider ist zumeist an vier Themen interessiert[80]

1. Umsatzsteigerung durch neue Kunden, Ausbau bestehender Kundenbeziehungen, neue Geschäftsfelder, Zusatzleistungen
2. Verbesserte Prozesse durch Effektivitäts- und Effizienzsteigerung
3. Kundenzufriedenheit mit dem Ziel, die Kundenloyalität zu verstärken und Marktanteile zu verteidigen sowie neue zu gewinnen
4. Vermeiden überflüssiger Kosten

Diese können die Türöffner darstellen, um überhaupt erst die Möglichkeit zu erhalten – nach Austausch von Vertraulichkeitserklärungen – über das Informationsmemorandum und das persönliche Gespräch den strategischen Fit der beiden Unternehmen zu diskutieren.

Auch sollte bei der Ansprache mit dem Mandanten vorab besprochen werden, ob es eine Reihenfolge der Ansprache oder eine zeitliche Priorisierung gibt. Hat man sich beispielsweise dazu entschlossen, auch den Hauptwettbewerber im regionalen Marktgebiet

80 (Heinrich, Stephan, 2011), Seite 41

als Kaufinteressenten anzusprechen, so kann dies zu unterschiedlichen Zeiten erfolgen.

- Soll man den stärksten Wettbewerber gleichzeitig mit allen anderen Kandidaten ansprechen?
- Soll man dem Hauptwettbewerber die Möglichkeit einräumen, in einer Pre-Marketing-Periode das Unternehmen für einen ganz bestimmten Zeitraum prüfen zu dürfen?
- Soll man dem Hauptwettbewerber erst am Ende des Verkaufsprozesses die Möglichkeit einräumen, teilzunehmen und im Rahmen eines Fast-Tracks alle anderen zu überholen?

In manchen Fällen kann es durchaus Sinn machen, dem aussichtsreichsten Kaufinteressenten, im vorstehenden Absatz am Beispiel des Hauptwettbewerbers erläutert, eine Sonderstellung im Prozess einzuräumen. Allerdings sind auch hier die Vor- und Nachteile gegeneinander abzuwägen. Im Abschnitt Spieltheorie in Teil A des Buches habe ich bereits über die Themen der Verlustangst und Verknappung gesprochen.

Wenn man dem aussichtsreichsten Kandidaten erklärt, dass er nunmehr die Gelegenheit hat, für eine begrenzte Periode die Akquisitionsmöglichkeit exklusiv prüfen und (!) umsetzen zu dürfen, aber bei Nichtabschluss, er vom weiteren Prozess ausgeschlossen ist, dann weckt man genau die beiden oben genannten Dimensionen der Verlustangst („Dann macht das womöglich noch ein anderer“) und der Verknappung („Nur ich habe in dieser Zeit die Möglichkeit“). Dies ist eine Möglichkeit – bei exzellenter Vorbereitung des Prozesses – im Rahmen eines Fast-Tracks einen signifikant höheren Kaufpreis zu erzielen.

Aber:

- Was passiert, wenn der Interessent diese Exklusivitätsphase am Anfang des Prozesses in Anspruch nimmt, aber nicht abschließt, sondern zu einem späteren Zeitpunkt ein attrakti-

ves Angebot unterbreitet? Schließt man diesen dann aus dem Prozess aus oder berücksichtig man dieses Angebot?
- Wie geht man mit den anderen Interessenten um, die sich an die Verfahrensregeln gehalten haben?
- Gewährt man am Ende des Prozesses womöglich dem Hauptwettbewerber aus den oben genannten Gründen noch einmal Einblick in die Geschäftsgeheimnisse und schwächt damit die Wettbewerbsposition des neuen Eigentümers (im Falle des Nichtabschlusses mit dem Hauptwettbewerber) erheblich?
- Kann sich ein M&A-Berater als Vertreter (Agent) des Unternehmers (Prinzipal) erlauben, einen attraktiven Kaufinteressenten auszuschließen, um an seinen Verfahrensvorstellungen dogmatisch festzuhalten?

Bei all diesen Verfahrensüberlegungen sei klar herausgestellt: Bei einem Unternehmen handelt es sich nicht um einen bloßen Handelsgegenstand! Die Verantwortung, die ein Berater mit der Annahme des Mandates für die Beratung beim Verkauf des Unternehmens annimmt, ist nicht vergleichbar mit der bei einem Verkauf einer „commodity".

Wie auch schon jahrelang der Unternehmer es vorgelebt hat, besteht auch beim mandatierten M&A-Berater eine Verantwortung für das Unternehmen an sich und den Mitarbeitern des Unternehmens, denen ihr Arbeitsplatz die wirtschaftliche Existenz sichert.

Die obigen Ausführungen beschreiben am M&A-Markt anzutreffende Vorgehensweisen. Diese sind hier der Vollständigkeit wegen aufgeführt. Deren Einsatz ist einzelfallbezogen zu prüfen und stets kritisch zu hinterfragen.

Betrachtet man bei der Ansprache von Kaufinteressenten den Kommunikationsweg, so kann eine Ansprache erfolgen über:

- ein persönliches Gespräch,
- einen „Botschafter",
- ein Telefonat,

- einen Brief/Teaser,
- ein Telefax oder
- per E-Mail.

Fazit:

Es gibt kein Patentrezept für eine erfolgreiche Ansprache! Auch unterscheiden sich die üblicherweise eingesetzten und damit adäquaten Kommunikationsmittel einer Branche erheblich. Während in klassischen Branchen, wie z.B. im Bergbau oder in der Stahlerzeugung wahrscheinlich auch im Durchschnitt eher klassische Kommunikationsformen zur Anwendung gelangen, ist auch eine vertrauliche und bedeutende Nachricht per E-Mail in der Telekommunikationsbranche durchaus adäquat.

Insgesamt gilt hier: Der Zweck heiligt die Mittel! Allerdings ist hierbei zu beachten, dass als Zweck nicht die Ansprache und Kontaktaufnahme mit dem Interessenten verstanden werden muss, sondern auch der vertrauliche Umgang mit der Tatsache des Unternehmensverkaufs als solches. Elektronische Medien mit dem Vorteil der einfachen Weiterleitung von Nachrichten per Knopfdruck an Verteilerkreise verführen naturgemäß zu schnellen Handlungen. Hierauf ist bei der Weitergabe von Informationen im Rahmen eines M&A-Prozesses stets zu achten.

Zu beachten ist ebenfalls, dass die Wirkung aller Formen der Massenansprache (z.B. Massenmailings) nicht nur im Privatbereich, sondern auch im Geschäftsleben schon lange ihre positive Wirkung überschritten haben. Eine individuelle Ansprache ist immer einer standardisierten Form (z.B. in Form eines Teasers) vorzuziehen.

4.2.2 Austausch erster Transaktionsdokumente

Nachdem ein Kaufinteressent sein Interesse an der Verfolgung der Akquisitionsmöglichkeit bzw. der Teilnahme am M&A-Prozess mitgeteilt hat, ist die Grundlage für den weiteren Informationsaustausch in Form des Austausches einer Vertraulichkeitserklärung, als eines der ersten Transaktionsdokumente, zu schaffen.

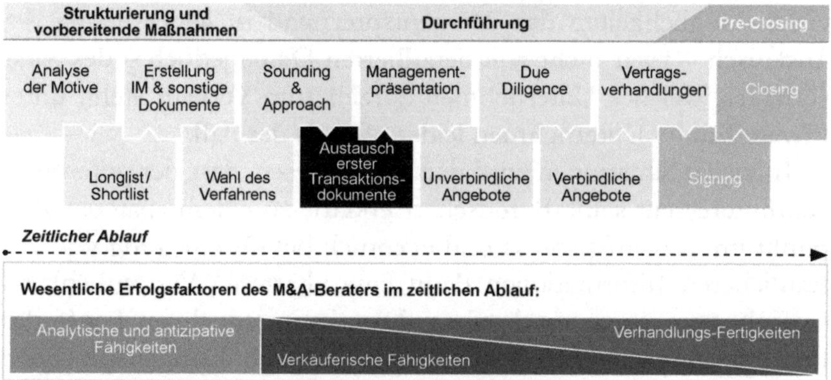

Abbildung 98
Austausch erster Transaktionsdokumente im M&A-Prozessablauf

Der Austausch von Vertraulichkeitsvereinbarungen ist ein Standardverfahren in jedem M&A-Prozess. Je nach Einschätzung der Notwendigkeit des Schutzes von vertraulichen Informationen aus Sicht des Mandanten oder Beraters, sind die Vertraulichkeitsvereinbarungen von ihrem Umfang her unterschiedlich. Obwohl sich in der M&A-Praxis gewisse Standards bei Vertraulichkeitsvereinbarungen am Markt etabliert haben, ist es doch immer wieder erstaunlich, wie viel um den Inhalt von Vertraulichkeitsvereinbarungen bereits im Vorfeld von Transaktionen verhandelt wird. Dies erstaunt umso mehr, da es in der Praxis nur in den seltensten Fällen Rechtsfolgen aus dem Bruch von Vertraulichkeitsvereinbarungen gibt. Vielmehr gewinnt der erfahrene Beobachter oftmals den Eindruck, dass es bereits im frühen Stadium um ein – aus Sicht des

Autors wenig zielführendes – „Abstecken des Territoriums“ und missverstandener Machtverhältnisse geht[81].

Häufige Verhandlungspunkte sind Vertragsstrafen, Abwerbeverbote und die Gewähr für die Aufrechterhaltung der Vertraulichkeit bei den involvierten Beratern. Vertragsstrafen sind bei Private Equity Unternehmen mittlerweile in der Praxis kaum durchsetzbar, wobei insbesondere hier in vielen Fällen eine sofort fällige Vertragsstrafe notwendig wäre. Bei vielen Private Equity Managern stellt eine Investmentopportunität eben doch nur eine unter sehr vielen Möglichkeiten dar. Dementsprechend ist leider häufig der Austausch – zwar nicht von detaillierten Daten jedoch – des Sachverhaltes, welches Unternehmen zurzeit zum Verkauf steht, unter Private Equity Unternehmen leider oftmals der Fall.

In vielen Situationen wird darauf verwiesen, dass der potentielle Kaufinteressent seine Bereitschaft erklärt, zu einem späteren Zeitpunkt im Verkaufsprozess und eventuell bei Offenlegung von vertraulicheren Informationen dann eine „härtere“ Vertraulichkeitsvereinbarung zu unterschreiben. Dies kann jedoch im Laufe des Prozesses nur sehr schwer durchgesetzt werden. Dementsprechend sollte am Anfang eines solchen Prozesses immer die Grundlage der Vertraulichkeit bis zum Ende des Prozesses geregelt werden.

Nach dem Austausch der Vertraulichkeitsvereinbarung wird nicht nur das Informationsmemorandum an den Kaufinteressenten versandt, sondern auch der Prozessbrief. Ein solcher Prozessbrief bietet Vor- und Nachteile. Die Vorteile liegen sicherlich darin, dass ein potentieller Kaufinteressent die Anforderungen an Zeit und Struktur des Projektes kennt und dementsprechend seine Ressourcen einteilen kann. Gleichzeitig wird sich ein Kaufinteressent, der nicht in der Lage ist, diesen Zeiterfordernissen zu entsprechen, frühzeitig aus dem Prozess zurückziehen. Als weiterer Vorteil wird oftmals herausgestellt, dass der M&A-Berater bzw. die das Verfahren begleitende Investmentbank im sog. „Drivers Seat“ sitzt und

81 Anmerkung: Es sei jedoch darauf hingewiesen, dass mittlerweile auch bei vielen Private Equity Unternehmen ein gehöriges Maß an Misstrauen gegenüber einigen M&A-Beratern vorherrscht, deren Seriosität man in dieser frühen Phase des Prozesses noch nicht einschätzen kann. Viele Private Equity Firmen fürchten ohne eigenes Verschulden in die Situation einer Streitigkeit über Vertragsstrafen zu gelangen.

jedem Interessenten das Wettbewerbselement im Verkaufsprozess vor Augen geführt wird. Hierin liegen jedoch auch die Nachteile. Insbesondere strategische Interessenten unterhalten oftmals keine ressourcenstarken M&A-Abteilungen, sondern ein M&A-Prozess wird von den jeweiligen Bereichsleitern und der Geschäftsleitung parallel zum operativen Geschäft begleitet. Dementsprechend sind solche Unternehmen in frühen Phasen des Prozesses nicht in der Lage, gesetzte Fristen immer zum richtigen Zeitpunkt einzuhalten. Für die Verhandlungsposition im weiteren Prozessverlauf ist es jedoch äußerst unglücklich, gesetzte Fristen bei Nichteinhalten zu korrigieren bzw. zu verlängern. Der ursprünglich mit dem Prozessbrief angestrebte Vorteil der Visualisierung des Wettbewerbselementes wird bspw. durch eine Fristverlängerung ins Gegenteil verkehrt und so dem Interessenten suggeriert, dass keine weiteren Interessenten vorhanden sind, denn ansonsten müsste man nicht das Nichteinhalten von Fristen verzeihen.

Wenn Fristen gesetzt und diese nicht eingehalten werden, so ist dem Mandanten zu raten, entweder den Prozess insgesamt zu verändern oder aber den jeweiligen Interessenten, der diese Fristen nicht einhalten kann, vom weiteren Prozess auszuschließen. Kann man ein solches Verhalten bestimmter Interessentengruppen bereits antizipieren, ist es ratsam, keinen umfangreichen Prozessbrief mit entsprechenden Fristen zu versenden und damit das Verfahren insgesamt individueller zu gestalten.

Ein im Voraus klar definierter, strukturierter Prozess eignet sich nur bei hochattraktiven Targets, bei denen eine hohe Nachfrage seitens potentieller Investoren sicher ist oder im Rahmen von Unternehmenstransaktionen, deren Ablauf auf Basis einer gesetzlichen Grundlage erfolgt (z.B. Privatisierung oder Verkauf eines Geschäftsbetriebes aus dem Insolvenzverfahren, da hier die Fristen aus dem Gesetz heraus nachvollziehbar sind und in der Tat auch bei Nichteinhalten ein entsprechendes Aussortieren der potentiellen Interessenten erfolgen muss).

Insbesondere ist – wie bereits bei den Ausführungen zur Vendor Due-Diligence erläutert – zu beachten, dass viele strategische Interessenten aufgrund des Wissens um die eigene Ressourcenknappheit solchen strukturierten Verfahren oftmals nicht beitreten. Diese Interessenten wissen, dass sie auch im Wettbewerb zu z.B. Private Equity Investoren stehen, für die ein solches Vorgehen zum normalen Geschäft gehört und die auch über entsprechende Ressourcen verfügen. Dementsprechend sieht sich z.B. ein strategischer Interessent einem ungleichen Wettbewerbsverhältnis ausgesetzt und wird unter Umständen bereits aufgrund dieser Situation das zum Verkauf stehende Unternehmen überhaupt nicht erst prüfen.

4.2.3 Managementpräsentation = Erste Verhandlungsrunde

4.2.3.1 Allgemeine Vorbemerkungen

Nach Unterzeichnung der Vertraulichkeitserklärung und Einverständnis mit dem Prozessablauf hat der Kaufinteressent in der Regel das Informationsmemorandum, das ihm einen Einblick in die Branche, den relevanten Markt, das Unternehmen in all seinen Facetten sowie die finanzwirtschaftlichen Rahmenbedingungen gibt, erhalten.

Bei mittelständischen Unternehmen steht vor Abgabe eines unverbindlichen Angebots in der Regel ein Besuch des Kaufinteressenten vor Ort an.

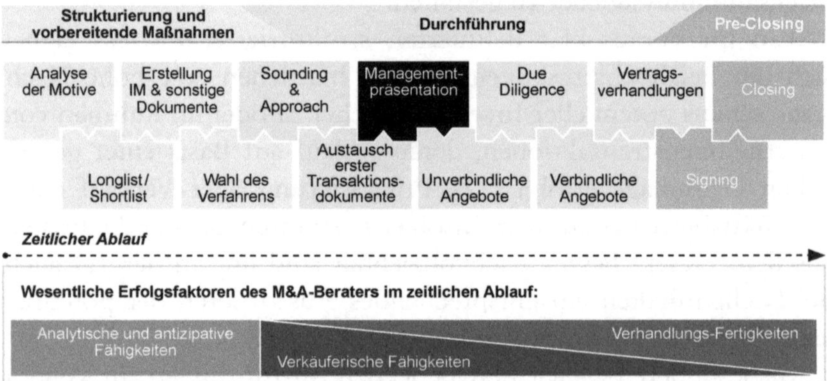

Abbildung 99
Die Managementpräsentation im Prozessablauf

Diese sog. Managementpräsentation ist neben dem Informationsmemorandum das wichtigste Instrument beim Verkauf eines Unternehmens. Eine solche Managementpräsentation soll das Interesse des Kaufinteressenten weiter wecken, der einen Eindruck über den Betrieb vor Ort erhalten und weitere wichtige, auf dem Informationsmemorandum aufbauende Fakten erfahren soll.

Nicht zuletzt ist die Managementpräsentation eine wichtige Möglichkeit für das Management, sich dem Kaufinteressenten und evtl. neuen Anteilseignern zu präsentieren und Vertrauen aufzubauen. In solchen Gesprächen wird dem Kaufinteressenten immer auch Raum gewährt, Fragen zu stellen, die sich entweder aus dem Informationsmemorandum ergeben haben oder aber im Rahmen der Präsentation des Managements offen geblieben sind.

Um auch hier nichts dem Zufall zu überlassen, sollten solche Gesprächstermine auch mit erfahrenen Managern vorab exakt vorbereitet werden. Aus Sicht des Verkäufers und dessen M&A-Beraters dient die Managementpräsentation auch dazu, die Motivlage des Kaufinteressenten so umfänglich wie möglich zu erfragen, um die Argumentation im weiteren Verlauf der Verhandlungen hierauf zu konzentrieren.

Gleichzeitig bietet die umfangreiche Kenntnis der Motivlage des potentiellen Käufers auch die Möglichkeit eines kooperativen, werterhöhenden Verhandlungsstils.

4.2.3.2 Vorbereitung der Managementpräsentation

Die alte Weisheit „Es gibt keine zweite Chance für den ersten Eindruck" gilt auch für die Managementpräsentation als erstes Treffen zwischen Kaufinteressent und operativem Management. Die Managementpräsentation muss an die Daten des Informationsmemorandums anschließen, diese aufnehmen, fortführen und ergänzen.

In der Regel erarbeitet der M&A-Berater die Struktur der Managementpräsentation und das Management des zum Verkauf stehenden Unternehmens füllt diese Struktur mit Leben, sprich mit den relevanten Daten des Unternehmens.

Entscheidend ist hierbei, dass die Schlüsselbotschaften zum Tragen kommen, warum der am Tisch sitzende Kaufinteressent das Unternehmen erwerben soll. Bewusst ist hier bereits vom Kaufinteressenten am Tisch die Rede. Jeder Interessent, der am Verhandlungstisch sitzt, ist dort, weil er kaufen will und nicht, weil er nicht kaufen will.

Dieses Paradigma muss von den handelnden Personen beim zum Verkauf stehenden Unternehmen fest verankert sein. Dementsprechend gehört eine individuelle Vorbereitung auf den Kaufinteressenten nicht zum guten Ton, sondern sie ist ein absolutes Muss.

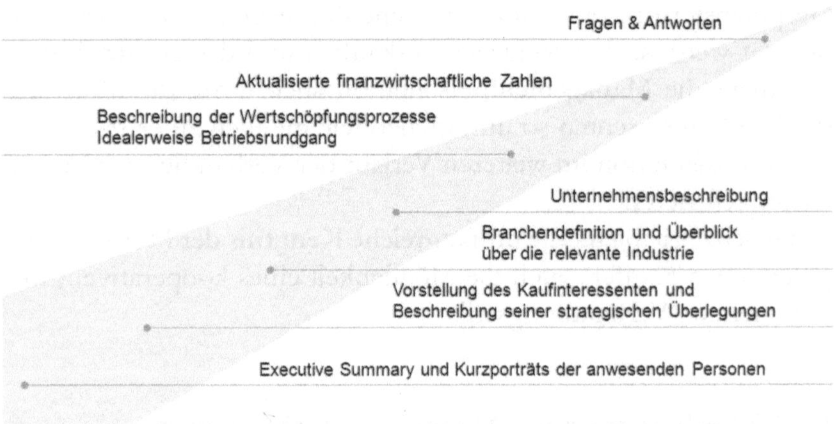

Abbildung 100
Ablauf einer Managementpräsentation[82]

Bei der Auswahl des teilnehmenden Managementteams ist darauf zu achten, dass nur die Personen anwesend sind, die fachlich die Kompetenz haben, die oben genannten Themengebiete abzudecken.

82 (Rosenbaum, et al., 2013), Seite 308

Alle Personen, die anwesend sind, sollten auch einen aktiven Beitrag zur Managementpräsentation leisten; diejenigen, die keinen aktiven Beitrag leisten, jedoch aufgrund ihrer organisatorischen oder hierarchischen Stellung im Unternehmen in den M&A-Prozess involviert sind, sollten nicht an der Managementpräsentation teilnehmen.

Der Aufbau der nebenstehend aufgeführten Gliederung ähnelt dem des Informationsmemorandums. Die Präsentation sollte jedoch knapper und prägnanter erfolgen. Bereits im Vorfeld sollte vom Kaufinteressenten eine Frageliste erbeten werden, damit das Management und der Berater sich auf den individuellen Informationsbedarf vorbereiten können.

Bei der individuellen Vorbereitung auf den Kaufinteressenten ist es ratsam, die teilnehmenden Manager des zum Verkauf stehenden Unternehmens ebenfalls über den Kaufinteressenten zu informieren.

Dies kann z.B. durch Aushändigung eines nachfolgend beispielhaft dargestellten Kurzporträts erfolgen.

Vor der eigentlichen Präsentation empfiehlt es sich unter Anwesenheit eines bisher Unbekannten (z.B. bisher unbekannte Mitarbeiter des M&A-Beratungsunternehmens), der den Kaufinteressenten spielt, die Managementpräsentation im Trockenlauf zu üben.

Ebenso ist der Betriebsrundgang zu proben und dafür zu sorgen, dass sich der Betrieb in einem sauberen und präsentablen Zustand zeigt.

Sofern möglich und sinnvoll, sollten auch Produkte des Unternehmens im Rahmen der Managementpräsentation vorgeführt werden. Dies bringt nicht nur die Identifikation der Teilnehmer zum Ausdruck, sondern kann auch beim Kaufinteressenten Begehrlichkeiten steigern, wenn es ihm im Wortsinne erlaubt wird, die Produkte zu „begreifen“.

BWK GmbH Unternehmensbeteiligungsgesellschaft

BWK GmbH Unternehmensbeteiligungsgesellschaft	
Straße	Thouretstraße 2
PLZ	70173
Ort	Stuttgart
Tel.	+49 711 2255760
Fax	+49 711 22557610
Internet	www.bwku.de
E-Mail	stuttgart@bwku.de

Management	
Herr Dr. Armin Schuler	Sprecher der Geschäftsführung
Herr Dr. Jochen Wolf	Geschäftsführer

Allgemeine Daten	
Gesellschafter	Landesbank Baden-Württemberg (38,33%) Württembergische Versicherung AG (17,5%) Württembergische Lebensversicherung AG (17,5%) Landeskreditbank Baden-Württemberg Förderbank (10%) SBG-BW GmbH (10%) Vorarlberger Landes- und Hypothekenbank AG (5%) LBBW Spezialprodukte-Holding GmbH (1,66%)
Gründungsjahr	1990

Beteiligungen 2013 nach Unternehmensgrößen	Umsatz < € 100 Mio.	Umsatz € 100 - 500 Mio.	Umsatz > € 500 Mio.
Anzahl	5	5	2

BWK auf einen Blick

Die BWK GmbH Unternehmensbeteiligungsgesellschaft (BWK) mit Sitz in Stuttgart ist heute eine der größten deutschen Beteiligungsgesellschaften und kann auf eine vergleichsweise lange Tradition zurückblicken.

Gegründet wurde die BWK im Jahre 1990 durch Herrn Prof. Dr. Norbert Loos zusammen mit der Baden-Württembergischen Bank AG, der Württembergischen Lebensversicherung AG, der Württembergischen Versicherung AG, der Badenwerk AG, der Gebäudeversicherung Württemberg AG und der Landeskreditbank Baden-Württemberg. Schon damals wurde die Vision verfolgt, durch die Bereitstellung von Eigenkapital die Wettbewerbsfähigkeit von mittelständischen Unternehmen nachhaltig zu stärken und künftiges Wachstum zu ermöglichen. Damals wie heute lag der Investmentfokus hauptsächlich auf Minderheitsbeteiligungen. Das hat sich bewährt. Die BWK wurde zu keiner Zeit von einem Mehrheitsgesellschafter dominiert und konnte ohne Bankenabhängigkeit ihr Beteiligungsportfolio gezielt aufbauen.

BWK ist marktführend bei langfristigen Eigenkapitallösungen für den Mittelstand. Man versteht sich als institutioneller, langfristig orientierter Investor und bietet Kapital für Unternehmer. Als zuverlässiger Partner des Mittelstandes unterstützt BWK Unternehmer im deutschsprachigen Raum mit Minderheitsbeteiligungen. Das Engagement ist langfristig ausgelegt.

Beteiligungen (Stand 06/2013)	Branche	Mitarbeiter-zahl
Behr GmbH & Co. KG, Stuttgart	Fahrzeugklimatisierung	17.300
Bizerba GmbH & Co. KG, Balingen	Wäge-, Informations- und Food-Servicetechnik	2.800
BKtel Gruppe, Hückelhoven-Baal	Übertragungskomponenten und -systeme (Glasfasernetze)	100
Dr. Haas GmbH, Mannheim	Radio und Zeitungen (Tageszeitungen)	700
Heller GmbH, Nürtingen	Werkzeugmaschinen/Fertigungssysteme für spanende Bearbeitung	2.500
IMS GEAR GmbH, Donaueschingen	Antriebselemente	1.800
Joma-Polytec GmbH, Bodelshausen	Gespritzte und extrudierte Kunststoffteile	340
Kugel- und Rollenlagerwerk GmbH, Leipzig	Wälzlager	220
LTS Lohmann Therapie-Systeme AG, Andernach	chemisch-pharmazeutische Wirkstoffe	1.000
Progroup AG, Offenbach	Wellpappenrohpapier und Wellpappenformate	700
R-Biopharm AG, Darmstadt	diagnostische Produkte für die klinische Diagnostik und Lebensmittelanalytik	270
Rixius AG, Mannheim	Kunststoff- und Glasgebinde für die chemische und pharmazeutische Industrie	40
IT-Informatik GmbH, Ulm	IT-Dienstleister	200

Abbildung 101
Beispielhafte Darstellung eines verkürzten Investorenporträts[83]

83 Quelle: ORBIS-Datenbank Bureau van Dijk, mergermarket, Unternehmenshomepage; Stand 01/2013

Weber/Gomez/Siegert haben eine Reihe von Faktoren in ihrem Standardwerk „Firmen kaufen und verkaufen" aufgeführt, die es vom Berater zu beachten gilt[84]. In besonderen Fällen sollten diese Punkte auch im Vorfeld mit den Teilnehmern besprochen werden. Es gilt der Grundsatz: Nichts ist selbstverständlich, wenn man nicht darüber spricht.

Zu tun	*Käuferfragen*	Zu unterlassen
Das Management stellt sich persönlich vor	• Wer sind die Mitglieder des Managements, was zeichnet sie aus (Ausbildung, Arbeitserfahrung, Erfolge)? • Komplementarität, Zusammenhalt, Rollenverteilung? • Welche Erfahrungen und Fähigkeiten fehlen im Team? • Wie und durch wen werden Lücken ergänzt? • Welches ist die Motivation der Teammitglieder?	• Einzelauftritt des CEO • Geschönte Porträts • Unterschiedliche Zeitdauer der Porträts • Das Management kennt den Inhalt des Informationsmemorandums nicht
Die Geschäftsidee und das Geschäftsmodell zeigen	• Welche Probleme werden gelöst, welche Kundenbedürfnisse erfüllt? • Wie sieht das Produktangebot aus? • Worin liegen Innovation und Einzigartigkeit? • Wer sind die Kunden, wer die Nichtkunden? • Welche Vorteile bringt es dem Kunden? • Welches sind die Wettbewerbsvorteile? • Wer sind die Konkurrenten?	• Alles ist Geschäftsgeheimnis
Das Geschäftssystem und die Organisation zeigen	• Welche Einzeltätigkeiten/Aktivitäten bilden das Geschäftssystem? • Wo ist der Fokus? • Ausweichen Funktionen besteht die Organisation und wie ist sie strukturiert? • Welches sind die Werte und Normen? • Was wird selber hergestellt, was zugekauft? • Wer sind die Kooperationspartner und warum?	• Wir sind einzigartig und machen alles selber! • Langatmige, endlose technische Details
Die Risiken beurteilen	• Welche Risiken bestehen, die das Unternehmen gefährden könnten? • Wie wird mit Risiken umgegangen? • Wie wirken sie sich auf die finanzielle Lage aus? • Wie überlebt das Unternehmen seinen Worst Case?	• Unser Plan ist konservativ! • Die Kunden stehen Schlange, wir sind Kostenführer und konkurrenzlos!

Abbildung 102
Erfolgsfaktoren einer Managementpräsentation 1

Neben der Kenntnis über das Unternehmen selbst ist es auch wichtig, Informationen über die einzelnen Personen einzuholen, die am Tisch sitzen.

Oftmals reicht alleine das Wissen um eine exzellente Vorbereitung, um sicher und damit überzeugend in einer Präsentation agieren zu können.

84 (Weber, et al., 2007), Seite 193 ff, ergänzt um eigene Anmerkungen

Zu tun	*Käuferfragen*	Zu unterlassen
Die Finanzen erläutern	• Welche Annahmen liegen dem Finanzplan zugrunde? • Sind sie realistisch und plausibel? • In welchem Umfeld steht das Geschäft? • Wie kann mit wesentlichen Umwelteinflüssen und Veränderungen umgegangen werden? • Welche Umsetzungsprojekte liegen vor und bestimmen die Marschrichtung? • Wie können Wertlücken geschlossen werden?	• Unabgestimmte Zahlen • In der Vergangenheit verweilen und sich der Zukunft verweigern! • Über die Werttreiber (Umsatzwachstum, Betriebsgewinn, Investitionen, Steuerrate) nicht Bescheid wissen • Weder Upside noch Downside kennen
Den Betrieb zeigen	• Wie ist die Atmosphäre im Unternehmen? • Welches sind die kritischen Aktivitäten? • Stehen Investitionen an? • Laufen die Maschinen und sind die Leute beschäftigt? • Sind die Lager voll oder leer?	• Sich auf den prunkvollen Verwaltungsbau und das Direktionsrestaurant beschränken • Alles was mit Unordnung, Nachlässigkeit und mangelnder Disziplin zu tun hat
Management-interview durchführen	• Haben die Mitglieder des Managementteams das nötige Potenzial (Rucksack und Erfahrung)? • Bilden sie ein eingeschworenes Team oder bestehen unterschwellige Differenzen? • Was ist ihr Antrieb? • Sind sie motiviert? • Sind sie die Mühsal des Geschäfts? • Sind sie flexibel und bereit, Sprtzenleute zu engagieren? • Können sie ihrem Wesen nach harte Entscheide fällen? Sind sie durchhaltewillig? • Wie stark sind sie dem Geschäft verbunden und verpflichtet?	• Einzelne Interviews unterbinden • Interviews nur mit „Aufpasser" zulassen.

Abbildung 103
Erfolgsfaktoren einer Managementpräsentation 2

Bei der Sammlung von Informationen im Vorfeld einer Managementpräsentation sollten einerseits Informationen über das relevante Unternehmen, sonstige unternehmerische Aktivitäten der relevanten und handelnden Personen, die handelnden Berater sowie Informationen über in der Vergangenheit abgeschlossene oder gescheiterte Transaktionen der involvierten Personen eingeholt werden. Es empfiehlt sich hierbei eine Liste anzufertigen, die die relevanten Informationen den einzelnen Themenbereichen zuordnet und die jeweiligen Quellen der Information aufführt. Jede Information sollte mit einem Vermerk versehen sein, ob es möglich war, diese Information aus einer anderen Quelle zu verifizieren. Grundsätzlich gilt: Aufgrund von Gerüchten oder Falschinformationen kann man keine richtige Entscheidung treffen. Jede (!) Information sollte deshalb einem Doppelcheck unterzogen werden. Dies verringert die Gefahr von Fehleinschätzungen und damit falschen Entscheidungen vor oder während des Entscheidungsprozesses.

Es ist wichtig, sich dabei klar zu machen, dass auch der Verhandlungspartner mit bestimmten mehr oder weniger gut recherchierten

Wahrnehmungen und Einschätzungen ins Gespräch gehen wird. Eine der größten Herausforderungen bei Verhandlungen ist es nicht zuletzt auch deshalb, sich einerseits in die Situation des Verhandlungspartners hineinzuversetzen, dabei vorhandene Informationen auszuwerten und andererseits Informationslücken des Gegenübers nicht leichtfertig durch eigene, eventuell fehleingeschätzte Informationen zu schließen. Legt man hier keinen Wert auf Präzision, kann das zu einer fehlerhaften Einschätzung der Verhandlungssituation führen, die sich im Verlauf der Verhandlungen mit sehr großer Wahrscheinlichkeit negativ auswirken wird.

Fallbeispiel:

Ein mittelständisches Zulieferunternehmen im Nahrungsmittelsektor hatte in einem relativ traditionell geprägten Branchenumfeld eine Produktinnovation als einer der ersten Marktteilnehmer erfolgreich in die Praxis umgesetzt. Der Inhaber des Unternehmens wurde vom Marktführer, der um ein Vielfaches größer war, angesprochen, ob er nicht an einem Verkauf seiner Gesellschaftsanteile und damit dem Einbringen seiner innovativen Aktivitäten in ein größeres unternehmerisches Umfeld Interesse habe. Der Unternehmer, der sich zu diesem Zeitpunkt ohnehin mit Verkaufsüberlegungen beschäftigte, stimmte dem zu und nahm die Verhandlungen auf. Nach kurzer Zeit erkannte man die dringende strategische Notwendigkeit für den Kaufinteressenten, möglichst rasch in diesem wichtigen Geschäftsfeld ebenfalls aktiv zu sein. Da es in der Branche kein anderes Unternehmen gab, das einen vergleichbaren Vorsprung vor den Wettbewerbern hatte, lag zunächst der Schluss nahe, dass es nur diese eine Übernahmemöglichkeit durch den großen Marktplayer gab. Dieser voreilige Schluss basierte allerdings auf einer Informationslücke, die durch eine Frage hätte geschlossen werden können: Könnte eine Akquisition eines Unternehmens mit entsprechenden Kenntnissen, Fähigkeiten und Produktionsabläufen aus einer gänzlich anderen Branche dem akquisitionswilligen Großunternehmen seinem strategischen Ziel ebenso näher bringen? Aufgrund der vermeintlich sicheren Ausgangssituation – der Kaufinteressent wird den gewünschten Effekt nur durch den Erwerb dieses einen Unternehmens erzielen können – setzte der Unternehmer seinen Grenzpreis, also seine minimale Vorstellung vom Unternehmenswert respektive Verkaufspreis, in Anbetracht der aus seiner Sicht so kalkulierten Opportunitätskosten des Transaktionspartners bei Nichtabschließen der Transaktion sehr hoch an.

Am Ende scheiterte die Transaktion, da der potentielle Erwerber ein Unternehmen einer fremden Branche aus Osteuropa akquirierte. Die Annahme, dass die ausschließliche Suche nach einem Transaktionspartner in der relevanten Branche der richtige Weg sei, führte letztendlich zu Fehlentscheidungen hinsichtlich der Einschätzung von Grenzpreisen. Allerdings gab es auch auf der Seite des potentiellen Käufers Fehlschätzungen: Interessanterweise scheiterte die Markteinführung des neuen – in Osteuropa hergestellten – Produktes durch das Unternehmen gänzlich, da das akquirierte Unternehmen nicht in der Lage war, die Erkenntnisse aus anderen Branchen in das relevante Marktsegment zu übertragen. Zwar behielt der Unternehmer Recht, dass ein erfolgreicher Markteintritt seitens des Kaufinteressenten nur durch eine Akquisition seines Unternehmens aus der relevanten Branche möglich ist, aber die grundlegende Einschätzung, dass auch der Transaktionspartner über das entsprechende Hintergrundwissen und die Erfahrung verfügt und damit die strategisch richtige Entscheidung (wie sich allerdings erst im Nachhinein herausstellt) treffen würde, war eine lose Annahme und führte damit zu einem falschen Verhandlungsfortschritt und letztendlich zum Transaktionsabbruch.

Aus diesem Fallbeispiel folgt der Leitsatz „Stop guessing!“ und unterstreicht einmal mehr die Wichtigkeit, gewonnene Erkenntnisse durch eine Doppelprüfung zu verifizieren und Entscheidungen nicht auf Vermutungen zu stützen.

Die durch Recherche somit gewonnenen Informationen über handelnde Personen sind im Gespräch keinesfalls offenzulegen, wie nachfolgendes Fallbeispiel zeigt, das keinesfalls als amüsante Anekdote zu verstehen ist.

Fallbeispiel:

Im Rahmen einer Managementpräsentation stellt sich einer der auf Käuferseite handelnden Personen vor und erklärt, seinem auf Verkäuferseite anwesenden Gegenüber, man hätte das gleiche Hobby. Der Kaufinteressent zeigt sich gut informiert über die Skifahr-Leidenschaft seines heute erst kennengelernten Gesprächspartners. Er prahlt mit seinen Recherchekünsten im Internet, mit denen er in der Vorbereitung des Gesprächstermins ein Foto einer Skifreizeit im Internet gefunden hat, das den Manager des Verkäufers zusammen mit seiner Frau bei einer Preisverleihung nach einem erst kürzlich stattgefundenen Rennen in feucht-fröhlicher Runde zeigt. Die Reaktionen der anwesenden Kollegen des Managers, der sichtlich verunsichert ist, zeigen, dass die auf dem Foto abgebildete Dame wohl kaum die Ehefrau des Managers sein kann, denn diese ist seit einiger Zeit ausschließlich an die häusliche Umgebung gebunden. Die Leistungsfähigkeit des Skifahrers und Managers im weiteren Verlauf der Managementpräsentation war alles andere als optimal; auch dem Kaufinteressenten, der dies angesprochen hatte, war nach allem anderen zu Mute als nach einem intensiven Gespräch über Unternehmensstruktur etc.

Fazit: Wissen nutzt dem, der es hat und nicht unbedingt dem, der es zu erkennen und vor allem unbedacht zum Besten gibt.

Bei der ersten Kontaktaufnahme mit dem Kaufinteressenten gilt es zunächst allgemeine Motive anzusprechen, die jeder Unternehmensführer für sich definieren wird. Oftmals ist die Situation nicht gegeben, in der man durch geschicktes Hinterfragen die echten strategischen Motive des potentiellen Transaktionspartners erfährt. Dementsprechend sollten die Argumente einerseits so gehalten sein, dass man sich keine Tür verschließt, die man eventuell erst mühsam bei der Erstansprache hat finden und öffnen müssen. Andererseits müssen diese eher allgemeinen Argumente auch in einer späteren Prozessphase genutzt werden können. Untersuchungen über die Entscheidungsfindung bei Top-Entscheidern haben gezeigt, dass es immer wieder, wie im Kapitel Sounding & Approach beschrieben, ähnlich gelagerte Motive (wie z.B. Umsatzsteigerung, Kundenzufriedenheit, sichere Prozesse etc.) gibt. Meist reichen diese Argumente, um einen potentiellen Kaufinteressenten – zusammen mit der anonymisierten Darstellung des zum Verkauf stehenden Zielobjektes – dazu zu motivieren, eine Vertraulichkeitsvereinbarung zu unterzeichnen. Obwohl der Vorgang mit großer Ernsthaftigkeit belegt ist, ist die Haltung „Hinschauen kostet nichts" durchaus üblich. Das hat durchaus auch mit der Fähigkeit des Menschen, Neugier zu verspüren, zu tun.

Nach Studium des Informationsmemorandums tritt dann allerdings unter Umständen die Situation ein, dass der Kaufinteressent aufgrund verschiedenster Sachverhalte nicht mehr gewillt ist, die Transaktion weiterzuverfolgen. In den meisten Fällen gibt es hierfür triftige Gründe, die auch nicht „entschärft" werden können. In manchen Fällen jedoch stellt man in einem persönlichen Gespräch nach erfolgter Absage fest, dass die erstgenannten Dimensionen nicht immer klar zum Ausdruck gebracht werden konnten. In einem solchen Gespräch ist es dann einerseits notwendig, die Einwände zu behandeln und andererseits die übergeordneten Punkte klar zu argumentieren.

In folgenden Beispiel des Verkaufs eines Automobilzulieferers könnte dies wie folgt aussehen:

Hauptargument	Teilaspekt
Umsatzsteigerung	• € 420 Mio. Umsatz
	• Starke regionale Präsenz in Ostasien
	• Addierter Marktanteil bei 22%
Verbesserte Prozesse	• Stark beim Kunststoffhinterspritzen
	• Seit Jahren Erfahrung beim 2K-Spritzguss
	• Höhere Wertschöpfung als Kaufinteressent
Kundenzufriedenheit	• Seit 20 Jahren Stammkunden
	• Produktionsstandorte auf allen Kontinenten
Überflüssige Kosten vermeiden	• SAP-IT-Struktur
	• Übernahmeerfahren
Eigene Profilierung	• Eine der bedeutendsten Übernahmen in der Branche
	• Entstehung eines neuen Tier-I-Suppliers
Zukunftsorientierung	• Neue Produktpipeline
	• Auf den wichtigsten Zukunftsmärkten vertreten

Abbildung 104
Allgemeine Motive von Top-Entscheidern und hierauf passende Merkmale des zum Verkauf stehenden Unternehmens (Beispiel)

Nimmt der potentielle Kaufinteressent die Gespräche nach dem Informationsmemorandum tatsächlich auf, müssen in der sich anschließenden Managementpräsentation oder in einem eventuell vorgelagerten persönlichen Gespräch zwischen dem Entscheider des kaufenden Unternehmens und dem M&A-Berater des Verkäufers klassische Verkaufstechniken angewendet werden. Hier hat sich seit Jahren das Instrument der Merkmal-Vorteil-Nutzen-Kette bewährt. Diese könnte nun in unserem Beispiel wie folgt aussehen:

Alle diese Werkzeuge können natürlich immer nur so gut sein, wie der Inhalt der einzelnen Bausteine. Für eine erfolgreiche M&A-Transaktion gibt es immer ein „Strategic Rationale", das klar herausgearbeitet werden muss. Wer glaubt, dass man ein Unternehmen verkaufen kann, indem man einen potentiellen Erwerber zum Deal überredet, geht mehrheitlich fehl. Im Einzelfall mag dies möglich sein, aber wenn man sich langfristig das Ziel der Wertorientierung gesetzt hat und damit die zukünftige Existenzfähigkeit von Transaktionspartnern als oberste Maxime einer Transaktion ansieht, dann wird die Transaktion nur über einen Weg führen können: Die entsprechend wertorientierte Sicht- und Argumentationsweise.

Hauptargument	Teilaspekt	Merkmal („TARGET hat …“)	Vorteil („Sie können damit …“)	Nutzen („Für Sie bedeutet das …“)
		Das Merkmal beschreibt wertfrei die Fakten, Daten oder die relevanten Eigenschaften	*Ein Vorteil zeigt wertend, wie das Produkt- oder Leistungsmerkmal eine Hilfe sein kann. Welcher Vorteil ergibt sich aus diesem Merkmal oder wie hebt man sich dadurch von der Konkurrenz ab?*	*Ein Nutzen verdeutlicht, am besten emotional, wie ein Produkt- oder Leistungsmerkmal einen konkreten Bedarf tatsächlich befriedigt*
Umsatzsteigerung	€ 420 Mio. Umsatz	TARGET hat im abgelaufenen Geschäftsjahr einen Umsatz von € 420 Mio., erreicht	Sie können damit gemeinsam einen Umsatz von rd. € 1,2 Mrd. verbuchen	**Umsatzsteigerung**
	Starke regionale Präsenz in Ostasien	TARGET hat in Ostasien ein beachtliches Geschäft aufgebaut	Dadurch können Sie auch in den starken Wachstumsregionen Ihre gesamte Produktpalette anbieten	
	Addierter Marktanteil bei 22%	TARGET hat einen Marktanteil von rd. 8% im relevanten Segment	Sie können mit einer Übernahme die Marktposition 1 einnehmen	
Verbesserte Prozesse	Stark beim Kunststoffhinterspritzen	TARGET ist einer der Spezialisten beim Kunststoffhinterspritzen	Sie können damit Ihre Fertigungskompetenz erweitern	**Verbesserte Prozesse**
	Seit Jahren Erfahrung beim 2K-Spritzguss	TARGET hat darüber hinaus enorme Kompetenz beim 2K-Spritzgießen	Sie können damit erhebliche Vorteile auf der Erfahrungskurve verzeichnen	
	Höhere Wertschöpfung als Kaufinteressent	TARGET hat eine höhere eigene Wertschöpfung als Sie	Sie können Ihre Wertschöpfungskette damit erheblich erweitern	
Kundenzufriedenheit	Seit 20 Jahren Stammkunden	TARGET ist seit 20 Jahren bei OEM1 und OEM2 gelistet und darüber hinaus bei deren TIER-I-Suppliern	Sie können damit Ihr Kundenportefeuille um zwei neue OEMs erweitern	**Kundenzufriedenheit**
	Produktionsstandorte auf allen Kontinenten	TARGET hat mittlerweile auf allen Kontinenten Standorte mit eigener Produktion	Sie können damit den für die Zukunft notwendigen globalen Footprint erlangen	
Überflüssige Kosten vermeiden	SAP-IT-Struktur	TARGET hat das gleiche EDV-System	Damit ist eine Datenübernehme von Tag 1 an möglich	**Überflüssige Kosten vermeiden**
	Übernahmeerfahren	TARGET hat bereits selbst Unternehmen übernommen	Damit ist das Unternehmen erfahren bei der Integration von Prozessen	
Eigene Profilierung	Eine der bedeutendsten Übernahmen in der Branche	Kein anderes Unternehmen in dem relevanten Segment hat eine so große Übernahme getätigt	In der Branche wird man dies als strategischen Schachzug par Excellence ansehen	**Eigene Profilierung**
	Entstehung eines neuen Tier-I-Suppliers	Nach der Übernahme ist es nun möglich, direkt an die OEMs zu liefern	Damit entsteht ein neuer TIER-I-Supplier mit Global Footprint	
Zukunftsorientierung	Neue Produktpipeline	TARGET hat im Bereich der hoch verschleißfesten Produkte eine umfangreiche Produktpipeline	Sie können damit Ihre eigenen F&E-Kosten deutlich senken	**Zukunftsorientierung**
	Auf den wichtigsten Zukunftsmärkten vertreten	In den BRIC-Staaten ist TARGET mit eigenen Produktionsstandorten vertreten	Sie können damit Ihre eigenen Produkte auch auf den wegweisenden Zukunftsmärkten anbieten	

Abbildung 105
Merkmal-Vorteil-Nutzen-Tabelle

4.2.4 Einholung unverbindlicher Angebote

Nachdem neben dem Eindruck durch das Informationsmemorandum (und gegebenenfalls eines Financial Factbooks), die Möglichkeit der Informationsgewinnung im Rahmen der Managementpräsentation gegeben wurde, ist der Prozess an einem Punkt angelangt, an dem die Kaufinteressenten zur Abgabe eines unverbindlichen Angebotes aufzufordern sind.

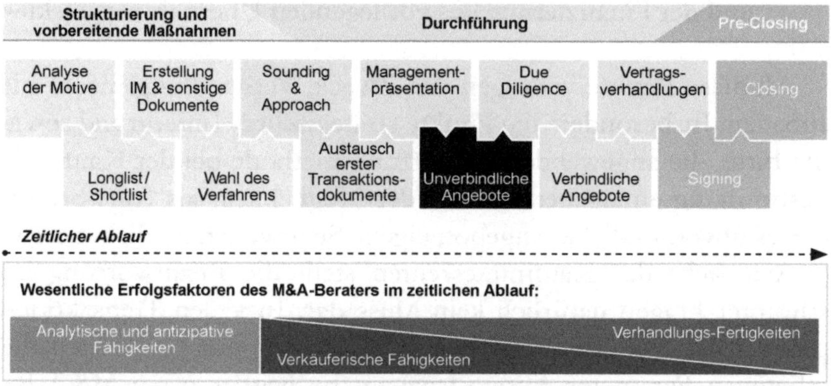

Abbildung 106
Der Zeitpunkt der Einholung unverbindlicher Angebote im M&A-Prozessablauf

Um einerseits mehrere Angebote besser vergleichen zu können und darüber hinaus Parameter für Verhandlungsspielraum zu schaffen, sollten die Kaufinteressenten aufgefordert werden neben der Bekundung des grundsätzlichen Interesses, am weiteren Verkaufsprozess teilzunehmen, eine Reihe von preis- und transaktionsbestimmenden Parametern zu nennen.

Solche Parameter könnten sein:

- Umschreibung der geplanten Struktur des Beteiligungsangebotes

- Beschreibung des strategischen Hintergrundes für die Übernahme und der zukünftigen Rolle des Unternehmens und des Integrationsprozesses in die aufnehmende Unternehmensgruppe
- indikatives Kaufpreisangebot (Non-binding Offer) bzw. die Angabe des geschätzten Wertbereiches sowie der angewendeten Bewertungsmethodik
- Zusammenfassung der Informationen, die im Zusammenhang mit der Due-Diligence benötigt werden
- kurze Beschreibung des weiteren Entscheidungsprozesses und der Finanzierung des vorliegenden Übernahmeprojektes

All diese Punkte verfolgen den Zweck, Verhandlungsmasse aufzubauen. Insbesondere die Punkte strategischer Hintergrund sowie die Bitte, die angewendete Bewertungsmethode bei der Kaufpreisbestimmung anzugeben, dienen der Möglichkeit, als Antwort auf dieses unverbindliche Angebot, eigene Sichtweisen zu diskutieren.

Aus Sicht des Kaufinteressenten stellt die Beantwortung bestimmter Fragen natürlich kein Muss dar. In vielen Transaktionsprozessen erlebt man, dass Kaufinteressenten nur partiell auf die erbetenen Parameter Antwort geben. Es liegt nun am M&A-Berater des Verkäufers, diese Informationen noch einmal einzuholen. Leider stellt man in vielen Prozessen fest, dass dieses Nachfordern von Informationen wiederum auf schriftlichem Wege erfolgt. Auch hier gilt: Ein persönliches Gespräch ist mehr wert als zehn E-Mails.

E-Mailkommunikation nimmt heute den bedeutendsten Teil der schriftlichen Informationsübermittlung ein. Die Vorteile der E-Mail-Kommunikation im Hinblick auf die Schnelligkeit der Übermittlung stehen den Nachteilen der mit der Geschwindigkeit oftmals einhergehenden geringeren Formwahrung gegenüber. Da aufgrund der Möglichkeiten der mobilen Kommunikation vielfach auf eingehende E-Mails unmittelbar geantwortet wird und in vielen Fällen der Sender dies vom Empfänger auch so erwartet, erfolgen Antworten meist sehr kurz und dementsprechend zumeist auch ohne die früher in Briefen inhärente, formale Korrektheit.

Dies kann einerseits zu lückenhafter Information führen und andererseits zu einem vorschnellen, teilweise emotionalen Reagieren auf die vorangegangene Nachricht. Mittlerweile haben sich viele Verhandlungspartner bei M&A-Transaktionen in wichtigen Situationen angewöhnt, zwar die Vorteile der Geschwindigkeit der Übertragung zu nutzen, jedoch das Anliegen als Brief zu formulieren und im Anhang zur E-Mail beizufügen. Auch wenn es eigentlich keinen Unterschied machen sollte, ob die Kommunikation in Briefform oder auf elektronischem Wege per E-Mail stattfindet, so zeigt sich in der Praxis dennoch ein großer Unterschied. Darüber hinaus erfolgt das Versenden von Vertragsentwürfen oftmals nur mit den Begleitzeilen: „Sehr geehrter Herr Kollege, anbei erhalten Sie den von uns modifizierten Vertrag im Änderungsmodus. Mit freundlichen Grüßen". Da die vorgenommenen Änderungen in den wenigsten Fällen ausführlich kommentiert werden, kommt es in der Praxis bereits beim Öffnen des Dokumentes im Änderungsmodus und der Wahrnehmung der durch unterschiedliche Farben gekennzeichneten Vertragsänderungen häufig zu Dissonanzen. In den meisten Fällen sind diese Änderungen im Hinblick auf die unterschiedlichen Interessen zwischen den Vertragsparteien begründet, allerdings wären diese Begründungen im persönlichen Gespräch häufig leichter zu vermitteln, als im bloßen Versand des Vertragsdokumentes im Änderungsmodus. Auch birgt das – durch einfachen Mausklick - schnelle Ablehnen von Änderungen die Gefahr, dass der Vertragspartner, der eventuell diese Änderungen in zeitintensiver Arbeit vorgenommen hat, keine Wertschätzung seiner vorgenommenen Modifikationen erfährt. Dementsprechend ist bei wichtigen Vertragsverhandlungen zu prüfen, ob sich diese nicht im Rahmen eines persönlichen Gespräches besser vornehmen lassen, als per E-Mail. In vielen Fällen beschränkt die E-Mail-Kommunikation die Möglichkeit, den oben erwähnten Kuchen zu vergrößern, da Ansatzpunkte für mehrwertgenerierende Ideen und Strukturvorschläge zu komplex sind, um per E-Mail (oder in diesem Fall auch per Brief) kommuniziert zu werden.

Da jedoch die E-Mail-Kommunikation aus dem Verhandlungsalltag nicht mehr wegzudenken ist, gelten hierfür folgende Regeln:

1. Wenn Sie wichtige E-Mails erhalten, die nicht eindeutig verfasst sind, so fragen Sie bitte nach, bevor Sie auf das eigentliche Anliegen antworten.
2. Nehmen Sie sich für die Beantwortung einer wichtigen E-Mail genauso viel Zeit wie für einen Brief.
3. Schreiben Sie eine E-Mail in der Art und Weise, wie Sie einen Brief verfassen würden.
4. Greifen Sie an der einen oder anderen Stelle lieber zum Telefonhörer und nehmen Ihrem Verhandlungspartner sein digitales Schutzschild.

Wenn ein Kaufinteressent nicht bereit sein wird, bestimmte Informationen schriftlich dem Verkäufer zur Verfügung zu stellen, ist es relativ unwahrscheinlich, dass er bei der zweiten Aufforderung eher bereit ist, in einem weiteren Schreiben auf diese Fragen zu antworten. Vielmehr ist es sinnvoll im Rahmen eines Telefonates oder persönlichen Gespräches den Hintergrund der an den Kaufinteressenten gerichteten Fragen noch einmal zu verdeutlichen und eventuell aufgetretene Hindernisse auf der Beziehungsebene zu klären. In der Regel gelingt es, hier Antworten zu erhalten. Es bleibt jedoch auch anzumerken, dass in vielen Fällen eine nicht gegebene Antwort kein Zeichen von Misstrauen oder Zurückhalten bestimmter Informationen ist, sondern schlichtweg daran liegen kann, dass der Kaufinteressent sich nicht in diesem Maße Gedanken über den entsprechenden Parameter gemacht hat, wie der Verkäufer. Ein typisches Beispiel ist hier die Bitte um Angabe der Bewertungsmethode, die der Kaufpreisnennung zugrunde liegt. Viele Berater erwarten hier eine detaillierte Aussage z.B. über die Parameter des Discounted-Cashflow-Verfahrens. Die Praxis zeigt oftmals, dass in dieser Phase des Prozesses eine Kaufpreisbandbreite aufgrund einer substanzwertorientierten Sichtweise entstanden ist oder durch einfache Multiplikatorrechnungen. Erst in einer späteren Phase, in der z.B. ein Wirtschaftsprüfer im Rahmen der Due-Diligence eingeschaltet ist, wird ein Bewertungsmodell aufgestellt und mit entsprechenden Parametern versehen. Diese Information erhält man in der Regel jedoch nicht im Rahmen von E-Mail-Kommunikation. Dementsprechend ist es eminent wichtig, in dieser Phase persönlich mit dem jeweiligen Transaktionspartner zu sprechen und sich auszutauschen.

Ebenso ist der persönliche Austausch oftmals die Möglichkeit, eine Indikation über die Ernsthaftigkeit und Arbeitsintensität zu erhalten, die hinter dem Angebot steckt. Insbesondere Private Equity Investoren haben – aufgrund der Vielfalt der Investmentopportunitäten, bei denen man gebeten wird, ein unverbindliches Angebot abzugeben – fertige Textbausteine oder Rechenmodelle, die für die Erstellung solcher unverbindlicher Angebote verwendet werden.

Nur im persönlichen Gespräch kann man für sich selbst die Entscheidung treffen, ob die Umsetzbarkeit des abgegebenen Angebotes tatsächlich auch gegeben ist und das vorliegende Schreiben nicht ausschließlich angefertigt wurde, um im weiteren Prozessverlauf berücksichtigt zu werden und mehr Informationen zu erhalten. An dieser Stelle sei darauf verwiesen, dass auch der M&A-Berater bei Verkaufsmandaten gegenüber seinem Mandanten Erwartungsmanagement betreiben muss. Oftmals werden unverbindliche Angebote seitens des verkaufswilligen Mandanten überbewertet. Die Kenntnis über die Abgeklärtheit, mit der erfahrene Unternehmenskäufer an einen solchen Prozess herantreten, ist vielleicht beim mandatierten M&A-Berater des Verkäufers vorhanden, aber zumeist nicht beim Verkäufer selbst. Dementsprechend werden durch diese unverbindlichen Angebote und oftmals auch durch die darin genannten Preise Erwartungshaltungen an den weiteren Prozess aufgebaut, die nicht immer erfüllt werden.

Aus Sicht eines Käufers stellt sich die Frage, ob man in hochkompetitiven Prozessen nicht durch ein zweiteiliges Angebot eine Situation schafft, in der man Vorteile gegenüber anderen Interessenten einnimmt.

Fallbeispiel:

M&A-Berater Gutmann wurde beauftragt, einen Käufer für die Müller GmbH zu finden. MÜLLER beschäftigt sich mit der Herstellung von Plastikverschlüssen für die Pharma-Industrie. Aufgrund eines immer stärker werdenden globalen Wettbewerbs sieht sich der Unternehmen Müller am Ende seiner unternehmerischen Leistungsfähigkeit. Großes Interesse an einem Erwerb von MÜLLER hat der chinesische Matsuti Konzern, der durch eine Akquisition einerseits den Eintritt in den deutschen Markt sowie eine erhöhte Präsenz bei wichtigen Kunden erreichen würde und andererseits durch entsprechende Zertifizierungen und Zulassungen vom Tag 1 der Übernahme an das weniger gute Image des chinesischen Massenherstellers abstreifen könnte. MATSUTI weiß, dass man im Wettbewerb zu zwei deutschen Unternehmen steht, für die eine Akquisition die Arrondierung von Marktanteilen bedeuten würde.

Gutmann fordert die Interessenten auf, ihre unverbindlichen Angebote abzugeben, die die Grundlage für die Zulassung zum elektronischen Datenraum und dem weiteren Prozess sind.

Das Angebot von MATSUTI lautet wie folgt:
„Auf Basis der uns überlassenen Informationen, der Gespräche vor Ort mit dem Management sowie unserer aktuellen Markteinschätzung unterbreiten wir nachfolgendes, unverbindliches Angebot:

1. Option A:
MATSUTI übernimmt in einem ersten Schritt 85% der Gesellschaftsanteile an der Müller GmbH. Basis für die Kaufpreisbestimmung ist ein Enterprise Value (cash and debt free)

in Höhe von € 38 Mio. Die restlichen Gesellschaftsanteile gehen innerhalb der darauffolgenden drei Jahre in gleichen Schritten über. Die Bewertung der Anteile erfolgt mit einem Multiplikator von 6,2x EBITDA, der auf den entsprechenden Anteil entfällt, mindestens jedoch zu einem fiktiven Enterprise Value von € 30 Mio. bezogen auf 100%, d.h. mindestens € 1,5 Mio. pro Jahr.

2. Option B:
Wie wir im Rahmen der Due-Diligence haben erfahren können, birgt ein Asset Deal für einen Käufer in Deutschland eine Reihe steuerlicher Vorteile. Dementsprechend haben wir auch die Übernahme des Geschäftsbetriebes im Rahmen eines Asset Deals geprüft. Tatsächlich bieten sich hier eine Reihe von Vorteilen, auch wenn die Zertifizierungen und Zulassungen an den Rechtsträger gebunden sind und im Rahmen eines Asset Deals nicht mit übertragen werden können. Unter Berücksichtigung all dieser Gegebenheiten bieten wir einen Kaufpreis auf alle für den Geschäftsbetrieb relevanten Assets – mit Ausnahme des Grundstückes und der Gebäude – in Höhe von € 32 Mio. Das Betriebsanwesen würden wir gerne zunächst für einen Zeitraum von drei Jahren anmieten. Die Miete setzen wir dabei mit einem Festbetrag von € 30.000 pro Monat an. Darüber hinaus sind wir bereit, bei Erreichen eines Umsatzes von mehr als € 40 Mio., die Miete auf € 40.000 nachträglich für das jeweilige Geschäftsjahr zu erhöhen. Übersteigt der Umsatz € 50 Mio. so sind wir bereit, auf jede Mio. Mehrumsatz 0,1% des Umsatzes als Mieterhöhung pro Monat zu bezahlen…"

Dieses Angebot ist mit den Angeboten der anderen Interessenten kaum vergleichbar. Nicht nur, dass es durch die beiden Optionen eine Reihe von Verhandlungspunkten zulässt. Die variablen Bestandteile bieten dem Verkäufer auch einen Mehrwert, der nur schwer mit einem fixen Kaufpreis zu vergleichen ist. Die Verhandlungstaktik des chinesischen Interessenten zielt klar darauf ab, im persönlichen Gespräch die Parameter eines etwaigen Kontraktes zu definieren und nicht anhand eines schriftlichen Angebotes, das womöglich falsch verstanden wird oder aber – durch befürchtete etwaige Indiskretionen bei MÜLLER – einem anderen Interessenten die Möglichkeit zur Nachbesserung bietet.

Auch für die Käuferseite gilt, dass die persönliche der ausschließlich schriftlichen Kommunikation vorzuziehen ist.

Entscheidend ist, dass der Kaufinteressent sein Interesse schriftlich dokumentiert und damit ein höheres Maß an Verbindlichkeit geschaffen wird, als durch die rein mündliche Interessensbekundung. Durch die Vielzahl der abgefragten Parameter bietet sich die Möglichkeit im späteren Gesprächsverlauf, Verhandlungsfelder zu eröffnen.

Spätestens an dieser Stelle stellen sich nun zwei für den weiteren Verlauf entscheidende Fragen:

1. Wer nennt zuerst seine Preisvorstellung?
2. Wie kommuniziert man Fristen und was ist zu tun, wenn diese nicht eingehalten werden?

Zu Nennung von Preisvorstellungen

Oftmals kreisen lange Diskussionen um diese Frage, ob zunächst der Verkäufer seinen Verkaufspreis nennen oder der Kaufinteressent ein Angebot machen soll. Hier gibt es traditionell eine große Anzahl an Argumenten, die ausgetauscht werden: „Ihr Mandant will doch verkaufen“ oder „Nennen Sie mir doch bitte zunächst einmal die Preisvorstellung Ihres Mandanten“, sind Sätze, die man als M&A-Berater in fast allen Transaktionen hört. Umgekehrt bitten M&A-Berater die Interessenten, wie schon erwähnt, häufig schon im Prozessbrief zu einem gewissen Zeitpunkt um die Abgabe eines zunächst unverbindlichen Angebotes und später dann um ein verbindliches Angebot.

Manche Transaktionsberater, die auf Verkäuferseite agieren, sind der Auffassung, man dürfe nie das erste Angebot machen. Sie befürchten, dass man entweder einen Preis nennt, der zu niedrig ist oder beim Nennen des für fair erachteten Preises nur von diesem Preis ausgehend in eine Richtung, nämlich nach unten, verhandelt wird. Nennt man dagegen einen Preis, der viel zu hoch ist, läuft man Gefahr, den Transaktionspartner zu verlieren, da dieser seine Chance auf den Abschluss schwinden sieht. Aus diesem Grund bitten viele Verhandler den Käufer um Abgabe eines Angebotes und vernachlässigen dabei einen wichtigen, oft transaktionsentscheidenden Effekt: das Anchoring.

Eine Reihe von Studien ergaben, dass sich auch erfahrene Verhandler schwer damit tun, sich umzustellen und anzupassen, wenn die Gegenseite einen Preis genannt hat.

Fallbeispiel:

Man kennt diese Schwierigkeit vielleicht aus dem eigenen Erleben: Bei einer Investition oder Ausgabe (z.B. beim Buchen des privaten Urlaubs) hat man vor exakter Kenntnis der Sachlage, der Details und der aktuellen Marktpreise, gedanklich und in der Diskussion innerhalb des Teams (oder z.B. der Familie) einen bestimmten Preis „geschätzt". Weicht dieser Schätzpreis massiv vom tatsächlichen Preis ab, spürt man die kognitive Dissonanz.

Bei der Planung des Urlaubs schätzt man bspw. aus dem hohlen Bauche heraus: „Der Urlaub wird uns € 4.000 kosten". Nach Anfragen bei diversen Reisebüros stellt man dann fest, dass € 4.000 für eine USA-Städtereise bei weitem nicht ausreicht. Tatsächlich wird man dafür ca. € 7.000 benötigen. Der Preis von fast € 7.000 wird nun aber nicht mehr nur auf dessen Angemessenheit überprüft (oder gar der Erholungseffekt des Urlaubes auf die Wiederherstellung oder Aufrechterhaltung des körperlichen und seelischen Befindens bezogen). Aufgrund der selbstgeschaffenen und nicht bewusst aufgelösten, kognitiven Dissonanz wird man in der Diskussion nur noch an die Differenz von € 3.000 denken und auch darüber sprechen, dass der geplante Urlaub nun teurer bzw. teuer wird.

Der Grund für diese Anpassungsschwierigkeit infolge eines gesetzten Ankers liegt in der Verzerrung der kognitiven Wahrnehmung. Der Mensch tendiert dazu, einen Anker zu werfen, der – um im Bilde zu sprechen – sein Schiff auch bei Wind und Seegang auf Position hält[85].

Tversky und Kahneman haben in einer ihrer ersten Studien zu diesem Thema erstaunliche Entdeckungen gemacht: Probanden erhielten durch das Drehen eines manipulierten Glücksrades eine „Zufallszahl" (entweder 10 oder 65) als numerischen „Anker". Anschließend sollten sie schätzen, ob der Prozentsatz der afrikanischen UN-Mitgliedsstaaten über oder unter dieser Zahl liegt.

Danach wurden die Probanden gebeten, nun einen exakten Schätzwert abzugeben, wie viel Prozent der afrikanischen Länder tatsächlich Mitglieder der Vereinten Nationen sind. Die Ergebnisse waren verblüffend, denn die zuvor durch das Drehen des Glücksrades erhaltenen „Ankerwerte" beeinflussten die Schätzwerte signifikant.

Der Mittelwert der abgegebenen Schätzungen von Personen, deren Glücksradzahl (Anker) 65 war, lag bei 45%. Personen, die einen Anker von 10 erhielten, schätzten den Anteil der afrikanischen UN-Mitgliedsländer auf durchschnittlich 25%. Diese und später folgende Untersuchungen zeigten, dass bei Zahlenschätzungen eine zuvor übermittelte „zufällige Zahl" die anschließende Schätzung wesentlich beeinflusst[86].

Diese menschliche Eigenschaft des Ankereffekts kann bei Unternehmenstransaktionen positiv genutzt werden, um die Einschät-

85 Vgl. Kapitel Teil A, 2.3 sowie die Ausführungen zum Thema Spieltheorie

86 (Kahneman, 2011), Seite 152 ff

zung des Reservation Points des Verhandlungspartners zu verschieben und damit die ZOPA zu erweitern.

Fallbeispiel:

Bei einem Unternehmensverkauf werden Kaufinteressenten nach Studium des Informationsmemorandums gebeten, Kaufpreisindikationen abzugeben. Im Informationsmemorandum sind nur EBITDA-Zahlen angegeben, die zwar Aufschluss über die operative Ertragskraft geben, aber keine exakte Aussagekraft im Hinblick auf den freien Cashflow besitzen. Einer der Kaufinteressenten ruft nun den Transaktionsberater der Verkäuferseite an und fragt ihn nach der Preisvorstellung. Der erfahrene Berater nennt das aus seiner Sicht noch vertretbare, obere Ende der Preisvorstellung von € 16 Mio. Der Kaufinteressent bedankt sich und berät sich mit seinem Team intern.

Bei all diesen internen Diskussionen spricht man einerseits über den Wert, den man bei ca. € 10 Mio. bis € 12 Mio. sieht. Den Mittelpunkt der Diskussion nimmt allerdings die Abweichung in Höhe von € 4 Mio. bis € 6 Mio. zu den genannten € 16 Mio. ein. Man verwendet viel Energie auf die Frage, wie man diese Lücke im Rahmen der Transaktionsstruktur und Verhandlung schließen kann. Um im Rennen um das interessante Unternehmen zu bleiben, liegt das Angebot nun bei € 12,5 Mio. Im Laufe der Verhandlungen kommen die Parteien nicht mehr auf die € 10 Mio. zu sprechen, sondern die ZOPA hat sich klar in Richtung der € 16 Mio. verschoben.

Dies heißt nun nicht, dass in jedem Falle derjenige, der das erste Angebot oder die erste Zahl nennt, auf die positive Seite des Ankereffekts setzen kann. Mit dem ersten Angebot geht man nämlich – wie oben bereits erwähnt – auch zwei konkrete Risiken ein:

1. Der genannte Preis ist zu niedrig und vernachlässigt die hohen Synergien, die der Kaufinteressent teilweise einzupreisen bereit gewesen wäre. Die ZOPA wird also unnötig eingeengt.
2. Der genannte Preis ist so hoch, dass es keine ZOPA gibt und der potentielle Transaktionspartner, bricht die Gespräche ab.

Fallbeispiel:

Erfahrene Verhandler lösen diese Situation, in dem sie nicht über Preisangebote sprechen, sondern über am Markt ablesbare Wertbandbreiten und Synergiepotentiale: „Wenn wir uns die am Markt notierten, annähernd vergleichbaren Unternehmen ansehen und von aus unserer Sicht leicht zu erzielenden Synergien ausgehen, dann ergibt sich eine EV/EBITDA-Multiplikator-Bandbreite von ca. 8 bis 9. Wenn Sie dies nun auf den aktuellen EBITDA von 2 Mio. beziehen wollen, ergibt sich eine Bewertungsbandbreite von € 16 Mio. bis € 18 Mio.“ Mit dieser Aussage hat man sich nicht festgelegt, sondern nur über Marktpreise und Bewertungen gesprochen. Dennoch hat man eine erste Indikation für den Preiskorridor gegeben. Darauf wird der Verhandlungspartner wahrscheinlich kommunikativ reagieren: „Das ist viel zu viel und für dieses Unternehmen überhaupt nicht angemessen. Sie sprechen hier von börsennotierten Unternehmen und von vergleichbaren Transaktionen; unseres Erachtens gibt es weder das eine noch das andere. Wenn Ihr Mandant diese Vorstellung hat, dann sind wir aus dem Prozess draußen.“

Dieses Argument muss dann auch wieder pariert werden: „Natürlich haben Sie Recht damit, dass kein Unternehmen mit dem anderen vergleichbar ist. Das macht ja auch meinen Mandanten aus, dass seine Wertschöpfung nicht noch einmal 1:1 am Markt existiert. Ich habe auch bewusst nicht von den Preisvorstellungen meines Mandanten gesprochen, sondern nur davon, welche Faktoren u.a. für eine Wertfindung herangezogen werden könnten."

Egal wie das Gespräch nun weiter verläuft, gilt jetzt: Wenn bzw. solange der Wert nicht explizit durch einen anderen Wert in Euro ersetzt wird, der darunter liegt, ist und bleibt dieser Wert verankert.

In vielen M&A-Prozessbriefen weist der Berater des Verkäufers darauf hin, dass bei Nennung einer Wertbandbreite nur der untere Wert der Bandbreite in die Betrachtung einfließt. Aber auch hier gilt: Kein Mensch kann sich einem Anker völlig entziehen. Ebenso ist zu beachten, dass der Berater des Verkäufers seiner Sorgfalt im Mandat nicht genügen wird, wenn er seinem Mandanten eine attraktive Wertbandbreite vorenthält und in einer Analyse der Angebote die Bandbreite als Festpreis darstellen würde.

Es stellt sich hier die Frage, wie man sich darauf einstellt, nicht selbst Opfer eines Ankers zu werden?

Max Bazerman und Deepak Malhotra geben in ihrem Buch „Negotiation Genius" hierauf eine klare Handlungsanweisung:

1. Sie sollten den Anker ignorieren
   Es gibt keinen Grund, wenn es sich nicht um ein unumstößliches Festpreisangebot handelt, sich auf diese Zahl zu beziehen
2. Sie müssen den Informationsgehalt von der Beeinflussung trennen

Natürlich könnte es sein, dass in der Ankerbotschaft auch eine werterhellende Tatsache enthalten ist, mit der man sich – wenn man sie einfach nur ignorieren würde – in eine schlechtere Position begibt

3. Sie sollten grundsätzlich vermeiden, auf den Anker zu antworten oder gegen ihn zu argumentieren
4. Setzen Sie einen Gegenanker und fangen Sie sukzessive und langsam an, zu relativieren
5. Geben Sie der Gegenseite in gleichem Maße ausreichend Zeit, deren Anker zu relativieren (zurückzurudern).[87]

Im Übrigen gilt das Harvard-Konzept: „Je besser vorbereitet beide Seiten in eine Preisverhandlung kommen, umso weniger spielt es eine Rolle, wer das erste Angebot vorlegt. Statt Regeln darüber zu lernen, wer das erste Angebot machen sollte, wäre es besser die Regel zu beherzigen, mit externen Wertmaßstäben gut gerüstet zu sein.“[88] Dem ist nichts hinzuzufügen.

Zu Kommunikation von Fristen:

Werden Fristen im Verhandlungsverlauf gesetzt und diese gar als sog. Deadlines formuliert, stellt sich die Frage der Reaktion auf eine Nichteinhaltung dieser Fristen durch den Verhandlungspartner. Und warum setzt man überhaupt Fristen?

Ein erfahrener Rechtsanwalt hat in einer Transaktionsbesprechung den Satz geprägt: „Auf einen Mittwoch folgte noch immer ein Donnerstag. Und auf eine Frist noch immer ein Tag danach“.

Zahlreiche Studien belegen, dass der Kommunikations- und Interaktionsprozess sich im Laufe einer Verhandlung häufig ändern. Am Anfang der Verhandlungen lernen sich die Verhandlungspartner kennen, erkunden gegenseitige Motive und Interessen und erreichen höchstens dort eine Einigung, wo es ohnehin Gemeinsamkeiten gibt. Ein weit verbreitetes Vorgehen ist es, dass wesentliche

87 (Bazerman, et al., 2007)

88 (Fisher, Bruce, Ury, William and Patton Bruce M. , 2000), Seite 232

Verhandlungspunkte erst zum Schluss zur Sprache gebracht werden; solange redet man um den heißen Brei herum und vergeudet wertvolle Verhandlungszeit. Lim/Murningham haben 1994 differenzierte Modellverläufe für Verhandlungen illustriert:

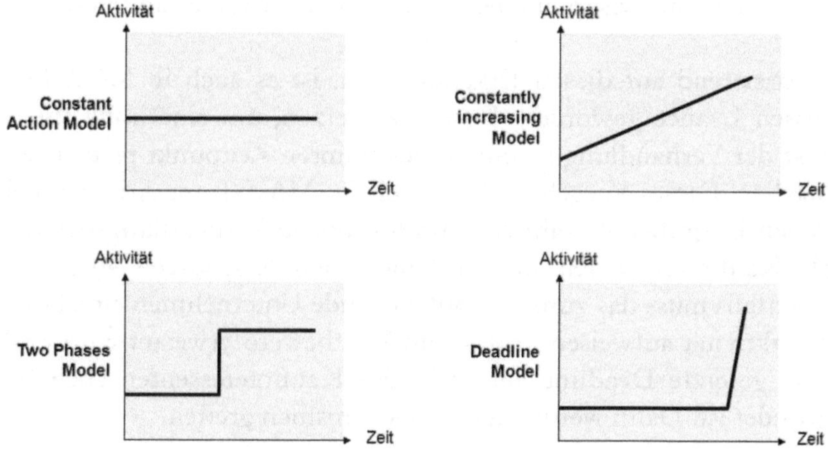

Abbildung 107
Alternative Verhandlungsprozess-Verläufe[89]

Eine von Voeth/Weißbacher 2005 durchgeführte Untersuchung belegt, dass die Intensität, mit der Verhandlungen geführt werden, im Zeitverlauf zunimmt und dass insbesondere bei Angebots- und Verhandlungssituationen, in denen große Zugeständnisse gemacht werden müssen, die Zeit nicht gleichmäßig ausgenutzt wird.

Die Gründe für dieses Phänomen sind vielschichtig:

- Zeitablauf erhöht Druck, produziert Stress und forciert eine Entscheidungsfindung

89 (Lim, et al., 1994), Seite 153-171; auch in (Voeth, et al., 2009), Seite 169

- jede Partei hofft zunächst auf ein Zugeständnis der anderen Partei
- weitreichende Entscheidungen mit einer großen wirtschaftlichen Tragweite, wie eben der Kauf eines Unternehmens, werden ungerne bei unvollständiger Information getroffen; man hofft immer auf weitere, werterhellende Erkenntnisse
- erst eine Frist gibt eine Legitimation für Zugeständnisse[90]

Basierend auf diesen Erkenntnissen, ist es auch in M&A-Prozessen Usance geworden, Fristen zu setzen, um eine hohe Intensität der Verhandlung zu einem bestimmten Zeitpunkt planbar zu machen. Dieses Vorgehen eignet sich für M&A-Transaktionen, bei denen in großer Anzahl sehr professionelle Verhandlungspartner als Kaufinteressenten mit umfangreichen Ressourcen auftreten. Ebenfalls muss das zum Verkauf stehende Unternehmen eine hohe Attraktivität aufweisen, sodass ein Wettbewerb erwartet wird und eine gesetzte Deadline aus Sicht des Kaufinteressenten auch begründet ist. Dann werden diese Mechanismen greifen.

Aber: Selbst bei solchen Transaktionen werden sich die Kaufinteressenten die grundsätzlichen Fragen stellen, die in solchen Situationen immer beachtet werden sollten:
- Warum wurde diese Frist gesetzt? Was macht diese Frist notwendig?
- Ist diese Frist verhandelbar?

Fristen, deren Notwendigkeit sich aus der Sache ergibt, werden von Kaufinteressenten akzeptiert. Solche Fristen sind zum Beispiel

- bei Distressed-M&A-Transaktionen[91]
    - die Pflicht zur Antragstellung auf Eröffnung des Insolvenzverfahrens oder

90 (Lewicki, Ray J., Hiam, Alexander and Olander, Karen Wise, 1998), Seite 43; Robert Kennedy hat im Zusammenhang mit der Kuba-Krise gesagt: We will have to make a deal at the end, but we must stand absolutely firm now. Concessions come at the end of negotiations, not at the beginning." aus (Cohen, 2003), Seite 175

91 Vgl. (Allert, et al., 2007)

- die Eröffnung des Insolvenzverfahrens am Ende des Antragszeitraums

- steuerliche Fristen
- bilanzielle Auswirkungen am Jahresabschlussstichtag

Ansonsten gibt es drei Gründe für eine Fristsetzung:

- Der Verkäufer will dies aus nicht rationalen Gründen
- Die Beschaffenheit und damit der Wert des zu verkaufenden Objektes werden sich im Zeitablauf verringern
- Es gibt andere Interessenten, die großes Interesse am Unternehmen haben und die Fristen einhalten werden

Für den erstgenanntenn Grund gibt es wiederum auf Käuferseite keine Notwendigkeit, diesen zu akzeptieren. Bei dem zweiten aufgeführten Grund müsste der Kaufinteressent aus Vorsichtsgründen zuwarten und die Werthaltigkeit nach Zeitablauf erneut überprüfen. Allenfalls der dritte Grund bringt die Notwendigkeit mit sich, sich als Kaufinteressent an die definierten Fristen zu halten. Jedoch ist eine unbegründete Fristsetzung eine „Machtdemonstration", die für einen distributiven Verhandlungsstil steht.

Also stellt sich die Frage, in welchen Situationen man auf Verkäuferseite überhaupt eine Deadline setzt:

1. Sprechen gesetzliche oder steuerliche Rahmenbedingungen für eine Fristsetzung?
2. Gibt es eine hinreichende Anzahl sicherer, abschlussbereiter Interessenten?
3. Ist meine BATNA eine attraktive Alternative?

Wenn eine dieser Fragen mit Ja beantwortet werden kann, ist die Setzung einer Frist zwar möglich, ob dies jedoch sinnvoll ist, bleibt dahingestellt.

Auch wenn es keine begründete Erfordernis der Fristsetzung gibt, ist es aus Verkäufersicht dennoch notwendig, eine zeitliche Struktur in die Verhandlung zu bringen. Die Gründe hierfür sind evident:

1. Notwendigkeit des Wissens um die Zukunft des Unternehmens auf Gesellschafterebene.
   Der Unternehmer muss wissen, welche operativen bzw. Investitionsentscheidungen er treffen kann und muss. Der Ausgang eines M&A-Prozesses beeinflusst in der Regel diese Entscheidungen.
2. Wirtschaftliche Parameter zwingen zu zeitlich strukturiertem Handeln.
   Ist das Unternehmen in einer Krisensituation, so muss die zeitliche Strukturierung des Prozesses den Liquiditätserfordernissen Rechnung tragen.
3. Auf entscheidende Parameter verständigen sich Verhandlungspartner immer am Ende der Verhandlungen.
   Wenn kein Ende in Sicht ist, besteht keine Notwendigkeit zur Konzession.

Um in solchen Situationen dem M&A-Prozess dennoch eine zeitliche Struktur zu geben, gibt es mehrere Möglichkeiten. Gelingt es eine kooperative Verhandlungssituation zu schaffen, so besteht eine Möglichkeit darin, den Verhandlungspartner zu fragen, welche Zeiträume er für welche Prozessschritte angemessen hält und wann welche Meilensteine definiert werden können. Auch für den Kaufinteressenten verschieben sich u.U. strategische Entscheidungen aufgrund der Opportunität einer möglichen Übernahme. Dies bedeutet, dass in der Regel auch der Kaufinteressent an einer zeitlichen Struktur interessiert sein müsste.

Um insbesondere in den ersten Phasen des Prozesses, d.h. bis zu einem ersten Treffen bzw. bis zu einem ersten unverbindlichen Angebot eine zeitliche Struktur etablieren zu können, empfiehlt es sich mit Zeiträumen zu arbeiten, deren Ende nicht in Form eines Fixdatums oder Uhrzeit kommuniziert wird. Bessere Formulierungen stellen hier z.B. „Bitte teilen Sie uns innerhalb der nächsten drei bis vier Wochen mit, ob Sie das Projekt weiterverfolgen möchten“ oder „Wir gehen davon aus, in den nächsten beiden Wochen Rückmeldung der potentiellen Interessenten zu haben. Es ist uns wichtig, hierbei auch Ihre Meinung und Sichtweise in unsere Entscheidung über den weiteren Prozess einfließen lassen zu können“ dar.

Liegen die unverbindlichen Angebote vor und sind diese analysiert, bietet es sich an, den bisherigen Stand der Gespräche schriftlich festzuhalten. Die Bezeichnung für ein solches Dokument ist vielfältig. Memorandum of Understanding, Term Sheet, Heads of Agreement oder Letter of Intent unterscheiden sich dabei höchstens in Nuancen.

Die in einem Letter of Intent oftmals anzutreffenden Regelungen beziehen sich auf:

- strategischer Hintergrund der Transaktion und die Absichtserklärung die Transaktion durchführen zu wollen
- Kaufpreisüberlegungen
- Überlegungen zur Transaktionsstruktur und -finanzierung
- Rahmenbedingungen einer Due-Diligence
- Zeitplan bis zum Signing
- Kostenübernahmen der eingeschalteten Berater
- evtl. Exklusivität
- Gremienvorbehalte

Diese schriftlichen Erklärungen sind alle rechtlich nicht bindend, sondern einerseits dafür bestimmt, die Ernsthaftigkeit des weiteren Prozedere zu verdeutlichen. Andererseits dienen diese Vereinbarungen zur Komplexitätsreduktion und dem Festhalten wichtiger Verhandlungspunkte, die einer der Parteien wichtig ist bzw. auf die man sich eventuell sogar schon verständigt hat.

All diese Erklärungen können entweder einseitig, z.B. vom Erwerber abgegeben oder auch gemeinsam als Vereinbarung unterzeichnet werden. Hierbei ist darauf zu achten, dass die Grenze zu einem Vorvertrag jedoch fließend sein kann[92].

In vielen Fällen wird der Käufer mit dem Hinweis auf die bisher erzielte Einigung und die Kosten der Due-Diligence auf Exklusivität drängen. Exklusivität ist nicht gleichbedeutend mit einer verkürzten Zeit bis zum Abschluss. Der Kaufinteressent weiß, dass er nunmehr alleine im Rennen ist und wird dies u.U. zu seinem Vorteil ausnutzen.

Ob man einem Interessenten Exklusivität gewährt oder nicht, muss sicherlich im Einzelfall geprüft werden. Es sei jedoch darauf hingewiesen, dass die von Kaufinteressenten oftmals angeführten Argumente, wie z.B. sicherer Abschlusswille, hohe Kosten der Due-Diligence, auch anderweitig entkräftet werden können. Due-Diligence-Maßnahmen sind bei großen Transaktionen sicherlich kostenintensiv. Andererseits sind diese Kosten im Vergleich zu dem Transaktionsvolumen eher im Promille- bis einstelligen Prozentbereich angesiedelt. Denkbar wäre in einem Fall, in dem der Interessent die oben genannten Argumente anbringt auch eine Vereinbarung, wonach der Interessent innerhalb der nächsten 4 Wochen zum vereinbarten Preis abschließen kann. Sollte der Verkäufer in dieser Zeit – wider Erwarten aller – mit einem anderen Interessenten abschließen, so ist er bereit, die Due-Diligence-Kosten bis zu einer Höhe von z.B. € 1 Mio. dem unterlegenen Bieter zu bezahlen. Ist das Angebot zwar höher, aber übersteigt die Differenz nicht den Betrag von € 1 Mio., so schließt der Verkäufer mit dem bisherigen Bieter ab. Damit erleidet dieser keinen finanziellen Nachteil durch die Prüfungshandlung. Ist das Angebot beispielsweise € 2 Mio. höher, so schließt der Verkäufer mit dem neuen höher bietenden Interessenten ab und ersetzt aus dem Mehrkaufpreis von € 2 Mio. die Due-Diligence-Kosten in Höhe von € 1 Mio. Es gibt noch eine Reihe von anderen Möglichkeiten, die Bedenken eines Bieters am Ende des Prozesses zu handhaben, ohne dabei die erbetene Exklusivität zu gewähren und damit den Wettbewerb aufzulösen.

92 (Hölters, 2010), Seite 718, Tz 26 ff

4.2.5 Unverbindliche Angebote aus Käufersicht

Auf Käuferseite stellt sich zu diesem Zeitpunkt des M&A-Prozesses die Frage, ob man mit einem hohen Angebot in den weiteren Prozess einsteigt und versucht, dieses Angebot durch in der Due-Diligence festgestellte Mängel nach unten zu verhandeln. Alternativ könnte ein Kaufinteressent auch mit einem niedrigeren Angebot starten und damit versuchen, die ZOPA zu seinen Gunsten nach unten zu verlagern. Durch sukzessives, höheres Bieten im Prozessverlauf könnte er mit dieser Taktik in den Augen des Verkäufers an Wohlwollen gewinnen und hätte noch Reserven bei späteren preistreibenden Stadien des Bieterverfahrens.

Der Grundsatz der Reziprozität besagt – einfach ausgedrückt – dass der Mensch die Tendenz hat, auf ein Geschenk mit einem Gegengeschenk zu reagieren zu wollen.

Wie wichtig dieser Grundsatz ist, zeigt der Versuch eines Zusammenschlusses von Autohändlern, die statt dem ständigen Verhandlungstanz um den besten Preis zukünftig knapp kalkulierte Festpreise anbieten wollten, bei denen bereits der gesamte Rabatt vorweg in Abzug gebracht wird. Das Experiment musste nach kurzer Zeit aufgegeben werden, da die Absatzzahlen deutlich zurückgingen. In der Wahrnehmung der Kunden war dieses Vorgehen nicht adäquat. Auf die Verhandlungsversuche des Käufers wurden keine Gegengeschenke durch den Autoverkäufer gegeben, sodass viele Kunden verärgert von dannen zogen[93].

Grundsätzlich gilt:

- Gehen Sie auf Käuferseite mit dem niedrigsten noch zu vertretenden Angebot in die Verhandlungen!
- Machen Sie im Rahmen der Verhandlungen Zugeständnisse und beachten Sie dabei die Ausführungen des Kapitels „Wie mache ich Zugeständnisse?“

93 (Nasher, 2013), Seite 10

Auch hier bestätigen Ausnahmen die Regel. Die Gefahr bei einem sehr niedrigen Preis ist, dass eine Extremposition die Verhandlungsatmosphäre nachhaltig stören kann. Liegen dem Verkäufer gar mehrere Angebote vor, ist ein Ausscheiden aus dem M&A-Prozess möglich. Und nachträgliches Korrigieren bzw. Verbessern des Angebotes erhöht nicht die Glaubwürdigkeit. Je nach Wettbewerbssituation ist man auch mit einem verbesserten Angebot nicht in der Lage, in den Prozess wieder einsteigen zu dürfen.

Das nachfolgende Schaubild zeigt vereinfacht das grundsätzliche Schema der Festsetzung des ersten Preisangebotes.

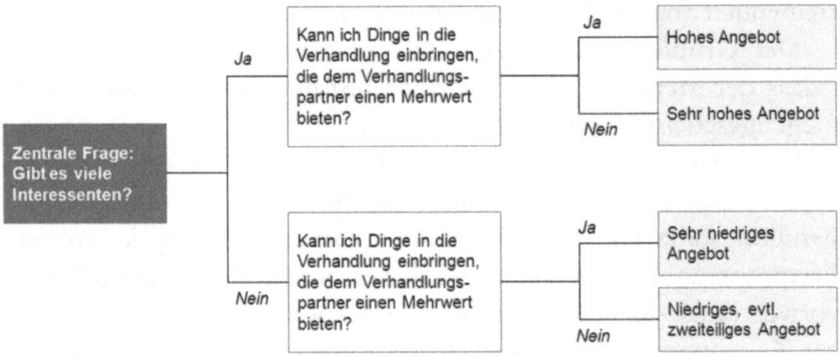

Abbildung 108
Entscheidungsbaum zur Abgabe eines ersten, unverbindlichen Angebotes als Grundlage weiterer Verhandlungen

Diese Darstellung zeigt – wie oben bereits erwähnt – grundsätzliche Überlegungen. Es gibt keine allgemeingültigen Regeln für das erste Angebot, nur den Grundsatz der Reziprozität und dass das Verhandeln an sich eine notwendige Rahmenbedingung für den erfolgreichen Abschluss darstellt.

In manchen Fällen kann es sinnvoll sein, zunächst auch gar kein Angebot zu unterbreiten.

Fallbeispiel:

Dixit/Nalebuff beschreiben in ihrem Buch „Thinking strategically“[94] eine Situation in der sich drei Personen duellieren. Das Duell besteht aus zwei Runden. In der ersten Runde darf jeder in der unten festgelegten Reihenfolge schießen. Die Überlebenden dürfen in der zweiten Runde dann wieder schießen:

1. Schütze: Person A (Trefferwahrscheinlichkeit 30%)
2. Schütze: Person B (Trefferwahrscheinlichkeit 80%)
3. Schütze: Person C (Trefferwahrscheinlichkeit 100%)

Was ist für Person A die beste Taktik? Auf wen soll er schießen?

Wenn A auf B schießt und trifft, kann C nur noch auf A schießen. Bei 100% Trefferwahrscheinlichkeit ist A danach tot. Wenn A auf C schießt und trifft, ist B an der Reihe; die Überlebenschance von A liegt dann bei 20%. Wenn A jedoch in die Luft schießt, ist danach B an der Reihe und wird auf C schießen. Mit 80% Wahrscheinlichkeit trifft Person B auch Person C. Wenn B trifft, ist danach A an der Reihe und hat eine Überlebenschance von 30%. Wenn B nicht trifft, wird C auf B schießen, denn von B geht die größere Gefahr aus (80% Trefferwahrscheinlichkeit gegenüber 30% Trefferquote bei A). C trifft immer. B wäre dann tot und A wieder an der Reihe, dessen Überlebenschancen auch hier bei 30% liegen. Für A ist damit die beste Variante, den ersten Schuss in die Luft abzugeben. Dieses Beispiel kann auf den M&A-Bereich übertragen werden. Für einen kleineren, unbedeutenderen Kaufinteressenten kann es zunächst besser sein, kein Angebot abzugeben. Wenn der Favorit im Rennen um die Über-

94 (Dixit, et al., 1997), Seite 320

nahmen sich zunächst einer Reihe von Angriffen mittelstarker Bieter ausgesetzt sieht, findet in vielen Fällen zunächst ein Selektionsprozess statt, der dem kleineren Kaufinteressenten später einen geebneten Weg bietet und damit eine bessere Basis für die weiteren Verhandlungen eröffnet.

Nach Abgabe der unverbindlichen Angebote kommt es regelmäßig zur Diskussion über die Angemessenheit der Angebote. Dabei erläutert die verkaufsbereite Seite ihre Sichtweise auf das zu niedrige Angebot und die kaufwillige Seite erklärt, wieso man zu diesem Zeitpunkt zu dieser Einschätzung gelangt ist und auch das Angebot nur aufrechterhalten kann, wenn die folgende Phase der Due-Diligence ohne Mängel verläuft. Lässt das vom Kaufinteressent genannte Angebot auf eine ZOPA schließen, wird auch der Verkäufer bzw. dessen Berater Verhandlungsspielraum erkennen lassen.

An dieser Stelle gibt es nur die Möglichkeiten des kooperativen oder distributiven Verhandlungsstils.

Während in Teil A des Buches bereits ausführlich auf die Instrumente des kooperativen Verhandelns eingegangen wurde, stellt sich natürlich die Frage, welche Möglichkeiten des distributiven Verhandelns gegeben sind. Es gibt immer wieder Situationen, in der sich eine kooperative Verhandlungsgrundlage nicht schaffen lässt. Gleichzeitig möchte man jedoch auf diesen Kaufinteressenten nicht verzichten. Wie bei Situationen aus vielen anderen Bereichen ist es hier notwendig, die Sicht des distributiv verhandelnden Verhandlungspartners einzunehmen und dessen Instrumentarium zu antizipieren.

Die nachfolgende Grafik zeigt die grundlegenden Strategien und Methoden des distributiven Verhandelns aus Käufersicht:

Strategische Überlegung	Zu betrachtende taktische Bereiche	Methoden und Instrumente	Beispiele
Den Verhandlungspartner vom geringen Wert des Verhandlungsgegenstandes überzeugen	Abschätzung des Grenzpreises des anderen und dessen Kosten des Abbruchs	Indirekt	• Durch Marktdaten • Früheres Verhandlungsverhalten
		Direkt	• Durch Informationen während der Verhandlung
Extrem niedriges Angebot und nur wenige Zugeständnisse	Den Verhandlungspartner hinsichtlich des eigenen Grenzpreises und der Abbruchkosten lenken	Verdunkeln	• So wenig wie möglich Verhandlungsmaßnahmen, nach dem Motto Schweigen ist Gold. Dies verleitet den Verhandlungspartner zu eigenen Annahmen • „Columbo-Taktik“: Gespielte Inkompetenz • Vielzahl von Parametern einbringen, die es dem Verhandlungspartner erschweren, die relevanten Parameter zu erkennen
		Direkt	• Selektive Informationsweitergabe • Emotionale (Re-)Aktionen einbringen
Den Verhandlungspartner davon überzeugen, dass er seinen Grenzpreis verschieben muss, da es sonst keine ZOPA gibt		Modifizierung	• Übertreibung der Reaktionen auf bestimmte, vom Verhandlungspartner eingebrachte Vorschläge
	Beeinflussung der Wahrnehmung des Verhandlungspartners über seine eigenen Ziele, Grenzpreise und Abbruchkosten	Modifizierung	
		Szenarien aufzeigen	• Übertreibung der Möglichkeiten bestimmter Ergebnisse, nach dem Motto: „Gesetzt den Fall, wir würden uns auf dieser Basis einigen, was wäre ...“
Den Verhandlungspartner davon überzeugen, dass er bereits das bestmögliche Angebot vor sich hat	Beeinflussung der aktuellen Kosten einer Verzögerung bzw. eines Abbruchs	„Störende“ Aktionen	• Einfordern zusätzlicher Due Diligence Informationen bzw. zu aktualisierender Gutachten
		Allianzen mit Dritten	• Das operative Geschäft finanzierende Banken, um Aufrechterhaltung der Linien bitten • Akquisitionsfinanzierende Banken mit an den Tisch holen
		Manipulation des Zeitplans	• Dienstreisen bzw. Urlaubszeiten verzögern den Verhandlungsverlauf

Abbildung 109
Auswahl an strategischen Überlegungen, Taktiken und Methoden des distributiven Verhandelns

Der Umgang mit diesen Methoden und Manipulationstechniken eines Kaufinteressenten wird später ausführlich beschrieben.

4.2.6 Due-Diligence

Nachdem der Verkäufer mithilfe seines M&A-Beraters die eingegangenen Angebote analysiert und nachverhandelt hat, schließt sich in der Regel die Gewährung einer Due-Diligence-Prüfung für die Kaufinteressenten, mit denen man weiter verhandeln möchte, an.

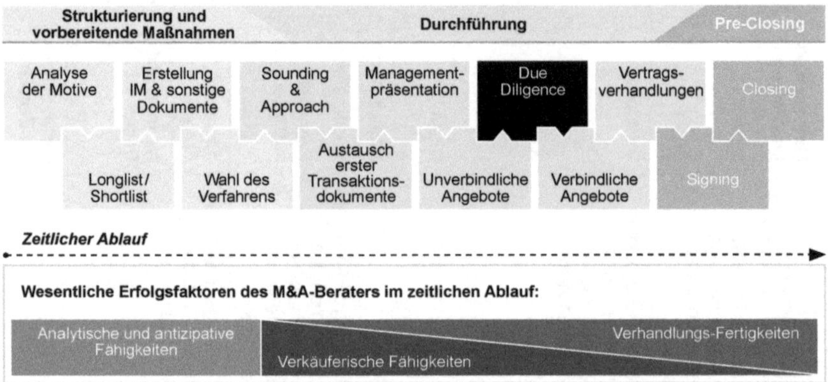

Abbildung 110
Die Due-Diligence-Phase im M&A-Prozessablauf

Unter Due-Diligence versteht man die sorgfältige Prüfung der zur Verfügung gestellten Daten seitens des Kaufinteressenten vor einem letztendlichen Erwerb des Unternehmens. Der Verkäufer stellt hier Daten entweder in physischer oder in elektronischer Form zur Verfügung, die es einerseits erlauben, die bisher abgegebenen Informationen zu verifizieren und andererseits darüberhinausgehende Informationen, die für die rechtliche Umsetzung der Transaktion von Bedeutung sind, zu erlangen. Die Wahl, ob man einen physischen Datenraum in der Form von papierhaften Informationen in Ordnern zur Verfügung stellt oder elektronisch als sog. virtuellen

Datenraum dem Kaufinteressenten anbietet, hängt einerseits von der Anzahl potentieller Kaufinteressenten, dem mit der Transaktion verbundenen Zeitdruck (z.B. in Krisensituationen) und dem gewählten Verhandlungsstil ab. Die Vor- und Nachteile der beiden Varianten sind in unten dargestellter Tabelle zusammengefasst.

Physischer Datenraum		Elektronischer Datenraum	
Pro	**Contra**	**Pro**	**Contra**
• Günstigere Variante	• Nur sequenzielle Prüfung durch Interessenten möglich	• Guter, effizienter Zugang für verteilt arbeitenden Teams	• Erschwert Kommunikation zwischen unterschiedlichen Prüfungsteams der Käuferseite
• Möglichkeit, die Kaufinteressenten bei der Due-Diligence persönlich zu betreuen und deren Problempunkte frühzeitig zu erfahren	• Erstellung von Unterlagen für Kaufvertragsanhang nur platzraubend möglich	• I.d.R. strukturierte Datensammlung	• Systematische Auswertung der Due-Diligence nach Schwerpunkte des Käufers durch den Verkäufer möglich (Tracking)
		• Mehrere Bieter können gleichzeitig Due-Diligence durchführen	• Oftmals unkomfortable Software
		• Einfache Sicherung für späteren Kaufvertragsanhang	• Screenshot- und damit Kopier-Möglichkeit kann nicht ausgeschaltet werden
		• Systematische Erfassung der Fragen und Antworten	• Preis
		• Multi-Language-Desktop	

Abbildung 111
Physischer vs. elektronischer Datenraum

In den letzten Jahren hat sich darüber hinaus in der Praxis die Bereitstellung von Daten in mehreren Diskretionsstufen bewährt. Daten können bspw. im Rahmen eines Ampelsystems zur Verfügung gestellt werden. Der „Green Level" eines Datenraums enthält hierbei Informationen aus öffentlichen Registern, wie Handelsregister- oder Grundbuchauszüge sowie interne Dokumente, die keinen Einfluss auf Kunden- oder Lieferantenbeziehungen haben. In einem „Yellow Level" können sensiblere Informationen zur Verfügung gestellt werden; ein sog. „Red Level" enthält entweder wettbewerbsrelevante Informationen oder personalspezifische Informationen, die alleine aus datenschutzrechtlichen Gründen erst zu einem sehr späten Zeitpunkt offengelegt werden dürfen. Oftmals werden in Transaktionsprozessen, in denen sich bspw. der größte Wettbewerber als finaler Kaufinteressent herauskristallisiert hat, sensible Informationen erst im Rahmen einer sog. „Confirmative Due-Diligence", also der bestätigenden Due-Diligence nach einem Signing offengelegt.

Bei einem physischen Datenraum werden in der Regel auftretende Fragen auf einem hierfür vorgesehenen Formular notiert, gesammelt und in bestimmten Abständen mit Mitarbeitern oder Beratern des Verkäufers besprochen. Elektronische Datenräume bieten hierfür ein sog. Questions-and-Answers-Modul (auch Q&A-Modul); hierbei handelt es sich um ein elektronisches Nachrichtensystem, bei dem Kaufinteressenten ihre Fragen einstellen und diese automatisch an den Verkäufer übermittelt werden. Je nach Vorgehensweise im Verkaufsprozess können die Antworten, die aus Fragen eines Kaufinteressenten resultieren auch den anderen Interessenten zugänglich gemacht werden.

Es obliegt der individuellen Situation, welche Form des Datenraums gewählt wird.

Neben den praktischen Aspekten sollten aber auch verhandlungstaktische Überlegungen eine Rolle bei der Entscheidungsfindung spielen. Ein elektronischer Datenraum signalisiert dem Kaufinteressenten, dass es mehrere Interessenten und damit einen wettbewerbsintensiven Prozess gibt. Ebenso werden auch ausländische Interessenten im Prozess vermutet, für die eine Anreise zu verschiedenen Prüfungsabschnitten oftmals mit erheblichen Kosten verbunden wäre. Dass der Verkäufer durch Einrichtung des elektronischen Datenraums erhebliche Kosten auf sich genommen hat, lässt ebenfalls auf einen intensiven und aussichtsreichen Verkaufsprozess schließen. Diese Gründe sprechen für elektronische Datenräume.

Allerdings gibt es aus verhandlungstaktischer Sicht auch gute Gründe für einen physischen Datenraum. Während der Prüfung des Datenrauminhaltes durch das Due-Diligence-Team des Kaufinteressenten kommt es immer wieder zu persönlichen Kontakten zwischen Kaufinteressent und den Mitarbeitern des den Datenraum einrichtenden Beraters. Dabei kommen in vielen Fällen die Bedenken der Prüfer offen zum Ausdruck. Dies bietet Raum für Verhandlungen und ein aktives Setzen von Schwerpunkten in den weiteren Verkaufsverhandlungen mit den jeweiligen Interessenten.

Ein weiterer, nicht zu unterschätzender Aspekt ist die subjektive Risikoeinschätzung der Prüfer des Kaufinteressenten. Versuche bei Blackjack-Spielern haben gezeigt, dass sie die Wahrscheinlichkeit eines Erfolges ihres Blatts höher einschätzen, wenn sie die verdeckten Karten berühren, jedoch nicht sehen durften, im Vergleich zu der Einschätzung der Spieler, die die Karten nicht berühren durften. Würfelspieler werfen Würfel fester, wenn sie eine hohe Augenzahl benötigen und Autofahrer schätzen das Unfallrisiko bei Tempo 220 auf der Autobahn deshalb niedriger ein, weil sie das Lenkrad in Händen halten[95].

All diese Studienergebnisse zeigen, dass der Mensch davon ausgeht, Risiken besser bestimmen und damit umgehen zu können, wenn er Dinge in „Händen hält". Dies ist bei der Wahl zwischen einem elektronischen und einem physischem Datenraum zu berücksichtigen.

Auch in der Due-Diligence-Phase kommt es bei der Besprechung aufgrund von sog. „Findings", also Mängeln, bereits zu Verhandlungssituationen. Der Kaufinteressent bzw. dessen Prüfer stellen einerseits Fragen zu bestimmten Themenbereichen, andererseits suggerieren diese Fragen oftmals aus Sicht des Kaufinteressenten

95 Vgl. (Erben, Roland und Romeike, Frank, 2006), (Buth, et al., 2009), (Nasher, 2013)

Verhandlungspunkte für einen niedrigeren Kaufpreis bzw. spätere, höhere Gewährleistungs-/ Garantieforderungen.

Wichtig ist hierbei, diese Punkte nie losgelöst vom Gesamtkontext zu verhandeln bzw. keine Zusagen zu späteren Garantien oder gar Kaufpreisnachlässen zu machen.

Das Motto sollte hier lauten: „Wir nehmen Ihre Sichtweise zur Kenntnis ohne uns hierüber bereits jetzt eine abschließende Meinung gebildet zu haben. Sicherlich kann dieses Thema im Rahmen der finalen Besprechung diskutiert werden."

4.2.7 Einholung verbindlicher Angebote

Nach erfolgter Due-Diligence fordert der Verkäufer bzw. dessen Berater die verbliebenden Kaufinteressenten zur Abgabe eines verbindlichen Angebotes auf. In der Regel erfolgt dies schriftlich.

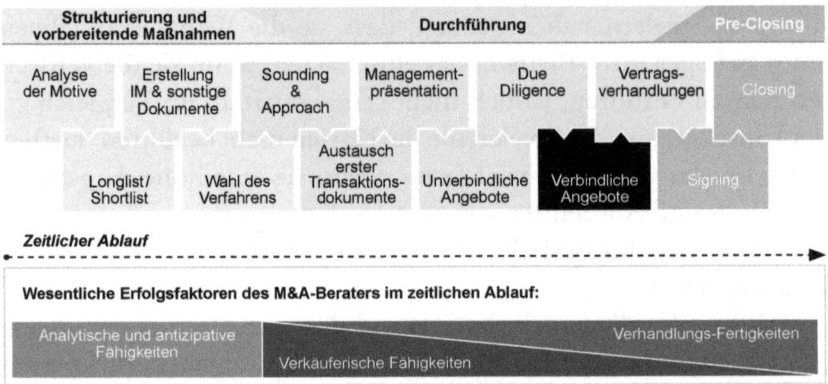

Abbildung 112
Der Zeitpunkt der Abgabe der verbindlichen Angebote im M&A-Prozessablauf

Fallbeispiel:

Eine solche Aufforderung kann beispielsweise wie folgt aussehen:

Persönlich/Vertraulich
[Anrede] [Vorname] [Nachname]
[Funktion]
[Firma]
[Adresse]

Mannheim, den [Datum]

Sehr geehrte(r) Frau/Herr [Name]

hiermit nehmen wir Bezug auf unseren Prozessbrief vom [Datum].

In den bisherigen Gesprächen äußerten Sie Ihr Interesse am Erwerb der [TARGET]

Wir freuen uns, Ihnen wie folgt die nächsten Schritte des Prozesses und die Rahmenbedingungen für das verbindliche Angebot mitteilen zu können.

Bitte senden Sie bis ... /innerhalb...

Ihr bindendes Angebot schriftlich per Post an:
[Anrede] [Vorname] [Nachname]
[Funktion]
[Firma]
[Adresse]

Zur Fristwahrung genügt eine Vorabübermittlung per Fax +49 (xxx) xx xx xxx oder per E-Mail an [TARGET]@[Domain].com

Wir bitten Sie, hierbei die Angabe nachfolgender Punkte für das verbindliche Angebot zu beachten:

- Eine kurze Erläuterung/Darstellung Ihres Unternehmens, ggf. einschließlich Ihrer derzeitigen unternehmerischen Aktivitäten im [Bereich].
- Eine detaillierte Darstellung des von Ihnen angestrebten strategischen Konzeptes. Dieses sollte vor allem etwaige Quantifizierung für eine mögliche Mitarbeiteranpassung, die Auswirkungen einer möglichen Verlagerung bzw. Schließung von Standorten sowie weitere angestrebte Restrukturierungsmaßnahmen

enthalten. Ebenso sollten hier stukturelle Maßnamen, die von Ihrer Seite in diesem Zusammenhang geplant sind dargestellt werden.

- Umschreibung der geplanten Strucktur Ihres Beteiligungsangebotes im Hinblick auf die Parameter:
  a) Höhe des zu erwerbenden Anteils,
  b) Kaufpreis für die Anteile an der [TARGET]
  c) Konzept im Hinblick auf die Ablösung der Salden der Gesellschafterkonten und -darlehen (s. hierzu auch aktuelle Übersicht anbei) der [MUTTER]
  d) Konzept im Hinblick auf die Übernahme der Bankverbindlichkeiten und Darlehen Dritter einschließlich Dritter, die nicht Gesellschafter sind
  e) Konzept im Hinblick auf die Übernahme der bestehenden Pensionsverbindlichkeiten;
- Ihr Konzept hinsichtlich der zukünftigen Finanzierung der Gesellschaft durch Zuführung von Eigenkapital und mögliche darüber hinaus notwendige Finanzmittelausstattung;
- Eine Bestätigung, dass der Kaufpreis bzw. die für die Eigenkapitalzuführung benötigen Mittel in unmittelbar zur Verfügung stehenden Finanzmitteln bereitstehen und zum Zeitpunkt der Unterzeichnung des Kaufvertrags (das „Signing") gezahlt werden. Sofern eine externe Finanzierung hinzugezogen wird, bitten wir Sie um eine schriftliche verbindliche Finanzierungszusage des oder der Fremdkapitalgeber(s).
- Eine Darstellung aller internen Genehmigungen (wie z.B. durch die Eigentümer/Aktionäre, Aufsichtsgremien, Investment Komitee oder sonstige), die Sie für eine wirksame und verbindliche Vertragsunterzeichnung benötigen, sowie den dafür benötigten Zeitraum.
- [...]

[...]

Sollten Sie Fragen zum Prozess oder den zur Verfügung gestellten Informationen haben, so richten Sie diese bitte an [Ansprechpartner]

Mit freundlichen Grüßen,

[Unterschrift]

Es wird auch hier Interessenten geben, die sich weder an die Vorgaben der Aufforderung zur Abgabe des verbindlichen Angebotes halten, noch dieses Angebot wirklich verbindlich formulieren.

Auch an dieser Stelle kommt es wieder zur Machtprobe zwischen Verkäufer und Käufer, auf die ich im nächsten Abschnitt ausführlich eingehen werde. Gibt es mehrere Kaufinteressenten, ist der Verkäufer in der Lage, die Interessenten auszusortieren, deren Angebote am wenigsten Aussicht auf eine erfolgreiche Umsetzung haben.

Je nach Art und Weise dieses Aussortierens, das wiederum im Konjunktiv stattfinden sollte, kann es gelingen, den Interessenten zur sofortigen Modifikation des verbindlichen Angebotes zu bewegen und die Machtverhältnisse neu zu definieren.

4.2.8 Kaufvertragsverhandlungen

Die Umsetzung der bisherigen Verhandlungen in einen Kaufvertrag ist sicherlich die „Königsdisziplin" im M&A-Prozess. Einerseits bedeutet die Umsetzung eines Kaufvertrages die Einigung auf rechtliche Rahmenbedingungen, andererseits werden hier noch einmal alle Parameter der bisherigen Verhandlungen miteinander verknüpft und auf Basis der bisherigen Gespräche und Dokumentationen, wie z.B. Letter of Intent oder Memorandum of Understanding, abschließend verhandelt.

Hierbei kulminieren alle Verhandlungsaspekte harter Natur, wie Ertragszahlen, Transaktionsgegenstand und weicher Natur, wie Macht der Parteien, Wettbewerb unter Interessenten, BATNA der Verhandlungspartner, Erfahrungen in M&A-Transaktionen.

Im nächsten Abschnitt werde ich sehr ausführlich auf die Kaufvertragsverhandlungen eingehen.

In den meisten Fällen wird ein Kaufinteressent in den Kaufvertrag bestimmte Gewährleistungen formulieren, die für den Verkäufer unmöglich zu akzeptieren sind. Dementsprechend wird ein erbetenes verbindliches Angebot durch Forderung aufgeweicht und wieder zum Verhandlungsgegenstand.

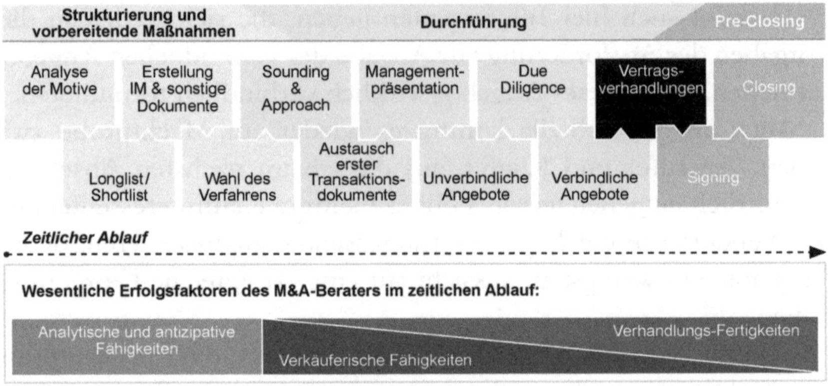

Abbildung 113
Die Kaufvertragsverhandlungen und deren Einordnung im M&A-Prozessablauf

Um die nachstehenden Ausführungen zu diesem Stadium des M&A-Transaktionsprozesses besser verstehen zu können, lohnt es sich, einen Blick auf die rechtlichen Parameter eines Kaufvertrages zu werfen.

Selbstverständlich haben die nachstehenden Ausführungen keinerlei Anspruch auf Vollständigkeit, sondern verdeutlichen nur, wie viele Aspekte im Rahmen dieser Verhandlungen geklärt werden müssen.

Grundsätzlich kann ein Unternehmen bzw. dessen Geschäftsbetrieb im Wege eines Share Delas, also der Übertragung von Gesellschaftsanteilen oder im Wege eines Asset Deals, also der Übertragung von Vermögensgegenständen veräußert bzw. erworben werden.

Diese beiden Möglichkeiten des rechtlichen Übergangs ziehen unterschiedliche Regelungsmechanismen nach sich, die wiederum die Grundlage der Verhandlungsmöglichkeiten darstellen.

Die nachfolgende Tabelle zeigt diese im Überblick.

	Share Deal	Asset Deal
Kurzbeschreibung	**Verkauf von Gesellschaftsanteilen**	**Verkauf von Vermögensgegenständen**
Rechtliche Grundlage	• Gesamtrechtsnachfolge • Der Kauf von Gesellschaftsanteilen ist ein Rechtskauf im zivilrechtlichen Sinne. Die Übertragung der Anteile erfolgt durch Abtretung gem. § 398 BGB. Soweit die Mitgliedschaftsrechte gleichzeitig in einem Wertpapier verkörpert sind, wie etwa einer Aktie, sind auch die Vorschriften über den Sachkauf zu beachten	• Einzelrechtsnachfolge • Als Kauf durch Singularzession ist es ein Sachkauf nach § 433 I BGB
Vorteile	• Übergang des gesamten Unternehmens inkl. aller Rechtspositionen (wie z.B. Lieferantenverträge, Mietverträge, Arbeitsverträge etc.) • Kaufgegenstand (nicht jedoch Risiken/Altlasten!) ist eindeutig und vollständig	• Cherry-Picking möglich • Keine Übernahmen verdeckter Risiken der rechtlichen Einheit • Steuerliche Vorteile wegen der Abschreibungsmöglichkeit der Vermögensgegenstände • Abschütteln ungeliebter Verträge möglich
Nachteile	• Kein „Cherry-Picking" möglich • Übernahme aller Altverbindlichkeiten und nicht entdeckten Risiken	• Aufwand für vollständige Erfassung aller benötigten Assets • Rechtspositionen gehen verloren, Mitarbeiter könnten dem Übergang widersprechen • Zustimmung Dritter zur Fortführung von Verträgen notwendig. Neue Vertragsverhältnisse, z.B. mit Vermietern müssen begründet werden • Stille Reserven werden aufgedeckt
Grundsätzlicher Aufbau des Kaufvertrages	• Bezeichnung der Parteien • Schuldrechtliche Einigung über den Verkauf und Abtretung (u.a. Kaufpreishöhe) • Regelung zur Gewinnabgrenzung • Regelung zur Kaufpreisberechnung und -bezahlung (fix bzw. variabel) • Regelungen zur evtl. Ablösung von Finanzierungen • Vollzugsvoraussetzungen • Garantieversprechen • Rechtsfolgen der Garantieverletzungen • Freistellungen • Evtl. aufschiebende Bedingungen • Rechtsfolgen und Rechtsbehelfe • Schlussbestimmungen	• Bezeichnung der Parteien • Vertragliche Erfassung der Vermögensgegenstände • Übertragung, u.a. Kaufpreis, Übergangssichttag, Zahlung des Kaufpreises, Umgang mit Bestellobligo • Garantien und Gewährleistungen

Abbildung 114
Parameter Share Deal vs. Asset Deal

Neben dieser Vielzahl von Parametern, die im Kaufvertrag zu berücksichtigen sind, ist die unterschiedliche bilanzielle und damit steuerliche Behandlung des Kaufpreises beim Käufer bzw. des Veräußerungsgewinnes beim Verkäufer zu beachten. Grundsätzlich eröffnet der Asset Deal aufgrund der Abschreibungsmöglichkeit der Vermögensgegenstände einem Kaufinteressenten Steuerreduktionspotential. Auf der anderen Seite wird der Verkäufer beim Asset Deal u.U. stille Reserven steuerpflichtig aufdecken müssen.

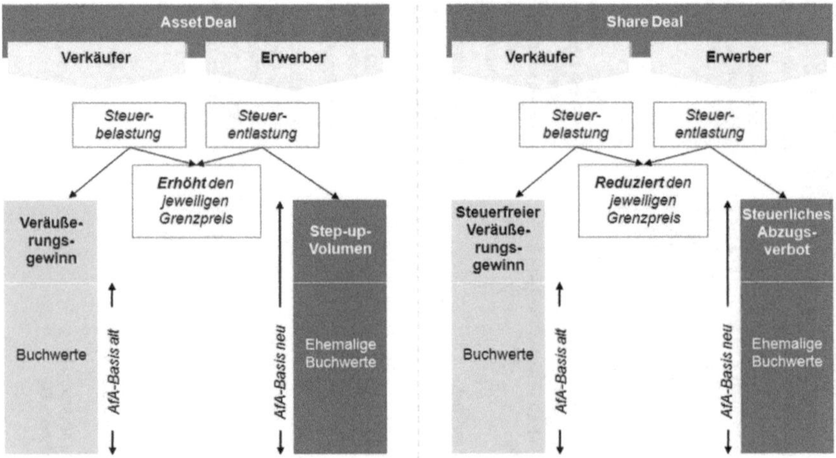

Abbildung 115
Betrachtung der steuerlichen Aspekte und deren Grenzpreisauswirkung bei der Wahl der Asset-Deal- bzw. Share-Deal-Struktur[96]

Dementsprechend bringt die Wahl der Transaktionsstruktur wiederum eine Verhandlung über die Aufteilung der Vorteile und Belastungen zwischen den Parteien mit sich.

Fazit:

Die Komplexität der Bestandteile der finalen Vertragsverhandlungen sind offensichtlich. Alleine diese harten Fakten überfordern die im Teil A dieses Buches genannten 7 Dinge, die ein Mensch in seinem Arbeitsspeicher des Gehirns gleichzeitig verarbeiten muss.

96 (Brück, et al., 2009), Seite 67

Bedenkt man dann noch die Anspannung aufgrund des einmaligen Charakters dieser Vertragsverhandlungssituation sowie die Möglichkeiten der Gestaltung des Verhandlungsergebnisses durch entsprechende Taktiken und Manipulationen, so wird deutlich wie wichtig diese Phase im Transaktionsprozess ist.

Hieraus folgt: Speziell in dieser Phase ist gute Vorbereitung und die exakte Kenntnis der Mechanismen solcher Verhandlungen essentiell für den Erfolg.

Internationale Aspekte:

Auch bei der Vorbereitung der Kaufvertragsverhandlungen sollten auch die grundsätzlichen, international geltenden Besonderheiten berücksichtigt werden, wenn internationale Verhandlungspartner am Tisch sitzen. Die Art und Weise, wie eine Vereinbarung zustande kommt, ist international unterschiedlich. Bspw. versuchen japanische Verhandler eher allgemeine Vereinbarungen zu schließen, die Raum für individuelle Zusammenarbeit bei der Vertragserfüllung bieten, während britische Verhandler eher sehr spezifische und detaillierte Vereinbarungen bevorzugen.

Abbildung 116
International variierende Ansichten
über den Konkretisierungsgrad von Verträgen[97]

97 (Salacuse, Jeswald W., 2003), Seite 104

Ebenso sollte beachtet werden, dass es unterschiedliche Wege gibt, wie Verträge letztendlich zustande kommen. In manchen Ländern werden grundsätzliche Dinge zuerst vereinbart und dann die jeweiligen Details, wie z.B. bei Lieferverträgen die Preise, Lieferzeiten und Qualitäten. Andere Länder bevorzugen hingegen zunächst Einigkeit in den operativen Details, um danach einen Rahmenvertrag daraus erarbeiten zu lassen.

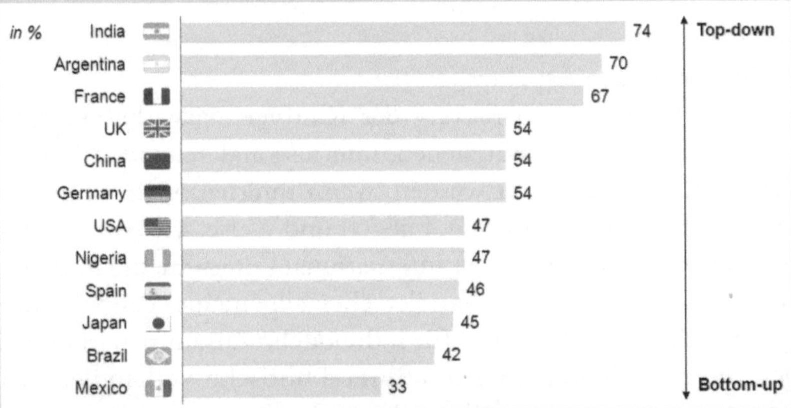

Abbildung 117
International variierendes Verständnis des Vorganges der Vertragsgestaltung

All diese Ausführungen sind vor dem Hintergrund zu sehen, dass unterschiedliche Vorgehensweisen und entsprechende Erwartungen nicht zu Dissonanzen führen dürfen und ein erfolgreicher Abschluss damit gefährdet wird.

Die nachfolgenden Ausführungen der Vorbereitung von Vertragsverhandlungen sind nach folgendem Schema, i.W. nach der zeitlichen Reihenfolge unterteilt:

- Zusammenstellen des Verhandlungsteams
- Vorbereitung der Verhandlungen
    - vom Umgang mit der Wahrnehmung der Machtverhältnisse

    - von der Wahl der richtigen Strategie und der Taktik
- Verhandlungsphasen
    - Eröffnung
    - Argumentationsphase bzw. Verhandlungen im engeren Sinne
        1. Wie argumentiere ich?
        2. Wie mache ich Zugeständnisse?
        3. Vom Umgang mit schwierigen Verhandlungssituationen und -partnern
    - Abschluss- bzw. Einigungs- oder Abbruchphase
        1. Die ZOPA testen – die Transaktion in die Sackgasse führen
        2. Goldene Brücken
        3. Rearranging-Moves zur Vorbereitung des Abschlusses
- Dokumentation der Verhandlungsergebnisse
    - Signing
    - Verhalten zwischen Signing und Closing
    - Closing und Post-Closing-Verhalten

4.2.8.1 Zusammenstellen des Verhandlungsteams

Ein Verkauf und damit die Gewinnung der im Unternehmenswert gebundenen Liquidität soll die Krönung des unternehmerischen Schaffens eines Unternehmers sein. Bei dieser einmaligen Situation geht es in der Regel einerseits um sehr viel Geld und andererseits bedeutet dieser Vorgang für den Verkäufer auch eine Trennung von meist über Jahrzehnte hinweg gewohnten Lebensumständen. Aufgrund dieser Rahmenbedingungen ist eine solche Transaktion immer und notwendigerweise mit einem hohen Maß an Emotionen verbunden. Der Erleichterung durch die Abgabe von Verantwortung steht die Angst vor dem neuen Lebensabschnitt gegenüber. Außerdem haben die meisten Unternehmer ihr Unternehmen leidenschaftlich geführt und in vielen Fällen das Hobby zum Beruf gemacht, sodass eine Aufgabe dieses Betätigungsfeldes oftmals auch die Trennung von einer Obsession bedeutet. Der Begriff der Trennung ist hier also wirklich wörtlich zu verstehen. Damit muss man – neben den vielen oben genannten harten Parametern – in Vertragsverhandlungen umgehen können.

In vielen Gesprächen habe ich erlebt, dass es für einen Unternehmer eine Selbstverständlichkeit ist, auch die Vertragsverhandlungen von der ersten bis zur letzten Minute begleiten zu wollen. „Schließlich kennt niemand das Unternehmen besser als ich und ich musste mein Unternehmen am Markt gegenüber Lieferanten und Kunden ja schon immer verkaufen" ist eine Aussage, die oft angeführt wird.

Ob eine Verhandlungsführung durch den Unternehmer eine ideale Entscheidung ist, werde ich weiter unten ausführen.

Da bei einer Unternehmenstransaktion eine Vielzahl von Themenbereichen abgedeckt werden müssen, ist auch eine Vielzahl von Personen einzubeziehen. U.a. geben Rechtsexperten ihren Ratschlag zu bestimmten rechtlichen Sachverhalten, wie z.B. Patentrechtsproblemen, Steuerexperten beurteilen die steuerlichen Konsequenzen einer Transaktion, Umweltspezialisten beurteilen die Auswirkungen des Produktionsprozesses auf Grund und Boden usw. Somit würde sich das Verhandlungsteam aus Unternehmer, Rechtsanwalt, Steuerberater, Umweltberater, Berater in Personalfragen, M&A-Berater etc. zusammensetzen. Würde man nun all diese, in die Transaktion involvierte, Personen an den Verhandlungen teilnehmen lassen, würden die Gespräche vermutlich ineffizient werden.

In der Praxis hat sich deshalb eine andere Zusammensetzung des Verhandlungsteams als zielführend erwiesen. Dieses Modell ist aus der Polizeipraxis übernommen und wurde insbesondere vom FBI bei Verhandlungen mit Geiselnehmern erfolgreich eingesetzt.[98]

Das Grundprinzip des FBI-Modells mag auf den ersten Blick verblüffen, denn der Entscheider sitzt hier bewusst nicht mit am Verhandlungstisch. Das Verhandlungsteam ist geteilt; ein Teil führt die Verhandlungen und ein anderer Teil beobachtet und trifft die Entscheidungen. Dabei gilt: Ein Verhandlungsführer der Polizei

98 (Schranner, Matthias, 2007), Seite 30 ff

verhandelt nie allein. Und das hat einen guten Grund. Wer allein verhandelt, ist emotional sehr stark in die Verhandlung eingebunden. Er ist auf sein Verhandlungsziel fixiert und hat deshalb seine Strategie und seine Argumente ständig präsent. Diese Präsenz ist sehr gut für ein zielgerichtetes Verhandeln – und sehr schlecht für ein analytisches Zuhören. Analytisches Zuhören – also nicht nur das Hinhören, sondern auch das Hineinhören – ist nur möglich, wenn ein wesentlicher Teil der Konzentration auf den Gegenüber verwendet werden kann. Bei sehr stressigen und emotional geführten Verhandlungen, wie Geiselnahmen und eben auch in Teilen bei Unternehmenstransaktionen, kann es sein, dass der Verhandlungsführer durch sein zielgerichtetes Verhandeln das Zuhören und damit wichtige Chancen vernachlässigt. Deshalb wird bei polizeilichen Verhandlungen der Verhandlungsführer beim Zuhören und beim strategischen Vorgehen durch Kollegen unterstützt. Polizeiliche Verhandlungen werden im Team geführt, das sollte dementsprechend auch bei M&A-Transaktionen der Fall sein.

Die nachfolgende Abbildung zeigt die grundsätzliche Aufteilung eines Verhandlungsteams:

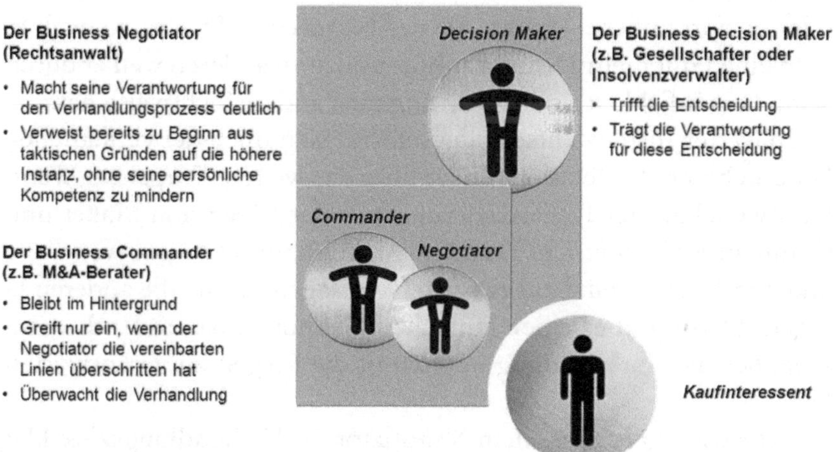

Abbildung 118
Verhandlungsteams in der M&A-Praxis nach dem FBI-Modell[99]

99 (Schranner, Matthias, 2007), Seite 30

Der sog. „Negotiator" ist der einzige direkte Ansprechpartner für den Transaktionspartner. Oftmals kommt diese Eigenschaft einem auf M&A-Transaktionen und Gesellschaftsrecht spezialisierten Rechtsanwalt zu. Er stellt in der Regel gleich zu Beginn klar, dass er der alleinige Ansprechpartner für diese Verhandlung sein wird. Zusätzlich weist er darauf hin, dass einige wichtige Entscheidungen – trotz umfangreicher Vollmachten – nicht von ihm alleine, sondern ausschließlich vom Gesellschafter („Decision Maker") getroffen werden müssen. Der Negotiator kann lediglich jene Bereiche entscheiden, die ihm der Commander bzw. der Decision Maker vorab einräumen. Das können beispielsweise das Gewähren bestimmter Garantien oder die Ausgestaltung der Kaufpreiszahlungsweise etc. sein. Die unabgestimmte Anpassung der Höhe des letztendlichen Kaufpreises überschreitet jedoch seine Kompetenz.

Ein „Commander" ist entweder ein Kollege oder der M&A-Berater. Seine Aufgabe besteht darin, die Verhandlung mit einer bestimmten Distanz zu verfolgen. Er sitzt am gleichen Tisch wie der Negotiator, greift jedoch nie direkt in die Verhandlung ein. Der Umstand, dass er nicht sofort reden, antworten und argumentieren muss, verschafft ihm viel gedanklichen Freiraum. Er hört mehr oder er hört andere Aspekte als der Negotiator. Das ist so, weil er zum einen mit mehr Distanz zuhört und zum anderen weil er durch seine Persönlichkeit und Erfahrung eine andere Sichtweise hat.

In letzter Instanz entscheidet selbstverständlich der verkaufende Unternehmer als Decision Maker über das weitere Vorgehen. Wenn Sie Zweifel an der Differenzierung zwischen Decision Maker und Commander haben: Ein Decision Maker kann Ja sagen, wenn alle anderen Nein sagen. Und er kann Nein sagen, wenn alle anderen Ja sagen. Dafür gibt es einen einfachen Grund: Er ist am Ende derjenige, der die Entscheidung und damit die Folgen zu verantworten hat.

Sehr wichtig ist, dass dem Negotiator die Verhandlungsziele klar und unmissverständlich mitgeteilt wurden. Er muss genau über die minimalen und maximalen Ziele des jeweiligen Verhandlungsabschnittes, die Strategie und die taktischen Schritte Bescheid wissen.

Vor allem muss die Verantwortung seiner Verhandlung genau abgegrenzt sein. Er muss z.B. wissen:

- Was darf er verhandeln und was nicht
- Was darf er zusagen und was nicht
- Was darf er ablehnen und was nicht

Diese Verantwortung sollte idealerweise schriftlich fixiert und am besten während der Verhandlung sowohl für den Negotiator als auch den Commander sichtbar sein.

Diese mehrfache Absicherung hat einen Vorteil: Wenn der Negotiator im Verlauf der Verhandlungen einen massiven Fehler begeht, ist es nicht weiter schlimm. Man kann ihn jederzeit austauschen. Ist der Negotiator bspw. in seinem Ermessensspielraum zu weit gegangen und hat vielleicht zu viele Zugeständnisse gemacht, kann er durch einen anderen ersetzt werden. Die gemachten Zugeständnisse sind an seine Person gebunden und noch nicht rechtlich fixiert. Das selbe gilt für den Fall, dass der eingesetzte Negotiator sich als der Situation nicht gewachsen erweist. Aufgrund dieser Möglichkeiten sollte auf jeden Fall gelten: Bei schwierigen Verhandlungen kann das Einsetzen eines Negotiators vor dem Commander als „Firewall" dienen. Ist der Negatiator „verbrannt", ist es zwar bedauerlich, führt aber nicht zum Abbruch der Transaktion. Sie können den Commander immer hinter dieser „Firewall" verstecken und falsche Entscheidungen Ihres Negotiators bedauern und auch entschuldigen.

Fallbeispiel:

Normale Situation im Rahmen der Regelung der Nachfolge im Unternehmen durch Verkauf

Decision Maker = Mehrheitsgesellschafter einer GmbH als Verkäufer

Negotiator = Transaktionserfahrener Fachanwalt für Gesellschaftsrecht
Commander = M&A-Berater

Ausgangssituation:
Das verbindliche Angebot für den Erwerb von 100% der Gesellschaftsanteile durch den Kaufinteressenten liegt vor und hat die Zustimmung des Decision Makers gefunden. Der Negotiator verhandelt mit dem Kaufinteressenten nunmehr die Details des Kaufvertrages. Seitens der Kaufinteressenten werden Garantien im Hinblick auf einzelne Bilanzpositionen gefordert. Der Negotiator argumentiert, dass die Jahresabschlüsse der Gesellschaft der Prüfung durch renommierte Wirtschaftsprüfer unterlegen haben und darüber hinaus keine weitere Garantie erforderlich sei und dementsprechend nicht gegeben werde.

Der Decision Maker ist am Verhandlungstisch dabei. Der Kaufinteressent spricht diesen direkt an und fragt, ob ihm Unregelmäßigkeiten in der Buchhaltung bekannt seien. Der Decision Maker verneint dies. Der Kaufinteressent argumentiert, dass dann einer Garantie ja nichts im Wege stehe. Das Risiko wird deutlich: Der Decision Maker wird am Verhandlungstisch zu Aussagen genötigt, die aus seinem Munde Verbindlichkeit haben, während der Negotiator sich argumentativ auf allgemeine Rahmenbedingungen der Transaktion berufen kann und in besonderen Fällen eine Rücksprache mit seinem Auftraggeber (Decision Maker) ins Feld führen wird. Damit gewinnt er Zeit, eine schlüssige Argumentation zu erarbeiten und die Verhandlungsstrategie für die nächste Verhandlungsrunde vorzubereiten.

Bei Krisentransaktionen mit einem Verkäufer in der Person des Insolvenzverwalters gilt die nachfolgende Konstellation:

Decision Maker = Insolvenzverwalter als Verkäufer der Vermögensgegenstände des insolventen Unternehmens und Bevollmächtigter der Gläubiger
Negotiator = Transaktionserfahrener Fachanwalt für Insolvenz- und Gesellschaftsrecht
Commander = M&A-Berater

Ausgangssituation:
Der Kaufinteressent fordert bei der Verhandlung des Transaktionsvertrages hohe Abschläge auf die Buchwerte der Vorräte bzw. auf den Preis für das Betriebsgrundstück. Der Negotiator argumentiert, dass die Erwartungshaltung eine Übernahme zum Buchwert sei. Der Kaufinteressent argumentiert mit Verwertungskosten und -risiken sowie möglicher Überalterung der Bestände. Eine Einigung auf die Übernahme zum vollen Buchwert schließt der Kaufinteressent aus. Die Verhandlung droht zu scheitern. Der Commander schlägt vor, eine Bestandsübersicht mit Werten und Altersstruktur erstellen zu lassen, um die Wertigkeit der Vorräte besser beurteilen zu können und den Punkt auf die nächste Verhandlungsrunde zu vertagen. Der Commander wird bis dahin mit dem Insolvenzverwalter auf Basis der detaillierten Vorratsübersicht die Verwertungsalternativen die zu erwartende, u.U. notwendige Freigabe der Sicherheiten durch die Gläubiger erörtern und die Möglichkeit des Spielraumes für Wertabschläge diskutieren. Damit ist dann bis zur nächsten Verhandlungsrunde der Grenzpreis aus Sicht des Decision Makers definiert und der Negotiator kann hier möglicherweise im Rahmen dieses Spielraums eine Lösung verhandeln.

Die unmittelbare, persönliche Einschaltung des Decision Makers in die Verhandlung ist sinnvoll, wenn insbesondere im mittelständischen Segment das Verhandlungsergebnis weitestgehend feststeht und die letzten zu verhandelnden Punkte von den Entscheidern selbst gefällt werden müssen und eventuell noch einmal vorher entscheidend beeinflusst werden können.

Internationale Aspekte:

Bei der Aufstellung des Verhandlungsteams bei internationalen Verhandlungen ist zunächst zu unterscheiden, wo die Verhandlungen stattfinden. Verhandeln Sie im Ausland, sind zunächst optimale technische Voraussetzungen zu schaffen, um mit dem Decision Maker zu Hause kommunizieren zu können und damit auch (ver-)handlungsfähig zu sein. Was auf den ersten Blick selbstverständlich anmutet, ist im Hinblick auf unterschiedliche Zeitzonen und qualitativ unterschiedliche Telekommunikationseinrichtungen oftmals problematisch bzw. bedarf einer Organisation vorab.

Hinzu kommt, dass in unterschiedlichen Kulturkreisen die Teamorganisation unterschiedlich ist. Manche Länder haben klare Entscheidungshierarchien mit einem starken Entscheider. In anderen Ländern werden Entscheidungen im Konsens mehrerer Personen getroffen. Dies hat erheblichen Einfluss auf den Verhandlungsstil.

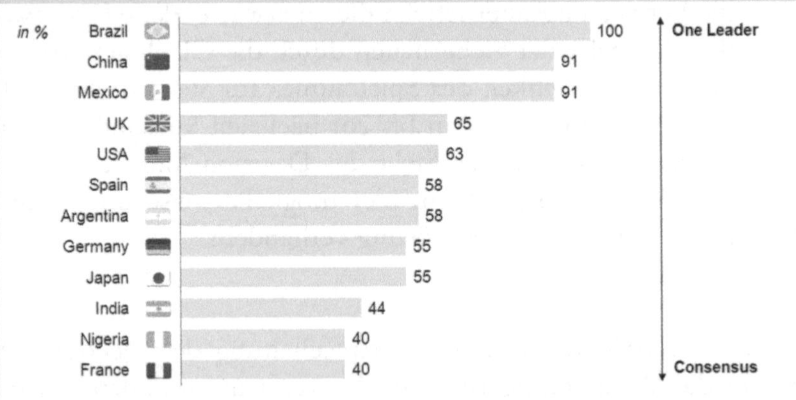

Abbildung 119
International variierende Verhandlungsteam-Organisationen[100]

100 (Salacuse, Jeswald W., 2003), Seite 107

Ebenso ist zu beachten, dass es unterschiedliche Sichtweisen auf den Formalitätsgrad von Verhandlungen gibt. Die Frage, wer mit wem verhandeln darf und welche Ergebnisse man bei welchen Verhandlungsteilnehmern zu erwarten hat, ist in Ländern unterschiedlich zu betrachten. Während in Europa die skandinavischen Länder oder beispielsweise Niederlande eher einen informalen und nicht hierarchischen Verhandlungsstil vorweisen, ist dies in der arabischen Welt, in vielen Teilen von Mittel- und Südeuropa sowie in Asien und Latein-Amerika undenkbar, dass Menschen unterschiedlicher Hierarchiestufen miteinander verhandeln[101].

Ein weiterer wichtiger Punkt bei der Aufstellung des Verhandlungsteams und der Vorbereitung der Zusammenarbeit zwischen Commander und Negotiator ist die Klärung des Kommunikationsstils der Verhandlungspartner. Habe ich Verhandlungspartner, die wichtige Verhandlungspunkte direkt adressieren? Wie erwartet mein Gegenüber, dass ich schwierige Themen platziere? Auch hier gibt es Unterschiede, wie das nachfolgende Schaubild zeigt:

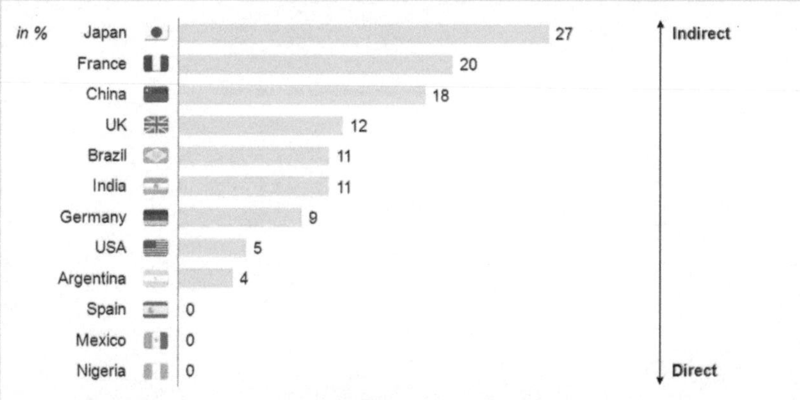

Abbildung 120
International variierende Kommunikationsstile[102]

101 (Gesteland, 2012), Seite 53

102 (Salacuse, Jeswald W., 2003), Seite 101

Sind die Mitglieder eines Verhandlungsteams nicht jederzeit gemeinsam vor Ort und damit nicht uneingeschränkt kommunikations- und entscheidungsfähig muss eine klare Kommunikationsregelung erfolgen. Wenn sich darüber hinaus noch das eigene Team international zusammensetzt, wie z.B. bei der Akquisition eines US-amerikanischen Unternehmens durch ein deutsches, mittelständisches Unternehmen mit bereits vorhandenen Aktivitäten in den USA und einem entsprechend international zusammengesetzten Due-Diligence- und Verhandlungsteam müssen auch hier kulturelle Unterschiede in den eigenen Reihen berücksichtigt werden. Frank Acuff beschreibt die vier größten Herausforderungen für Verhandler im internationalen Kontext wie folgt und berücksichtigt dabei auch den Umgang mit Bestechungsversuchen:

Diese Themen sind vorab im Rahmen eines Kick-Off-Meetings zu berücksichtigen und idealerweise vorab intern schriftlich festzuhalten.

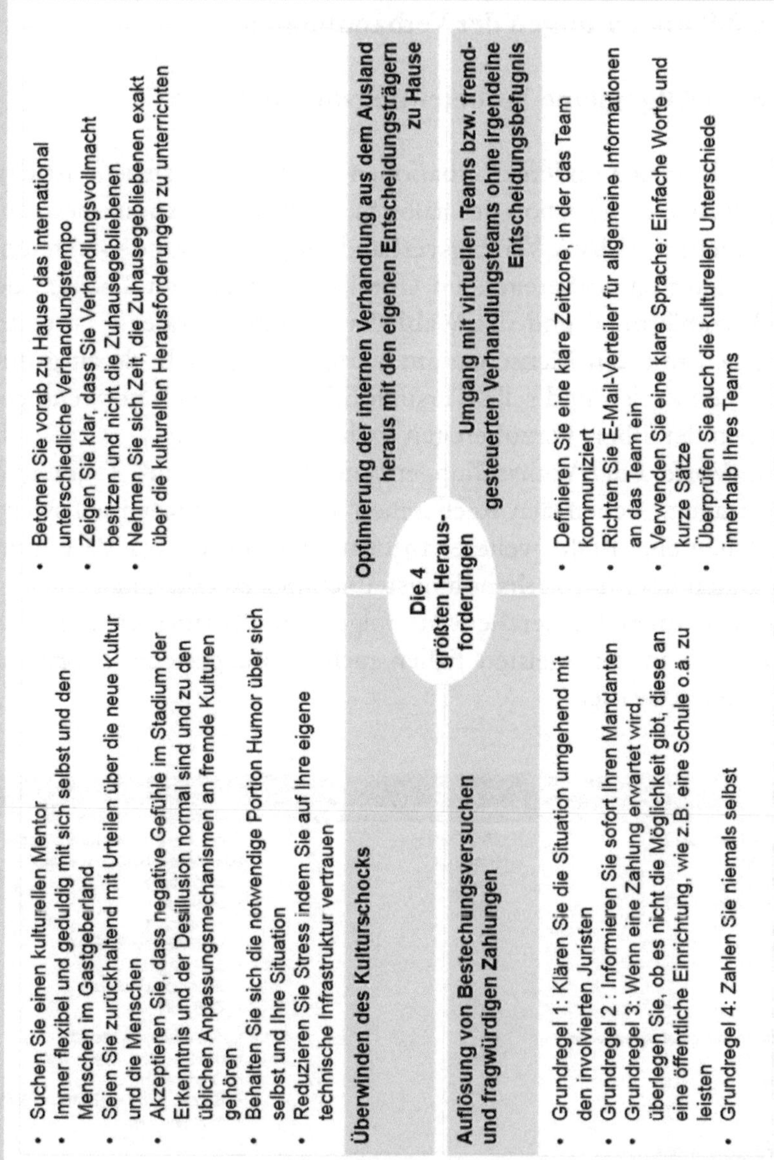

Abbildung 121

Die vier größten Herausforderungen bei Verhandlungen im Ausland[103]

103 (Acuff, 2008), Seite 61 ff

4.2.8.2 Vorbereitungen der Verhandlungen

4.2.8.2.1 Allgemeine Vorbereitungsmaßnahmen

Wie in vielen anderen Situationen des Geschäftslebens ist eine gute Vorbereitung schon der halbe Sieg. Dies gilt insbesondere und noch mehr für M&A-Vertragsverhandlungen. Neben den unten näher erläuterten vorbereitenden Überlegungen zu den Themen der Machtverhältnisse und der Wahl der richtigen Strategie ist es ratsam, sich mit den Menschen am Verhandlungstisch, deren grundsätzlichen Zielen und selbstverständlich den fachlich notwendigen Themen detailliert vorzubereiten (siehe Checkliste).

Im Vorfeld der Verhandlungen sind die Namen der Teilnehmer zu erfragen. Neben den Recherchen auf den Unternehmenswebsites stehen eine Reihe weiterer Informationsquellen zur Verfügung, um Daten über die Verhandlungsteilnehmer zu erhalten.

U.a. können Recherchen auf folgenden Plattformen angestellt und damit in den meisten Fällen recht umfangreiche Informationen erlangt werden.

Allgemeine Informationen im Internet	Daten aus Zeitungsarchiven	M&A-spezifische Daten
Soziale Netzwerke: • Facebook • LinkedIN • Wer-kennt-wen? • Xing • usw.	• GBI / Genios • lexisnexis	Daten über früher bereits begleitete Transaktionen, u.a. aus: • Bloomberg • Dealogic • infinancials • MERGERMARKET • S&P Capital IQ • Thomson Reuters • ZEPYHR
Plattformen für Personensuche: • Vebidoo • Yasni		Daten über gesellschaftsrechtliche Funktionen, u.a.: • Creditreform • Bureau van Dijk-Datenbanken • moneyhouse
Oder allgemein über Suchmaschinen, wie z.B. Google		

Abbildung 122
Mögliche Informationsquellen über Menschen am Verhandlungstisch

Die Frage, ob man solche Informationen überhaupt benötigt, ist nicht eindeutig zu klären. Einerseits bieten detaillierte Informationen die Möglichkeit, den Verhandlungspartner besser einschätzen zu können und insbesondere dessen menschliche Seite zu erkennen und damit – siehe hierzu auch die Ausführungen zum Umgang mit schwierigen Verhandlungspartnern – zur Entmystifizierung des Verhandlungspartners /-gegners beizutragen.

Zur guten Vorbereitung gehört selbstverständlich auch wieder die Recherche über Daten des Unternehmens und der Verhandlungspartner. Nach Beendigung der Due-Diligence weiß der Kaufinteressent wesentlich mehr über das zum Verkauf stehende Unternehmen als umgekehrt. Dieser Wissensvorteil kann nicht egalisiert werden, aber dennoch sollten frei verfügbare Informationen genutzt werden, um selbst ein Wissen um z.B. die finanzielle Solidität des Verhandlungspartners u.a. durch Lektüre der z.B. im elektronischen Bundesanzeiger veröffentlichen Jahresabschlüsse zu erlangen.

Während die recherchierten Unternehmensinformationen durchaus in den Verhandlungen dem Verhandlungspartner offengelegt werden können, sind Informationen über die Menschen nicht an den Verhandlungsort mitzubringen – auch nicht in verschlossenen Taschen. Es kann die Verhandlungsatmosphäre irreparabel zerstören, wenn beim Herausziehen eines Ordners mit für den Kaufvertrag relevanten Anlagen, versehentlich das Dossier über einen der Verhandlungspartner aus dem Koffer fällt und für diesen Menschen sichtbar wird.

Die fachliche Vorbereitung sollte anhand der zu verhandelnden Punkte geschehen. Dabei ist nicht nur auf die jeweiligen Positionen abzuheben, sondern über die Motive der Transaktion die einzelnen Punkte darzustellen.

Es empfiehlt sich, bei der Vorbereitung der Verhandlung des Vertragstextes eine Liste zu erstellen, die die einzelnen Sachverhalte nach deren Bedeutung für den gesamten Verhandlungserfolg klassifiziert.

Fallbeispiel:

Die finale Vertragsverhandlung im Rahmen eines Unternehmensverkaufs steht an. Im Vorfeld bereiten sich Dr. Berger, der geschäftsführende Gesellschafter der Berger Fahrzeugteile GmbH zusammen mit seinem Rechtsanwalt Dr. Herrmann und dem M&A-Berater Herrn Gutmann auf die Verhandlungen vor.

Man hat sich darauf verständigt, dass Dr. Berger nur an einem finalen Termin teilnehmen und die Verhandlungen durch Dr. Herrmann als Negotiator geführt werden. Herr Gutmann unterstützt Dr. Herrmann in der Funktion des Commanders.

Um die einzelnen Punkte der Transaktionsstruktur, vor allem im Hinblick auf das komplizierte Gewährleistungsregime zu verstehen, erläutert Dr. Herrmann alle Punkte des Vertrages und man entwirft eine Liste dieser Punkte und deren Einordnung im Gesamtkontext. Dabei verwendet man die erste Spalte der nachfolgend aufgeführten Tabelle für den Wortlaut der Regelung. Die darauffolgenden Spalten beschreiben, ob die Durchsetzung der entsprechenden Klausel ein unbedingtes Muss für den Abschluss des Vertrages ist, ob diese zwar wirtschaftlich relevant sind, aber im Gegenzug zur Gewährung anderer Punkte nachgegeben werden können oder ob man gar diese im Rahmen von Zugeständnissen dem Verhandlungspartner schenken kann.

Regelung	(rot)	(gelb)	(grün)	Erwartete Bedeutung für die Gegenseite	Wirtschaftlicher Wert	Anmerkung
Hafteinlage ist eingezahlt			X	Unabdingbar		
Gesellschaftsanteile sind frei von Rechten Dritter			X	Unabdingbar		
Garantie für Produkthaftungsfälle		X		Hoch, da Schwierigkeiten mit Schweißnähten bei Unterkonstruktionen am Markt bekannt sind	Max. € 2 Mio.	Bitte im Zusammenhang mit Haftungsgrenzen verhandeln
Garantie für Planerreichung	X					

Abbildung 123
Liste möglicher Verhandlungspunkte eines Unternehmenskaufvertrages

Insbesondere die vierte Spalte ist von erheblicher Bedeutung, denn bei Zugeständnissen sind Tauschgewinne anzustreben. Je nach Bedeutung der einzelnen Punkte für den Verhandlungspartner sollte darauf geachtet werden, kleinere Zugeständnisse aus eigener Sicht gegen „Gegengeschenke" des Verhandlungspartners einzutauschen bzw. die Bedeutung einzelner Zugeständnisse hoch anzusetzen.

Checklisten für die Vorbereitung von Verhandlungen erhalten Sie unter **www.allertco.com/checklisten**. Es empfiehlt sich jedoch, eigene Checklisten und Formulare zu erstellen, die auf die eigenen Belange und die eigene Wahrnehmungsfähigkeit in Stresssituationen zugeschnitten sind.

Internationale Aspekte:

Bei der Vorbereitung einer Verhandlung mit einem internationalen Verhandlungspartner gibt es eine Reihe von Rahmenbedingungen vorab zu klären. Wie bei vielen Verhandlungssituationen ist es von besonderer Bedeutung, die Erwartungshaltung der eigenen Seite und die des Verhandlungspartners einerseits zu kennen und andererseits so zu lenken, dass es im Kontext des

M&A-Prozesses nicht zu Missverständnissen oder transaktionsgefährdenden Umständen kommt.

In erster Linie ist hierbei der in vielen Kulturen unterschiedliche Zeitaspekt zu beachten. Die nachfolgende Grafik zeigt die Zeitsensitivität unterschiedlicher Länder.

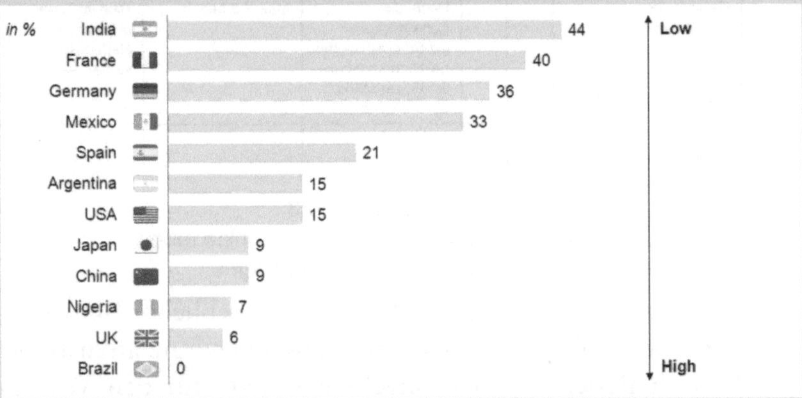

Abbildung 124
Darstellung der international variierenden Zeitsensibilität

Diese Unterschiede im Verhandlungstempo sind vorab zu thematisieren, damit eventuelle Verzögerungen des Verhandlungspartners nicht als Desinteresse gewertet werden. Darüber hinaus sind die Herausforderungen, die sich hieraus ergeben vorab zu antizipieren. Verhandeln Sie selbst unter Zeitdruck, wie z.B. bei Distressed-M&A-Transaktionen, so ist ein potentieller Erwerber aus Ländern mit geringer Zeitsensitivität, wie z.B. Indien eher ungeeignet.

4.2.8.2.2 Vom Umgang mit der Wahrnehmung der Machtverhältnisse

Wikipedia definiert den Begriff der Macht wie folgt: „Als sozialwissenschaftlicher Begriff bezeichnet Macht einerseits die Fähigkeit einer Person oder Interessengruppe, auf das Verhalten und Denken von einzelnen Personen, Personenmehrheiten und sozialen Gruppen einzuwirken. Andererseits stellt eine Extremposition der Macht die Fähigkeit dar, einseitig definierte Ziele zu erreichen, ohne sich selbst äußeren Ansprüchen gegenüber involvierten Personen zu unterwerfen oder diesen entgegenkommen zu müssen."[104]

Macht in M&A-Transaktionen kann sich aus folgenden Eigenschaften der Verhandlungsteilnehmer ergeben:[105]

1. Attraktive BATNA zeigt Alternativen zum Abschluss der zu verhandelnden Transaktion um jeden Preis
2. Vorgeschobene Beschränkungen, z.B. fehlender Decision Maker bzw. vorgetäuschter, eingeschränkter Verhandlungsspielraum signalisieren Grenzen
3. Glaubwürdigkeit und Integrität verleihen Argumenten größere Bedeutung
4. Zugang zu Informationen und Ressourcen
5. Persönliche Macht durch
    - Fachwissen
    - Legitimität und formelle Autorität
    - Seniorität (nicht durch Lebensalter, sondern relevante Transaktionserfahrung) und Reputation
    - Wissen um psychologische Aspekte von Verhandlungen
6. Detailliertes Wissen um die Transaktion

In diesem Zusammenhang ist eine Untersuchung interessant, die Adam Galinsky durchführte. Verhandler wurden mit Hintergrundinformationen über deren Gesprächspartner versorgt.[106] Diese Informationen enthielten Hinweise auf die große Verhandlungsstärke und wie durchsetzungsfähig deren baldiger „Gegen-

104 Aus http://de.wikipedia.org/wiki/Macht#Machtformen

105 (Saner, Raymond, 2008), Seite 62ff

106 Vgl. https://www.pon.harvard.edu/daily/sales-negotiations/when-and-why-do-negotiators-cave-in/?goback=%2Egde_2362730_member_265178589#%21

spieler“ sei. Interessanterweise hat diese Art der Vorbereitung bei den Teilnehmern der Studie nicht zu einem besseren Gefühl im Vorfeld der Verhandlungen geführt, sondern die Verhandler senkten deren Erwartungen im Vorfeld auf niedrigere Grenzpreise. Die Wahrnehmung der Autorität des anderen hat hier zu einer Art des vorauseilenden Gehorsams geführt. Grundsätzlich gilt ein Satz aus der Theaterwelt: „Den König spielen die anderen“[107]. Das heißt, die Wahrnehmung der Macht des anderen wird systematisch von uns überschätzt, während wir im Wissen um die eigenen Wissensdefizite, z.B. durch die Informationsasymmetrie nach erfolgter Due-Diligence („Der Käufer weiß mehr über uns, als wir über ihn...“) unsere Macht systematisch unterschätzen.

Wenn Macht auch mit wirtschaftlicher Größe gleichgesetzt wird, ist es schwer, sich einem Bild der eigenen Inferiorität zu entziehen. Dabei bedarf es hierzu nur einiger weniger Paradigmen:

1. Niemand sitzt mit mir am Tisch, weil er nicht kaufen will, sondern weil er kaufen will! Ich verkaufe etwas, was er nicht hat, aber haben möchte.
2. „Nur wenn wir den König sehen, ihn als König erkennen, uns wie ein Untertan verhalten, wird der König König sein.“[108] Wir zeigen uns nie unterwürfig!
3. Wir müssen die eigene BATNA immer vor Augen haben!

Auch die Wahl des Verhandlungsortes kann ausschlaggebend für die innere Einstellung zur Verhandlung sein. Nicht nur beim Sport gibt es einen Heimvorteil für den Gastgeber. Menschen nehmen bspw. den Barkeeper, bei dem man sich anstellen und um einen

107 Vgl. Schranner, M.: http://www.schranner.com/de/blog/main/2011/11/04/k%C3%B6nigliches-benehmen-auf-der-verhandlungsb%C3%BChne

108 Schranner, ebenda: „Nehmen wir einmal an, die anderen spielen keinen König. Die Schauspieler sind stinksauer auf den Schauspielkollegen, der den König mimt, und beschließen, sich nicht ehrerbietig zu verhalten. Der König betritt die Bühne und wird nicht als König wahrgenommen. Die Schauspieler verhalten sich wie einem normalen Kollegen gegenüber. Der König spürt keine Ehrerbietung und verhält sich auch nicht wie ein König, sondern wie ein Kollege auf der Bühne. Die Folge: Keine Autorität, kein Charisma und keine Macht sind spürbar. Wir als Zuschauer sehen den Schauspieler, verkleidet, nach Autorität suchend, einsam auf der Bühne, umgeben von Schauspielern. Kein Hofstaat, keine Macht und keine Begeisterung.“

Drink zu bestellen, warten muss, „höherwertig“ war, als den Kellner, der am eigenen Platz bedient. Das Ergebnis ist identisch – beide geben uns den erwarteten Drink, die Wahrnehmung unterscheidet sich aber deutlich. Derjenige, der bei Verhandlungen anreisen muss ist grundsätzlich psychologisch in einer schwächeren Position.[109]

Um diesen Vorteil nicht leichtfertig zu gefährden oder in eine Situation zu gelangen, in der man sich auf abwechselnde Orte der Verhandlung einigt, empfiehlt es sich, die Rahmenbedingungen bei dem Ort der eigenen Wahl zu optimieren. Hierzu gehören:

- Gute Anreisemöglichkeiten und Parkgelegenheiten
- gute Telekommunikations- und Büroinfrastruktur
- klimatisierte Räumlichkeiten
- Rückzugsmöglichkeiten für alle Verhandlungsparteien
- saubere Waschräume
- sehr gute Verpflegung und Eingehen auf Besonderheiten des Gesprächspartners (z.B. besondere Getränkevorlieben, laktosefreie Milch bei Unverträglichkeiten etc.)

Auch wenn sich diese Aufzählung für manchen Leser sehr profan darstellt, so sind diese Faktoren oftmals entscheidend, um die nächste Verhandlungsrunde wieder an gleicher Ort und Stelle fortführen zu können[110].

Der Gastgeber hat noch eine Reihe von weiteren Vorteilen. In der Regel sorgt er für die Verteilung der Dokumente, hat Zugriff auf die Möglichkeit, Kopien für alle Teilnehmer von bestimmten Informationen anzufertigen usw.

Dies führt zu einem weiteren wichtigen Punkt bei der Ausübung von Macht in M&A-Transaktionen. Frei nach dem Motto: „Wer schreibt, der bleibt“ ist der im Vorteil, der den ersten Entwurf eines Vertrags vorlegt bzw. die Führung über die Anfertigung der notwendigen Dokumente übernimmt. Bei konträren Verhandlungspunkten muss derjenige, der mit dem Formulierungsvorschlag nicht einverstanden ist, diesen umformulieren und seine eigene

109 (Nasher, 2013), Seite 21 ff

110 (Wasserstein, 2000), Seite 652

Sichtweise rechtfertigen. Auch wenn die Vorlage eines ersten Vertragsentwurfes den verkaufenden Unternehmer teilweise eine erhebliche Summe an Rechtsanwaltshonoraren kostet, so sind diese Kosten im Vergleich zu der Transaktionssumme und vor allem im Hinblick auf den damit erlangten Vorteil allemal zu rechtfertigen.

Es ist ratsam, auch das Verteilen der Dokumente im Nachgang zu Verhandlungen selbst durchzuführen. Die Kontrolle über Inhalt, Zeitpunkt der Verteilung, Form und Adressatenkreis kann je nach Situation ebenfalls einen Verhandlungsvorteil gewähren.

Übt die Gegenpartei in hohem Maße Macht aus, stellt sich die Frage, wie man sich dieser Macht entzieht. Auch hier gilt: „Gefahr erkannt, Gefahr gebannt". Wie oben bereits beschrieben, ist nur der mächtig, dessen Macht vom Verhandlungspartner auch so akzeptiert wird.

Wenn wir Worte hören, assoziieren wir damit bestimmte Vorstellungen. Gibt man uns Wortpaare vor, versuchen wir diese unwillkürlich in einen kausalen Zusammenhang zu bringen. Kahneman nennt zum Beispiel die Worte:[111]

Bananen	Erbrechen

Die meisten Menschen sehen die Bananen als Ursache für den Umstand des Erbrechens, obwohl die beiden Worte nicht miteinander verknüpft sind. Diese Effekte bezeichnet Kahneman als Priming-Effekt.

Der Psychologe John Bargh hat in einem für das Priming bahnbrechenden Experiment festgestellt, dass durch Worte auch Handlungen beeinflusst werden können. Studenten wurden mehrere Wortpaare gezeigt und diese mussten aus diesen Wortpaaren Sätze bilden. Bei einer Gruppe der Probanden wurden Worte gewählt, die mit älteren Menschen assoziiert werden konnten (z.B. grau, vergesslich, glatzköpfig). Nach dieser Übung bat man die Probanden in einen anderen Raum am Ende des Gebäudes. Die Messungen ergaben, dass die Probanden, die mit den altersbezogenen Begriffen

111 (Kahneman, 2011); Seite 213

konfrontiert wurden, langsamer gingen, als die anderen[112]. Dieser Priming-Effekt bedeutet die Beeinflussung einer Handlung durch eine provozierte Vorstellung. Dies geschieht alles auch bei der geschickten Inszenierung von Machtinstrumenten. Um sich diesen Einflüssen weitestgehend zu entziehen, bedarf es eine regelmäßigen Reflektion auf Fakten und in besonderen Fällen „Redefinition" durch in Fragestellen des Gehörten und Erlebten.

Macht hat nur der, dem wir sie selbst zubilligen.

4.2.8.2.3 Von der Wahl der richtigen Strategie und der Taktik

Nachdem wir uns perfekt auf die anstehende Verhandlung vorbereitet haben, uns die eigenen Interessen und Positionen wieder ins Gedächtnis gerufen und uns auch mit den Kontextfragen der Verhandlung beschäftigt haben, müssen wir nun die eigene Strategie und die taktischen Mittel zur Umsetzung festlegen.

Es gibt fünf Grundtypen von Verhandlungsstrategien, die sich aus den Grundinteressen ergeben, nämlich dem Interesse an der Beziehung und dem Interesse am Verhandlungsergebnis. Nachfolgendes Schaubild zeigt die fünf Dimensionen Vermeidung, Anpassung, Konkurrenz und Kooperation.

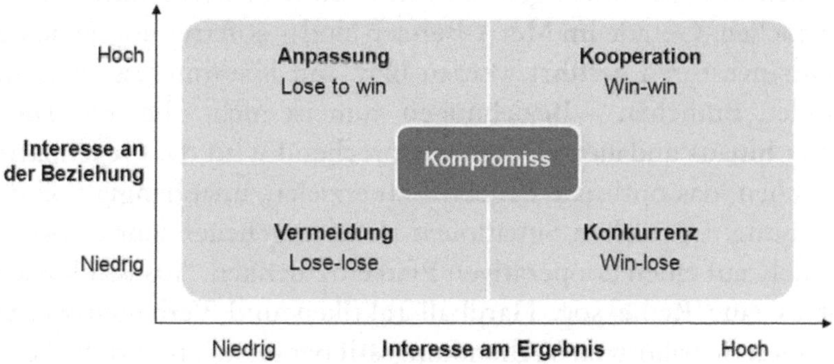

Abbildung 125
Basis-Verhandlungsstrategien

112 (Kahneman, 2011), Seite 72

Die Vermeidungsstrategie oder Lose-lose-Strategie kommt in der M&A-Praxis höchst selten vor. Ein in der Praxis nur selten anzutreffendes Beispiel könnte in einer Distressed-M&A-Transaktion liegen. Wenn ein Automobilzulieferunternehmer R von einem seiner Kunden A gebeten wird, den Erwerb des notleidenden Zulieferers X zu prüfen. R hat kein Interesse am Erwerb von X und sieht auch keine Notwendigkeit in der Aufrechterhaltung der Beziehung mit Kunde A. Er wird versuchen, evtl. begonnene Verhandlungen über den Kauf von X so schnell und mit so geringen Kosten wie möglich abzubrechen.

Bei einer Anpassungsstrategie ist die Beziehung wichtiger als das Ergebnis. Dies könnte bei einem Erwerb des Zulieferers X geschehen, wenn der Automobilhersteller A dem Erwerber R nicht nur die Finanzierung des Erwerbs stellt, sondern darüber hinaus durch Neuaufträge in anderen Bereichen den Erwerb subventioniert. R ist in den Verhandlungen mit X an der Aufrechterhaltung der Beziehung gelegen, denn man wird zukünftig mit den leitenden Personen von X zusammenarbeiten. Das Ergebnis der Verhandlung, z.B. die Höhe des Kaufpreises kann R in dem oben konstruierten Fall egal sein, denn er muss ihn weder finanzieren, noch hängt davon die Existenz- und Leistungsfähigkeit seines bisherigen Unternehmens ab.

Über kompetitive oder sog. Konkurrenzstrategien habe ich im Rahmen der Ausführungen zum distributiven Verhandeln bereits gesprochen. Gerade im M&A-Bereich sind – sofern Gespräche mit Finanzinvestoren geführt werden bzw. mit Kaufinteressenten aus fremden Branchen – Beziehungen zumeist nicht über die Transaktion hinaus andauernd. Dementsprechend wird die Gegenpartei versuchen, das optimale Ergebnis zu erzielen, unabhängig von der Beziehung. In solchen Situationen ist es ungeheuer schwer bis unmöglich, auf einen kooperativen Pfad einzulenken. Aus Käufersicht gibt es eine Reihe sog. Hardball-Taktiken und Verhaltensweisen, die einen distributiven Verhandlungsstil begünstigen und die keine Rücksicht auf die Beziehung nehmen.

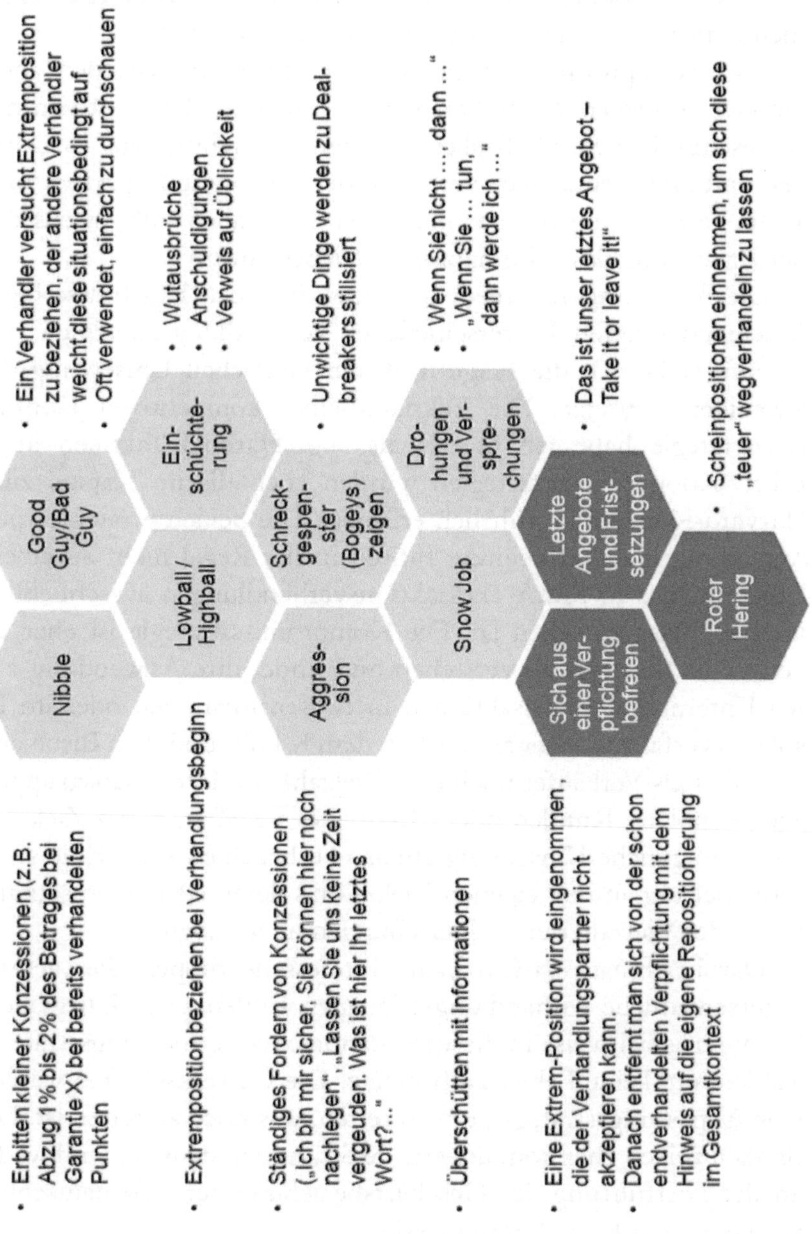

Abbildung 126
Hardball-Verhandlungstaktiken

Bei einer Kooperationsstrategie wird eine Win-win-Situation gesucht. Hier gelten die Regeln des Harvard-Konzepts.

Eine Kompromissstrategie ist eine Mischform aus den anderen vier Strategien. Diese bereits im Vorfeld zu planen ist von nur eingeschränkter Sinnhaftigkeit. Meistens entsteht sie aus Unsicherheit und inkonsequentem Verhalten der Verhandlungspartner bzw. wenn Verhandlungspartner nicht viel Zeit haben und jeweils mit der Erreichung des Minimalziels zufrieden sind.

Die Abbildung 128 zeigt die grundsätzlichen Ergebnisse beim Aufeinandertreffen der verschiedenen Verhandlungsstrategien.

Nun stellt sich die Frage nach der taktischen Umsetzung der jeweiligen Strategie. Die Taktiken einer kompetitiven Konkurrenzstrategie habe ich bereits als sog. Hardball-Taktiken angeführt. Kooperationsstrategien wurden ebenfalls im Kapitel zum Harvard-Konzept ausführlich erläutert. Die beiden Strategietypen Anpassung und Vermeidung führen in der Regel nicht zu einem Ergebnis, das in M&A-Transaktionsverhandlungen ausschließlich im Abschluss zu sehen ist. Die Kompromissstrategie ist eher als gemischte Strategie zu verstehen und findet ihre Anwendung z.B. bei Unternehmenstransaktionen in Krisensituationen oder im Insolvenzverfahren. Hier sind neben dem Käufer und dem Insolvenzverwalter als Verkäufer noch eine Vielzahl von Interessensgruppen, wie Gläubiger, Kunden oder Mitarbeiter beteiligt, deren Ziele für eine erfolgreiche Umsetzung ebenso zu beachten sind. Eine sture Orientierung an den eigenen Zielen und deren strikte Umsetzung ist bei der Vielzahl der Zielbeziehungen nicht möglich.

Darüber hinaus trifft man auf Interessensgruppen, die allesamt unterschiedliche Verhandlungsstrategien wählen. Das Management könnte beispielsweise in dieser Situation eine Vermeidungsstrategie wählen, um keine Fehler zu begehen. Die Gewerkschaften wählen eine Anpassungsstrategie, um zu retten, was noch zu retten ist. Die Banken zeigen eher konkurrierende Strategien, denn sie sind weder an der Fortführung der Geschäftsbeziehung zum Gemeinschuldner noch zum Erwerber interessiert.

In solchen Situationen ist eine Kompromissstrategie für den Insolvenzverwalter bzw. dessen M&A-Berater oftmals die einzig richtige Wahl. Der Insolvenzverwalter ist nur in dem Maße an einem Ergebnis interessiert, wie es ihm das Gesetz als beste Alternative gegenüber der Liquidation zulässt. Ebenso ist er an der Beziehung zu den Menschen im Rahmen der Insolvenzsituation, die in der Regel eine singuläre Transaktion darstellt, nur insoweit interessiert, wie es ein vernünftiges Miteinander im Geschäftsleben gebietet.

Zu beachten ist in jedem Fall, dass eine Kompromissstrategie eine bewusst gewählte Strategievariante ist, die nicht aus widrigen Rahmenbedingungen, wie z.B. zu wenig Zeit für die Vorbereitung, keine Kenntnis der Anwendung der anderen Instrumente oder gar Faulheit bzw. der Konfliktvermeidung in den Gesprächen entsteht.

Auch eine Kompromissstrategie hat ihre klaren Prinzipien:

1. Gute Vorbereitung gehört auch hier zum Handwerkszeug. Der oben dargestellte Ampel-Katalog sowie eine klar definierte Zielhierarchie, insbesondere bei der Kompromissstrategie gehören zum Standardinstrumentarium. Reservation Price und BATNA müssen exakt definiert werden, um nicht im Rahmen von unbedachten und aus der Situation heraus entstehenden Kompromissen vom Verhandlungsziel abzuweichen.
2. Zeigen Sie Verhandlungsbereitschaft.
   Der Verhandlungspartner muss Ihre Kompromissbereitschaft spüren.
3. Machen Sie Ihren Standpunkt und Ihre Position klar und beginnen Sie zunächst mit kleinen Zugeständnissen. So testen Sie die Strategie der Gegenseite bzw. deren Reaktion auf die von Ihnen gezeigte Kompromissbereitschaft.
4. Versuchen Sie nicht zu schnell abzuschließen und denken Sie daran, dass die Zugeständnisse nicht gleich verteilt sein müssen.

	Vermeidung	Anpassung	Konkurrenz	Kooperation	Kompromiss
Vermeidung	Beide Parteien vermeiden es, ihre Ziele zu verfolgen.				
Anpassung	Der Anpassende achtet zu stark auf den Vermeider, um die Beziehung nicht zu gefährden.	Beide geben dem anderen nach und versuchen dadurch die gute Beziehung aufrecht zu erhalten.			
Konkurrenz	Der Verhandlungspartner mit der Konkurrenzstrategie wird die Verhandlungen dominieren bzw. den Vermeider sogar dazu bringen, die Verhandlungen abzubrechen.	Der Verhandlungspartner mit der Konkurrenzstrategie gewinnt meist, weil der sich Anpassende nicht durchsetzungsfähig ist, aber dennoch die Beziehung nicht gefährden will.	Beide verfolgen vehement ihre Ziele und übertreffen sich in „Hardball"-Taktiken Die Atmosphäre ist feindselig und durch Misstrauen geprägt.		
Kooperation	Der Kooperierende versucht einerseits die Beziehung zu waren und andererseits ergebnisorientiert zu verhandeln. Wahrscheinlich wird er am Ende der Verhandlung am Vermeider verzweifeln und eventuell sogar die Verhandlung abbrechen.	Der Anpassende versucht auch hier den Kooperierenden zufriedenzustellen. Da die Methoden des Kooperierenden auf eine Aufrechterhaltung der Beziehung aus sind, wird der sich Anpassende nachgeben.	Der Konkurrent gewinnt meist, da der Kooperierende zu viel von seinen wahren Motiven preisgibt und der Konkurrierende dies zu seinem Vorteil ausnutzt. Meist werden die Parteien im Nachhinein zu Wettbewerbern.	Beide Parteien verfolgen ihre Interessen. Vertrauen, Offenheit und eine gute Beziehung sorgen für ein positives Verhandlungsergebnis.	
Kompromiss	Der Verhandlungspartner mit der Kompromisstaktik wird in ähnlichem, jedoch etwas abgeschwächtem Maße versuchen, Resultate zu erzielen, was ihm nur schwer gelingen wird. Der Verhandlungsabbruch ist vorprogrammiert.	Wenn der Kompromisssuchende es schafft, den Anpasser zur Konzentration auf bestimmte Verhandlungspunkte zu veranlassen, kann es zu einer Einigung kommen.	Der Konkurrent gewinnt in den meisten Fällen und beide treten hinterher in Wettbewerb.	Der Kooperierende wird in den meisten Fällen aufgrund der Ergebnisorientierung gewinnen.	Beide Parteien verfolgen die jeweiligen Ziele nur in dem Maße, in dem die Beziehung nicht auf dem Spiel steht.

Abbildung 127
Ergebnisübersicht bei Aufeinandertreffen
der verschiedenen Verhandlungsstrategien

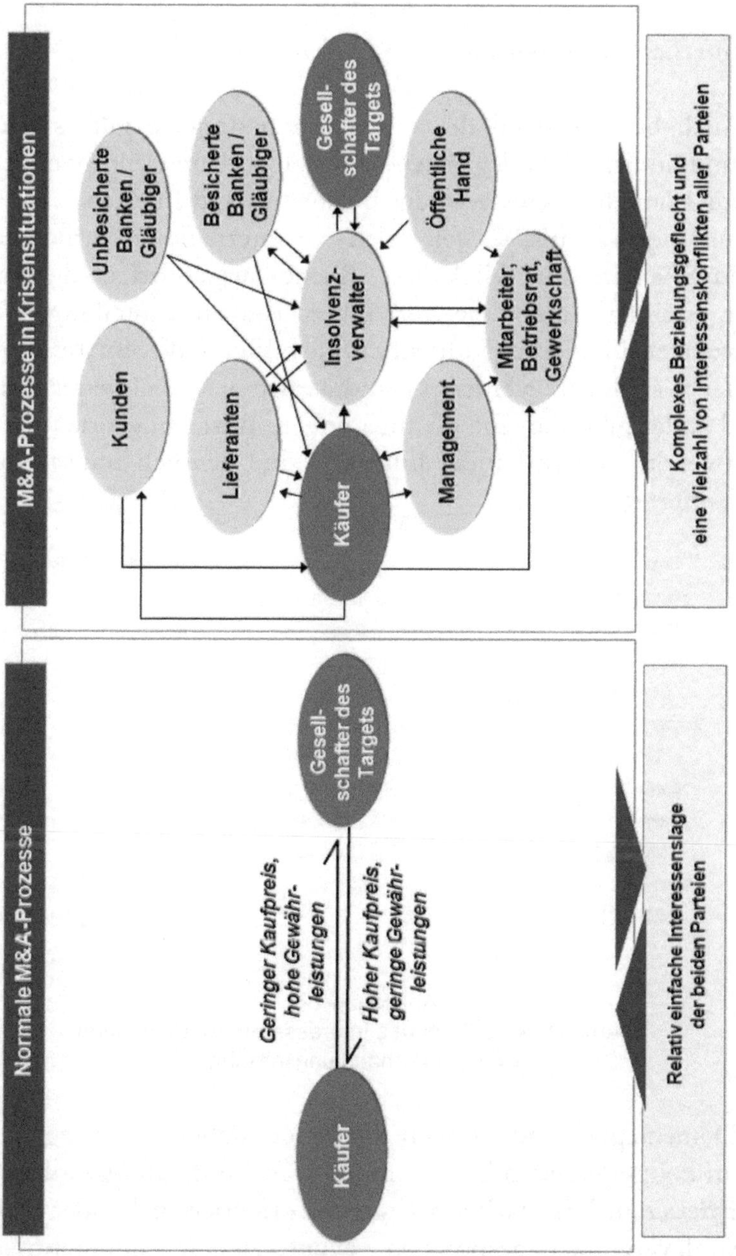

Abbildung 128
Beziehungsgeflecht in M&A-Transaktionen in Krisen- und Insolvenzverfahren

Internationale Aspekte:

Auch bei der Wahl der Verhandlungsstrategie gilt es einige grundsätzliche Überlegungen anzustellen. Unterteilt man in die Dimensionen Interesse an der Beziehung und Interesse am Verhandlungsergebnis, so zeigt sich ein international variierendes Bild. Wie bereits in Teil A dieses Buches ausgeführt, sind die hier dargestellten Ergebnisse und schematischen Einteilungen der jeweiligen Länden nur Orientierungshilfen. Jede Situation muss einzeln analysiert werden. Grundsätzlich zeigt sich jedoch, dass es Länder gibt, die eine deutlich höhere Beziehungsorientierung aufweisen, andere Länder hingegen sind deutlich transaktionsorientierter.

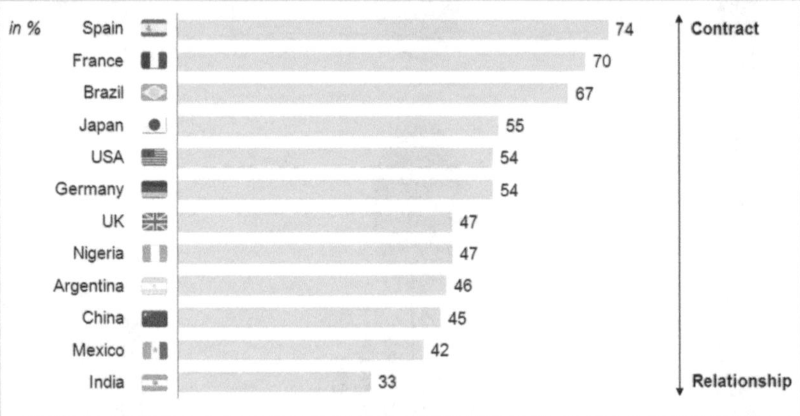

Abbildung 129
International variierendes Interesse an der Beziehung
und dem Verhandlungsergebnis

Dementsprechend ist auch die grundsätzliche Haltung zu einem kooperierenden bzw. kompetitiven Verhandlungsstil zu interpretieren. Die stark am Ergebnis orientierten Länder neigen – stark vereinfacht gesprochen – ebenso zu einem kompetitiveren Verhandlungsstil, während bspw. asiatische Länder eher das langfristige Interesse an der Beziehung in den Vordergrund stellen.

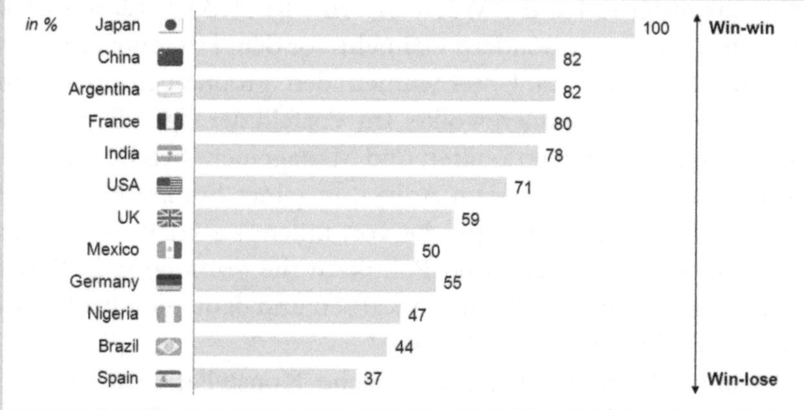

Abbildung 130
International variierende Einstellung
zu den grundsätzlichen Verhandlungsstrategie-Typen[113]

Wie in Abbildung 128 bereits aufgezeigt, gibt es in M&A-Transaktionen und insbesondere in Krisensituationen eine Vielzahl von Prozessbeteiligten oder sogar Anspruchsgruppen, wie z.B. Mitarbeiter im Rahmen von Umstrukturierungen, Lieferanten bei Insolvenzsituationen etc. Handelt es sich bei den in eine M&A-Transaktion involvierten Unternehmen um sehr große Unternehmen, gilt das Vorgesagte auch für diese Situation bei wirtschaftlich gesunden Unternehmen. Mitarbeiter, Öffentlichkeit, Gewerkschaften, Lieferanten, wichtige Kunden und sogar die Politik beeinflussen in bestimmten Situationen die Entscheidungen für oder gegen eine Transaktion. Dementsprechend müssen Verhandlungen nicht nur zwischen Käufer und Verkäufer geführt werden, sondern zur Vorbereitung bestimmter Verhandlungsergebnisse ist es oftmals zwingend notwendig, auch mit den weiteren, einflussnehmenden Parteien Gespräche oder gar Verhandlungen zu führen. David A. Lax und James K. Sebenius sprechen hier von Verhandlungskampagnen, die exakt geplant werden müssen[114]. Als ein Beispiel sei an

113 (Salacuse, Jeswald W., 2003), Seite 22 ff

114 (Lax, et al., 2013), Seite 2/20

dieser Stelle die Akquisition von Arcelor durch Mittal Steel, die nicht nur aufgrund ihres Volumens von rd. $ 33 Mrd. aufmerksamkeiterregend war, sondern vielmehr vor dem Hintergrund, dass ein indisch-gesteuertes Unternehmen den größten europäischen Stahlkonzern übernehmen wollte. Im Vorfeld der eigentlichen Verhandlungen mit Großaktionären und Management bereiteten Vater Lakshmi, der CEO und Sohn Aditya, in seiner Funktion als CFO von Mittal Steel, diese Gespräche vor, indem sie vorab mit Aktionären, Aufsichtsbehörden und Politikern die grundlegende Bereitschaft eruierten, um ihr Anliegen warben und damit den Boden für solche Verhandlungen erst ebneten.

Auch im Mittelstand können solche Konstellationen vorkommen. Bspw. wird die direkte Ansprache eines Kaufinteressenten oder gar eines Unternehmers auf dessen etwaige Bereitschaft zum Verkauf seines Unternehmens durch den jeweiligen Interessenten zuweilen als Affront aufgefasst. Je nach Art und Weise dieser ersten und oftmals sehr direkten Kontaktaufnahme kann es bereits an dieser Stelle zum Scheitern der Gespräche kommen. Auch wenn Gespräche fortgeschritten sind, tauchen oftmals Probleme auf, die bei der jeweiligen Gegenseite auf Unverständnis stoßen. Beispielhaft sei hier der Wunsch des kaufinteressierten Investors nach Bodenproben vor dem Erwerb des Betriebsgrundstückes erwähnt. Hier ist es ratsam, den Weg für solche wichtige Verhandlungspunkte vorab zu ebnen. Dies kann zumeist geschehen, indem eine Reihe von Vorgespräche, Einzelgespräche und manchmal auch sog. „Nichtgespräche“ geführt werden. Diese Sondierungsgespräche sollten mit Personen geführt werden, die einerseits komplementäre Ziele – oder zumindest nicht konkurrierende Ziele – zur geplanten Transaktion haben und darüber hinaus einen gewissen Einfluss auf die Entscheidungsträger besitzen.

Wird z.B. im Rahmen einer Distressed-M&A-Transaktion ein Zugeständnis der Mitarbeiter im Rahmen der vorab geplanten Umstrukturierung erwartet, bietet es sich an, Gespräche mit der Gewerkschaft zu initiieren bzw. Menschen zu gewinnen, die solche Gespräche vertrauensvoll und mit gleicher Zielsetzung führen können.

Lax/Sebenius schlagen hier folgende sechs Punkte vor, die es im Rahmen dieser Verhandlungskampagnen zu berücksichtigen gilt:[115]

1. Verhandlungspartner wählen
   Zentrale Frage: Welche Parteien müssen involviert werden?
2. Abhängigkeiten analysieren
   Zentrale Frage: Gibt es konkurrierende und komplementäre Beziehungen der einzelnen Parteien?
3. Fronten vereinen
   Zentrale Frage: Können zwischen Parteien mit komplementären Zielen Allianzen gebildet werden?
4. Reihenfolge planen
   Zentrale Frage: Gibt es Parteien, bei denen der Ausgang der Verhandlungen positiven Einfluss auf den Ausgang der Gespräche mit den anderen Parteien haben?
5. Informationsfluss festlegen
   Zentrale Frage: Welche Informationen können zu welchem Zeitpunkt veröffentlicht und welche dürfen nicht publik werden?
6. Lernen und reagieren
   Zentrales Element: Denken Sie strategisch, aber passen Sie Ihre Handlungen den sich ändernden Gegebenheiten opportunistisch an.

4.2.8.3 Verhandlungsphasen

4.2.8.3.1 Eröffnung

Der Einstieg in eine Verhandlung ist oftmals entscheidend für die Atmosphäre des Verlaufs der gesamten Diskussion. Der Leitspruch „es gibt keine zweite Chance für den ersten Eindruck“ hat auch hier seine Gültigkeit. Die Parteien sind nervös, ob sie sich durchsetzen können, die Gelegenheit haben, ihre Argumente zu platzieren und ob sich die Vorbereitung auf die Verhandlung ge-

115 (Lax, et al., 2013), Seite 4/20 ff; siehe auch (Lax, et al., 2006), Seite 31 ff

lohnt hat. Untersuchungen zufolge ist der Stresspegel in dieser Phase sehr hoch. Dementsprechend ist in dieser Phase durch den Moderator der Sitzung bzw. in vielen Fällen den Gastgeber, Ruhe in die Sitzung zu bringen. In der Praxis zeigt sich oftmals, dass sogar ein eher etwas unbeholfen wirkender Gastgeber Sympathie und Menschlichkeit zeigt und damit zur Beruhigung der Teilnehmer mehr beiträgt, als ein selbstbewusst auftretender, zielstrebiger Moderator.

In vielen Verhandlungsbüchern wird die Sitzordnung als mitentscheidend für den Verlauf einer Verhandlung angeführt[116]. Die nachfolgenden Schaubilder verdeutlichen die grundsätzliche psychologische Wirkung der Anordnung der Gesprächspartner am Verhandlungstisch, wobei auch hier schlussendlich eher der Ton die Musik macht. Auch in einer Verhandlung, in der sich die Parteien gegenübersitzen – was in vielen Besprechungszimmern und aufgrund der Zahl der Teilnehmer fast nicht anders möglich ist – kann durch Inhalt und Verhandlungsstil eine kooperative Haltung aller Teilnehmer hergestellt werden.

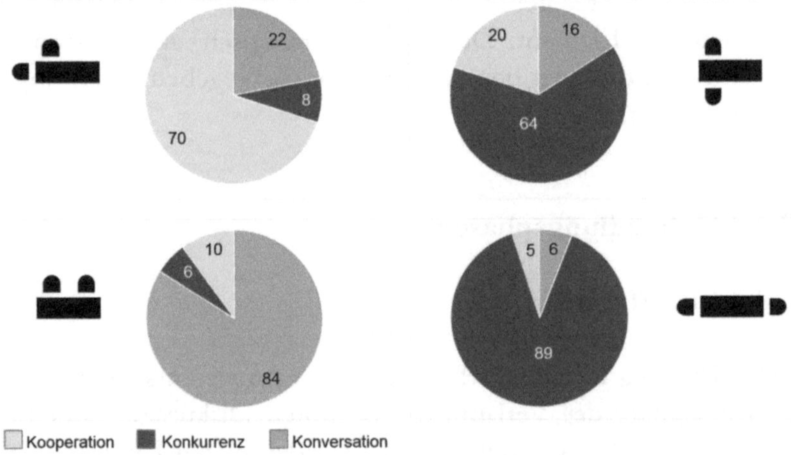

Abbildung 131
Psychologische Wirkung der Sitzordnung der Verhandlungsteilnehmer

116 (Frege, Michael C., 2008), Seite 166; (Saner, Raymond, 2008), Seite 143

Sitzen sich beispielsweise die Verhandlungspartner gegenüber, so wird dies von 64% der Befragten als Konkurrenzsituation wahrgenommen. Dieser Wert steigert sich auf 89%, wenn – wie im Beispiel rechts unten – die Distanz der Gesprächspartner zueinander noch erhöht wird, z.B. beim Einnehmen von Sitzen an den Stirnseiten eines Tisches.

Die Eröffnung einer Verhandlungsrunde geschieht eigentlich immer nach dem gleichen Muster:

1. Begrüßung und Vorstellung der Teilnehmer der Verhandlung entsprechend deren Hierarchie
2. Rituale, die die Bedeutung der Wichtigkeit des Eintritts in diese Phase der Verhandlung unterstreichen
3. Betonung des bisher Erreichten, der Gemeinsamkeiten und des guten Verhältnisses der Parteien
4. Festlegung des Tagesablaufes und Festsetzung des Protokollanten, d.h. desjenigen, der die Dokumentation der Verhandlungsergebnisse, evtl. zunächst im Entwurfsmodus, vornimmt
5. Abfragen des Einverständnisses mit dem Tagesablauf
6. Einräumung der Möglichkeit des Verhandlungspartners für ein allgemeines Eröffnungsstatement

Bitte berücksichtigen Sie, dass natürlich die Wahl der Strategie (Kooperation, Konkurrenz, Vermeidung, Anpassung, Kompromiss) auch die Art der Eröffnung beeinflusst. Empfehlenswert ist es, jedoch grundsätzlich zu Beginn einer Verhandlung anzunehmen, man könne kooperativ mit dem Verhandlungspartner umgehen und gemeinsam den Kuchen vergrößern. Selbst wenn man nach kurzer Zeit feststellt, dass dies nicht so ist, so ist diese Vorgehensweise ratsamer, als sich von vorne herein auf ein Nullsummenspiel festzulegen und dabei niemals herauszufinden, dass man bedeutende Optionen auf dem Verhandlungstisch hat liegen lassen.[117]

Bei Vertragsverhandlungen erlebt man in der Praxis zumeist zwei Vorgehensweisen. Wie der Name schon sagt, ist das Ziel die-

117 (Bazerman, et al., 2007)

ser Verhandlungsrunde, einen Kaufvertrag zu verhandeln, der am Ende des Prozesses unterschriftsreif ist. Würde man den Kaufvertrag sequentiell von vorne nach hinten durcharbeiten, könnte es geschehen, dass es bereits an einem strittigen Punkt zu Beginn des Vertragstextes zu stundenlangen Diskussionen hierüber kommt und man keine Einigkeit erzielen kann – unwissend, ob nicht dies der einzige Streitpunkt gewesen wäre und man diesen am Ende durch einen Kompromiss oder durch Nachgeben einer Partei hätte lösen können.

Vor diesem Hintergrund haben sich in der Praxis zwei Vorgehensweisen etabliert:

- Durchgehen des Vertragstextes und Zurückstellen der Punkte, bei denen man länger als z.B. 15 Minuten verhandelt. Im Anschluss an das Durcharbeiten des Textes werden – mit der Betonung der bisher erzielten Gemeinsamkeiten im Gesamttext – die Punkte endverhandelt, die weiter als strittig gelten. Ein weiterer Vorteil ist, dass erst am Ende die kritischen Punkte besprochen werden und man bereits bei vielen Punkten Einigkeit erzielt hat. Man ist bereits eine gute Strecke des Weges gemeinsam gegangen.

- Vorziehen der wichtigsten Punkte und zunächst Klärung dieser sog. „Big Issues“, um danach den Text insgesamt durchzugehen. Diese Vorgehensweise hat den Vorteil, dass man die Bedeutung der Zugeständnisse besser einordnen kann und vor allem weiß, ob es sich an der einen oder anderen Stelle tatsächlich lohnt, Konzessionen im Sinne eines gemeinsamen Abschlusses einzugehen.

Nach der Eröffnung und der Festlegung von Agenda und Technik der Verhandlung geht es nun in die Argumentationsphase, in der die Parteien zu den einzelnen Punkten ihre Motive, Standpunkte und Positionen austauschen.

4.2.8.3.2 Argumentationsphase bzw. Verhandlung im engeren Sinne

In allen Verhandlungen stellt sich die Frage, wann man welches Argument in welcher Vehemenz und in welcher Reihenfolge einbringt bzw. einbringen sollte.

Wie bei einem guten Tennisspieler gibt es verschiedene Grundtechniken, die es zu beherrschen gilt und entsprechend der Situation, auch teilweise überraschend, davon abzuweichen.

Grundsätzlich unterscheidet sich die Verhandlung bei Unternehmenstransaktionen von weniger komplexen Verhandlungs- oder Verkaufssituation dadurch, dass es keinen klar definierten Zeitpunkt gibt, zu dem man die Argumente dem Transaktionspartner in vollem Umfang vortragen kann. Die zu vermittelnden Informationen wären wohl auch schlicht zu umfangreich.

Allerdings gibt es Hauptargumente und Teilaspekte, die man in bestimmten Phasen des Verhandlungsprozesses auf sehr unterschiedliche Weise vortragen kann.

Die Grundtechniken des Argumentierens sind seit Jahrzehnten wenn nicht gar seit Jahrhunderten unverändert:

Fallbeispiel:

Der Verkäufer Herr Müller und der Käufer Herr Meier haben bezüglich der Bedeutung der Innovationskraft unterschiedliche Sichtweisen. Herr Müller will seine Haltung zu den Vorstellungen des Käufers überzeugend erklären. Dafür kann er verschiedene Wege gehen:

Der argumentative Vergleich

- Zwei Ansichten werden verglichen
- Aus dem Vergleich wird eine eigene Position entwickelt

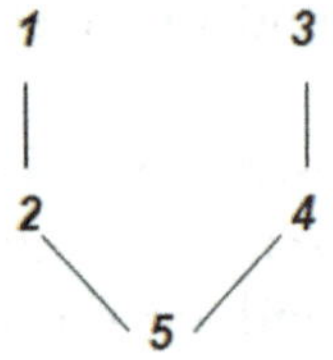

These, Antithese

Argumente für These/ Antithese

Eigene Position, Zielsatz

Abbildung 132
Der argumentative Vergleich[118]

„Herr Meier, Sie sagten, dass Sie mit einem Erwerb keinen deutlichen Mehrwert in Ihrer Unternehmensentwicklung sehen. Sie begründen dies mit dem eher geringen Umsatzwachstum. Das verstehe ich. Ich bin allerdings der Auffassung, dass weniger das Umsatzwachstum als unsere gefüllte Produktinnovationspipeline ausschlaggebend sein sollte. Wenn ich beide Argumente vergleiche, dann erscheint mir der letztgenannte Punkt zukunftsweisend und deshalb bedeutender."

Die Wertung

- Zwei Ansichten werden bewertet

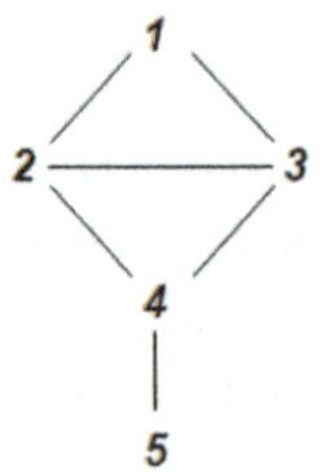

Problemstellung, Frage, Situation

2 unterschiedliche Ansichten

Wertung beider Ansichten

Eigene Position, Zielsatz

Abbildung 133
Die Wertung

118 (Frege, Michael C., 2008), S.223 ff

Herr Müller führt weiter aus: „Die Frage ist doch, bringt der Erwerb für Ihr Unternehmen einen Mehrwert? Nur von der Umsatzseite her betrachtet könnte man dies einerseits tatsächlich verneinen. Andererseits ist unsere Produktinnovationspipeline tatsächlich so gefüllt, dass dies durchaus ein wesentlicher Aspekt ist. Wenn ich beide Seiten bedenke, erscheint mir das Letztere ausschlaggebend. Nicht zuletzt deshalb setze ich mich auch so stark für diese Transaktion ein. Weil sie eben zukunftsweisend ist."

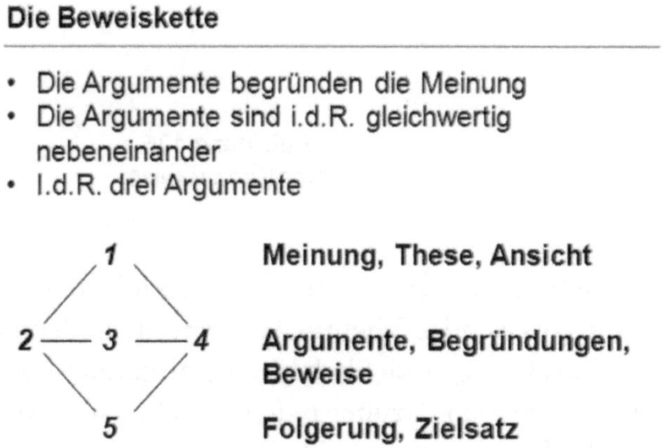

Abbildung 134
Die Beweiskette

„Ich bin absolut und durchaus der Meinung, dass diese Transaktion auch auf der Umsatzebene zukunftsweisend sein kann. Die prall gefüllte Produktinnovationspipeline wird sich mit Blick auf die Marktposition in einem mittelfristigen Zeithorizont absolut positiv auswirken. Und der mittelfristige Blick ist doch entscheidend. Daher bin ich der festen Überzeugung, dass diese Transaktion einen deutlichen Mehrwert schafft."

Der Kompromiss

- Verschiedene Ansichten werden verglichen
- Das Gemeinsame wird herausgestellt
- Daraus wird weiter gefolgert

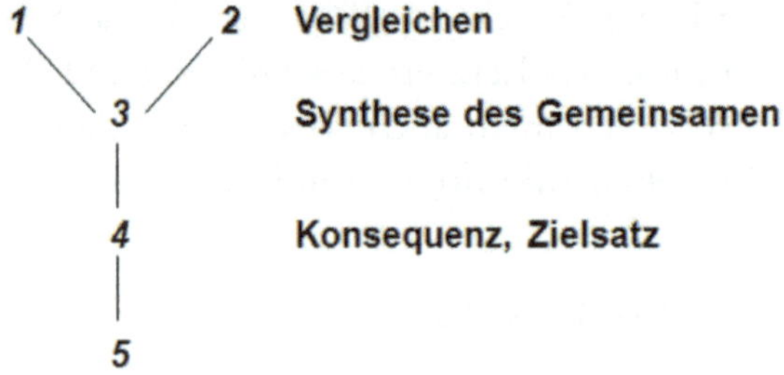

Abbildung 135
Der Kompromiss

„Einerseits ist das Thema der Produktinnovationen ein zukunftsweisendes Thema. Andererseits bedeutet die Akquisition kurzfristig tatsächlich kein signifikantes Umsatzwachstum. Da wir jedoch darüber reden, welche zukünftigen Potentiale in der Kombination beider Unternehmen schlummern, schlage ich vor, dass wir einmal unterstellen, dass sowohl Umsatzzuwachs, aber noch vielmehr die mittelfristigen Innovationspotentiale das Ratio hinter dem Deal darstellen. Ich denke, Sie stimmen mir zu, wenn ich sage, dass diese Transaktion Mehrwert schaffen wird."

Alle Arten der Argumentation hatten das identische Ziel, nämlich die Akquisition, trotz des geringen kurzfristigen Umsatzwachstumspotentials für den Käufer, im Hinblick auf die Produktinnovationsideen zu argumentieren.

In der klassischen Rhetorik und Diskurslehre werden die Argumente, von denen man ausgeht, dass sie auf Widerstand stoßen, in die Mitte der Ausführungen gestellt. Man beginnt stets mit dem besten Argument, lässt dann das schwächste folgen und betont dann wieder günstige und stärkere Argumente. Schließlich sollte man durch Zusammenfassung und Strukturgebung die Argumente noch einmal schlagwortartig zusammenfassen und eines der bedeutendsten Argumente an den Schluss stellen.

Fallbeispiel:

„Lassen Sie mich bitte am Ende meiner Ausführungen noch einmal zusammenfassen:

- das Innovationspotential ist gigantisch,
- der Umsatzzuwachs ist bei mittelfristiger Sichtweise durchaus beachtlich,
- durch die Zusammenlegung von Produktionsstandorten entstehen einerseits Synergien und
- der Käufer erreicht durch die Akquisition den langersehnten Global Footprint,
- alles in allem wird die Transaktion Mehrwert schaffen und den Käufer als global aufgestellten Innovator in der Branche auftreten lassen."

Die Argumente sollen den Verhandlungspartner überzeugen und nicht unterhalten. Es ist in Verhandlungen äußerst ermüdend, wenn Teilnehmer minutenlange Plädoyers halten.

Natürlich wird der Gegenüber dies nicht einfach so stehen lassen, sondern versuchen, mit Einwänden die Argumente zu schwächen. Wie auch in anderen Verhandlungssituationen abseits des M&A-Geschäftes sind Einwände nicht unbedingt Dealbreaker, sondern oft wichtige Hinweise und Brücken zum erfolgreichen Abschluss der Transaktion.

An dieser Stelle sei einmal mehr erwähnt, dass es zwar nachweisbar erfolgreiche Techniken zur Einwandbehandlung gibt, diese aber immer nur so gut sind, wie sie wirklich ernsthaft und konsequent vorbereitet und angewendet werden.

Stupides „Nachgeplapper“ von Standardverkaufsrhetorik führt beim geübten und intelligenten Gegenüber schnell zur Verärgerung und damit zum Gegenteil dessen, was man eigentlich erreichen wollte, nämlich den Einwand des Gegenübers zu entkräften.

Wichtig ist bei allen Verhandlungssituationen die Fähigkeit des aktiven Zuhörens. Damit ist keinesfalls gemeint – wie in vielen zweitklassigen Verkaufsschulungen propagiert – den Blickkontakt zu halten und durch Füllworte, wie z.B. „aha“, „ich verstehe“, „mmh“, dem Gegenüber zu signalisieren, dass man ihn versteht. Auch ist damit nicht gemeint, lange zu schweigen und bereits die Antwort im eigenen Kopf vorzubereiten.

Beim aktiven Zuhören geht es im Wesentlichen um ein verstehendes Hinterfragen und darum, das Motiv, das hinter dem Einwand des Gegenübers liegt, zu verstehen. Wenn man dieses Motiv verstanden hat, gibt es in der Tat eine Reihe von Möglichkeiten, für die eigene Argumentation zunächst noch einmal das Terrain zu bereiten. Darüber hinaus sollte jedoch nach erfolgter Argumentation das Ergebnis auch gesichert werden.

Denn nichts ist ärgerlicher, als mit einem erfolgreich entkräfteten Einwand durch fehlende Sicherung des Diskussionsergebnisses in eine Endlosschleife zu geraten. Diese Gefahr dürfte jedem bekannt sein: „Sie haben ja Recht, aber der prognostizierte Umsatzzuwachs ist mir eben doch zu hoch.“

Die nachfolgende Abbildung zeigt einen Vorschlag zur grundsätzlichen Einwandbehandlung wie ihn Werner Katzengruber in seinem Buch „Top Selling Professional“[119] konzipiert hat:

Ausformuliert könnte eine Behandlung des Einwandes, dass ein Automobilzulieferer nur durch Akquisitionen gewachsen ist und deshalb kein robustes Unternehmen sei, wie folgt entkräftet werden (siehe Abbildung 137):

119 (Katzengruber, Werner, 2006), Seite 175

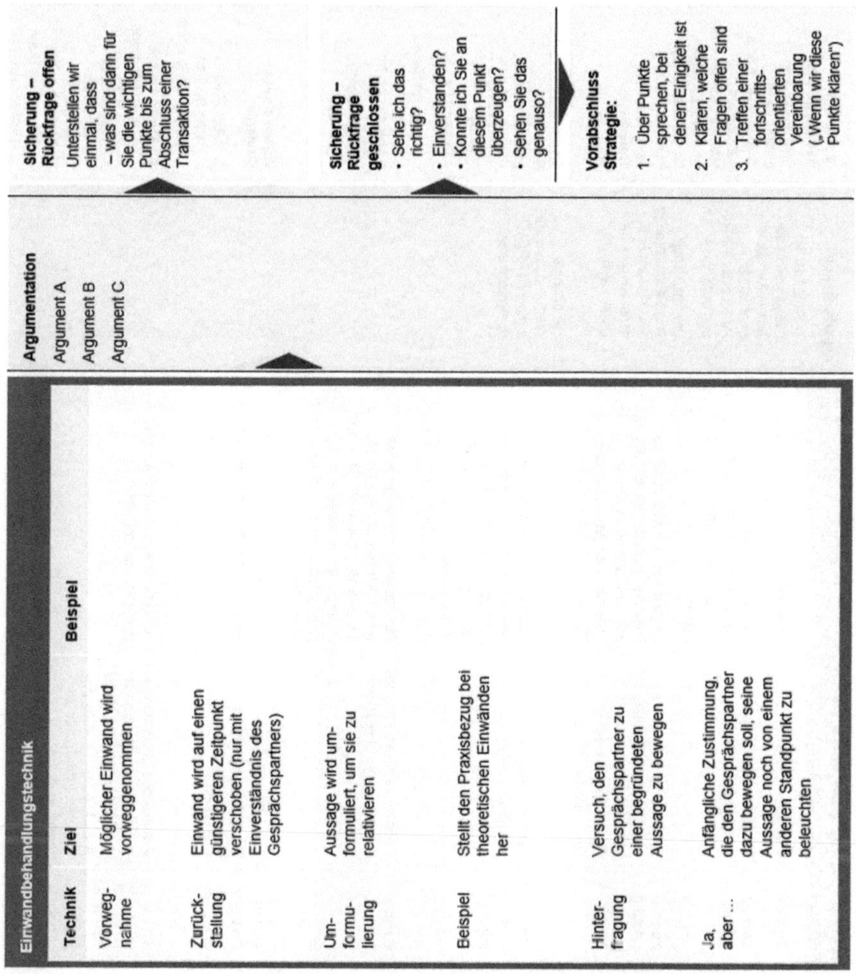

Abbildung 136
Einwandbehandlung

Verständnis

Aktives Zuhören und eventuell Rückfrage

Was genauen meinen Sie damit?

Können Sie mir bitte noch mehr dazu sagen?

Wie definieren Sie...?

- OK. Versteh ich ...
- Ich weiß, was Sie meinen ...
- Interessant ...
- Schwierig ...
- Gut, dass Sie diesen wichtigen Punkt ansprechen
- Danke für Ihre Frage
- Danke für Ihren Hinweis
- Guter Hinweis
- Das ist ein wichtiger Aspekt
- Danke für Ihre Offenheit

Einwandbehandlungstechnik

Technik	Ziel	Beispiel
Vorweg-nahme	Möglicher Einwand wird vorweggenommen	Sie denken, dass bei den vielen Akquisitionen es sich noch gar nicht um eine homogene Einheit handelt
Zurück-stellung	Einwand wird auf einen günstigeren Zeitpunkt verschoben (nur mit Einverständnis des Gesprächspartners)	Lassen Sie uns bitte zunächst über die Leistungen von TARGET und die Stellung im Markt sprechen und dann über die Organisation. Einverstanden?
Um-formu-lierung	Aussage wird um-formuliert, um sie zu relativieren	Nicht wie das Unternehmen gewachsen ist, ist entscheidend, sondern ob die Kunden die Leistungen von TARGET am Markt suchen
Beispiel	Stellt den Praxisbezug bei theoretischen Einwänden her	Aus meiner Erfahrung heraus weiß ich, dass Unternehmen, die eine Buy-and-build-Strategie verfolgt haben, keineswegs zwangsläufig zusammengewürfelt sein müssen.
Hinter-fragung	Versuch, den Gesprächspartner zu einer begründeten Aussage zu bewegen	Welche Befürchtungen haben Sie in diesem Zusammenhang?
Ja, aber ...	Anfängliche Zustimmung, die den Gesprächspartner dazu bewegen soll, seine Aussage noch von einem anderen Standpunkt zu beleuchten	Ja, auf den ersten Blick könnte man das meinen, aber ...

Argumentation

1. TARGET ist ein seit Jahren in der Automobilindustrie geschätzter Partner der TIER-I und der OEMs
2. Die historische Akquisitionsstrategie war erfolgreich, sonst würden die Zahlen nicht das zeigen.
3. Die erlangte Wertschöpfungstiefe macht TARGET hochinteressant

Sicherung – Rückfrage offen

Unterstellen wir einmal, dass TARGET ein in sich homogenes und stabiles Unternehmen ist – was sind dann für Sie die wichtigen Punkte bis zum Abschluss einer Transaktion?

Sicherung – Rückfrage geschlossen

- Sehe ich das richtig?
- Einverstanden?
- Konnte ich Sie an diesem Punkt überzeugen?
- Sehen Sie das genauso?

Vorabschluss Strategie:

1. Über Punkte sprechen, bei denen Einigkeit ist
2. Klären, welche Fragen offen sind
3. Treffen einer fortschritts-orientierten Vereinbarung („Wenn wir diese Punkte klären")

Abbildung 137
Einwandbehandlung am Beispiel eines Automobilzulieferers

Entscheidend für den Erfolg der Einwandbehandlung ist, dass Sie nach dem Vorbringen Ihrer Argumente durch eine Sicherung in Form einer Frage, das Gespräch wieder selbst in die Hand nehmen und die Führung in der Verhandlung wieder gewinnen.

4.2.8.3.2.1 Wie mache ich Zugeständnisse?

Um im Verhandlungsprozess erfolgreich zu sein, kommt es nicht nur darauf an, eigene Positionen durchzusetzen, sondern am Ende die eigenen Interessen in Form eines Vertrages umgesetzt zu haben. Dies erfordert an der ein oder anderen Stelle auch Zugeständnisse. Diese Zugeständnisse sind auch deshalb notwendig, um den Verhandlungspartner durch Ausnutzung der Reziprozitätsregel wiederum zu eigenen Zugeständnissen, die zur Umsetzung des gewünschten Verhandlungsergebnisses notwendig sind, zu veranlassen. Auch der kompetitivste Verhandler wird nicht in der Lage sein, bei komplexen Verhandlungen all seine Argumente vollständig durchsetzen zu können. Das Gesetz der Reziprozität ist in Verhandlungen sehr wichtig. Dies bedeutet, dass grundsätzlich der Verhandlungserfolg erst durch ein gegenseitiges Geben und Nehmen entsteht.

Bitte beachten Sie aber, dass das Geben und Nehmen – und vor allem aus Ihrer Sicht – nicht gleichmäßig verteilt sein müssen.

Natürlich ist es legitim, in einer Verhandlung ein Ergebnis anzustreben, bei dem ich mehr vom zu verteilenden Kuchen erhalte als mein Gegenüber – unabhängig davon, ob der Kuchen sich in der Verhandlung vergrößert oder nicht.

Der wichtigste Grundsatz ist: Ein guter Verhandler gibt keine unbedingten Zugeständnisse!

Unter dem Begriff unbedingt ist zu verstehen, dass man bei jeder Konzession deutlich macht, diese nur im Rahmen eines gemeinsamen Verhandlungserfolgs geben zu können oder wenn gleichzeitig eine andere ebenso wichtige oder gar bedeutendere Konzession seitens des Verhandlungspartners eingeräumt wird. Demensprechend ist die einfachste Bedingung, die bei einem Zugeständnis eingefordert werden sollte, der Vorbehalt einer Einigung bei den übrigen

Verhandlungspunkten. Idealerweise tauscht man ein Zugeständnis unmittelbar gegen ein Entgegenkommen des Verhandlungspartners ein. Auch solche Zugeständnisse können antizipiert und vorbereitet werden (siehe Checkliste).

Bestenfalls ergibt sich bei einem solchen Tausch ein Gewinn, d.h. durch das Zugestehen eines Punktes mit kleinerer wirtschaftlicher Bedeutung erhalte ich an anderer Stelle ein Gegengeschenk, das einen höheren Wert für mich bedeutet. In vielen Fällen ist es möglich, ein Zugeständnis zu gewähren, das für die Gegenseite eine größere Bedeutung hat, als für den Gewährenden. Dies ist ein idealer Punkt, um ebenfalls ein aus Sicht der Gegenseite großes Zugeständnis abzuverlangen. So werden Tauschgewinne idealerweise realisiert, ohne dass die Gegenseite hierbei ein ungutes Gefühl haben wird. Selbstverständlich ist dies nicht immer durchzuführen. Bei Beachtung einiger Grundregeln lassen sich hier jedoch erstaunliche Verhandlungserfolge erzielen:

1. Der Mensch nimmt viele kleinere Geschenke positiver wahr als ein großes!
   Hierzu gibt es interessante Untersuchungen. Menschen wurden gefragt, ob Sie es glücklicher machen würde, am Tag 1 einen Geldschein von € 500 auf der Straße zu finden oder an fünf aufeinanderfolgenden Tagen jeweils € 100. Die überwältigende Mehrheit empfindet die zweite Alternative für die Bessere. Vor diesem Hintergrund sind positive Zugeständnisse zu verteilen. Kommunikativ ist darüber hinaus darauf zu achten, dass diese Zugeständnisse nicht plump nach dem Motto „Wenn wir Ihnen an diesem Punkt nachgeben, dann erwarten wir ein Entgegenkommen bei dem Punkt Y" erfolgt, sondern im Rahmen einer verständlichen Einordnung in den Gesamtkontext.
2. Fordern Sie bedeutende Zugeständnisse auf einmal ein!
   Interessanterweise zeigte das oben dargestellte Experiment auch, dass Verluste anders empfunden werden. Lieber verlieren Menschen an einem Tag € 500, als an fünf aufeinanderfolgenden Tagen jeweils € 100.

3. Geübte Verhandler können ein Zugeständnis der Gegenseite auch ohne Gegengeschenk entgegennehmen!
   Versuchen Sie einmal, ein Zugeständnis der Gegenseite nicht mit einem weniger bedeutenden Zugeständnis zu erwidern, sondern einfach einmal eine Runde auszulassen. Sicherlich hat dies dort seine Grenzen, an denen es für den Verhandlungspartner nicht nur unhöflich wirkt, sondern er sich übervorteilt fühlt.
4. Beachten und nutzen Sie Framing-Effekte!
   Unter Framing-Effekten versteht man den „ungerechtfertigten Einfluss von Formulierungen [und Situationen] auf Überzeugungen und Präferenzen“[120]. Auch das Beispiel unter Punkt 1 kann im Rahmen von Framing-Effekten betrachtet werden. Ein weiteres Beispiel zeigt sehr anschaulich die Bedeutung von Frames. Studenten wurden £ 50 gegeben und man bat sie diese einzusetzen und ein Glücksrad zu drehen[121]. Wenn das Rad auf Weiß stehen bleibt, erhalten sie den gesamten Betrag. Stoppt das Rad bei Schwarz müssen £ 30 abgeben werden. Nun lässt sich das Ergebnis auf zwei Arten formulieren, nämlich entweder erhält man £ 20 oder man verliert £ 30. Die meisten der Studenten bevorzugten die Aussicht £ 20 zu behalten gegenüber einem Verlust von £ 30. Dieses Experiment ist sehr wichtig für Verhandlungssituationen, denn je nach Definition des Problems sind Menschen eher dazu bereit, Gewinne zu verteilen (wie z.B. Erträge, Boni, Earn-out-Regelungen). Bei der Übernahme von Verlusten (wie z.B. Kaufpreiseinbehalte, Abschläge) sind Menschen unflexibler.

Ebenso ist zu beachten, dass die Reihenfolge und die Höhe der Zugeständnisse, die Sie machen, einen Einfluss auf die Wahrnehmung Ihrer Person in der Verhandlung haben. Auch dies ist eine Art des Framing-Effektes. Die nachfolgende Tabelle zeigt diesen Effekt in seinem Grundsatz:

120 (Kahneman, 2011), Seite 448

121 (Kahneman, 2011) Seite 450

		Verhandler				
		1	2	3	4	5
Zugeständnis	1	0	100	60	200	50
	2	0	100	70	150	0
	3	0	100	90	100	430
	4	0	100	120	40	0
	5	500	100	170	10	20
Summe		**500**	**500**	**500**	**500**	**500**

Abbildung 138
Verschiedene Muster von Zugeständnissen[122]

Frames:

- Verhandler 1 macht einen sehr kompetitiven Eindruck und gibt erst am Ende der Verhandlung nach
- Verhandler 2 scheint kompromissbereit und macht seine Zugeständnisse im Rahmen einer Salamitaktik, nämlich scheibchenweise
- Verhandler 3 macht immer größere Zugeständnisse und möchte entweder die Verhandlung bald beenden und ist somit bereit, immer größere Zugeständnisse zu machen oder er erwartet von seinem Gegenüber ebenfalls im Laufe der Verhandlung immer größere Konzessionen
- Verhandler 4 scheint im Laufe der Verhandlung nicht mehr bereit zu sein, weitere Konzessionen einzugehen. Man erkennt, dass bald „Schluss ist"
- Verhandler 5 scheint dagegen kein Muster zu verfolgen und ist nicht vorhersehbar

Alle Verhandler haben am Ende den gleichen Betrag konzediert. Die Wirkung der Reihenfolge und der Betragszugeständnisse lässt alle Verhandler jedoch in einem völlig anderen Licht (oder Rahmen oder Frame) erscheinen. Dies ist bei Zugeständnissen zu beachten.

122 (Saner, Raymond, 2008), Seite 62

Fallbeispiel:

„Wenn ich Sie richtig verstehe, ist dieser Punkt für Sie von großer Bedeutung. Dies ist für uns nachvollziehbar. Sollten wir Ihnen im Rahmen des gemeinsamen Verhandlungsergebnisses an diesem Punkt entgegenkommen, wäre es für uns wichtig bei … durch … ebenfalls eine Einigung zu erzielen.

„Vielen Dank, dass Sie diesen wichtigen Punkt ansprechen. Gesetzt den Fall, wir würden Ihnen an diesem Punkt entgegenkommen, so wäre für uns ein wichtiger Punkt in der Umsetzung des Gesamtkonzeptes, dass …“

„Ich verstehe, dass Ihnen dieser Punkt sehr wichtig ist. Mein Mandant ist sicherlich bereit, hierüber positiv nachzudenken, wenn Sie uns andererseits die Möglichkeit einräumen, bei Punkt X eine Regelung aufzunehmen, die...“

und final

„Dieser von Ihnen aufgeworfene Punkt hat enorme wirtschaftliche Bedeutung für den gesamten Vertrag. Gesetzt den Fall, wir würden uns an diesem Punkt einig werden, wäre damit der Vertrag dann endverhandelt und wir hätten an allen anderen Punkten eine Einigung erzielt?“

Wichtig ist, bei Zugeständnissen nicht umgekehrt auf die oben genannten Regeln hereinzufallen und im Rahmen einer Salamitaktik des Verhandlungspartners mehr und bedeutendere Zugeständnisse zu geben. Dabei kann es leicht geschehen, den eigenen Reservation Price bzw. wichtige Verhandlungspunkte der Erlangung der eigenen Interessen fast unmerklich aufzugeben.

Auch bei Zugeständnissen gilt: Eine umfassende Vorbereitung auf die Verhandlung eröffnet entscheidende Vorteile.

Internationale Aspekte:

Im internationalen Kontext sollten Sie neben den oben genannten Grundregeln beachten, dass es in unterschiedlichen Ländern auch unterschiedliche Sichtweisen auf Zugeständnisse gibt. Insbesondere große Zugeständnisse, die manchmal notwendig sind, um Transaktionen nicht scheitern zu lassen, können schwerwiegende Konsequenzen für den weiteren Verhandlungsverlauf haben.

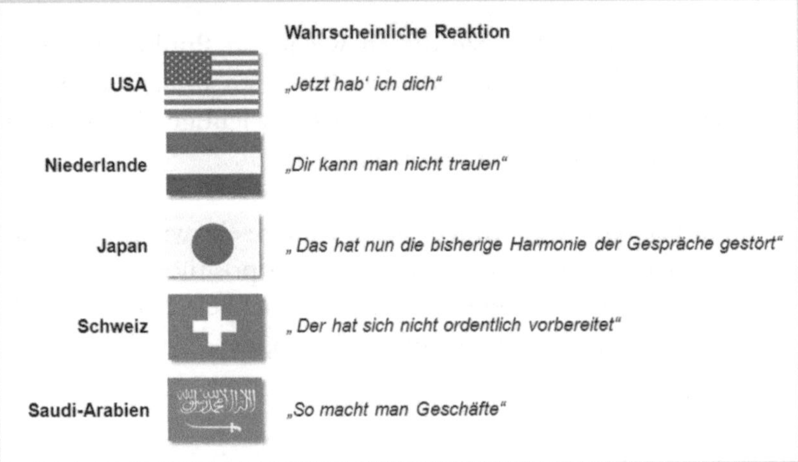

Abbildung 139
Wahrnehmung eines großen Zugeständnisses durch Verhandler unterschiedlicher Kulturen[123]

Bitte beachten Sie an den Stellen, an denen Sie große Zugeständnisse machen müssen, den Reziprozitätsgrundsatz und geben Sie vor allem im internationalen Kontext keine unbedingten Zugeständnisse. Stellen Sie Ihre Zugeständnisse immer im Gesamtzusammenhang dar und antizipieren Sie die oben dargestellten, beispielhaften Reaktionen Ihrer Verhandlungspartner.

123 (Acuff, 2008), Seite 57

4.2.8.3.2.2 Vom Umgang mit schwierigen Verhandlungspartnern

Wir alle waren schon in Verhandlungssituationen, in denen eine gute Vorbereitung, ein bisher erreichter Verhandlungsstand und schließlich die Transaktion endverhandelt werden sollte und man sich plötzlich vor einer völlig neuen Situation sieht. Der Verhandlungspartner verhält sich irrational, beleidigt Verhandlungspartner, behauptet Sachverhalte, die bisher nie diskutiert wurden und droht schließlich mit Abbruch. Die beste Vorbereitung ist nun dahin und wir merken, wie in uns der Stresspegel steigt. Um nicht den Deal insgesamt zu gefährden, stellt sich die Frage: „Wie gehe ich mit schwierigen Verhandlungspartnern um und wie kann ich dennoch die Transaktion abschließen?“

4.2.8.3.2.2.1 Irrationales Verhalten

Irrationales Verhalten bezeichnet die Abkehr vom logischen Denken und damit meist den Vorrang von Emotionen vor dem nüchternen Analysieren, Abwägen und Handeln. Irrationales Verhalten kann sich in M&A-Transaktionen an verschiedenen Stellen zeigen. Nachgehend einige Beispiele:

- Der Unternehmer bricht Verhandlungen über den Verkauf seines Unternehmens aus Gründen der nicht gelösten Nachfolge ab, weil er die Diskussion im Rahmen der Due-Diligence als Beleidigung seiner unternehmerischen Leistung empfindet.
- Beim Verkauf von Unternehmen in Krisensituationen verkauft der Unternehmer einen Tag vor dem geplanten Einstieg eines Investors im Rahmen einer Kapitalerhöhung wichtige Patente, um Liquidität zu generieren und schafft damit eine andere Ausgangsbasis, die den Investor veranlasst, die Verhandlungen abzubrechen.

- Der Unternehmer bricht die Gespräche mit einem Interessenten ab, weil er das Verhalten von dessen Verhandlungsteam im Rahmen der Vertragsverhandlungen auf den zukünftigen Führungsstil „seines“ Unternehmens durch den Kaufinteressenten projiziert.

Zunächst gilt: Wenn Emotionen im Raum sind, ist diesen Emotionen – bis zu einem gewissen Grad – auch Platz zu gewähren.

Irrationales Verhalten entsteht dann, wenn der Stresspegel für einen Verhandlungspartner so groß wird, dass er keine Möglichkeit mehr zum klaren Denken hat. Meist gewinnen die Gefühle dann die Oberhand. Die betroffene Person sieht auch keine Option im Hinzuziehen eines nüchtern denkenden Gesprächspartners. In erster Linie ist hier der Umgang mit der Emotion wichtig.

Maßregelungen wie: „Nun seien Sie doch vernünftig“ helfen an dieser Stelle in keiner Weise. Vielmehr muss der Verhandler professionell mit der Emotion umgehen.

Wenn ein Gesprächspartner auf der emotionalen Ebene ist, wird er nicht deshalb „vernünftig“, weil wir ihn dazu auffordern. Noch nie hat ein Verhandlungspartner in einer solchen Situation gesagt: „Vielen Dank, Herr Gutmann, jetzt wo Sie es mir sagen, beruhige ich mich wieder. Wo sind wir stehen geblieben?“

Es gibt eine Reihe von Instrumenten, die hier angewendet werden können, um die Situation zu entschärfen, die Emotion verständlich zu machen und schließlich den Weg für ein rationales Verhandeln wieder zu ebnen.

Internationale Aspekte:

International ist der Grad des Zeigens von Emotionen von Land zu Land unterschiedlich.

Lateinamerikanische Länder zeigen ihre Emotionen deutlicher als beispielsweise Briten oder Deutsche. Dementsprechend ist einem Emotionsausbruch jeweils auch eine andere Bedeutung beizumessen:

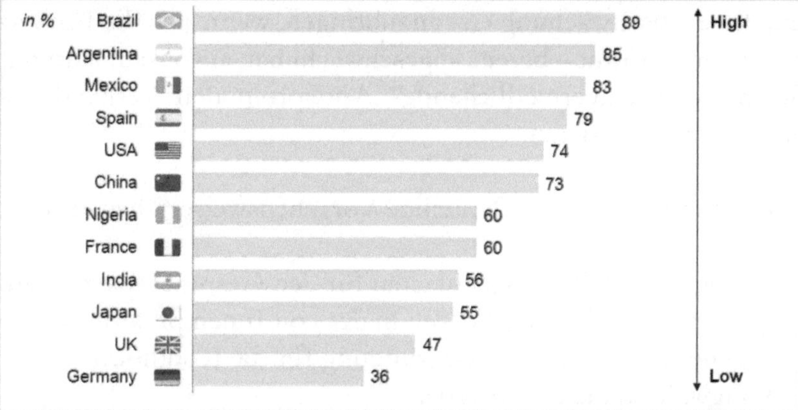

Abbildung 140
International variierende Emotionalität in Verhandlungssituationen[124]

Das bedeutet, dass wir der Emotion zunächst Raum geben müssen. Es bedeutet aber auf keinen Fall, dass wir die Emotion nähren. Richtig ist, sich zunächst passiv zu verhalten, aufmerksam zuzuhören und an den Stellen, an denen die Ursachen für die Emotion zu finden sind, diese als Gründe aufzunehmen. In der Regel will ein Gesprächspartner seine Emotionen verstanden wissen und teilt sich auch deshalb mit. Selten hält ein Emotionsausbruch länger als fünf Minuten an. Zeigt man danach Verständnis für die grundsätzliche Sichtweise (auf keinen Fall sollte man Verständnis für die Art und Weise zeigen, sondern diese unkommentiert lassen) sind die Gründe aufzuzeigen, die zu dieser Situation geführt haben. Dabei ist darauf zu achten, dass man die vom Gegenüber vorgebrachten Argumente nicht wiederholt, sondern sprachlich abschwächt. Das Abschwächen gelingt rhetorisch durch paraphrasieren. Bspw. kann der Gefühlsausbruch „Dieses Angebot ist unter aller Kanone; da

124 (Salacuse, Jeswald W., 2003), Seite 103

mach ich den Laden lieber dicht" mit der Antwort abgeschwächt werden: „Wenn ich Sie richtig verstehe, ist der von uns genannte Preis unter Ihrer Zielvorstellung." Allerdings ist hier darauf zu achten, diese Abschwächung erst anzubringen, wenn sich die Emotion – wie oben erwähnt – bereits abgeschwächt hat; ansonsten läuft man Gefahr, durch „verniedlichende" Antworten den Verhandlungspartner zu provozieren.

Danach hat sich eine dreiteilige Vorgehensweise[125] bewährt:

1. Zeigen Sie Wahlmöglichkeiten für den Gesprächspartner auf
2. Vermitteln Sie Perspektiven in der von Ihnen präferierten Vorgehensweise oder die Begründung für die Kondition
3. Gewähren Sie eine Auszeit

Ein probates Mittel ist hierbei, das Problem zu entemotionalisieren und – wie im Harvard-Konzept propagiert – auf die Anwendung neutraler Beurteilungskriterien zu verweisen. Ist danach die Emotion geglättet, ist die Grundlage für den rationalen Fortgang der Gespräche geschaffen. Bitte verdeutlichen Sie sich: Auch Irrationalität ist eine Wahrnehmung und ein Attribut, das Sie dieser Person zuweisen. In den seltensten Fällen können wir uns sicher sein, alle Fakten zu kennen, sodass ein solches Urteil zumeist ein vorschnelles Urteil darstellt.

4.2.8.3.2.2.2 Arroganz und Antipathie

Es ist weder ein Geheimnis noch verwerflich, dass wir lieber mit sympathischen Menschen verhandeln. Arrogantes und herablassendes Verhalten von Gesprächspartnern sorgt für Antipathie und oftmals sogar für einen sich verstärkenden Effekt.

Wichtig ist: Auch wenn Sie an der Beziehung zu Ihrem Verhandlungspartner interessiert sind, genießt der Abschluss der Transak-

125 (Kohlrieser, George, 2006), Seite 199

tion oberste Priorität. In der Frage um das richtige Verhalten am Verhandlungstisch müssen Sie nicht rechtbehalten, sondern den Deal abschließen.

Sympathie wird zunächst hervorgerufen durch ein von jedem Menschen individuell angenehm empfundenes Äußeres, freundliches Auftreten, Lächeln, Komplimente. Verstärkt werden diese Eigenschaften noch durch den sog. Halo-Effekt. Der Halo-Effekt beschreibt die kognitive Verzerrung, die dadurch entsteht, dass man aufgrund bekannter Eigenschaften einer Person auf unbekannte Eigenschaften derselben Person schließt. Wenn Sie eine große Sympathie für Menschen haben, die korrekt und sehr konservativ gekleidet sind und für Kollegen, die Ihnen ehrlich und konstruktiv begegnen, so werden Sie einem Verhandlungspartner, der sich bei Ihnen vorstellt und ebenfalls extrem konservativ gekleidet ist, die gleichen Eigenschaften unbewusst zuweisen, wie Ihren Kollegen.[126].

Ebenso verhält es sich umgekehrt. Die erste Frage, die Sie sich also stellen sollten ist, warum Sie das Verhalten des anderen als arrogant einschätzen. Vielleicht ist hier auch nur ein Halo-Effekt aufgetreten. Frisur, Körperhaltung oder Sprache verführen uns manchmal dazu, bestimmte Eigenschaften bewusst oder unterbewusst zu interpretieren. Liegen hierzu unmissverständliche Verhaltensweisen vor, so vergegenwärtigen Sie sich bitte, dass Arroganz in der Regel ein Schutzmechanismus wegen eines geringen Selbstwertgefühls ist. Die zur Schau getragene Arroganz wird als Schutzwall verwendet. Die beste Art damit umzugehen ist, an passender Stelle eine ehrliche Anerkennung für dessen Leistung, z.B. für das Formulieren der Working-Capital-Klausel oder den Entwurf des Garantietextes zum Thema Altlasten, insbesondere vor anderen auszusprechen. Hier gilt jedoch: Weniger ist oftmals mehr. Übertreiben Sie dies, wird es offensichtlich und die Wirkung verpufft.

Oftmals hilft eine gezielte Vorbereitung auch hier, die eigene Wahrnehmung der Position des Verhandlungsteilnehmers zu verändern.

126 (Kahneman, 2011), Seite 108

Fallbeispiel:

Gerade in Vertragsverhandlungen mit kompetitiven Hardball-Verhandlern ist es natürlich schwer, Sympathie zu empfinden, wenn der Verhandlungspartner stur auf seine Position beharrt. Geschieht dies zum wiederholten Male und kann man die eigene Position nur nach zähestem Ringen durchsetzen, so kann es vorkommen, dass man tatsächlich beim nächsten Einwand des Verhandlungspartners Antipathie verspürt.

Ein solcher Hardball-Verhandler steht als Finanzchef, Herr Rüde, eines Kaufinteressenten dem M&A-Berater Gutmann gegenüber. Das Verhalten des CFO ist arrogant und herablassend. Herr Gutmann merkt, wie es ihm im Laufe der Verhandlungen immer schwerer fällt, auf die teilweise berechtigten, teilweise unsachlichen Bemerkungen adäquat – im Sinne eines Abschlusses der Transaktion – zu reagieren. In der Nachbereitung der Verhandlung hinterfragt sich Herr Gutmann, warum er innerlich so aufgewühlt war und was er im Vorfeld der bereits für den nächsten Tag angesetzten Besprechung verändern kann. Zunächst fällt Herrn Gutmann beim abendlichen Gespräch mit seiner Ehefrau auf, dass er auf die Frage, wie denn Herr Rüde aussieht, mit der Ähnlichkeit zwischen diesem und dem früheren verhassten Nachbarn antwortet. Dieser Nachbar zeichnete sich durch vielerlei inakzeptables Verhalten aus. Herr Gutmann stellt sich nun die Frage, ob nicht ein Teil seines Empfindens durch den oben erläuterten Halo-Effekt hervorgerufen wurde.

Am Abend setzt sich Herr Gutmann noch einmal vor sein Notebook und sucht in entsprechenden Suchmaschinen nach der Person seines Gesprächspartners. Neben den beruflichen Einträgen auf der Unternehmenswebsite des Kaufinteressenten sowie Einträgen, auf der Website der regionalen Industrie-

und Handelskammer, bei der Herr Rüde eine Vorstandsposition inne hält, gelangt er auf die Seite eines Fußballvereins. Dort zeigen Mannschaftsbilder Herrn Rüde als aktiven Fußballer in der Altherrenmannschaft des Vereins, als Jugendtrainer und ebenfalls im Rahmen eines Vereinsfestes mit Schürze und Bierglas in der Hand am Grill.

Da sich Herr Gutmann ebenfalls für Fußball interessiert, verankert er dieses positive Gefühl bei sich.

Zu Beginn der Verhandlungen am nächsten Tag bringt Herr Rüde wiederum zwei Argumente für eine erneute Kaufpreisdiskussion in die Runde ein. Herr Gutmann beobachtet bei sich selbst, dass er nun in der Lage ist, diesem Vorschlag mit mehr Rationalität zu begegnen. Das gestern noch arrogant interpretierte fordernde Auftreten ist zwar immer noch vorhanden, jedoch löst es bei Herrn Gutmann keine negativen Gefühle mehr aus, sodass er mit dessen Einwänden sachlich umgehen kann.

Jede Wahrnehmung einer Verhaltensweise resultiert aus Ihrer eigenen Wertewelt. Das muss nicht heißen, dass diese nicht mit der Mehrzahl der Werte der Menschen in Ihrem Umfeld korreliert, jedoch ist dies immer bei der Analyse von Verhalten anderer Menschen zu bedenken.

4.2.8.3.2.2.3 Aggression und persönliche Angriffe

In der Regel ist aggressives Verhalten in Form von persönlichen Angriffen, lautstarker Rhetorik und Drohungen kein irrationales Verhalten, sondern ein bewusst eingesetztes Instrument um zu verunsichern, zu täuschen oder vom eigentlichen Sachverhalt abzulenken. Dies geschieht in der Regel durch die Infragestellung der fachlichen Qualifikation oder der persönlichen Kompetenz. Auch hier ist es ungünstig, sich sofort auf einen Gegenangriff einzulassen. Damit hätte Ihr Verhandlungspartner sein Ziel erreicht, Sie würden sich mit seinem Vorwurf beschäftigen und nicht mit der Sache. Bei kleineren, unbedeutenden Provokationen oder sonstigen Angriffen ist es ratsam, diese zu übergehen. Idealerweise retourniert man mit einer sachbezogenen Frage.

Sind die Angriffe allerdings massiv, gibt es ein klares Instrumentarium, das zum Handwerkszeug jedes erfolgreichen Verhandlers gehört.

1. Hinterfragen
2. Thematisieren
3. Entkräften oder gegebenenfalls – nach Vorwarnung – die Verhandlung abbrechen

Fallbeispiel:

Zu Beginn der finalen Kaufvertragsverhandlung, bei der die letzten Unklarheiten beseitigt und die finale Fassung für den Notartermin formuliert werden soll, überrascht der M&A-Berater des Kaufinteressenten, Herr Infarm, sein Pendant, den M&A-Berater des Verkäufers mit dem Vorwurf, man habe sich den Kaufpreis noch einmal durch den Kopf gehen lassen und sei erheblich verunsichert.
„Wissen Sie, Herr Gutmann, Sie als M&A-Berater haben uns im Rahmen des Memorandums eine bereinigte EBITDA-Rechnung präsentiert, auf deren Basis wir unser Angebot gestützt haben. Im Datenraum haben wir nur einen Teil der Informationen wiederfinden können. Dies verunsichert uns erheblich, zumal wir gehört haben, Sie seien nicht vertrauenswürdig. Es wäre uns recht, wenn wir den Tag heute ohne Sie verhandeln könnten."

Herr Gutmann und die anderen Berater auf Seiten des gemeinsamen Mandanten wissen, dass diese Vorwürfe nicht stimmen. Der Angriff auf die Person von Herrn Gutmann ist allerdings so erheblich, dass man diesen nicht unkommentiert lassen kann.

Herr Gutmann reagiert nach nachfolgendem Schema:
Im ersten Schritt wiederholt Herr Gutmann die Aussage seines Gegenübers, um diesem die Möglichkeit zu geben, diese entweder zu relativieren oder den Sachverhalt offensiv für alle zu thematisieren. Dabei kann er auf das Wort eingehen, den Sinn oder das Gefühl. Dies ist situativ zu entscheiden. Dieser Wiederholung muss sich unmittelbar eine Frage anschließen, um wieder die Führung im Gespräch zu erlangen, nach dem Grundsatz: Wer fragt, der führt. Die Frage kann hierbei entweder vergangenheits-, gegenwarts- oder zukunftsorientiert sein.

Fortgang Szenario 1:
In den meisten Fällen führt der sichere Umgang mit dieser Anschuldigung schon dazu, dass einer der Gesprächspartner der Gegenseite diesen Angriff relativiert.
Herr Dr. Redlich, der Rechtsanwalt des Interessenten antwortet: „Wissen Sie, Herr Gutmann, bitte verübeln Sie das meinem Kollegen nicht, wir sind wirklich hinsichtlich des Kaufpreises, den wir gestern Abend im Vorfeld des baldigen Notartermins noch einmal diskutiert haben, verunsichert."
Herr Gutmann antwortet souverän: „Vielen Dank, Herr Dr. Redlich. Das verstehe ich gut. Möchten Sie den Punkt der Angemessenheit des Unternehmenswertes noch einmal auf die Agenda setzen? Ich schlage vor, wir ordnen diesen zwischen Punkt X und Punkt Y ein."

Fortgang Szenario 2:
Der M&A-Berater, Herr Infarm, greift weiter an: „Darum geht es hier gar nicht. Es geht darum, dass wir gehört haben, dass Sie nicht vertrauenswürdig sind."
Herr Gutmann kontert auch hier souverän. Das nachfolgende Schaubild zeigt die Eskalationsstufen.

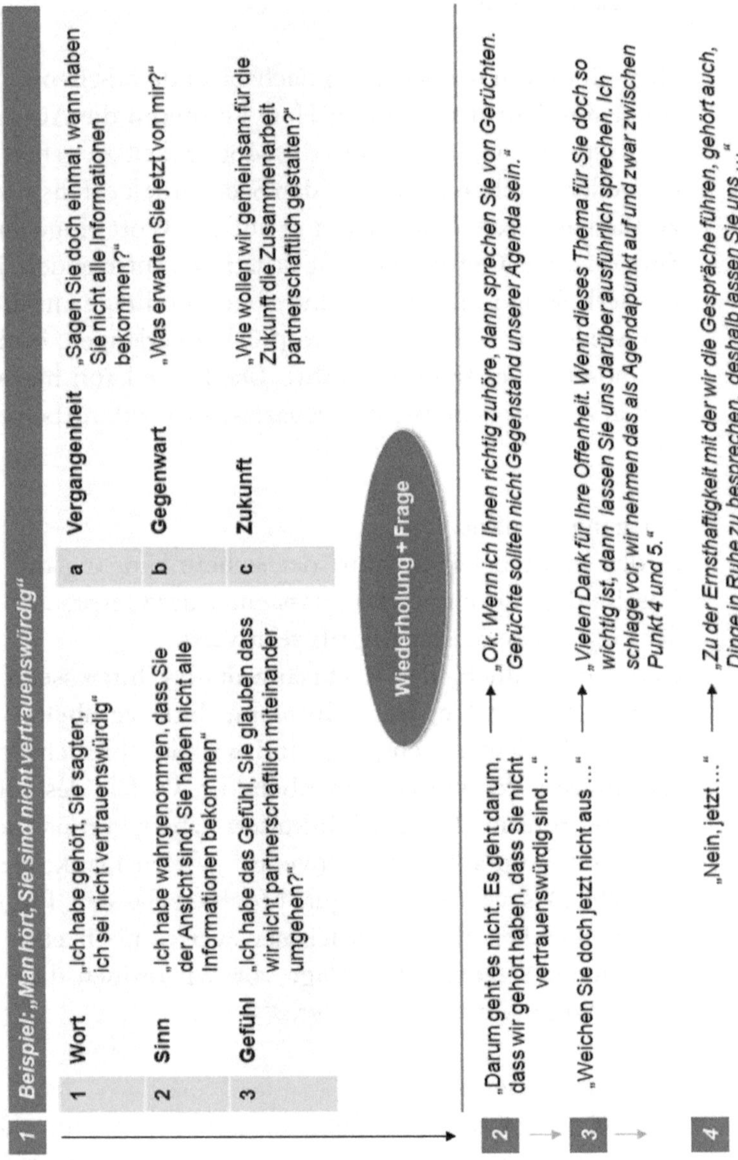

Abbildung 141
Antworttechnik bei persönlichen Angriffen

Keinesfalls darf das Thema sofort zur Sprache gebracht werden – überlassen Sie einem Menschen, der Sie angreift nicht die Hoheit über die Tagesordnung. Ein Verhandlungsteam in M&A-Transaktionen setzt sich in der Regel aus mehreren Personen zusammen. In der überwiegenden Anzahl der Fälle ist es nicht notwendig, die gesamten Eskalationsstufen zu besteigen. In der Regel lenkt einer der Verhandlungsteilnehmer ein und verdichtet die Diskussion auf das dahinterliegende Motiv. Gibt es keine Beruhigung der Situation, ist die Verhandlung zu unterbrechen und teamintern über den Abbruch an diesem Tage zu diskutieren. Die Art und Weise des richtigen Abbruchs wird später noch erläutert.

Ein sehr häufig in Verhandlungen angewandtes Mittel sind Drohungen. Drohungen werden in jeder Form ausgesprochen. Einige Beispiele:

- „Wenn Sie uns nicht mit der De-minimis-Regelung entgegenkommen, scheitert der Deal."
- „Bestehen Sie weiterhin auf einen Earn-out, brechen wir unsere Gespräche ab."
- „Wir haben noch andere Opportunitäten. Wenn Sie uns nicht mit einem Verkäuferdarlehen entgegenkommen und damit ins Risiko gehen, verlassen wir den Verhandlungstisch."
- „Wenn Sie diese Garantie nicht streichen, werden wir die Verhandlungen abbrechen."

Diese Drohungen sind oftmals nicht wirklich ein ernsthafter Ausdruck eines Erreichens der ZOPA-Grenze. Vielmehr handelt es sich hier um ein falsch verstandenes, letztes Mittel der Argumentation, um die Verhandlungsposition durchzusetzen.

Drohungen haben immer nur dann einen Sinn und einen Zweck, wenn der Drohende wirklich bereit ist, diese Drohung auch durchzusetzen. Setze ich die Drohung nicht um, laufe ich Gefahr, dass alle weiteren Drohungen bzw. Ankündigungen mit Konsequenzen aus Sicht des Verhandlungspartners nicht mehr vollends ernstgenommen werden.

Um dennoch in Verhandlungssituation bestimmten Forderungen Nachdruck zu verleihen bzw. den Ernst einer Situation deutlich zu erklären, eignen sich statt Drohungen einfache Warnungen.

Der feine Unterschied liegt darin, dass bei einer Warnung bestimmte Sachverhalte aufgezeigt und deren Konsequenzen im Konjunktiv dargestellt werden.

Fallbeispiel

„Bitte versetzen Sie sich in unsere Lage. Wenn wir weiterhin mit Ihrer Forderung dieser Garantie konfrontiert wären, und Sie diese Position als unabdingbar darstellen würden, müssten wir uns überlegen, ob die Grundlage einer kooperativen Verhandlung noch gegeben wäre. Für uns ist dieser Garantiepunkt im Gesamtkontext von zentraler Bedeutung. Wir müssten ohne ihn tatsächlich unsere gesamte Verhandlungssituation überdenken, und ich kann mir zum jetzigen Zeitpunkt nicht vorstellen, wie wir unter diesen Umständen und unter diesen Bedingungen zu einer kooperativen und erfolgversprechenden Verhandlungssituation zurückkehren könnten."

Der Verhandlungspartner reagiert erzürnt: „Wollen Sie mir etwa drohen?"

„Da haben Sie mich missverstanden. Ich möchte Ihnen die Konsequenzen aufzeigen, die sich für uns stellen würden, wenn Sie weiter bei Ihrer Verhandlungsposition bleiben."

Wie man hier sieht, macht die Rhetorik doch einen deutlichen Unterschied zwischen Drohung und Warnung. Während bei der Drohung eine unmissverständlich „Take-it-or leave-it-Mentalität" entsteht, zeigt die zweite Variante an vielen

Stellen Rückzugspositionen auf, ohne dass die Wichtigkeit dieser Warnung an Wirkung verlieren würde.

Drohungen sind ein unmissverständliches Zeichen einer kompetitiven Strategie. Auch dort ist dieses Instrument der Verhandlung nur dann angebracht, wenn man auch in der Lage und bereit ist, die Drohung in die Tat umzusetzen. Nichts schwächt die eigene Verhandlungsposition so sehr, wie eine nicht umgesetzte Drohung oder Sanktion. Die Glaubwürdigkeit als Grundvoraussetzung für weitere Verhandlungen schwindet.

Wenn Ihnen ein Verhandlungspartner droht und Sie sicher sein können, dass er die Drohung nicht in die Tat umsetzen kann, gibt es zwei Möglichkeiten. Sie können ihn ins Leere laufen lassen und alle Teilnehmer der Verhandlung nehmen wahr, dass Ihr Gegenüber nur geblufft hat. Damit wäre seine Glaubwürdigkeit verloren. Es wäre unsicher, ob Sie die Verhandlung überhaupt noch zu Ende führen können, zumal ein solcher Glaubwürdigkeitsverlust bei bedeutenden Verhandlungspunkten einem Gesichtsverlust gleichkommt. Was können Sie tun, wenn Sie einerseits nicht auf die Drohung reagieren, jedoch dem Verhandlungspartner nicht das Gesicht nehmen wollen? Sie könnten die Drohung umdeuten und abschwächen. In einem der vorherigen Kapitel zum Thema Umgang mit Emotionen hatten wir bereits dieses wirksame Mittel beschrieben.

Fallbeispiel:

„Wenn Sie als Kaufinteressent nicht den gesamten, vereinbarten Preis nach Vertragsunterzeichnung überweisen, werde ich den fixen Kaufpreis eben erhöhen."

> „Wenn ich Sie richtig verstehe, haben Sie gegen die grundsätzliche Variante einer fixen und einer variablen Bezahlung des Kaufpreises keine Einwände. Ihnen ist jedoch die Aufteilung der Beträge wichtig. Was halten Sie davon, wenn wir …“

Eine solche Formulierung schwächt die Drohung ab. Sie ist aber nur wirksam, wenn Sie auch hier der Warnung eine Frage folgen lassen. Dies ermöglicht Ihrem Verhandlungspartner auf die Frage zu antworten, ohne seine eigene, mit der Drohung klar zum Ausdruck gebrachte Position relativieren zu müssen.

Internationale Aspekte:

In diesem Zusammenhang ist auch die Interpretation der Körpersprache ein wichtiges Instrument zur Einschätzung der Bedeutung von aggressivem Verhalten. Nachdem die Körpersprache vor allem in den 70er Jahren Anlass zu vielerlei Interpretationen gegeben hat, sind geschickte und gut ausgebildete Verhandler eher in der Lage mit der Körpersprache bestimmte Eigenschaften zu kommunizieren, als dass diese Aufschluss über den Gemütszustand des Verhandlers gibt.

Während früher bestimmte Verhaltensweisen, wie z.B. das Zurücklehnen oder Verschränken der Arme als Ablehnung des Gesagten interpretiert wurde, bin ich der Auffassung, solche Deutungen sind eher im Alltäglichen anzuwenden, denn in Verhandlungssituationen mit gut ausgebildeten Menschen. Gleichwohl ist es aus der Veränderung der Körperhaltung/-sprache durchaus möglich, Rückschlüsse über dem Gemütszustand des Verhandlungspartners zu ziehen. Allerdings ist bei internationalen Verhandlungen zu beachten, dass es unterschiedliche körpersprachliche Ausprägungen in den unterschiedlichen Kulturkreisen gibt.

Dies beginnt bei den unterschiedlichen Abstands- bzw. Intimitätszonen:

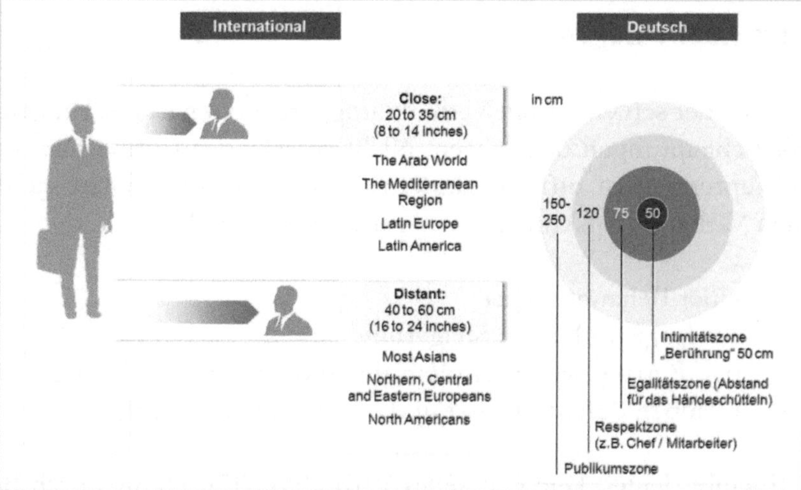

Abbildung 142
Abstandszonen International und in Deutschland[127]

Dementsprechend sind auch Berührungen und unerbetene Umarmungen, die man bspw. in Deutschland eher als aggressives, aufdringliches Verhalten interpretieren würde in anderen Ländern eher dem unterschiedlichen Verständnis der Körpersprache geschuldet.

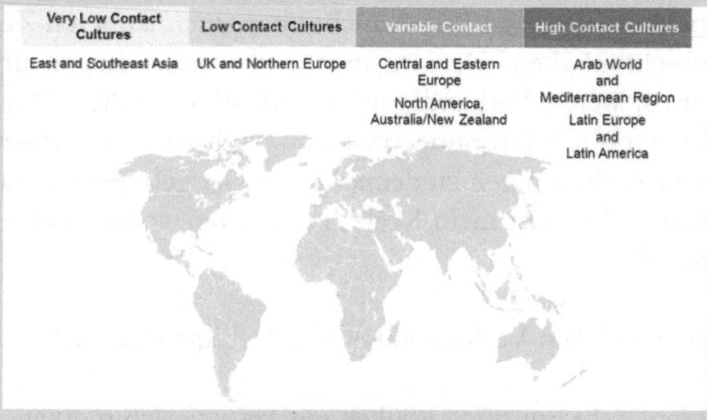

Abbildung 143
International variierende Körpersprachen[128]

127 Siehe hierzu (Frege, Michael C., 2008), Seite 44; (Gesteland, 2012), Seite 79
128 (Gesteland, 2012), Seite 80

4.2.8.3.2.2.4 Lügen

Eine der schwierigsten Verhandlungssituationen ist der Umgang mit Behauptungen und Lügen. Nicht so sehr das Entkräften von Behauptungen ist diffizil, sondern die Rückkehr zu einem sachlichen Verhandlungsklima. Die negative Steigerung

- einer Behauptung ist
- die Lüge und deren Steigerung
- der Betrug, wenn nämlich die andere Partei sich in gutem Glauben darauf verlässt und einen Schaden erleidet.

Es gibt (leider) kein generelles Verbot von Täuschung durch Behauptung oder Lügen in Verhandlungen. In vielen Fällen versuchen Verhandlungsteilnehmer durch Behauptungen, ihre Positionen zu untermauern und damit bessere Argumente für deren Durchsetzung zu erlangen. Sind Sie in einer Situation, in der Sie annehmen, belogen zu werden, sollten Sie zunächst den Sachverhalt genau hinterfragen. Sind die der Lüge zugrundeliegenden relevanten Parameter bedeutend, ist die Schriftlichkeit der behaupteten Lüge zu fordern.

In vielen Fällen sind Lügen nicht über einen längeren Zeitraum hin aufrechtzuhalten. Dementsprechend werden Lügen in vielen Fällen im späteren Verhandlungsverlauf offensichtlich. Wie schon beim Umgang mit Drohungen ist es – auch wenn es schwerfällt – nicht ratsam, denjenigen zu demaskieren, der gelogen hat. Das Ziel einer Verhandlung ist nicht Recht zu behalten, sondern einen Deal abzuschließen.

Für den eigenen Verhandlungsstil gilt: Lügen Sie nie!

Wer lügt geht unnötige Risiken ein, müsste sich merken, an welchen Stellen er wen belogen hat, wie diese Lügen aufrecht erhalten werden können und wie man zu einem normalen Verhältnis zurückfinden kann, wenn die Lüge offensichtlich wird. Oftmals braucht man zum Aufbau eines Rufs als fairer und geschätzter Verhandlungspartner jahrelang und kann dies durch eine Lüge innerhalb von Minuten irreparabel zerstören.

4.2.8.3.3 Abschluss- bzw. Einigungs- oder Abbruchphase

Das Ziel eines M&A-Prozesses ist der Vertragsabschluss und damit die Grundlage für die Umsetzung einer wertorientierten Unternehmenstransaktion. Wenn alle Parameter besprochen und nur noch wenige Punkte offen sind, in denen es sich zu einigen gilt, ist das Ziel eines Signings und anschließenden Closings der Transaktion in greifbarer Nähe.

In dieser Phase herrscht oft Unsicherheit darüber, wie man den „Sack zumacht" und die Transaktion abschließt. Das Spannungsfeld zwischen der Ausübung des Abschlussdrucks einerseits und andererseits der die Transaktion gefährdenden Situation, den Verhandlungspartner damit in die Ecke zu drängen, ist offensichtlich. Menschen, die bildlich gesprochen in die Ecke gedrängt werden, gehen dort meist heraus, unabhängig wer ihnen – um im Bilde zu bleiben – im Wege steht.

Typische Fehlerquellen, die einen guten Deal in einen schlechten verwandeln oder ihn in der finalen Phase noch zum Scheitern bringen können sind:

1. Zu schnelle Einigung auf die letzten, unklaren Punkte nach dem Reziprozitätsgrundsatz, ohne Berücksichtigung der echten wirtschaftlichen Auswirkungen. Suboptimale Ergebnisse werden keinem Ergebnis vorgezogen.
2. Übermäßiges Vertrauen auf den Verhandlungspartner bei fehlender, vollständiger Information.
3. Unvollständiges Verstehen der eigenen Position bei sich kurzfristig ändernden Rahmenbedingungen.
4. Abbrechen der Verhandlung durch Akzeptieren der unvollständigen Information als Dealbreaker.

In der finalen Phase ist bei allen Verhandlungsteilnehmern der Stresslevel mindestens so hoch, wie zu Beginn der Verhandlung – oftmals ist er sogar höher. Hier ist es notwendig, die Instrumente des Stressmanagements, die ich bereits im Teil A des Buches beschrieben habe, zu nutzen (wie z.B. durch gezielte Pausen) und damit das Stressniveau zu senken.

In vielen Fällen hat man sich in dieser Phase auf die meisten Punkte geeinigt. Es stehen dennoch Parameter aus, die einer abschließenden Einigung bedürfen. Sei es, weil man diese Punkte ausgeklammert hat oder aber eine der Parteien am Ende der Verhandlung noch einmal das „Verhandlungsfass" geöffnet hat. Oftmals stellt der Verhandlungspartner noch einmal eine letzte Forderung. Hier gilt es kühlen Kopf zu bewahren und nicht auf einen weiteren Effekt menschlicher Wahrnehmungsverzerrung hereinzufallen, nämlich den sog. Over-Commitment-Effekt.

Unter Over-Commitment-Effekt versteht man die menschliche Tendenz nicht aufzugeben, je mehr Energie man in etwas investiert hat. Dieser Effekt bewirkt zusammen mit der bereits mehrfach beschriebenen Verlustangst (loss aversion) eine Situation, die dazu verführen kann, in den letzten Minuten einer Verhandlung wirtschaftlich unvernünftige Entscheidungen zugunsten des Abschlusses einzugehen.

In dieser Phase ist Besonnenheit einer der wichtigsten Faktoren. Ein bekannter Rechtsanwalt fasste treffend zusammen: „Es haben sich seit jeher mehr Menschen um Kopf und Kragen geredet, als um Kopf und Kragen geschwiegen." In dieser Phase ist es wichtig, Worte und Argumente eindeutig zu formulieren und sorgfältig abzuwägen.

Wenn Sie bereit sind, bei diesem Punkt um des Abschlusses Willen nachzugeben, dann sollten Sie dies auch so formulieren:

Fallbeispiel:

„Gesetzt den Fall, Herr Dr. Adams, wir würden uns bei diesem Punkt auf Ihren Vorschlag einigen, sind wir dann mit dem Vertrag durch und er ist endgültig unterschriftsreif?"

„Verstehe ich Sie richtig, wenn wir an diesem Punkt Ihrer Forderung nachgeben, haben wir einen endverhandelten und unterschriftsreifen Vertrag? Haben wir einen Deal?"

4.2.8.3.3.1 Die ZOPA testen – Die Transaktion in die Sackgasse führen

Sollten Sie die vorgebrachte Forderung nicht akzeptieren wollen bzw. durch weitere inakzeptable Forderungen durch den Verhandlungspartner versucht werden, am Ende doch noch erhebliche Veränderungen der Transaktion vorzunehmen, so ist dies das Ende der integrativen Verhandlung. An dieser Stelle der Verhandlungen sollten Sie nicht mehr nachgeben und auch keine Zugeständnisse mehr anbieten.

Schweigen hilft in vielen Fällen das Ende der Verhandlungsbereitschaft aufzuzeigen. Viele Menschen halten das Schweigen des Gegenübers nicht aus und lenken wieder ein.

Die nachstehende Matrix setzt die Beziehung zwischen den Parteien in das Verhältnis der eingebrachten Forderung.

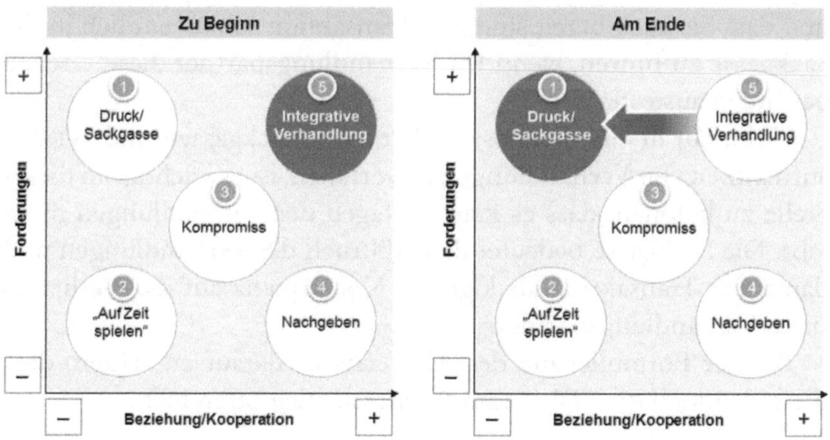

Abbildung 144
Das Verhältnis von Beziehung der Verhandlungspartner und eingebrachten Forderungen auf die Verhandlungstaktik bzw. -stil

Wenn eine Einigung nicht mehr möglich erscheint und damit das Ende der integrativen, kooperativen Verhandlung evident ist, ist die Strategie zu wechseln. Der Druck ist zu erhöhen, um bewusst die Transaktion in die Sackgasse zu führen[129]. Hier gibt es keinen Spielraum mehr. Alle Argumente sind ausgetauscht und im Rahmen der Kaufpreisbemessung und des Garantiekataloges wirtschaftlich bewertet. In dieser Situation ist es zweckmäßig, sich an das beschriebene Phänomen der Autohändler zu erinnern, die den niedrigsten Festpreis angeboten hatten und dabei erfahren mussten, dass die Kunden nicht mehr bereit waren, bei ihnen zu kaufen. Diese Kunden waren erst wieder zufrieden, nachdem sie im Verhandlungsvorgang Erfolg hatten und feststellten, die Untergrenze durch ihr eigenes Verhandlungsgeschick erreicht zu haben. Ähnlich verhält es sich bei vielen M&A-Transaktionen an diesem Punkt.

Über das Erreichen des Reservation Price Ihres Verhandlungspartners können Sie sich nur sicher sein, wenn dieser die Verhandlungen abbricht und Sie dementsprechend wissen, die ZOPA mit Ihrer letzten Forderung nunmehr geschlossen zu haben.

Entscheidend bei wichtigen Verhandlungen ist, dass Sie selbst auf diese Situation vorbereitet sind, diesen Punkt – sofern notwendig – aktiv bei Ihrem kompetitiven Verhandlungspartner suchen und dass Sie auch bereit sind, die Transaktion schlussendlich in die Sackgasse zu führen, wenn Ihr Verhandlungspartner diese Grenze bei Ihnen austestet.

Um nicht in eine Endlosspirale ewiger Sackgassen und Wiederaufnahmen von Verhandlungen zu verfallen, ist es wichtig, an dieser Stelle zu betonen, dass es kein Vertagen der Verhandlungen mehr gibt. Die Sackgasse bedeutet den Abbruch der Verhandlungen und damit der Transaktion als logische Konsequenz auf das Verhalten Ihres Verhandlungspartners.

Bei der Formulierung des Abbruchs ist darauf zu achten, dass diese dennoch die „Tür“ zum Wiedereinstieg offen hält.

---

129 (Schranner, Matthias, 2009), Seite 190

Hierfür gibt es eine klare Sprachregelung:[130]

1. Zusammenfassung der Gemeinsamkeiten und Dank für die Verhandlung
2. Hinweis, dass
   - aus Ihrer Sicht
   - am heutigen Tag
   - unter diesen Umständen eine Einigung nur schwer vorstellbar ist
3. Verabschiedung

Viele Verhandler tragen dies vor und schauen nach der Verabschiedung sehnsüchtig und abschlussgetrieben zur Gegenseite. Dies weicht die Sackgasse auf und ebnet den Weg für Zugeständnisse in letzter Sekunde. Seien Sie konsequent und packen Sie Ihre Unterlagen nach der Verabschiedung ein. Verlassen Sie den Verhandlungsort, es sei denn, Ihr Gegenüber zeigt sich nunmehr tatsächlich abschlussbereit.

Die oben genannten Punkte geben Ihnen die Chance, schon nach wenigen Stunden die Verhandlung mit dem Hinweis, Sie hätten z.B. mit dem Decision Maker noch einmal gesprochen und dieser hätte Ihnen seine differenzierte Sichtweise mitgeteilt, wieder zu öffnen.In dieser Phase wird deutlich, wer den Deal am meisten braucht, nämlich derjenige, der sich zuerst wieder meldet und durch eine der „Türen" wieder in die Verhandlung eintritt.

4.2.8.3.3.2 Goldene Brücken bauen

Den Wiedereinstieg sollten Sie mit der Errichtung einer sog. goldenen Brücke zum Abschluss der Transaktion nutzen, nach dem Motto des chinesischen Feldherrn Sun Tsu „Einem fliehenden Feind soll man goldene Brücken bauen."[131]

130 (Schranner, Matthias, 2009), Seite 192

131 (Tsu, 1989), Seite 55. Eine Übersetzung der zahlreichen Übersetzungen des 2000 Jahre alten Originaltextes lautet: „Wenn du eine feindliche Armee umzingelt hast, laß ihr auf jeden Fall einen Ausweg offen. Schneide einem fliehenden Feind nie den Weg ab."

Eine goldene Brücke ist die Möglichkeit für den Verhandlungspartner ohne Gesichtsverlust die Verhandlung wieder aufzunehmen und zum Abschluss zu führen. Beim Einsatz dieses gedanklichen Instruments ist darauf zu achten, dass diese Brücke – um im Bilde zu bleiben – möglichst klar erkennbar, aber sehr schmal ist und keine Ausflüchte nach links oder rechts möglich macht. Der Verhandlungspartner braucht klare Anweisungen, wie die Transaktion zum Abschluss zu führen ist. Um ihm die Möglichkeit zu geben, auch über die Brücke gehen zu können, müssen Sie Konditionen anbieten oder einen Grund schaffen, der es Ihrem Verhandlungspartner ermöglicht, sich selbst und anderen gegenüber, diesen Schritt zu rechtfertigen.

Die US-amerikanische Psychologin Ellen Langer führte ein Experiment mit Studenten an einem Kopierer in der Universitätsbibliothek von Harvard durch. Sie bat einen Studenten sich nicht in der langen Schlange anzustellen, sondern sich nach vorne zu begeben und dort mit dem Hinweis „Entschuldigen Sie bitte. Ich habe fünf Seiten. Darf ich an den Kopierer" Vorrang zu erbitten. 60% der Studenten gewährten ihm das. Dieser Prozentsatz stieg auf 94%, wenn er seine Bitte mit dem Hinweis „...weil ich in Eile bin" begründete. Soweit – so gut. Interessant wird das Experiment – und für unsere Überlegungen zur goldenen Brücke eminent wichtig – erst, in der dritten Variante: Hier fragte der Student: „Entschuldigen Sie bitte, ich habe fünf Seiten. Darf ich an den Kopierer, weil ich ein paar Kopien machen muss?" 93% der Befragten ließen ihn gewähren. Der Verhandlungsexperte Jack Nasher fasst zusammen: „Der Grund selbst ist also gar nicht so entscheidend, es genügt das Gefühl, dass es einen Grund gibt als Rechtfertigung vor sich selbst und vor anderen."[132]

Eine goldene Brücke muss nicht immer ein weiteres Zugeständnis enthalten. Sie können auch Ihre Argumente in einer anderen Art und mit kleinen Veränderungen präsentieren und damit Ihrem Verhandlungspartner die Chance geben, diese nunmehr zu verstehen und ihr zuzustimmen.

132 (Nasher, 2013), Seite 204

Wenn Ihr Verhandlungspartner zögert, können Sie als Ultima Ratio ein finales Zugeständnis machen. Dies sollten Sie jedoch immer mit einer Annahmefrist versehen. Dies ist der einzige Umstand, bei dem die Etablierung einer finalen Deadline Sinn macht.

Natürlich gibt es Situationen, in denen sich der Verhandlungspartner auch hierauf nicht einlässt. Der Deal scheitert.

Beschreitet Ihr Verhandlungspartner jedoch die von Ihnen errichtete goldene Brücke, ist Siegerlächeln und Triumphgeschrei fehl am Platz. Bleiben Sie bescheiden und zurückhaltend. Gratulieren Sie ihm zu seinem harten Verhandlungsstil und dem Erfolg, der letztendlich über das hinausging, was Sie eigentlich erreichen wollten. Dies gilt auch umgekehrt, wenn Ihr Verhandlungspartner Ihnen eine solche Brücke zum Abschluss baut.

Fallbeispiel:

Der Unternehmer Herr Machich und sein M&A-Berater Gutmann sind in der Endverhandlung über den Verkauf des Unternehmens Machich-Werke GmbH. Der Kaufinteressent Herr Willich und seine Berater bringen überraschend eine neue Forderung ein: Ein relevanter Teil des Kaufpreises soll erst bei Fertigstellung einer für das Unternehmen wesentlichen laufenden Entwicklungsarbeit entrichtet werden.

Nach reger aber festgefahrener Diskussion zu diesem Punkt ziehen Herr Machich und sein Berater die Konsequenz: „Wir verstehen zwar, dass dieses Projekt von außerordentlicher Wichtigkeit für Sie ist, allerdings haben wir auf die Fortführung der Entwicklung nach dem Übergang auf Sie ja keinerlei Einfluss mehr. Aus unserer Sicht ist dies daher kein gangbarer Weg für uns und wir sehen zum jetzigen Zeitpunkt nicht, wie wir unsere Verhandlung unter diesen Umständen noch zu einem guten Ende führen könnten." Herr Machich und sein Berater verabschieden sich und verlassen die Verhandlung.

Einige Tage später tritt Herr Machich mit Herrn Willich in Kontakt: „Ich habe nochmal über Ihre Forderung nachge-

dacht. Nachdem wir hinsichtlich des Kaufpreises und der schwierigen Umweltthematik nun Lösungen gefunden haben und ein Erwerb der Machich-Werke durch die Willich-Gruppe wirklich sensationell Ihre Marktposition stärken würde, sollten wir doch hier eine Lösung finden. Unser technischer Leiter hat sich bereit erklärt, einen Statusbericht über das Projekt zu fertigen und ich biete Ihnen an, die technische Zeichnung des Prototyps als Anlage dem Kaufvertrag beizufügen. Das gibt Ihnen maximale Sicherheit hinsichtlich der Fertigstellung des Projektes und sollte Ihre Anforderung erfüllen."
Nach kurzer Beratung mit seinem Verhandlungsteam treffen sich die Parteien und schließen den Vertrag auf dieser Basis ab.

4.3 Pre-Closing Phase

4.3.1 Das Signing und das Verhalten zwischen Signing und Closing

Das Signing eines Kaufvertrages über den Erwerb von Gesellschaftsanteilen ist die schuldrechtliche Einigung der Vertragsparteien, die später beim Closing durch den eigentlichen Übertragungsakt dinglich vollzogen wird.

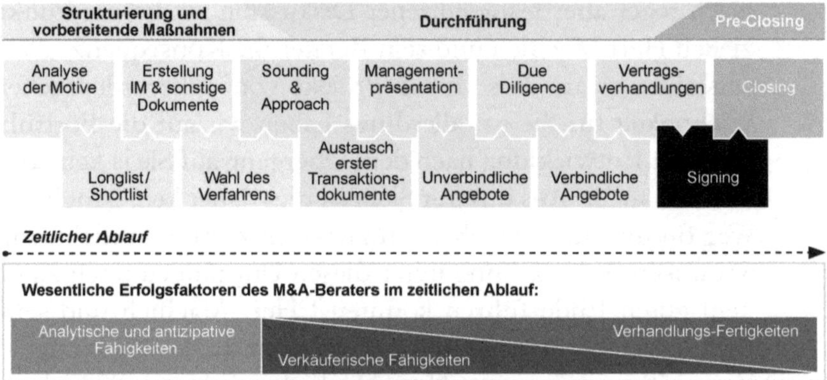

Abbildung 145
Das Signing im M&A-Prozessablauf

Auch in deutschsprachigen Verträgen haben sich die Begriffe Signing und Closing mittlerweile durchgesetzt. In vielen Fällen gibt es zum dinglichen Vollzug der Transaktion eine Reihe von Closing-Voraussetzungen zu erfüllen. Beispielhaft seien hier genannt:

- die Zahlung des Kaufpreises
- die Zustimmung der Gesellschafterversammlung bei der Veräußerung von Gesellschaftsanteilen bei Bestehen weiterer Gesellschafter
- Anmeldung des Zusammenschlusses bei den relevanten Wettbewerbsbehörden
- Freigabe grundpfandrechtlicher Besicherungen usw.
- Inventur zur Bestimmung des Wertes des Vorratsvermögens am Übertragungsstichtag
- bei Distressed-Transaktionen: Umsetzung von Restrukturierungsmaßnahmen vor Übertragung

Aber: Beim Signing eines Vertrages ist die Transaktion noch lange nicht in trockenen Tüchern. Gerade in dieser Phase darf die Anspannung bei den Beratern nicht abfallen. Darüber hinaus erlebt man auch in dieser Phase ein Nachverhandeln an der ein oder anderen Stelle, z.B. bei der Bewertung des Umlaufvermögens. In dieser Phase gilt es, ebenfalls einen kühlen Kopf zu bewahren. Es ist emotionslos an der Umsetzung der Closing-Bedingungen (englisch: closing conditions) zu arbeiten.

Häufig werden in Kaufverträgen sog. MAC-Klauseln vereinbart. Diese Material-Adverse-Change-Klauseln dienen zum Schutz des Käufers. Hier sollen zukünftige, nicht vorhersehbare Umstände allgemeiner wirtschaftlicher Natur (sog. Force Majeure MAC) oder auch unternehmensinterne Risiken (sog. Business MAC[133]) oder drastische Veränderungen des Kapitalmarktumfeldes (sog. Capital Market MAC[134]) definiert werden, die es bei Eintritt der kaufenden Partei ermöglicht, von der Transaktion zurückzutreten. Es handelt sich hierbei um vertragliche Einzelfallregelungen, bei denen die

133 (Hölters, 2010), Seite 1403

134 (Van Kann, 2009), Seite 50

Verhandlungspartner in der Definition frei sind. Dementsprechend hart wird um MAC-Klauseln gerungen.

Je nach Ausgestaltung dieser MAC-Klauseln ist zwischen Signing und Closing darauf zu achten, dass es nicht zu einer Situation kommt in der diese MAC-Klausel greifen könnte und der Kaufinteressent entweder von der Transaktion zurücktritt oder – was eher der Praxis entspricht – die wirtschaftlichen Konditionen des Vertrages nachverhandelt.

In Situationen, in denen nach dem Signing aber vor dem Closing erhebliche Garantiefälle eintreten und diese einen beträchtlichen Umfang ausmachen, kann es Konstellationen geben, in denen eine MAC-Klausel mit entsprechenden Regelungen angibt, dass es dem Käufer nicht mehr zumutbar ist, das Unternehmen zu übernehmen. In diesen Fällen kann ein Streit vorprogrammiert sein, sodass es sich empfiehlt, auch gleich eine Streitschlichtungsinstanz in Form eines Schiedsgerichtes im Vertrag vorzusehen. In manchen Verträgen wird sogar ein sog. „Fast-Track-Arbitration"-Verfahren geregelt, um zu einer schnellen Entscheidung zu gelangen.

All diese Regelungen zeigen, dass man keinesfalls bereits mit Unterschrift der Parteien unter dem Vertrag zum Abschluss der Transaktion gelangt ist. Insbesondere wenn der Käufer im Unternehmen nach Signing bereits tätig ist, kann es zu Überraschungen aus Sicht des Käufers kommen. Die Braut ist doch nicht so hübsch, wie ursprünglich gedacht, Synergien lassen sich nicht so leicht heben, wie erwartet und die Integrationskosten übersteigen das Budget. In diesen Fällen ist die Wachsamkeit der Berater des Verkäufers gefragt, um das Closing der Transaktion nicht über die oben genannten Ausstiegsklauseln zu riskieren.

Aus Käufersicht gibt es ebenfalls eine Reihe von Punkten, die es zu beachten gilt. Rechtlich ist das Unternehmen vor dem Closing noch im Eigentum des Verkäufers. Der Käufer wird aber schon mit Argusaugen darauf achten, dass er keine wesentliche Verschlechterung oder gar mutwillige Veränderung des gekauften Unternehmens erlebt. In vielen Fällen bedingen sich Kaufinteressenten im Kaufvertrag bereits Informations- und Zustimmungsrechte – sofern hier keine kartellrechtlichen Besonderheiten dagegen sprechen

– und müssen deren Einhaltung in der Zeit zwischen Signing und Closing überwachen. Der Verhandlung dieser Klauseln kann hier u.U. eine erhebliche Bedeutung zukommen.

4.3.2 Das Closing und Post-Closing-Verhalten

Am Closing-Tag werden die im Vertrag genannten Bedingungen vollzogen.

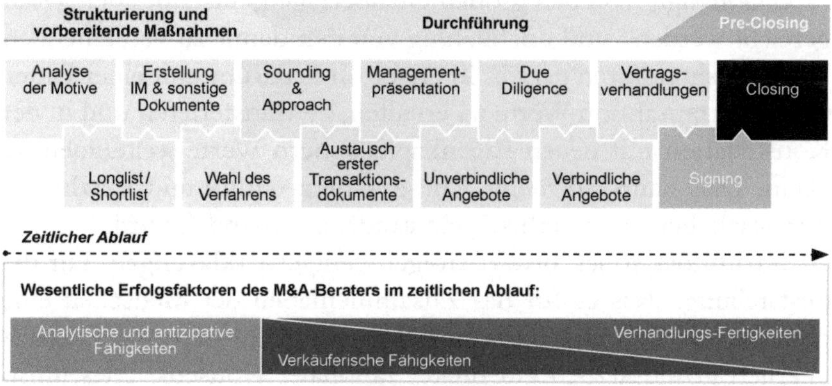

Abbildung 146
Das Closing im M&A-Prozessablauf

Der Kaufpreis wird gezahlt, die Vertreter der Kontrollorgane legen beispielsweise ihre Ämter nieder (z.B. Rücktritt des geschäftsführenden Gesellschafters einer GmbH) und gegebenenfalls bestätigen die Parteien, dass kein MAC-Fall vorliegt und der Vertrag hiermit vollzogen werden kann.

Auch nach dem Closing gilt: Kein Siegesgeschrei. Freude über den Vollzug ist angebracht und das übliche Closing-Dinner unterstreicht den mühsamen Weg, den man gemeinsam erfolgreich gegangen ist. Beim Closing-Dinner sollten die Berater es tunlichst unterlassen, sich im Nachhinein über die Wettbewerbsintensität des M&A-Prozesses zu unterhalten. Aussagen in Bierlaune, wie beispielsweise die des Käufers: „Ich hätte auch noch mehr bezahlt“ führen zu Provokationen, die kurz- und mittelfristig zu Konflikten führen können.

5. Ethik in Verhandlungen

Gerade die am Ende des letzten Abschnitts dargestellten Äußerungen dokumentieren einen aus meiner Sicht wichtigen Faktor in M&A-Transaktionen. Unternehmen sind keine Handelsgegenstände wie jeder andere. Und M&A-Transaktionen sind keine Spiele.

Unabhängig von den großen Geldbeträgen, die „über den Tisch gereicht werden" und unabhängig von den damit zu verdienenden Beratungshonoraren geht es in erster Linie darum, mit einer Unternehmenstransaktion Werte zu erhalten, zu transferieren und in der Konstellation mit neuen Eigenkapitalgebern Werte weiterzuentwickeln. Dies kann, so meine These, Überzeugung und Erfahrung, nur geschehen, wenn ethisch einwandfrei verhandelt wird.

Warum das so ist, bedarf einiger weniger Erklärungen: Für die Feststellung, dass es für das Zusammenleben der Menschen eine gemeinsame ethische Basis braucht, besteht heute ohne Frage sicherlich grundsätzlich ein breiter rationaler Konsens. Dies umso mehr, als mehr „Ethik" angesichts der diversen Krisen der letzten Jahre immer häufiger für die Ökonomie gefordert wird. Allerdings gilt auch, dass man Ethik nicht nur von anderen, sondern auch von sich selbst fordern sollte. Das ist nicht immer einfach. In vielen Fällen droht diese Forderung zu einem mehr oder weniger vagen Platzhalter für das zu werden, was man eigentlich tun sollte – aber im Einzelfall aus einem scheinbar guten Grund just in dieser speziellen Verhandlungssituation nicht tun zu können glaubt: Weil man sonst seine eigenen Interessen verraten würde. Aufgrund dieser Denkweise hört man oft Sätze wie: „Ich weiß ja, dass mein Verhalten nicht richtig ist, aber in diesem Fall geht es nicht anders." Aussagen wie diese sind sicherlich für jeden nachvollziehbar. Man rationalisiert die Abweichung vom eigentlich vorhandenen ethischen Bewusstsein mit einem kleinen „schlechten Gewissen" als eine Art Feigenblatt, das dazu dient, eine gewisse Blöße zu verdecken. Auch das ist verständlich – geht aber an einer wichtigen und im Grunde einfachen Regel vorbei:

Ethik als Grundlage des gesellschaftlichen Zusammenlebens beschäftigt sich gar nicht mit der Frage nach gut oder böse, sondern schlicht mit der Frage nach richtig oder falsch, zielführend oder nicht zielführend.

Man könnte durchaus auch sagen, dass sich Ethik im Grunde schon seit jeher mit einer einfachen gesellschaftlichen Frage „Was ist für alle Beteiligten – also auch für einen selbst – am ehesten hilfreich oder eben nicht hilfreich?" beschäftigt.

Diese einfache Frage folgt bei genauerer Betrachtung einer einfachen ökonomischen Logik: Wenn es für jeden nur darum geht, für sich selbst den größten Vorteil herauszuholen, wird der Gewinn des einen immer nur der Verlust des anderen sein können. Das klassische Nullsummenspiel, über das ich in diesem Buch schon an vielen Stellen gesprochen habe.

Deshalb sollten ethische Erwägungen, ethisches Denken und Verhalten nicht als eine Art nettes Add-on zum eigentlichen Ziel, sondern durchaus auch als Ausdruck einer gesunden egoistischen Logik betrachtet werden: Ich erreiche für mich selbst am meisten, wenn ich über den anderen nachdenke – und mich in diesem Sinne entsprechend verhalte.

Nicht ohne Grund ist die einfache Regel „do ut des – ich gebe, damit Du gibst" – auch in der juristischen Sprache fest verankert. Das Freigeben von Informationen oder Handlungen Zug um Zug ist Spiegel der Tatsache, dass wir ohne den anderen nicht sehr weit kommen werden.

Ethisches oder für alle Beteiligten hilfreiches Verhalten sieht deshalb schlicht die Interessen des Gegenübers und trachtet danach, sie mit den eigenen auf eine Weise zu synchronisieren, die für beide gut ist. Im Ergebnis hieße Ethik gerade in der M&A-Verhandlung dann schlicht so viel, wie: Der Kuchen wächst. In diesem Sinne ist Ethik gerade in M&A-Verhandlungen eben keine Gesinnung, sondern die gesunde pragmatische Basis für den Erfolg. Das schöne daran: Ethisches Verhandeln mit Leben zu füllen ist nicht schwer.

Man muss nur einigen Grundregeln für ethisches und wertorientiertes Verhandeln folgen:

- Niemals lügen
- Bauen Sie Vertrauen auf, wenn Sie nicht verhandeln
- Immer höflich: Hart in der Sache, fair zu den Menschen
- Beginnen Sie Verhandlungen stets kooperativ
- Seien Sie präpariert, Ihrem Verhandlungspartner bei einem kompetitiven Verhandlungsstil schnell und unmissverständlich seine Grenzen zu zeigen
- Wechselseitige Klarheit über die Ziele und Motive des anderen schaffen – Stop guessing!
- Kein Siegesgeschrei, keine Wutausbrüche – wir leben alle gemeinsam vom Ergebnis, nicht vom Applaus, nicht vom Rechtbehalten
- Kennen Sie Ihre BATNA
- Seien Sie nicht nur gut vorbereitet, präparieren Sie sich perfekt, kennen Sie sich im Deal aus, wie kein Zweiter
- Den Fokus auf dem wachsenden Kuchen behalten

Oder um es auf eine noch einfachere Formel zu bringen: Ethisches Verhandeln gibt eine Frage auf die allfällige egoistische Antwort: „Würde ich das selber wollen?“

Wer seine Handlungsweise von dieser Frage leiten lässt und sie sich selbst stets mit einem ehrlichen Ja beantworten kann, handelt auf jeden Fall ethisch. Und er wird per Saldo seine Ziele effektiver und effizienter erreichen.

6. Ausblick

Offenheit wagen? Offenheit wagen!

Wer sich mit Interesse, Wissbegierde und hoffentlich auch mit Lust an der Lektüre durch dieses Buch durchgearbeitet hat, wird wissen: Für jeden Sachverhalt und jeden Konflikt wird die richtige Erklärung immer diejenige sein, die den Bedürfnissen und Zielen sowohl des Fragenden als auch des Antwortenden genügen kann. Das gilt sicher auch für die Frage, die mir verschiedentlich gestellt wurde: „Sie gehören eindeutig zu den führenden Spezialisten für Unternehmenstransaktionen im Mittelstand und vor allem in wirtschaftlich schwierigen Situationen. Deshalb vertrauten Ihnen Unternehmer, Banken und Insolvenzverwalter in den letzten Jahren ihre Transaktionsmandate an. Warum schreiben Sie jetzt ein Buch, in dem Sie Ihre Erfahrungen, alle Geheimnisse und Ihr Wissen aus einer Vielzahl erfolgreich abgeschlossener Verhandlungen preisgeben? Verschenken Sie da nicht einen Wettbewerbsvorteil?“

Die Antwort, die ich auf diese Frage gerne gebe, ist auf gewisse Weise die Antwort eines erfolgreichen mittelständischen Unternehmers: Für die Preisgabe und Teilhabe von Know-how gibt es immer zwei Gründe: Zum einen ist es einfach so, dass der Verrat des Wissens in diesem Fall nicht schadet. Im Gegenteil, je mehr Menschen meine Sichtweise teilen, desto mehr Transaktionen werden wir erfolgreich und auch deutlich effizienter umsetzen können. Aus dieser Sicht sage ich auch gerne: Wenn Ihnen mein Buch gefallen hat, empfehlen Sie es gerne weiter!

Zum anderen gilt: Wer sich auf seinem bisherigen Wissen ausruht, wird über kurz oder lang ein Problem bekommen. Wenn andere auf meinem heutigen Wissensstand sein werden, muss und werde ich schon wieder um viele Schritte weiter sein – werde nicht aufhören, nachzudenken, weiter zu lernen – so lautet hier die Musterantwort.

Auch ich werde nicht aufhören, meine Verhandlungstechnik zu verbessern und zu innovieren.

Diese Sichtweise bildet aus meiner Erfahrung auch den Scheidepunkt zwischen gefährdeten und zukunftssicheren Mittelständlern: Wer wirklich etwas bewegen will, muss irgendwann Offenheit wagen. Der eigentliche Schatz ist nicht das Wissen von gestern, sondern das Know-how von und für morgen.

Das Schöne daran ist, dass es wirklich funktioniert: Die intensive und tiefe Auseinandersetzung mit dem, was man selbst und was der andere braucht – in meinem Fall: Die Arbeit an diesem Buch hat auch mich schon wieder weiter gebracht. Im Grunde könnte ich schon jetzt gleich wieder von vorne anfangen, das Buch noch weiter verbessern und eine zweite Auflage schreiben. Weil ich geistig schon wieder weiter bin. Aber dann wäre das Buch ja nie in den Handel gekommen. Dennoch gilt das Versprechen: Ich werde auch in Zukunft nicht auf meinem Wissen sitzenbleiben und weiterhin die Offenheit wagen.

Viel Spaß beim Verhandeln!

Literaturverzeichnis

Acuff, Frank L. 2008. *How to Negotiate Anything with Anyone Anywhere Around the World.* New York : Amacom Verlag, 2008.

Allert & Co. GmbH. 2012. *Studie „Verhandlungskompetenz bei M&A-Transaktionen".* Mannheim : s.n., 2012.

Allert, Arnd und Seagon, Christopher. 2007. *Unternehmensverkauf in der Krise - Erfolgreiche Strategien für den Werterhalt.* Berlin, Heidelberg : Springer Verlag, 2007.

Altmann, Hans Christian. 2006. *Kunden kaufen nur von Siegern.* s.l. : Redline Verlag, 2006.

Bazerman, Max H. 2004. *Predictable surprises:the desasters you should have seen coming, and how to prevent them.* s.l. : Harvard Business School Publishing Corporation, 2004.

Bazerman, Max und Malhotra, Deepak. 2007. *Negotiation Genius.* Boston : Harvard Business School Publishing, 2007.

Berne, Eric. 1967. *Spiele der Erwachsenen - Psychologie der menschlichen Beziehungen.* s.l. : Rowolth Verlag, 1967.

Berninghaus, Siegfried K., Erhart, Karl-Martin, Güth, Werner. 2005. *Strategische Spiele - Eine Einführung in die Spieltheorie.* s.l. : SpringerVerlag, 2. Auflage, 2005.

Berninghaus, Siegfried, Ehrhart, Karl-Martin und Guth, Werner. 2004. *Strategische Spiele: Eine Einführung in die Spieltheorie.* Berlin/ Heidelberg : Springer-Verlag, 2004.

Berz, Gregor. 2007. *Spieltheoretische Verhandlungs- und Auktionsstrategien - Mit Praxisbeispielen von Internetauktionen bis Investment Banking.* s.l. : Schäffer-Poeschel Verlag, 1. Auflage, 2007.

Brett, Jeanne M. 2007. *Negotiating Globally - How to Negotiate Deals, Resolve Disputes, and Decisions Across Cultural Boundaries.* San Francisco : Jossey-Bass Verlag, 2007.

Brück, Michael J. J. und Sinewe, Patrick. 2009. *Steueroptimierter Unternehmenskauf.* Wiesbaden : Gabler Verlag, 2009.

Bruner, Robert F. 2004. *Applied Mergers & Acquisitions - University Edition.* New Jersey : John Wiley & Sons, Inc., 2004.

–. 2004. *Applied Mergers & Acquisitions - Workbook.* New Jersey : John Wiley & Sons, Inc., 2004.

–. 2005. *Deals from Hell.* New Yersey : John Wiley & Sons, Inc., 2005.

Buth, Andrea K. und Hermanns, Michael. 2009. *Restrukurierung - Sanierung - Insolvenz.* München : C.H. Beck, 2009.

Capen, E.C., Clapp, R.B. und Campbell, W.M. 1971. *Competitive Bidding in High Risk Situations. Journal of Petroleum Technology.* 1971, 23. Juni 1971.

Christopher W. Moore, Peter J. Woodrow. 2010. *Handbook of Global and Multicultural Negotiation.* San Francisco : Josey-Brass Verlag, 2010.

Cialdini, Robert B. 2013. *Die Psychologie des Überzeugens - Wie Sie sich selbst und Ihren Mitmenschen auf die Schliche kommen.* Bern : Hans-Huber Verlag, 2013.

Cohen, Herb. 2003. *Negotiate This! - By Caring, But Not T-H-A-T Much.* New York : Business Plus Verlag, 2003.

Cohen, Raymond. 2004. Negotiating Across Cultures - International Communication in an Interdepending World. s.l. : United States Institute of Peace Press, 4. überarbeitete Auflage, 2004.

Copeland, Tom, et al. 2002. *Unternehmenswert - Methoden und Strategien für eine wertorientierte Unternehmensführung. Frankfurt am Main :* Campus Verlag, 2002.

DePamphilis, Donald M. 2011. *Mergers and Acquisitions Basics: Negotiation and Deal Structuring.* s.l. : Elsevier Inc., 2011.

DePamphilis, Donald M. 2012. *Mergers, Acquisitions and other Restructuring Activities: an integrated Approach in Process, Tools, Cases and Solutions.* s.l. : Elsevier Inc., 2012.

Detroy, Erich Norbert. 2000. *Das Powerbuch der Neukundengewinnung - Die besten Techniken, Konzepte und Strategien.* s.l. : verlag moderne industrie, 2. Auflage, 2000.

Detroy, Erich Norbert. 2001. *Sich durchsetzen in Preisgesprächen und -verhandlungen.* s.l. : verlag moderne industrie, 12. Auflage, 2001.

Dixit, Avinash K. und Nalebuff, Barry J. 1997. *Spieltheorie für Einsteiger - Strategisches Know-how für Gewinner.* Stuttgart : Schäffer-Poeschel Verlag, 1997.

Dobelli, Rolf. 2011. *Die Kunst des klaren Denkens.* München : Carl Hanser Verlag, 2011.

Eayrs, William E., Ernst, Dietmar und Prexl, Sebastian. 2007. *Corporate Finance Training.* Stuttgart : Schäffer Poeschel, 2007.

Edmüller, Andreas und Wilhelm, Thomas. 2012. *Manipulationstechniken - So wehren Sie sich.* Freiburg : Haufe Gruppe, 2012.

Eichhorn, Christoph. 2001. *Souverän durch Self-Coaching - Ein Wegweiser nicht nur für Führungskräfte.* s.l. : Vandenhoeck & Ruprecht, 1. Auflage, 2001.

Erben, Roland und Romeike, Frank. 2006. *Allein auf stürmischer See - Risikomanagement für Einsteiger.* s.l. : Wiley-VCH Verlag, 2. Auflage, 2006.

Faulkner, David O. und Campbell, Andrew. 2003. *The Oxford Handbook of Strategy.* Oxford : Oxford University Press, 2003.

Ferrazzi, Keith mit Raz, Tahl. 2005. *Never Eat Alone And Other Secrets To Success, One Relationship at a Time.* s.l. : Doubleday, 1. Auflage, 2005.

Fink, Klaus-J. 2005. *Telefonisch neue Kunden akquirieren.* s.l. : Gabler Verlag, 3. Auflage, 2005.

Fisher, Bruce, Ury, William and Patton Bruce M. 2000. *Das Harvard-Konzept: Sachgerecht handeln – erfolgreich verhandeln.* s.l. : Campus Verlag, 1. Auflage, 2000.

Forghani, Foad. 2012. *Tanz um die Macht – Geheimnisse der Verhandlungsführung.* Berlin : ATE Edition, 2012.

Frege, Michael C. 2008. *Verhandlungserfolg in Unternehmenskrise und Sanierung.* s.l. : RWS Verlag Kommunikationsforum, 1. Auflage, 2008.

Gates, Steve. 2012. *Verhandeln – Das Buch.* Weinheim : Wiley-VCH Verlag GmbH & Co. KGaA, 2012.

Gesteland, Richard R. 2012. *Cross-Cultural Business Behaviour – A Guide for Global Managament.* Kopenhagen : Copenhagen Business School Press, 2012.

Gigerenzer, Gerd. 2008. *Bauchentscheidungen - Die Intelligenz des Unbewussten und die Macht der Intuition.* München : Wilhelm Goldmann Verlag, 2008.

Gladwell, Malcolm. 2005. *Blink - The Power of Thinking Without Thinking.* New York : Back Bay Books, 2005.

Haft, Dr. Fritjof. 2000. *Verhandlung und Mediation – Die Alternative zum Rechtsstreit.* s.l. : Verlag C.H. Beck, erweiterte Auflage, 2000.

Haft, Fritjof und Gräfin von Schlieffen, Katharina. 2002. *Handbuch Mediation.* s.l. : Verlag C.H. Beck, 1. Auflage, 2002.

Heinrich, Stephan. 2011. *Verkaufen an Top-Entscheider – Wie Sie mit Vision Selling Gewinn bringende Geschäfte in der Chefetage abschließen.* s.l. : Gabler Verlag, 2. ergänzte Auflage, 2011.

Hemel, Ulrich. 2005. *Wert und Werte – Ethik für Manager – Ein Leitfaden für die Praxis.* s.l. : Hanser Verlag, 1. Auflage, 2005.

Herbst, Markus und Voeth, Uta. 2009. *Verhandlungsmanagement - Planung, Steuerung und Analyse.* Stuttgart : Schäffer-Poeschel-Verlag, 2009.

Hölters, Wolfgang. 2010. *Handbuch Unternehmenskauf.* Köln : Verlag Dr. Otto Schmidt, 2010.

Institut der Wirtschaftsprüfer e.V. 2008. *IDW Standard: Grundsätze zur Durchführung von Unternehmensbewertungen (IDW S1 i.d.F. 2008).* Düsseldorf : IDW Verlag GmbH, 2008.

Jansen, Stephan A. 2001. *Merger & Acqusitions – Unternehmensakquisitionenen und -kooperationen.* Wiesbanden : Gabler Verlag, 2001.

Jung, Willi. 1983. *Praxis des Unternehmenskaufs - Eine* Systematische Planung und Durchführung einer Akquisition. Stuttgart : Schäfer-Verlag, 1983.

Kahneman, Daniel. 2011. *Schnelles Denken, langsames Denken.* München : Siedler Verlag, 2011.

Kaluza, Gerd. 2012. *Gelassen und sicher im Stress - Das Stresskompetenz-Buch - Stress erkennen, verstehen, bewältigen.* Heidelberg : Springer Verlag, 2012.

–. 2011. *Stressbewältigung.* Berlin, Heidelberg : Springer Verlag, 2011.

Katzengruber, Werner. 2006. *Die neuen Verkäufer – Strategien für die Zukunft.* s.l. : Wiley-VCH Verlag, 1. Auflage, 2006.

Katzengruber, Werner. *Einfach Erfolgreich - Die DVD.*

Kevin K. Boeh, Paul W. Beamish. 2007. *Mergers and Acquisitions. Thousand Oaks* : Sage Publications, 2007.

Kirchner, Baldur. 1992. *Dialektik und Ethik – Besser führen mit Fairness und Vertrauen.* s.l. : Gabler Verlag, 2. Auflage, 1992.

Klemperer, Paul. 2004. *Auctions: theory and practice.* s.l. : Princeton University Press, 2004.

Kohlrieser, George. 2006. *Hostage at the Table - How Leaders Can Overcome Conflict, Influence Others, and Raise Performance.* s.l. : Jossey-Bass, 1. Auflage, 2006.

Kopp, Vera. 2010. *Kontrollierte Auktionen - Eine Analyse privater Unternehmensverkäufe aus Perpektive des Veräuserers.* Köln : Josef EUL Verlag GmbH, 2010.

Lanceley, Frederock J. 2003. *On-Scene Guide for Crisis Negotiators –Second Edition.* Boca Raton : CRC Press, 2003.

Lax, David A. und Sebenius, James K. 2006. *3D Negotiation - Powerful tools to change the game in your most important deals.* Boston, USA : Harvard Business School Press, 2006.

Lax, David A. und Sebenius, James K. 2013. *Komplexe Verhandlungen erfolgreich führen. Harvard Business Manager.* Harvard University Press, 2013, Mai 2013.

Lay, Rupert. 1983. *Dialektik für Manager- Methoden des erfolgreichen Angriffs und der Abwehr.* Franfurt am Main, Berlin : Ullstein Gmbh, 1983.

Lewicki, Ray J., Hiam, Alexander and Olander, Karen Wise. 1998. *Verhandeln mit Strategie - Das große Buch der Verhandlungstechniken.* s.l. : Midas Management Verlag, 1. Auflage, 1998.

Lim, Stephen Ghee-Soon und Murninghan, J. Keith. 1994. *Phases, deadlines and the bargaining process. Organizational Behaviour and Decision Processes.* 1994, Bd. 58. Jg.

Limbeck, Martin. 2005. *Das neue Hardselling – Verkaufen heißt verkaufen – So kommen Sie zum Abschluss.* Wiesbaden : Gabler Verlag, 2005.

–. 2013. *Das professionelle Preisgespräch – So führen Sie Preisverhandlungen gewinnbringend – garantiert!* Königstein, Deutschland : s.n., 2013.

Limbeck, Martin. 2011. *Nicht gekauft hat er schon - So denken Top-Verkäufer.* s.l. : Redline Verlag, 2. Auflage, 2011.

Llamazares, Olegario. 2008. *How to Negotiate Successfully in Fifty Countries.* Madrin : Global Marketing Verlag, 2008.

Lucks, Kai (Hrsg.). 2013. *M&A- Projekte erfolgreich führen - Instrument und Best Pratices.* Stuttgart : Schäffer-Pöschel Verlag, 2013.

Machiavelli, Niccolo. 1990. *Der Fürst. Frankfurt am Main* : Insel Verlag , 1990.

Malkiel, Burton G. 2007. *A random walk down Wall Street.* New York, USA : W.W. Norton & Company, 2007.

Martin K. Helge, Andreas Al-Laham. 2008. *Strategisches Management – Grundlagen Prozess Implementierung.* Wiesbaden : Gabler Verlag, 2008.

Mauss, Marcel. 1966. *Die Gabe - Form und Funktion des Austauschs in archiarischen Gesellschaften.* London : Suhrkamp Verlag, 1966.

Michael A. Hitt, R. Edward Freeman, Jefferey S. Harrison. 2001. *Handbook of Strategic Management.* Oxfort, Malden : Blackwell Business Verlag, 2001.

Michael Watkins, Susan Rosegrant. 2001. *Breakthrough International Negotiation - How great negotiators transformed the world's toughest post- cold war conflicts.* San Fransisco : Jossey- Bass Verlag, 2001.

Mikael Krogerus, Roman Tschäppeler. 2008. *The Decision Book, Fifty Models for Strategic Thinking.* Zürich : Profile Books, 2008.

Mnookin, Robert H. 2000. *Beyond winning: negotiating to create value in deals and disputes.* s.l. : Robert H.Mnookin, Scott R. Peppet, and Andrew S. Tulumello, 2000.

Mnookin, Robert H. und Susskind, Lawrence E. 1999. *Negotiating on behalf of others.* California, USA : Sage Publications Inc., 1999.

Mnookin, Robert H. 2011. *Verhandeln mit dem Teufel – Das Harvard-Konzept für die fiesen Fälle.* Frankfurt : Campus Verlag, 2011.

Molcho, Samy. 2005/2010. *Körpersprache des Erfolges.* München : Ariston Verlag / Random House, 2005/2010.

Müller-Stewens, Günter und Lechner, Christoph. 2011. *Strategisches Management – Wie strategische Initiativen zum Wandel führen.* Stuttgart : Schäffer-Pöschel Verlag, 2011.

Müller-Stewens, Günter, Kunisch, Sven und Binder, Andreas. 2010. *Mergers & Acquisitions - Analysen, Trends und Best Practices.* Stuttgart : Schaeffer-Poeschel, 2010.

Nalebuff, Barry J. und Brandenburger Adam M. 1996. Coopetition – kooperativ konkurrieren – Mit der Spieltheorie zum Unternehmenserfolg. s.l. : Campus Verlag, 1. Auflage, 1996.

Nasher, Jack. 2013. *Deal! Du gibst mir, was ich will.* Frankfurt : Campus Verlag, 2013.

Panse, Wilfried und Stegmann, Wolfgang. 1998. *Kostenfaktor Angst.* s.l. : verlag moderne industrie, 3. Auflage, 1998.

Peschke, Michael A. 1997. *Wertorientierte Strategiebewertung – Modell, Konzeption und Umsetzung.* Wiesbaden : Deutscher Universitätsverlag, 1997.

Raferty, John. 1994. *Risk Analysis in Project Managment.* s.l. : E&FN Spon, 1. Auflage, 1994.

Raiffa, Howard. 1982. *The Art and Science of Negotiation,.* s.l. : The Belknap Press of Harvard University Press, 1. Auflage, 1982.

Rappaport, Alfred. 1994. *Shareholder Value – Wertsteigerung als Maßstab für die Unternehmensführung.* Stuttgart : Schäffer-Poeschel Verlag, 1994.

Rees, Michael. 2008. *Financial modelling in practice. Sussex:* John Wiley & Sons Ltd., 2008.

Rosenbaum, Joshua und Pearl, Joshua. 2013. *Investment Banking.* New Jersey : John Wiley & Sons Inc., 2013.

Rothenbücher, Jürgen, et al. 2013. Integrationsmodelle und Synergien: Systematische Wertgenerierung durch Fusionen und Übernahmen. [Buchverf.] Kai Lucks. *M&A-Projekte erfolgreich führen.* Stuttgart : Schaeffer-Poeschel, 2013.

Salacuse, Jeswald W. 2003. *The global negotiator: making, managing and mending deals around the world in the Twenty-first Century.* s.l. : PALGRAVE MACMILLAN, 1. Auflage, 2003.

Saner, Raymond. 2008. *Verhandlungstechnik – Strategie, Taktik, Motivation, Verhalten, Delegationsführung.* s.l. : Haupt Verlag, 2. Auflage, 2008.

Schranner, Matthias. 2007. *Der Verhandlungsführer – Strategien und Taktiken, die zum Erfolg führen.* s.l. : Deutscher Taschenbuch Verlag, 3. Auflage, 2007.

Schranner, Matthias. 2013. *Faule Kompromisse – Wie gut Verhandeln unsere Politiker?* Berlin : Ullstein Bucherverlag GmbH, 2013.

Schranner, Matthias. 2009. *Teure Fehler - Die 7 größten Fehler in schwierigen Verhandlungen.* s.l. : Econ Verlag, 1. Auflage, 2009.

–. 2007. *Verhandlungen im Grenzbereich – Strategien und Taktiken für schwierige Fälle.* s.l. : Econ Verlag, 7. Auflage, 2007.

Schulz von Thun, Friedemann. 2009. *Miteinander reden 1 – Störungen und Klärunen, Allgemeine Psychologie der Kommunikation.* s.l. : Rowohlt Taschenbuch Verlag, 47. Auflage, 2009.

Schwanfelder, Werner. 2004. *SUN TZU für Manager – Die 13 ewigen Gebote der Strategie.* s.l. : Campus Verlag, 1. Auflage, 2004.

Schwarz, Gerhard. 1997. *Konfliktmanagement – Sechs Grundmodelle der Konfliktlösung.* s.l. : gabler Verlag, 3. ergänzte Auflage, 1997.

Seibt, Christoph H. (Hrsg.). 2011. *Beck'sches Formularbuch Mergers & Acquisitions.* München : C.H. Beck Verlag, 2011.

Solomon, Richard H. und Quinney, Nigel. 2010. *American Negotiating Behavior.* Washington : United States Institute of Peace, 2010.

Subramanian, Guhan. 2010. *Negotiauctions – So gewinnen Sie mit neuen Verhandlungsstrategien.* New York : Campus Verlag, 2010.

–. 2010. *Preisfindung: Versteigern oder verhandeln.* Harvard Business Manager. Harvard Business School Publishing, 2010, 26.05.2010.

Tsu, Sun. 1989. *Über die Kriegskunst.* Karlsruhe : Info Verlagsgesellschaft, 1989.

Ury, William. 2009. N*ein sagen und trotzdem erfolgreich verhandeln.* Frankfurt am Main : Campus Verlag, 2009.

Van Kann, Jürgen (Hrsg.). 2009. *Praxishandbuch Unternehmenskauf – Leitfaden Mergers & Acquisitions.* Stuttgart : Schäffer-Pöschel Verlag, 2009.

Van Kann, Jürgen. 2009. *Praxishandbuch Unternehmenskauf.* Stuttgart : Schaeffer-Poeschel, 2009.

Voeth, Markus und Herbst, Ute. 2009. *Verhandlungsmanagement – Planung, Steuerung und Analyse.* Stuttgart : Schaeffer-Poeschel, 2009.

Volkart, Rudolf. 2008. *Corporate Finance – Grundlagen von Finanzierung und Investiton.* Zürich : Versus Verlag, 2008.

Von Clausewitz, Carl. 1832/2010. *Vom Kriege.* s.l. : RaBaKa Publishing, 1. Auflage, 1832/2010.

Wächter, Gerhard. 2012. *M&A-Litigation – Transaktionsstreitigkeiten, Urasachen, Ansrpuchsgrundlagen, Schaden, Durchsetzung.* Köln : RWS Verlag Kommunikationsforum GmbH, 2012.

Walker, Danielle, Walker, Thomas and Schmitz, Joerg. 2003. *Doing Business Internationally – The Guide to Cross-Cultural Success.* New York : McGraw-Hill, 2003.

Wasserstein, Bruce. 2000. *Big Deal – 2000 and Beyond.* New York : Warner Books Inc., 2000.

Watkins, Michael. 2002. *Breakthrough Business Negotiation – A Toolbox for Managers.* s.l. : Jossey-Bass, 1. Auflage, 2002.

Watzlawick, Paul. 2011. *Man kann nicht nicht kommunizieren.* Bern : Hans Huber Verlag, 2011.

–. 2005. V*om Unsinn des Sinns – oder Vom Sinn des Unsinns.* München : Piper Verlag GmbH, 2005.

Watzlawick, Paul, Beavin, Janet H. und Jackson, Don D. 2011. *Menschliche Kommunikation – Formen Störungen Paradoxien.* Bern : Huber Verlag, 2011.

Weber, Bruno, Gomez, Peter und Siegert, Theo. 2007. *Firmen kaufen und verkaufen – Ein M&A-Leitfaden für Unternehmer und Manager.* Zürich : Verlag Neue Züricher Zeitung, 2007.

Weihe, Ronald. 2003. *Interessenkonflikte zwischen Unternehmensverkäufer und Management – Eine Analyse im Kontext der Mergers & Acquisitions-Beratung.* Wiesbaden : Deutscher Universitäts-Verlag, 2003.